中国建筑业 BIM 应用分析报告（2020）

《中国建筑业 BIM 应用分析报告（2020）》编委会　著

中国建筑工业出版社

图书在版编目（CIP）数据

中国建筑业BIM应用分析报告. 2020 /《中国建筑业BIM应用分析报告（2020）》编委会著. — 北京：中国建筑工业出版社，2020.11

ISBN 978-7-112-25579-5

Ⅰ.①中… Ⅱ.①中… Ⅲ.①建筑工程 – 应用软件 – 研究报告 – 中国 – 2020 Ⅳ.① TU-39

中国版本图书馆CIP数据核字（2020）第220593号

责任编辑：杜 洁 兰丽婷
责任校对：张惠雯

中国建筑业 BIM 应用分析报告（2020）
《中国建筑业 BIM 应用分析报告（2020）》编委会 著
*
中国建筑工业出版社出版、发行（北京海淀三里河路9号）
各地新华书店、建筑书店经销
北京建筑工业印刷厂印刷
*
开本：787毫米×1092毫米 1/16 印张：20 字数：478千字
2020 年 11 月第一版 2020 年 11 月第一次印刷
定价：50.00 元
ISBN 978-7-112-25579-5
（36704）

《中国建筑业 BIM 应用分析报告（2020）》
编委会

主编单位：

中国建筑业协会　　　　　　　　　广联达科技股份有限公司
MagiCAD Group Oy

副主编单位

安徽省建筑业协会	北京市建筑业联合会
重庆市建筑业协会	福建省建筑业协会
甘肃省建筑业联合会	广东省建筑业协会
广西建筑业联合会	贵州省建筑业协会
海南省建筑业协会	河南省建筑业协会
河北省建筑业协会	黑龙江省建筑业协会
湖北省建筑业协会	湖南省建筑业协会
吉林省建筑业协会	江苏省建筑行业协会
江西省建筑业协会	辽宁省建筑业协会
内蒙古自治区建筑业协会	宁夏建筑业联合会
青海省建筑业协会	山东省建筑业协会
山西省建筑业协会	陕西省建筑业协会
上海市建筑施工行业协会	四川省建筑业协会
天津市建筑业协会	新疆维吾尔自治区建筑业协会
云南省建筑业协会	西藏自治区建筑业协会
浙江省建筑业行业协会	成都市建筑业协会
宁波市建筑业协会	温州市建筑业联合会
中国电力建设企业协会	中国煤炭建设协会
中国冶金建设协会	中国化工施工企业协会
中国公路建设行业协会	中国水运建设行业协会
中国有色金属建设协会	中国铁道工程建设协会

参编单位

中国建筑一局（集团）有限公司	中国建筑第五工程局有限公司
中国建筑第七工程局有限公司	中国建筑第八工程局有限公司
中建新疆建工（集团）有限公司	中建安装集团有限公司华西公司
中铁一局集团铁路建设有限公司	北京市第三建筑工程有限公司
广州建筑股份有限公司	河南省第一建筑工程集团有限责任公司
甘肃第六建设集团股份有限公司	深圳市市政工程总公司
武汉市汉阳市政建设集团有限公司	成都建工第四建筑工程有限公司
北京优比智成建筑科技有限公司	《中国建设报》
《中国建设信息化》	《施工技术》杂志
《建筑施工》杂志	

序 一

　　建筑业是国民经济支柱产业，对国家宏观经济影响举足轻重，但随着劳动力成本的不断飙升和利润率的持续下行，建筑业高速发展的现状与相对落后的管理之间的矛盾日益突出，传统的建造模式已经不再符合可持续发展的需要，建筑业改革迫在眉睫。

　　随着"数字中国"和"中国建造"等概念的提出，建筑业企业对数字化发展也越来越重视，特别是对作为数据载体的 BIM 技术，加大了推广应用的力度。我国 BIM 技术在建造阶段的应用水平已逐步和世界接轨，价值呈现日渐明显，BIM 技术也被认为是提升工程项目精细化管理的核心竞争力。在大力发展装配式建筑的行业趋势下，装配式与 BIM 技术相结合，引发了建筑工业化与信息化的深度融合和快速发展。因此，BIM 技术对当前建筑业尤其是建造阶段的发展具有极其重要的作用。

　　BIM 技术推广需要更好地发挥政府、市场、社会组织三大支柱的作用。政府要做好顶层设计、政策引导、标准制定；作为市场的主体，建筑业企业要发挥主观能动性和创造性；以行业协会为代表的社团组织则需要积极发挥纽带作用，促进政府和市场的良性互动，同时积极组织相关力量通过课题研究和标准制定，进一步夯实 BIM 应用基础，营造良好应用环境，助力建筑业良性的发展。作为大力推动建筑业可持续良性发展的社会组织，中国建筑业协会联合广联达科技股份有限公司共同发起了"中国建筑业 BIM 应用调研"活动。依据此次调研，双方联合业内知名专家、建筑业企业管理人员、BIM 咨询机构等共同编写了《中国建筑业 BIM 应用分析报告（2020）》，本报告细致分析建筑业 BIM 技术最新应用状况，阐明建造阶段 BIM 应用的发展趋势。我们希望通过本报告，让更多人了解 BIM、在工作中实践 BIM，引发行业各方能够在 BIM 应用方面开拓思路，积极创新，不断推进 BIM 技术在建筑业的深度应用与融合。

　　BIM 技术的推广应用是我国建筑数字化发展的基础，同时也是推动建筑产业数字化转型的重要支撑。我们相信此报告的推出将会引发行业内有识之士的进一步深入思考，也必将吸引更多的从业者加入到这个事业中来！

中国建筑业协会会长

住房和城乡建设部原副部长

序　二

为了真实反映建筑业 BIM 应用现状，总结中国 BIM 技术应用和发展情况，推进 BIM 技术发展与进步，不断提高建筑业企业 BIM 技术研究和实践应用水平，更好地为建筑业的持续性发展提供有效的技术支撑和价值，助力建筑业数字化转型，中国建筑业协会与广联达科技股份有限公司从 2017 年开始正式发起本系列报告，至今已是第 4 个年头。2020 年 BIM 报告拓展全球视角，借鉴 BIM 应用具有典型性的国家及区域的经验，为中国建筑业 BIM 发展方向给出指导性意见。

BIM 目前可能没那么受追捧，但在大家都比较冷静的时候，扎扎实实继续深化 BIM 的应用显得更为可贵。从全球的 BIM 发展方向看，BIM 技术与业务场景结合，更加有效地应用于各个阶段，为建筑业企业带来了实实在在的价值，成为现阶段应用 BIM 技术的共识。以 BIM 模型为数据载体，实现从设计到建造再到运维的基于数据驱动的建筑全生命期管理已成为未来建筑业发展的必然趋势。在此过程中，项目应用需要综合考虑企业的要求、项目本身的特点与综合实力、结合业务紧要性与应用成熟度来确定应用内容，应加强标准化执行与过程管理留痕，通过积累的数据形成预警机制并辅助决策。通过数字技术尽可能减少人为依赖并将管理经验进行数字化留存。

与此同时，数据的积累对于企业而言同样意义重大，如提高生产力、提升业务分析与呈现能力、促进流程化程度等。企业应深刻理解数字化的意义，同时应做好数字化应用推广的规划，过程中应提前思考新技术与企业信息管理系统间的联系和区别，对不同项目设定不同的应用目标与应用内容，核心目的则是鼓励项目、岗位标准化、体系化的落地执行。综合利用线上数据监控、线下到场抽检的手段，以满足企业监管、服务、运营的诉求。企业更需要建立利用数据的工作方式和思维方式，深度挖掘数据的意义和内容，积累企业的核心数据资产，尤其是成本指标类数据，通过数字化的手段提升企业自身管理能力和核心竞争力，最终实现集约经营的目标。

BIM 是建筑行业数字化的核心，相信 BIM 的深入应用会给项目和企业带来显著的价值。

广联达科技股份有限公司总裁

7

前　言

2020 年注定是不平凡的一年，新冠疫情肆虐，严重影响全球的经济生产活动，任何行业都无法独善其身。属于劳动密集型产业的建筑业难以例外：本就亟待变革的行业此时正处于一个充满挑战和不确定性的时代。

可喜的是通过疫情和行业发展的双重考验，建筑业似乎更明晰地发现了以 BIM 为核心的数字化技术为行业带来的无限可能。雷神山、火神山等一系列抗疫"战地"医院的迅速落成，为抗击疫情作出了贡献，也向全行业展示了数字技术为行业破解困局、降低不确定性带来的巨大能量。

在中国，随着政策、标准的推广与完善以及 BIM 技术的不断进步，应用实践的逐渐深入，BIM 技术与更多数字化技术集成应用，在建筑业中展现了全新的面貌。经过我们走访、调研数十位行业专家学者、优秀企业高管以及 1000 余位从业者发现，他们对行业所处境地的看法已经呈现出一种共性，社会已经迈进数字时代，建筑业也在从传统的发展模式下快速向数字化方向转型，BIM 技术应用的直观价值得到广泛的认可，BIM 技术的协调性得到从工地到项目到企业乃至建设方的全链条应用。

报告编委会希望通过对 BIM 技术在国内的应用现状进行调查、分析与总结，客观呈现我国建筑业 BIM 技术应用的发展情况，以供建筑业企业进行参考，助力企业提高 BIM 技术理论研究和实践应用水平，顺利进行数字化转型。

本系列报告自 2017 年始已连续 3 年总结中国建筑业 BIM 技术应用发展情况。2020 年，报告站在中国建筑业的基础上拓展全球视角，借鉴北欧、英国、美国、新加坡等 BIM 应用具有典型性的和与中国 BIM 应用模式相近的国家及区域的经验，给中国建筑业 BIM 发展以参考。我们系统梳理了这些国家、区域 BIM 应用推广的政策和标准，采访了当地 BIM 技术领域的建筑企业专家、高校学者和数字化专家，以期对海外 BIM 应用发展情况较为客观和深入的呈现。由于疫情的原因，海外典型项目案例难以收集，以至于不能向读者全面地展现海外 BIM 应用实践，编写组深感遗憾，这一板块希望在后续的报告中能得以完善。

《中国建筑业 BIM 应用分析报告（2020）》分为 BIM 技术应用整体情况调研、推广情况、软件与相关设备情况、模式与应用趋势、BIM 技术应用专家视角、BIM 技术应用典型案例、典型性国家及区域建筑业 BIM 技术应用推广情况分析等七大板块，全书 26 万余字，介绍 BIM 在海外应用发展情况的内容占总篇幅的 20%。

其中，根据 BIM 应用现状，邀请国内行管领导、BIM 应用咨询专家、行业媒体、海内外高校学者、优秀建筑业企业代表、建筑业企业数字化专家等数十位具有代表性的行业专家，进行深度访谈，共同探讨 BIM 应用价值应如何落地、BIM 应用的趋势性变化及未来的发展，以及如何推动行业 BIM 应用的发展。

本报告从立项、调研到编写得到了广泛的支持和帮助。中国建筑业协会李菲副秘书长高度重视，亲自指导，中国建筑业协会质量与科技推广部石卫主任、崔旭旺副主任全程参与并支持；报告前期清华大学马智亮教授、中建八局邓明胜总工、陈滨津博士、中建一局杨晓毅副总工、BIM 中心赛菡经理、万仁威经理，优比咨询北京公司赵欣总经理，BIMBOX 创始人孙彬先生、广联达科技股份有限公司高级副总裁汪少山、新建造研究院李卫军院长、广联达助理总裁冯俊国进行了耐心的指导；报告编写过程中，中建一局赛菡、诸进、万仁威、邵刚，优比咨询赵欣，广联达蒋艺、王一力、武文斌、靳五一、焦明明进行了深度参与。

中国建筑业协会副会长兼秘书长刘锦章、中国建筑科学研究院有限公司总经理许杰峰、清华大学土木工程系教授马智亮、中国建筑集团有限公司首席专家李云贵、广联达科技股份有限公司公司高级副总裁汪少山、中国建筑一局（集团）有限公司副总工杨晓毅、中国建筑第八工程局有限公司首席专家邓明胜、中国铁建股份有限公司科技创新部总经理许和平、北京城建集团副总工李久林、浙江省建工集团总工金睿、中天建设集团总工刘玉涛、河南科建建设工程有限公司董事马西锋、广州建筑股份有限公司技术中心与信息科技中心经理马思远、广联达科技股份有限公司副总裁王鹏翊、优比咨询技术总监赵欣、建筑科技新媒体 BIMBOX、利物浦大学荣誉高级研究员 Arto Kiviniemi、英国 O'Keefe Group 数字化负责人 Howard Passingham、芬兰 MagiCAD 集团技术总监 Pauli Keinonen、MagiCAD 集团技术研究团队、芬兰 Senate Properties 高级专家 Esa Halmetoja、新加坡国立大学设计与环境学院建设系副教授 Evelyn TEO Ai Lin 等海内外产、学、研各界专家为报告贡献了自己的行业洞见。

此外，中国建筑业协会以及各地方建筑业协会、普华永道会计师事务所对于行业调研给予大力支持；广联达欧洲中心负责人周锋、新加坡分公司总经理张红星，MagiCAD 芬兰市场部 Arlinda Sipilä、英国 Tom Young 对于海外工作作出了巨大努力。

本报告有幸得到优秀行业专家的全程深度参与，海内外行业同仁的大力支持，他们提供了丰富的信息与知识、宝贵的意见与建议、一手的实践经验与前沿的理论观念。在此，中国建筑业 BIM 应用分析报告编委会一致表示衷心的感谢！

目　录

第 1 章　BIM 技术应用整体情况调研 ·· 1

　1.1　BIM 技术应用整体情况调研 ·· 1

　　1.1.1　调研背景 ··· 1

　　1.1.2　数据分析 ··· 3

　1.2　BIM 技术应用整体情况分析总结 ··· 17

　　1.2.1　BIM 应用过程中存在的问题总结 ·· 17

　　1.2.2　BIM 应用的规律总结 ·· 21

第 2 章　BIM 技术应用推广情况分析 ·· 25

　2.1　BIM 政策的情况分析 ··· 25

　　2.1.1　国家和行业性 BIM 政策的情况分析 ·· 25

　　2.1.2　地方性 BIM 政策的情况分析 ·· 27

　　2.1.3　全球 BIM 应用典型性国家 BIM 政策的情况分析 ···························· 29

　2.2　BIM 标准规范的情况分析 ··· 29

　　2.2.1　国家和行业性 BIM 标准规范的情况分析 ···································· 30

　　2.2.2　地方性 BIM 标准规范的情况分析 ·· 31

　　2.2.3　全球 BIM 应用典型性国家 BIM 标准规范的情况分析 ························ 32

　2.3　BIM 奖项与认证情况分析 ··· 33

　　2.3.1　BIM 应用相关奖项 ·· 34

　　2.3.2　BIM 认证 ··· 37

第 3 章　BIM 软件与相关设备情况分析 ·· 39

　3.1　BIM 软件的应用情况及趋势 ··· 39

　3.2　BIM 集成管理类软件 ··· 41

　　3.2.1　BIM 集成管理类软件整体介绍 ··· 42

　　3.2.2　BIM 集成管理类软件主要应用的业务场景 ··································· 42

　　3.2.3　BIM 集成管理类相关软件介绍 ··· 44

　3.3　BIM 应用工具类软件 ··· 46

　　3.3.1　BIM 应用工具类软件整体介绍 ··· 47

　　3.3.2　BIM 应用工具类软件介绍 ··· 48

　3.4　BIM 应用相关设备及软件 ··· 55

　　　3.4.1　BIM 应用相关设备及软件整体介绍 ┈┈┈┈┈┈┈┈┈┈┈┈ 55

　　　3.4.2　BIM 应用相关设备及软件主要应用的业务场景 ┈┈┈┈┈┈ 58

　　　3.4.3　BIM 应用相关设备及软件介绍 ┈┈┈┈┈┈┈┈┈┈┈┈┈┈ 61

第 4 章　BIM 技术应用模式与发展趋势分析 ┈┈┈┈┈┈┈┈┈┈┈┈ 63

　4.1　BIM 技术应用模式 ┈┈┈┈┈┈┈┈┈┈┈┈┈┈┈┈┈┈┈┈┈┈┈ 63

　　　4.1.1　BIM 实现基于数据的项目业务管理应用模式 ┈┈┈┈┈┈┈ 63

　　　4.1.2　BIM 实现基于数据的项目管理协作应用模式 ┈┈┈┈┈┈┈ 65

　　　4.1.3　BIM 实现项目建造全过程一体化应用模式 ┈┈┈┈┈┈┈┈ 66

　4.2　BIM 技术发展趋势 ┈┈┈┈┈┈┈┈┈┈┈┈┈┈┈┈┈┈┈┈┈┈┈ 67

　　　4.2.1　BIM 技术与其他数字技术集成应用，实现建造阶段的数据整合 ┈ 67

　　　4.2.2　BIM 技术打通建造过程全周期数据，实现与其他流程系统的集成 ┈ 69

　　　4.2.3　BIM 技术应用所引发的数据安全问题，将获得行业的重点关注 ┈ 71

第 5 章　BIM 技术应用专家视角 ┈┈┈┈┈┈┈┈┈┈┈┈┈┈┈┈┈┈ 73

　5.1　专家视角——刘锦章 ┈┈┈┈┈┈┈┈┈┈┈┈┈┈┈┈┈┈┈┈┈┈ 73

　5.2　专家视角——许杰峰 ┈┈┈┈┈┈┈┈┈┈┈┈┈┈┈┈┈┈┈┈┈┈ 76

　5.3　专家视角——马智亮 ┈┈┈┈┈┈┈┈┈┈┈┈┈┈┈┈┈┈┈┈┈┈ 78

　5.4　专家视角——李云贵 ┈┈┈┈┈┈┈┈┈┈┈┈┈┈┈┈┈┈┈┈┈┈ 82

　5.5　专家视角——汪少山 ┈┈┈┈┈┈┈┈┈┈┈┈┈┈┈┈┈┈┈┈┈┈ 85

　5.6　专家视角——邓明胜 ┈┈┈┈┈┈┈┈┈┈┈┈┈┈┈┈┈┈┈┈┈┈ 89

　5.7　专家视角——杨晓毅 ┈┈┈┈┈┈┈┈┈┈┈┈┈┈┈┈┈┈┈┈┈┈ 93

　5.8　专家视角——许和平 ┈┈┈┈┈┈┈┈┈┈┈┈┈┈┈┈┈┈┈┈┈┈ 96

　5.9　专家视角——李久林 ┈┈┈┈┈┈┈┈┈┈┈┈┈┈┈┈┈┈┈┈┈ 100

　5.10　专家视角——金睿 ┈┈┈┈┈┈┈┈┈┈┈┈┈┈┈┈┈┈┈┈┈┈ 103

　5.11　专家视角——刘玉涛 ┈┈┈┈┈┈┈┈┈┈┈┈┈┈┈┈┈┈┈┈┈ 104

　5.12　专家视角——马西锋 ┈┈┈┈┈┈┈┈┈┈┈┈┈┈┈┈┈┈┈┈┈ 108

　5.13　专家视角——赵思远 ┈┈┈┈┈┈┈┈┈┈┈┈┈┈┈┈┈┈┈┈┈ 111

　5.14　专家视角——王鹏翊 ┈┈┈┈┈┈┈┈┈┈┈┈┈┈┈┈┈┈┈┈┈ 114

　5.15　专家视角——赵欣 ┈┈┈┈┈┈┈┈┈┈┈┈┈┈┈┈┈┈┈┈┈┈ 117

　5.16　专家视角——BIMBOX ┈┈┈┈┈┈┈┈┈┈┈┈┈┈┈┈┈┈┈┈ 122

第 6 章　BIM 技术应用典型案例汇编 ┈┈┈┈┈┈┈┈┈┈┈┈┈┈┈ 126

　6.1　天投国际商务中心二期项目 BIM 应用案例 ┈┈┈┈┈┈┈┈┈┈ 126

　　　6.1.1　项目概况 ┈┈┈┈┈┈┈┈┈┈┈┈┈┈┈┈┈┈┈┈┈┈┈┈ 126

　　　6.1.2　BIM 应用方案 ┈┈┈┈┈┈┈┈┈┈┈┈┈┈┈┈┈┈┈┈┈┈ 127

　　　6.1.3　BIM 实施过程 ┈┈┈┈┈┈┈┈┈┈┈┈┈┈┈┈┈┈┈┈┈┈ 127

　　　6.1.4　BIM 应用效果总结 ┈┈┈┈┈┈┈┈┈┈┈┈┈┈┈┈┈┈┈┈ 134

　6.2　龙湖金融中心外环项目 BIM 应用案例 ┈┈┈┈┈┈┈┈┈┈┈┈┈ 134

  6.2.1 项目概况 ·· 134

  6.2.2 BIM 应用方案 ··· 135

  6.2.3 BIM 实施过程 ··· 137

  6.2.4 BIM 应用效果总结 ··· 141

6.3 眉山春熙广场项目 BIM 应用案例 ······································ 142

  6.3.1 项目概况 ·· 142

  6.3.2 BIM 应用方案 ··· 143

  6.3.3 BIM 实施过程 ··· 145

  6.3.4 BIM 应用效果总结 ··· 149

6.4 兰州东湖广场项目 BIM 应用案例 ······································ 150

  6.4.1 项目概况 ·· 150

  6.4.2 BIM 应用方案 ··· 151

  6.4.3 BIM 实施过程 ··· 154

  6.4.4 BIM 应用效果总结 ··· 159

6.5 天健天骄项目 BIM 技术＋管理应用案例 ······················· 161

  6.5.1 项目概况 ·· 161

  6.5.2 BIM 应用方案 ··· 162

  6.5.3 BIM 实施过程 ··· 164

  6.5.4 BIM 应用效果总结 ··· 166

6.6 增城经济技术开发区二期拆迁安置新社区项目 BIM+ 信息化技术应用案例 ··· 167

  6.6.1 项目概况 ·· 167

  6.6.2 BIM 应用方案 ··· 169

  6.6.3 BIM 实施过程 ··· 174

  6.6.4 BIM 应用效果 ··· 181

6.7 西安市第三污水处理厂项目——BIM 技术在全地下污水厂 EPC 总承包中的应用 ·· 184

  6.7.1 项目概况 ·· 184

  6.7.2 BIM 应用方案 ··· 185

  6.7.3 BIM 实施过程 ··· 186

  6.7.4 BIM 应用效果 ··· 189

6.8 广西大学大学生活动中心项目 BIM 应用案例 ················· 190

  6.8.1 项目概况 ·· 190

  6.8.2 BIM 应用方案 ··· 191

  6.8.3 BIM 实施过程 ··· 192

  6.8.4 BIM 应用效果总结 ··· 193

6.9 许昌市科普教育基地项目 BIM 应用案例 ······················· 194

  6.9.1 项目概况 ·· 194

  6.9.2 BIM 应用方案 ··· 195

6.9.3 BIM 实施过程 ·········· 196

6.9.4 BIM 应用效果总结 ·········· 200

6.10 亚投行项目 C 标段 BIM 应用案例 ·········· 201

6.10.1 项目概况 ·········· 201

6.10.2 BIM 应用方案 ·········· 202

6.10.3 BIM 实施过程 ·········· 203

6.10.4 BIM 应用效果总结 ·········· 206

6.11 BIM 技术在海峡文化艺术中心的应用 ·········· 207

6.11.1 项目概况 ·········· 207

6.11.2 BIM 应用方案 ·········· 209

6.11.3 BIM 实施过程 ·········· 211

6.11.4 BIM 应用效果总结 ·········· 215

6.12 西安浐灞生态区灞河隧道项目 BIM 应用案例 ·········· 217

6.12.1 项目概况 ·········· 217

6.12.2 BIM 应用方案 ·········· 218

6.12.3 BIM 实施过程 ·········· 219

6.12.4 BIM 应用效果总结 ·········· 222

6.13 BIM 在北京新机场机务维修及特种车辆维修区一期工程中的应用案例 ·········· 223

6.13.1 项目概况 ·········· 223

6.13.2 BIM 应用方案 ·········· 224

6.13.3 BIM 实施过程 ·········· 226

6.13.4 BIM 应用效果总结 ·········· 231

6.14 武汉市轨道交通 5 号线工程第三、四、五、六、七标段土建工程（第七标段）BIM 应用案例 ·········· 234

6.14.1 项目概况 ·········· 234

6.14.2 BIM 应用方案 ·········· 235

6.14.3 BIM 实施过程 ·········· 236

6.14.4 BIM 应用效果总结 ·········· 239

第 7 章　典型性国家及区域建筑业 BIM 技术应用情况分析 ·········· 241

7.1 典型性国家及区域建筑业 BIM 政策的情况 ·········· 241

7.1.1 美国 ·········· 241

7.1.2 英国 ·········· 242

7.1.3 北欧 ·········· 243

7.1.4 新加坡 ·········· 244

7.2 BIM 应用典型性国家及区域建筑业 BIM 标准规范的情况 ·········· 245

7.2.1 美国 ·········· 245

7.2.2 英国 ·········· 247

  7.2.3 北欧···250

  7.2.4 新加坡···250

7.3 BIM 应用典型性国家及区域建筑业 BIM 推广的情况 ·····················251

  7.3.1 美国···251

  7.3.2 英国···253

  7.3.3 北欧···258

  7.3.4 新加坡···263

7.4 BIM 应用典型性国家及区域建筑业 BIM 应用专家视角 ·················266

  7.4.1 专家视角——Arto Kiviniemi ···266

  7.4.2 专家视角——Howard Passingham ·······································269

  7.4.3 专家视角——Pauli Keinonen ···272

  7.4.4 专家视角——MagiCAD 集团技术研究团队 ·······················273

  7.4.5 专家视角——Esa Halmetoja ··281

  7.4.6 专家视角——Evelyn TEO Ai Lin，廖龙辉 ·······················283

第1章　BIM 技术应用整体情况调研

BIM 技术的应用每年都在发生变化，随着实践的不断深入和应用价值的不断显现，BIM 应用也从单纯的技术管理走向项目管理、企业管理，甚至建设方的全链条应用。BIM 技术的应用已经和企业、行业转型密不可分，越来越多的建筑业企业对其应用和推广更加重视。报告编写组希望通过对 BIM 技术在国内的应用现状进行调查、分析与总结，结合建筑业 BIM 技术的环境与发展，客观描述建筑业 BIM 技术应用的发展情况，以供建筑业企业进行参考。

1.1　BIM 技术应用整体情况调研

为全面、客观、具有延续性地反映 BIM 技术在中国建筑业企业的应用现状，本报告编写组第四次对全国建筑业企业 BIM 应用情况进行了调查。本章节主要呈现本次调查的结果与分析，针对调查数据和发现的客观事实进行描述，并对调查结果展开详细分析。

本次调查从 2020 年 6 月开始，至 2020 年 8 月截止，历时两个多月时间，共收到来自 31 个省市区的有效问卷 1247 份。问卷回收渠道及方式涵盖了"建筑业企业定向调查""行业垂直媒体渠道调查""手机微信调查""电话与短信调查"等。下文将从建筑业 BIM 应用情况调研背景介绍和具体数据分析来解析建筑业企业的 BIM 应用情况。

1.1.1　调研背景

参与本次调研的人群覆盖岗位涉及集团 / 分公司主要负责人、集团 / 分公司部门负责人、集团 / 分公司 BIM 中心负责人、集团 / 分公司 BIM 中心技术人员、项目经理 / 总 (副) 工程师、项目部门经理、项目 BIM 中心经理 / 负责人、项目 BIM 中心技术人员、项目上的技术员等，调查覆盖了企业核心 BIM 应用各相关层级。

本次调查旨在根据受访者的不同岗位角色、行业领域，了解各类被调查对象及其所在企业 BIM 应用情况以及对 BIM 应用发展趋势的判断情况。同时题目还涵盖了企业、项目、岗位各层级的问题，从而更加全面地反映出施工阶段不同层级项目管理以及 BIM 技术应用的真实情况。参与本次调查的人员所在单位类型延续 2019 年配置，包括施工总承包单位、业主单位、专业承包单位、施工劳务单位、BIM 咨询单位等。

从单位类型来看，此次调研参与者更多来自施工企业，有 1053 人，其中 80% 以上的受访者来自特级或一级资质的施工总承包单位。进一步的统计表明，在施工总承包单位的被调查对象中，来自特级资质企业的占比最多，达 44.35%，同比 2019 年降低约 14 个百分点；其次是一级资质企业，占比 38.08%，与 2019 年基本持平；二级资质企业占

12.63%，同比 2019 年增加约 8 个百分点；新增三级资质及以下企业占 4.94%，如图 1-1 所示。

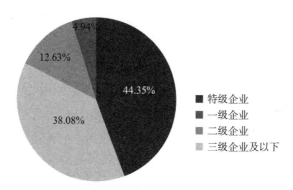

图 1-1　被调查对象企业资质情况

本次被调查对象的工作角色以 BIM 中心人员和管理层人员为主，按照公司岗位划分，集团 / 分公司 BIM 中心负责人和集团 / 分公司 BIM 中心技术人员最多，二者合计占比超过 38%，分别占 22.85%、15.56%；占比超过 10% 的还有集团 / 分公司部门负责人、项目上的技术员，分别占 13.07%、10.75%，如图 1-2 所示。

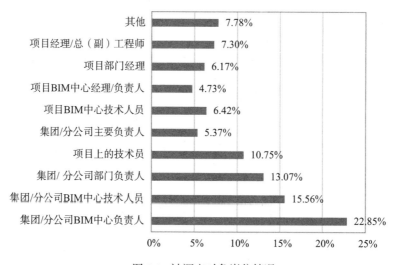

图 1-2　被调查对象岗位情况

统计结果显示，被调查对象中工作年限在 15 年以上的人员有 270 人，占 21.65%；拥有 11 ～ 15 年工作经验的有 183 人，占 14.68%；6 ～ 10 年工作经验的有 382 人，占 30.63%；3 ～ 5 年工作经验的有 259 人，占 20.77%；工作年限在 3 年以下的有 153 人，占 12.27%，如图 1-3 所示。由此可见，在本次调研中，参与调查的对象在工作年限上分布相对均衡，相比 2019 年，总体的平均工作年限有所增加。

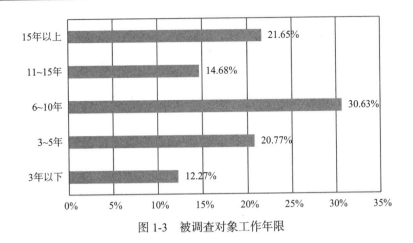

图 1-3　被调查对象工作年限

综上所述，参与本次调研的被调查对象以施工总承包单位为主，其中又以总承包企业中的特级、一级企业居多；工作角色方面则以主要从事 BIM 技术应用相关工作的管理层及技术人员为主，以集团 / 项目部门负责人、项目经理及总（副）工程师、项目上的技术员为辅；从受访者的工作年限以及地域分布情况来看，被调查对象的分布相对均衡。同比 2019 年，二级资质企业对 BIM 技术的应用数量明显增多。

1.1.2　数据分析

1. 建筑业 BIM 应用现状分析

从企业 BIM 应用的时间上看，已应用 3 ~ 5 年的企业比例最高，达到 29.75%；其次是应用 5 年以上的企业，占 28.07%；已应用 1 ~ 2 年的企业，占 14.92%；应用不到 1 年的企业占 5.61%；仍未使用的企业仍有 17.08%，如图 1-4 所示。从不同类型企业上看，有企业资质越高、BIM 技术应用时间越长的趋势。其中，特级企业 BIM 的应用时间明显长于其他类型企业，特级企业应用时间超过 3 年的比例占所有应用 BIM 技术的施工总承包企业的 45.95%，如图 1-5 所示。

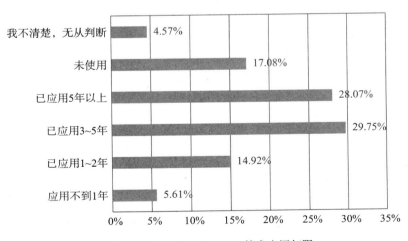

图 1-4　2020 年企业 BIM 技术应用年限

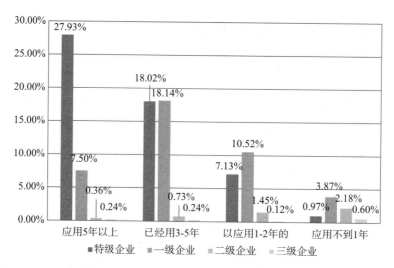

图 1-5　不同级别总承包企业 BIM 应用年限

与 2019 年的应用情况相比，我国建筑业 BIM 技术应用情况有所提升，应用超过 3 年的企业的占比已经从 50.12% 提高到 57.82%；另外变化明显的是，越来越多未使用 BIM 技术的企业在积极地关注 BIM 技术应用，是未来 BIM 技术应用新的潜在增长点，如图 1-6 所示。另一个信息也表明，BIM 技术的价值已经受到建筑业企业的认可，即应用过 BIM 技术和未应用过 BIM 技术的从业者中，均有超 70% 的人认为建筑业企业应该使用 BIM 技术，应用过的态度较未应用过的更为积极，如图 1-7 所示。

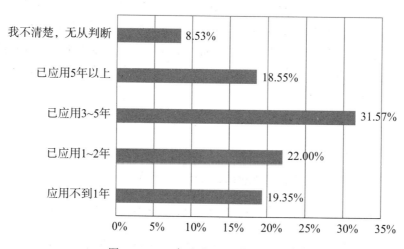

图 1-6　2019 年企业 BIM 技术应用年限

从企业应用 BIM 技术的项目数量来看，大多数企业开展 BIM 技术应用的项目数量并不多，已开工项目应用 BIM 技术占 10 个以下的企业有 42.26%，10 ~ 20 个已开工项目应用 BIM 技术的企业占 18.04%，如图 1-8 所示。值得一提的是，其中有 10.75% 的企业应用 BIM 技术的已开工项目在 50 个以上，相比 2019 年提高了 3 个百分点，表明越来越多

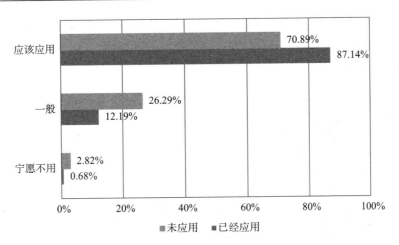

图 1-7 已应用者和未应用者对 BIM 应用的态度

的企业在 BIM 技术的应用上开始发力。此外，详细数据显示，特级资质企业应用 BIM 技术的项目开工数量远高于其他类型企业，更有 24% 的特级资质企业应用 BIM 技术的项目数量超过 50 个。与 2019 年的应用情况相比，项目开工量在 10 个以上的企业占比有了一定幅度提升，从之前的 33.07% 提高到 39.62%，如图 1-9 所示。

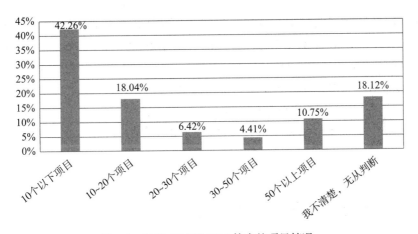

图 1-8 2020 年应用 BIM 技术的项目情况

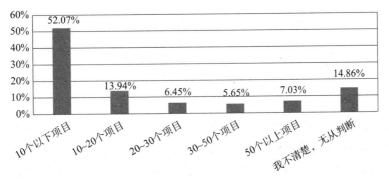

图 1-9 2019 年应用 BIM 技术的项目情况

　　根据进一步的调查，有 10.18% 的企业在项目上全部应用了 BIM 技术，25.18% 的企业在项目上应用 BIM 技术的比例超过 50%，但项目应用比例少于 25% 的企业仍然是大多数，占比 31.84%，如图 1-10 所示。

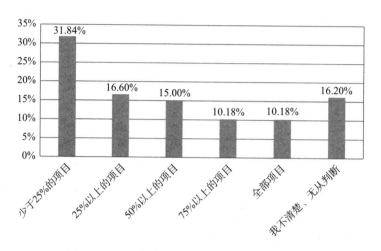

图 1-10　2020 年应用 BIM 技术项目的占比情况

　　在应用 BIM 技术的项目规模层面看，BIM 应用大多集中在大中型规模项目中，在大型建设项目中应用 BIM 技术的企业达到 70.97%，在中型建设项目中应用 BIM 技术的企业达到 61.99%；同时，有 42.66% 的企业会在小型建设项目中应用 BIM 技术，这也说明了 BIM 应用范围的扩大和价值的逐渐凸显，如图 1-11 所示。从项目类型层面看，BIM 应用集中在住宅类建筑和公用建筑等房建项目中，其中公共建筑占比 73.54%。值得注意的新变化是，基建类建设工程也开始了对 BIM 应用价值的探索，占比 34.24%，如图 1-12 所示。

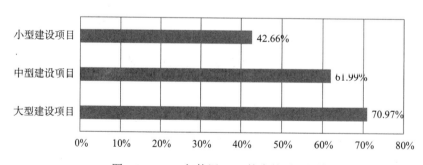

图 1-11　2020 年使用 BIM 技术的项目规模

　　在 BIM 组织建设方面，有 24.62% 的企业还未建立 BIM 组织，同时建立公司层 BIM 组织和项目层 BIM 组织的企业最多，达 33.44%，如图 1-13 所示。与 2019 年相比，已建立项目层 BIM 组织的企业占比降低，还未建立 BIM 组织的企业占比上涨 6.53%，如图 1-14 所示。

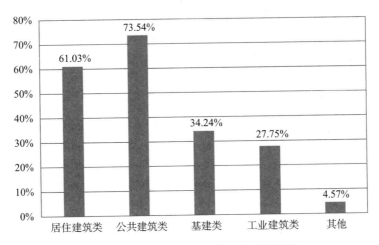

图 1-12　2020 年使用 BIM 技术的项目类型

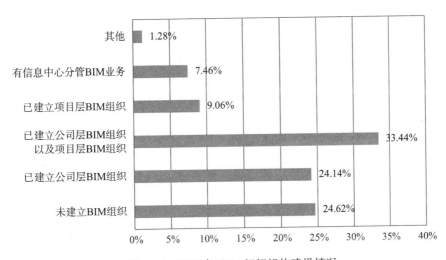

图 1-13　2020 年 BIM 组织机构建设情况

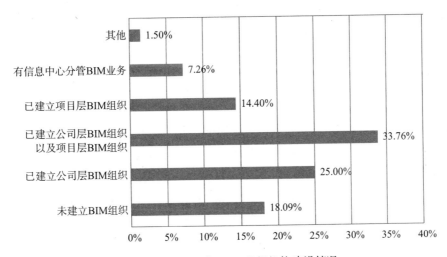

图 1-14　2019 年 BIM 组织机构建设情况

此外，据调查数据显示，公司成立专门组织进行 BIM 应用（占 60.55%）是现阶段开展 BIM 工作的最主要方式，选择与专业 BIM 机构合作的占 18.04%，有 14.51% 的企业选择委托咨询单位完成 BIM 应用的方式，如图 1-15 所示。现阶段企业仍然重视培养其自身 BIM 应用能力。

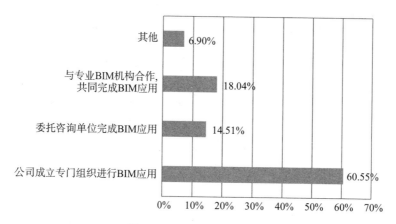

图 1-15　BIM 工作的开展方式

对于创建模型，超过七成的施工总承包企业都会自行创建 BIM 模型，其中 38.37% 的企业由公司 BIM 相关部门负责创建，33.52% 的企业由项目成立的 BIM 工作组负责创建，仅有 9.40% 的企业将创建 BIM 模型的工作交予建模公司进行，如图 1-16 所示。

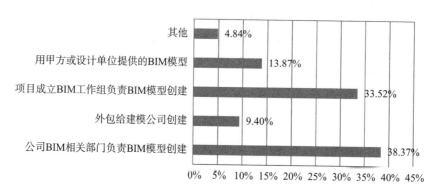

图 1-16　BIM 模型的获取方式

在资金投入方面，企业投入的力度相对均衡。其中，投入资金在 100 万 ~ 500 万元的企业所占比例最高，为 18.04%；其次是 10 万 ~ 50 万元的企业，占 16.12%；投入在 50 万 ~ 100 万元以及投入 10 万元以内的企业分别占 15.32% 和 13.63%；投入高于 500 万元的企业占比 10.18%，如图 1-17 所示。从不同资质企业角度看，特级资质企业对 BIM 技术的投入远高于其他。

关于 BIM 技术应用的项目情况，主要集中在甲方要求使用 BIM 的项目、建筑物结构非常复杂的项目和有评奖或认证需求的项目，占比均超过了四成，分别占 54.77%、

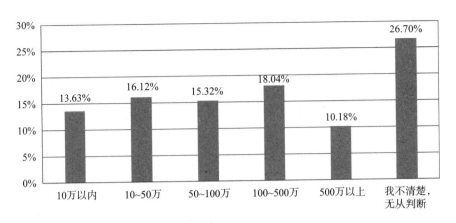

图 1-17　企业层面对 BIM 应用的投入情况

52.45%、43.95%，其次是需要提升企业对项目管理精细度的项目和需要提升公司品牌影响力的项目，分别占比为 28.95% 和 29.51%，如图 1-18 所示。从趋势上，与 2019 年的统计数据相比，排在最前面的还是甲方要求使用 BIM 的项目，且从排名上看没有显著变化。但有一些项目需求的增长值得注意，例如提升建设过程中多参与方协同能力的项目和需要提升企业对项目管理精细度的项目，这也说明 BIM 技术在建筑业企业的企业项目管理中的需求越发明确，建造阶段各参与方协同价值凸显。

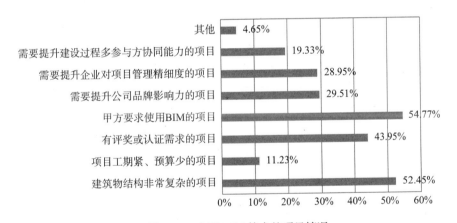

图 1-18　应用 BIM 技术的项目情况

　　从进一步的调查结果中发现，对于工期紧、预算少的项目应用 BIM 技术依然是最少的，这一数据反映出现阶段 BIM 应用在前期的精力和经济投入较多。此外，在施工总承包企业中，三级资质企业需要提升企业对项目管理精细度的项目和需要提升建设过程中多参与方协同的项目、需要提升公司品牌影响力的项目占比较高。对于三级企业而言，结构复杂的大项目相对较少，这类型企业在 BIM 应用的方向上，以提升企业管理能力和企业品牌影响力为主要目标更为合适；对于一级资质企业而言，对 BIM 应用的需求相对平衡，这也反映出此类企业需要通过 BIM 技术的应用提升企业的综合能力，进而实现企业竞争力的升级，如图 1-19 所示。

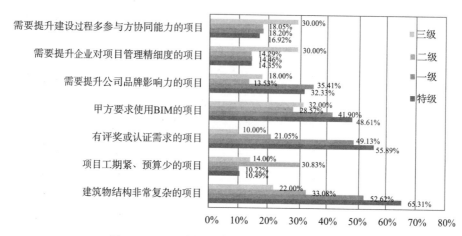

图 1-19　BIM 应用驱动力与企业资质之间的关系

对于企业开展过的 BIM 技术应用，各类 BIM 应用分布相对比较均衡，其中开展最多的三项 BIM 应用是基于 BIM 的机电深化设计（占 46.03%）、基于 BIM 的专项施工方案模拟（占 42.82%）和基于 BIM 的碰撞检查（占 38.25%）；其次是基于 BIM 的投标方案模拟（占 37.21%），如图 1-20 所示。

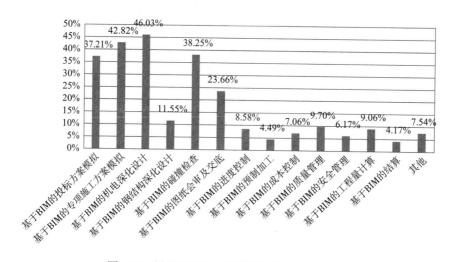

图 1-20　被调查对象单位开展过的 DIM 应用情况

根据调查显示，项目的技术、商务、生产三方面业务内容的 BIM 应用已经全部有所覆盖，排在前面的依然是技术管理中较为成熟的业务，包括方案优化、碰撞检查等，基于 BIM 的投标方案模拟等商务应用紧随其后。这也符合这几年 BIM 软件和应用比较活跃的应用领域，BIM 技术在建造阶段被普遍应用。

针对被调查对象企业 BIM 技术应用的现状，总体上来看，依然是企业资质越高 BIM 应用情况越好。这体现了整体发展水平更高、实力更强的企业对于 BIM 技术的重视程度相对也更高。与之前相比，三级资质的施工总承包企业对于 BIM 技术的重视程度也逐渐提高，业主方、专业承包商等对 BIM 应用的关注度增高，这也表明 BIM 的价值越来越得到行业的普遍认可。

2. 建筑业 BIM 应用发展情况

从统计数据上看，企业在制定 BIM 技术应用规划的情况上有着明显的提升，虽然已经清晰地规划出近两年或更长时间 BIM 应用目标的企业占比，较 2019 年稍微降低，但仍是最高，为 47.31%；值得注意的是处于 BIM 应用正在规划中，尚未形成具体内容的企业占比有着大幅提升（占 30.15%）；仍有 10.75% 的企业在 BIM 应用上尚未具体规划，仅有几个项目在试用；此外，有 11.79% 的受访者不清楚企业在 BIM 应用方面的规划，这一数据较前几年大幅降低，如图 1-21 所示。这说明更多的企业开始意识到 BIM 技术的价值，注重 BIM 技术应用的规划。进一步统计发现，特级资质企业中有 62.31% 已经清晰地规划出近两年或更长时间 BIM 应用目标，特级以下资质企业中已经清晰地规划出了近两年或更远的 BIM 应用目标的企业达到 35%。从企业资质角度讲，有资质越高，BIM 技术应用规划越完善的趋势，但较低资质企业对于 BIM 应用的重视程度正在逐步提升。

与前几年前相比，更多的企业开始注重制定 BIM 技术应用规划，BIM 技术在企业内部的推广也更为显著。处于规划中的企业达到了 30%，2019 年此数据只有不到 10%，如图 1-22 所示。

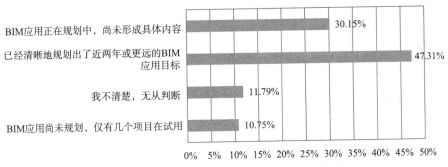

图 1-21   2020 年 BIM 技术应用规划的制定情况

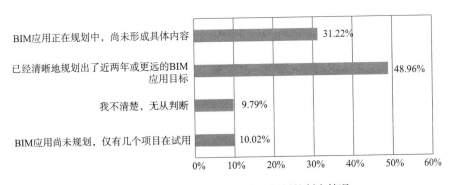

图 1-22   2019 年 BIM 技术应用规划的制定情况

对于企业现阶段 BIM 应用的重点，已经建立了 BIM 组织，重点在让更多项目业务人员主动应用 BIM 技术是多数企业最重要的工作，占比 36.49%；其次是已可用 BIM 解决项目问题，重点在寻找如何衡量 BIM 的经济价值，占比 20.13%；再次是项目业务人员已开始主动应用 BIM 技术，重点在利用 BIM 应用解决项目难点问题和 BIM 应用刚起步，正在建立专门的 BIM 组织，分别占比 18.93% 和 18.04%，如图 1-23 所示。其中，BIM 技术

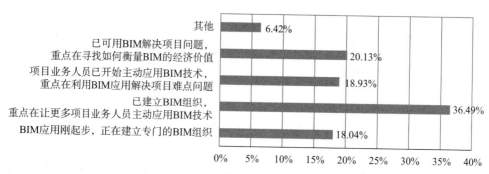

图 1-23 现阶段 BIM 应用的重点

应用时间越久、项目数量开展越多的企业，对项目业务人员主动应用 BIM 技术的需求越迫切。

从推进 BIM 过程中总结应用方法的重要性角度，50.2% 的受访者认为应用方法是推进 BIM 应用的必要条件；32.88% 受访者认为方法对推进 BIM 应用能起到较大帮助；有 2.33% 受访者认为方法对推进 BIM 应用起不到帮助，如图 1-24 所示。相比 2019 年，企业对待 BIM 的态度更趋理性。

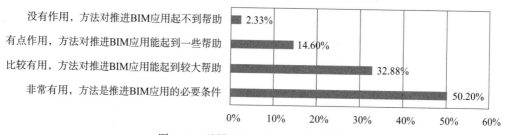

图 1-24 总结 BIM 应用方法的重要性

详细数据表明，BIM 应用方法总结是一项重要工作在企业中成为一种普遍认知，越是 BIM 应用时间长的企业，越是重视 BIM 应用的方法总结。其中应用超过 5 年的企业中，认为总结方法非常有用的企业占比高达 62.00%，如图 1-25 所示。此外，开展的 BIM

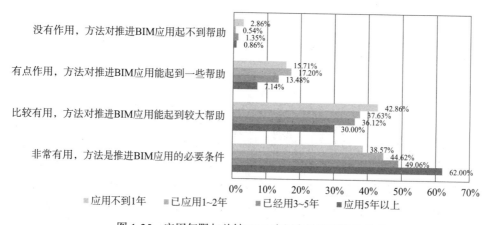

图 1-25 应用年限与总结 BIM 应用方法重要性的关系

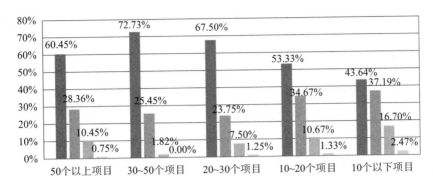

图 1-26　应用项目数量与总结 BIM 应用方法重要性的关系

应用项目数量多的企业，更认可 BIM 应用方法的总结的价值。应用项目不到 10 个的企业中，认为方法总结非常有用的占比为 43.64%，而应用超过 20 个项目的企业中，认为方法总结非常有用的在六成以上，如图 1-26 所示。

深层次分析可以发现，随着 BIM 应用的积累，企业更有意识并且更加重视对方法的总结，总结的应用方法可以对后续项目 BIM 应用起到指导和借鉴作用。

从 BIM 技术学习的方面看，受访者学习 BIM 知识的渠道目前还不够丰富，主要来自 BIM 培训机构，占比 54.37%；其次是 BIM 方面的专业书籍和 BIM 应用软件商，分别占比 48.12% 和 44.27%；还有一些受访者的 BIM 知识来自于 BIM 咨询公司与 BIM 联盟等组织，如图 1-27 所示。

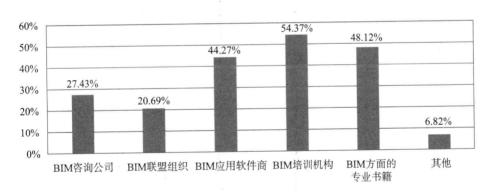

图 1-27　学习 BIM 知识的渠道

从对自身 BIM 应用能力的信心方面看，受访者对自己在 BIM 方面的知识和技术还是很有信心的，超过五成受访者对自身 BIM 技术能力的信心高于中间水平，其中 23.74% 的受访者对自身的 BIM 能力非常有信心，27.75% 的受访者比较有信心，信心不足的受访者占 12% 左右，如图 1-28 所示。此项数据可以看出，经过这些年 BIM 的不断实践与探索，越来越多的 BIM 人才更好地掌握了 BIM 方面的应用，但随着应用范围和深度的不断扩展，应用难度有所增加，BIM 应用从狂热期逐步进入理性期，非常有信心的人群和完全没有信心的人群比例都稍有下降，更多的应用者处于中间水平。

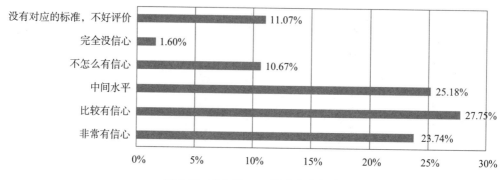

图 1-28　对自身 BIM 技术能力的信心

　　另一项数据表明，企业最希望通过 BIM 技术得到的应用价值排在前三位的依然是：提升企业品牌形象，打造企业核心竞争力（占 51.4%）；提高施工组织合理性，减少施工现场突发变化（占 48.28%）和提高工程质量（占 35.04%）。提升项目整体管理水平成为新的价值体现（占 27.99%）。值得注意的是企业对提升招投标的中标率的期望值相对最低，只有 10.18%，如图 1-29 所示。

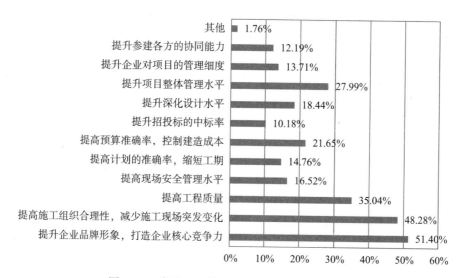

图 1-29　采用 BIM 技术最希望得到的应用价值情况

　　对于企业在实施 BIM 中遇到的阻碍因素，缺乏 BIM 人才已经连续四年成为大多企业共同面临的最核心问题，在今年的统计中其占比达到了 57.02%；排在第二位的阻碍因素是企业缺乏 BIM 实施的经验和方法（占 39.21%）；项目人员对 BIM 应用实施不够积极（占 29.75%）超过 BIM 标准不够健全（占 23.74%）上升为第三阻碍因素，如图 1-30 所示。

　　从企业对于 BIM 人才的需求方面我们可以看出，BIM 模型生产工程师（占 59.10%）替代 BIM 专业应用工程师（占 31.52%）成为最受关注人才；其次是 BIM 运维工程师，占比 54.77%；排名第三的是 BIM 专业分析工程师，占比 41.14%；BIM 造价管理工程师、BIM 战略总监分别占到 34.56% 和 31.03%，如图 1-31 所示。

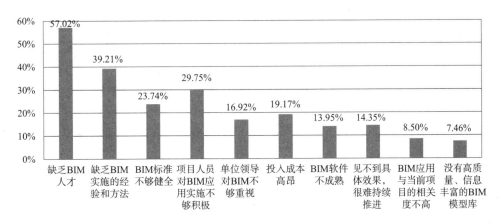

图 1-30　实施 BIM 中遇到的阻碍因素

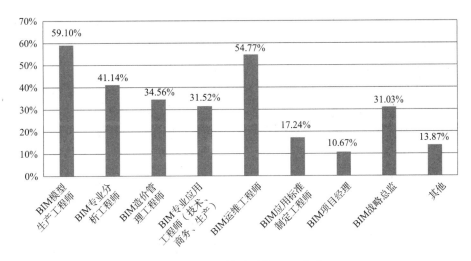

图 1-31　企业最需要的 BIM 人才

　　对于 BIM 应用的主要推动力，政府和业主仍然是最核心的力量，有超过 73.22% 被调查者认为政府是推动 BIM 应用的主要角色；选择业主是最主要推动力的占 49.16%；其次是行业协会（占 39.21%）和施工单位（占 38.57%），被调查对象认为科研院校（占 5.05%）和咨询机构（占 2.81%）对 BIM 应用的推动力最低，如图 1-32 所示。

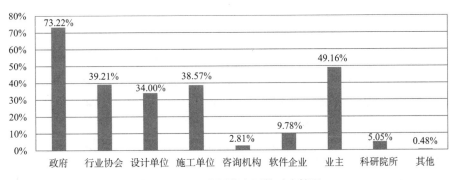

图 1-32　BIM 应用的主要推动力情况

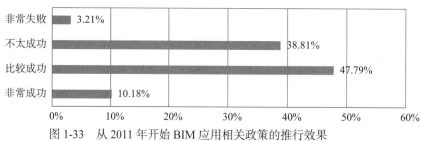

图 1-33　从 2011 年开始 BIM 应用相关政策的推行效果

　　鉴于政府连续被选择为 BIM 应用的核心推动力量，以及海外 BIM 应用典型性国家的推广经验，本报告针对从 2011 年开始 BIM 应用相关政策的推行效果如何进行了调研，近 60% 的被调研对象认为相关政策的推行效果成功，同时也存在相当比例的不认同声音，如图 1-33 所示。

　　从现阶段行业 BIM 应用最迫切要做的事来看，建立 BIM 人才培养机制依然是企业最为迫切的事情，占比 58.78%；建立健全与 BIM 配套的行业监管体系大幅提升成为企业面临的仅次于人才培养机制的迫切问题，占比 55.57%；其次依次是制定 BIM 应用激励政策和制定 BIM 标准、法律法规，分别占比 54.61% 和 52.04%；对于企业来说，开发研究更好、更多的 BIM 应用软件是最不紧迫的，仅占 26.06%，如图 1-34 所示。值得一提的是，与 2019 年的调查结果对比，选择建立健全与 BIM 配套的行业监管体系的受访者从倒数第二上升到了第二的位置上，证明了现阶段企业对于行业监管体系的需求不断增长。

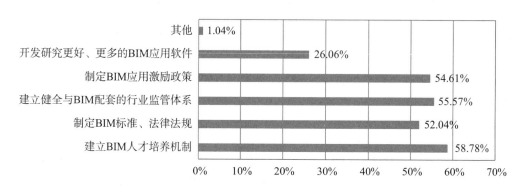

图 1-34　现阶段行业 BIM 应用最迫切的事情

　　关于影响未来建筑业发展的技术，大数据和云计算依然是重要的，分别占比 67.12% 和 50.60%；其次是人工智能和物联网技术，分别占 42.82% 和 30.47%；机器人占比相对较低，为 21.49%，值得注意的是，当前 5G 技术成为一种被建筑业关注的新技术，占比 23.50%，如图 1-35 所示。

　　从 BIM 发展趋势看，没有太大变化，与项目管理信息系统的集成应用，实现项目精细化管理仍然高居榜首，占比 72.17%；其次是与物联网、移动技术、云技术的集成应用，提高施工现场协同工作效率，占比 64.23%；其他被认可的趋势还包括与云技术、大数据的集成应用，提高模型构件库等资源复用能力（占 46.03%）和在工厂化生产、装配式施工中应用，提高建筑产业现代化水平（占 43.54%），如图 1-36 所示。

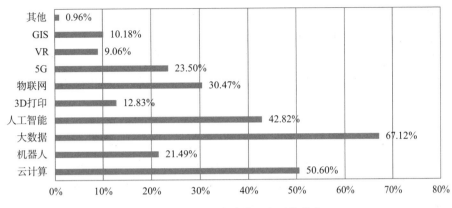

图 1-35　影响未来建筑业发展的技术

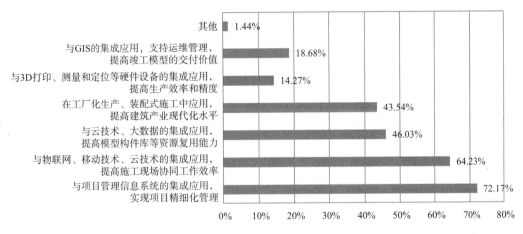

图 1-36　BIM 应用的发展趋势判断

1.2　BIM 技术应用整体情况分析总结

根据上述建筑业企业 BIM 应用情况调查，可以看出行业整体在推进 BIM 应用发展的过程中还是有明显的正向趋势，不过在推进的过程中，仍然存在着不少问题，同时 BIM 技术在行业的发展也呈现出了一定的规律。基于以上内容，编写组将针对 BIM 应用过程中存在的问题和 BIM 应用的规律两方面进行梳理总结。

1.2.1　BIM 应用过程中存在的问题总结

我国 BIM 技术应用已经将近 10 年时间，近年随着政策的推动、标准的建立、企业的不断实践，行业内逐步形成了对 BIM 应用价值的认知共识，但仍然存在一些问题。本报告通过整理调研结果，对 BIM 技术在应用过程中存在的问题做了总结与梳理，主要涉及 BIM 人才问题、BIM 应用与项目管理脱节问题、BIM 软件及应用标准问题等三个方面，下文将对这些方面进行详细论述。

1. BIM 人才的问题

在 BIM 应用过程中，BIM 人才问题一直是建筑业企业急需解决的重要环节。根据线上、线下多方调研，我们识别到人才问题主要集中在企业总体 BIM 人才的缺乏、BIM 人员能力与工作要求不匹配、BIM 人员发展及认证体系不健全、BIM 人才培养方式匮乏等四个方面，以下我们将从这四个方面展开介绍。

第一，总体 BIM 人才的缺乏。据调查，缺乏 BIM 人才连续 4 年成为建筑业企业 BIM 应用发展的最大阻碍。由于行业高度的重视和迅速的推广，BIM 技术已然走入快速发展和深度应用阶段，对 BIM 人才的需求不断加大，而企业 BIM 人才储备、培养、引进不能及时跟上需求，培养人才问题成为企业亟待解决的事情。调研中，BIM 专业应用工程师、BIM 模型生产工程师、BIM 专业分析工程师、BIM 造价管理工程师、BIM 项目经理是行业需求排名前五的 BIM 人才。由此可见，企业真正需要的高级 BIM 人才需要同时兼顾建筑工程能力和 BIM 技术能力。在工程项目设计、施工、运维的全生命期中，不同阶段的 BIM 从业者需要将不同的工程专业与 BIM 技术结合。在施工阶段，BIM 人才在 BIM 软件的操作能力之外，同时要具备 BIM 应用能力、建筑工程业务经验、工程项目各业务线条信息整合的管理能力，而这类人才目前还比较少。

第二，BIM 人员能力与工作要求不匹配。进一步来说，企业 BIM 人才缺乏的原因还在于目前企业 BIM 人员能力与工作要求不匹配。企业 BIM 人才的主要来源，一是外部引进，招聘高校培养的新毕业的专业人才或社会人才；二是内部培养，组织培训企业内部有 1～2 年工程项目经验的技术员。一般来说，新毕业的院校人才大多工程项目经验相对较少，不了解业务，在 BIM 技术的操作运用中无法更好地与业务相结合。此类人才往往需要一定时间在工程项目中的历练来积累经验，周期 1～5 年不等。而内部培训有 1～2 年经验的技术员，通常是兼职工作，人员的精力不够，加之由于 BIM 工作不好量化，工作效果不好评价。此外，在工程项目中工作时间久的人员接受新技术困难，突破舒适区困难，从事 BIM 如果不能给人员自身带来更多的个人利益，对其驱动力不强。

第三，BIM 人员发展及认证体系不健全。BIM 人才缺乏的另一影响因素是发展与认证体系不健全，导致成长困难。从行业角度来看，虽然 2019 年国家人力资源与社会保障部将 BIM 工程师纳入新职业范畴，BIM 工程师正式成为国家承认的新职业发展方向，但 BIM 未被列入职业评价标准，职业发展前景仍然不甚明朗。像人社部和工信部颁发的 BIM 证书也只有培训证书，以证明参与培训课程，而非 BIM 职业资格认证。从企业角度来看，企业对于基于 BIM 的复合型人才的晋升通道目前还不健全。大多数企业仍然没有建立统一的 BIM 价值评价标准，也无法量化评价、考核 BIM 人员的工作能力，同时缺乏明晰的晋升通道和要求，BIM 人员往往被传统观念限定而导致边缘化。

第四，BIM 人才培养方式匮乏。BIM 人才的培养，以企业为核心，院校、企业、行业形成培养链条，但每个环节的培养方式都较为匮乏，每个环节间的衔接也不够充分。从调查来看，BIM 从业者学习 BIM 知识的主要渠道是 BIM 培训机构、BIM 方面的专业书籍、BIM 应用软件商，还有一定比例从业者的知识来自于咨询公司、行业组织，甚至是网络资源。整体来说，目前我国建筑行业复合型 BIM 人才缺乏健全的培养体系。从院校层面来看，虽然国内各高校建筑相关专业对 BIM 越来越重视，也开展了相关的教学和科研，但 BIM 人才的培养聚焦在 BIM 理论，或者 BIM 软件建模，缺乏与建筑工程实践的结合，培育与市场需求匹配度比较低。从企业层面来看，迫于工作和业绩压力，企业领导对 BIM 重视程度不够，BIM 人才培养没有合理规划和长期目标，受训人员主动应用意识不强，缺乏内在动力，导致 BIM 培训成为一时举措，训后持续应用和学习停滞。同时，企业培养 BIM 技术专业人才容易，但培养复合型人才，需要长期项目实践经验的积累。从行业层面来看，一是此类培训相对较少，二是参与行业培训的大部分成员为建筑业企业在职人员，行业培训无法直接与企业管理需求进行针对性挂接，从而制定合适的培训规划，接受培训的在职人员难以同时兼顾深入进行 BIM 培训和做好本职工作，行业培训的最终效果相对有限。因此，院校要加强高校建筑工程类相关专业 BIM 教学力度，重视专业与 BIM 技术的交叉，增加系统课程，理论与技术实操兼顾，培养 BIM 技术应用初级人才。培养过程中与企业实际工程业务相结合，使得高校毕业生在进入企业时能快速适应。而行业、企业着重于 BIM 技术应用的进阶型人才，根据行业的发展，补齐拉平 BIM 人才复合能力。尤其企业领导需要具有数字化的远见，明晰 BIM 与企业战略之间的关联，根据企业不同层级岗位需求和不同业务线，建立企业培训 BIM 能力标准和结构体系。开展专业辅导培训、带薪学习或老带新师徒制结合。

BIM 人才的发展不能与市场需求脱钩，也离不开企业人才发展机制和行业对于职业发展的认同。健全知识结构体系，合理规划人才发展的职业通道，培养人才同时留住人才，才能让更多复合型 BIM 人才与专业型 BIM 人才成长和涌现。

2. BIM 应用与项目管理脱节

BIM 应用真正地落地，需结合公司和项目自身的管理，但目前 BIM 应用与项目管理脱节却是建筑业企业 BIM 应用中存在的主要问题之一。导致这种脱节的原因主要有 BIM 应用对项目人员产生的价值缺少高效传递、BIM 应用对提升管理水平的效果不明显、BIM 人员对 BIM 应用的意识不够。

第一，BIM 应用对项目人员产生的价值不显性。现在，BIM 技术已经突破了最初的关键点模拟、碰撞检查、可视化呈现等简单应用，而成长为信息的载体，在信息的解构和重构、数据连接带来业务协同上产生更大的价值。要让数据产生价值需要源头数据及时、真实、完整的采集，这需要各个部门利用信息技术配合完成。具有管理性质的信息化工具在初期应用阶段可能是一方投入精力，他人享受价值，导致 BIM 应用对于使用者的价值显性较低，不容易被传递和感受。这就要求管理者从团队的管理效益出发，判断整体价值，通过机制的调整合理分配工作任务。

第二，BIM 应用对项目管理水平的价值不显性。BIM 应用对项目管理水平的价值不显性主要是两方面原因，一是项目管理水平的提升、管理效能增强不容易量化，不具体；二是投入产出比不好衡量。从效果、效能衡量来说，BIM 应用对于管理水平、管理效能的提升没有统一的衡量标准，效果、效能更多的是管理者凭经验得来的感受，无法量化和具体描述。每一个工程项目的建设过程是不可逆的，无法比较应用和未应用 BIM 的差别，工程项目也都相对独立，横向与其他项目比较也不够精准。从投入产出来说，单纯从经济方面具体衡量，表面看来大多数项目投入产出都是不划算的。BIM 应用的前期投入相对集中，很大程度上影响成本和性能，但其产出是后期长期持续发生的，比如降低变更成本。当然也有部分应用找到了量化指标，例如排砖。

第三，项目人员对 BIM 应用的意识不够。由于固有的组织结构、工作能力考核标准和机制、项目工作流程和习惯等原因，项目人员保持着旧有的惯性，对 BIM 应用的意识还比较薄弱，是 BIM 应用与项目管理脱节的另一重要原因。很少有企业从高层决策者、中层管理者到基层操作人员都能认可和感受到 BIM 技术带来的价值，并主动应用 BIM，大家都有自己的认知，对于 BIM 在企业的推进落地没有形成有效共识。从组织结构来说，BIM 相关的组织是新型产物，企业和项目对 BIM 组织的定位以及其和其他组织的协作需要长时间不断探索。从工作能力考核和利益关系来说，BIM 人员需要的是复合型人才，需要精通自己岗位或者领域的业务，同时能理解横向协作的相关工作，甚至跨界协作。由于每个人的精力有限，完成本职工作会被排在第一位，应用 BIM 非但价值不凸显还会增加工作量，个人发展路径不清晰。

BIM 是工程业务运作的基础支撑，但业务运作取得成果后，基础往往容易被忽视，其产生的价值占比也不容易衡量。对于项目人员，BIM 的价值在于提升工作质量和效率；对于项目团队，BIM 的价值在于基于数据的精细化管理；对于企业，BIM 的价值集中体现于数据汇总后的分析和有效利用。过去，企业搜集项目信息非常困难，不能做到及时、真实、有效，企业经营管理层面缺乏数据支撑。应用 BIM 技术，企业可以实时了解项目具体情况，以供企业集控和决策。总体来说，追问项目人员应用 BIM 的意识够不够，首先要追问企业对 BIM 技术以及 BIM 技术背后数字化管理提升的意识够不够。

3. BIM 软件及应用标准的问题

近几年 BIM 软件种类、应用业务范围、应用点有所扩展和深入。发展的同时对于 BIM 软件及应用标准也难以避免地衍生了一些问题。一是 BIM 软件种类多，BIM 相关软件易用性问题；二是相关软件间的数据标准统一性问题；三是应用标准的颗粒度与业务应用需求的匹配度不够问题。

第一，BIM 相关软件的易用性问题。目前 BIM 软件种类繁多、更新迭代快，不同的 BIM 应用方案、不同的 BIM 应用清单，所需要采用的 BIM 软件不一定相同，缺乏功能集中、全面的产品，这无形中增加了使用者的学习难度和学习成本。现有的 BIM 软件大多对硬件要求较高，稳定性也存在一定的问题，使得软件在操作便捷性上不够理想。比如支吊架的设计使用机电深化设计软件效率比使用通用的建模设计软件效率高。综合来看，目前应用 BIM 软件需要企业前期投入人力成本和软硬件成本，BIM 直接应用者需要投入自身精力学习和操作软件，这些因素都成为 BIM 应用的阻碍。BIM 软件归根到底是服务于应用者的，易用性是软件需要重点关注的问题。

第二，相关软件间的数据标准统一性问题。没有标准的数据接口，每个软件自说自话，容易形成数据孤岛，软件将失去数据协同的作用。当 BIM 从碰撞检查、可视化等单点的应用演进为数据的载体而赋能管理，贯穿整个建筑生命周期，通过数据的流通共享促进不同阶段、不同专业间的协同。数据的准确性、及时性和全面性就成为企业、项目数字化管理的核心，数据的间断和缺失会对数据价值造成很大影响。目前，由于数据模型、信息构成、数据交换标准等不统一，各 BIM 软件厂商都有自定义的文件格式表达来存储数据，导致 BIM 软件间的数据兼容性还存在较大问题，一些软件在信息交换过程中存在信息丢失或者数据错误的情况，例如 Revit 导出 IFC 文件过程中的丢件问题。

第三，BIM 应用标准的颗粒度与业务应用需求的匹配度不够。建筑信息模型随着整个建设过程的发展，模型细度不断提高，在建筑生命周期的不同阶段，所需模型细度也是不同的，对于施工阶段的信息模型，工程项目不同专业在 BIM 应用时对模型的要求也不尽相同。施工图设计模型、深化设计模型、施工过程模型、竣工模型等分别有相应的精度要求。在实际工作中，一些应该在设计阶段建立模型的工作是在施工阶段完成的，通用的模型精度并不适用。例如土建模型，施工图设计模型包含建筑与结构两部分，但施工单位需要土建、装修、钢结构等专业深化模型才能满足业务需求。现有模型对以上业务需求来说精细度不足，但对于构件的细度要求却比较多余。机电模型同样存在模型精度不能满足机电施工的施工模拟和进度管理，但在设备几何信息和构件方面要求多余的情况。在尝试阶段 BIM 软件满足不了业务场景对价值的需求，需要经过长期的发展逐步建立更适合业务实际需求的标准，在现阶段随着标准的不断完善，已经在业务应用场景的适应性上有很大进步，价值已经有所提升。

1.2.2　BIM 应用的规律总结

根据调研发现，目前中国建筑业 BIM 应用已经从倡导阶段进入实践阶段，应用范围覆盖设计、施工、运维全产业链条，并逐渐形成了一定的应用规律，经梳理总结为以下四个方面：BIM 技术在建造阶段普遍应用、BIM 技术在建筑业企业的企业项目管理中价值凸显、建设方应用 BIM 技术进行工程管理成为趋势、BIM 技术在基建领域获得价值认可和逐步推广。

1. BIM 技术在建造阶段被普遍应用

BIM 技术肇始于设计阶段，却在建造阶段有了更深入的推广和应用。从调研情况来看，现在 BIM 技术作为一种技术工具，在建造阶段可视化交底、碰撞检查、机电深化、投标方案模拟、专项施工方案模拟等基础应用价值已经被落实实践和普遍认可，变成辅助工程项目建造很有效的工具。同时，BIM 技术管理应用以外的价值也在建造阶段被不断深入探索。例如应用 BIM 技术与云计算、物联网、大数据等先进数字技术，实现对项目实际生产过程的采集和记录，再通过 BIM 将虚拟建筑和实体建筑的信息连接在一起，完成建筑实体、生产要素、作业过程、管理过程的数字化，辅助管理决策的数字化，实现对作业方式和项目管理的变革，提升项目各参与方之间的效率。正如调研中显示，控制成本和进度、提高施工组织合理性、减少施工现场突发变化、提高工程质量、提高工程现场安全管理水平等成为施工企业采用 BIM 技术最希望得到的应用价值。

2. BIM 技术在建筑业企业的企业项目管理中价值凸显

调研显示，在建造阶段，施工企业通过 BIM 技术的应用提升项目管理水平，提升企业对项目的管理细度成为一种新规律。调研数据显示，有 29% 的被调研者所属企业在需要提升企业对项目管理精细度的项目应用 BIM 技术。分别有 28% 和 13.7% 的被调研者所属企业希望通过应用 BIM 技术达到提升项目整体管理水平和提升企业对项目的管理细度的目的。

第一，提升项目管理精细化水平。如今，通过对 BIM 技术与云计算、大数据、物联网、人工智能等数字技术综合应用，智能设备对工地现场的智能感知，收集及时、真实的数据与 BIM 模型相关联，实现工程项目生产过程中各部门间、各管理层级间的数据共享与协同，实现工程项目的减负、降本、提质、增效。BIM 技术已经突破技术管理，深入项目进度、质量、安全和成本管理等各方面，为整体项目管理提供数据支撑。数据的共享使得项目上劳务工人、物资、机械等相关资源可以更加合理地配置，保障施工安全和工程进度。通过 BIM 技术，施工现场生产、商务、技术等各条业务线围绕计划管理、跟踪管控、生产协作、分析决策四个核心痛点打通 PDCA 循环。BIM 技术还实现了项目生产过程中的过程管理的可追溯。在作业层上，提供管理和作业标准，将各岗位的过程管理数据分类分析，用于管理绩效评价；在管理层上，实现各管理层过程管理数据可追溯，为对管理者的绩效评价提供参考，有效提升项目管理能力。

第二，提升企业对项目的管理细度。随着 BIM 应用的不断深入，其应用范围也在不断延伸，逐渐形成从项目现场管理向施工企业经营管理延伸的趋势。企业通过应用 BIM 技术实现企业与项目技术、商务、生产数据的统一共享与业务协同；保证项目数据口径统一和及时准确，实现公司与项目的高效协作，提高公司对项目的标准化、精细化、集约化管理能力。

工程项目的管理协作主要包括公司、项目以及公司和项目之间的全过程、全要素的业务管理与协同。当项目需要公司给予支持，公司基于项目真实数据进行决断，更有效地保证项目需求的实时响应，更好地服务项目。另外，公司也可以通过项目的实时数据，根据具体情况对项目进行更具针对性的管控和赋能，同时根据多项目综合数据，合理调配公司资源，实现资源最有效利用。在此过程中，BIM 作为数据载体，可以实时、真实地反映多项目的真实情况，通过数据指导公司决策。

3. 建设方应用 BIM 技术进行工程管理成为趋势

BIM 技术在建筑工程建设的设计阶段最早出现，在施工阶段开始快速推广和深度应用。根据调研结果，如今建设方应用 BIM 技术进行工程管理也逐渐成为趋势。建设方普遍认可 BIM 应用在建造阶段各参与方的管理协同作用，参建各方基于 BIM 协同应用的价值逐步显现。

首先，建设方普遍认可 BIM 应用在建造阶段各参与方的管理协同作用。房地产企业作为最早探索 BIM 应用的建设方，很具代表性。为确保轻资产项目规模化发展，2015 年万达集团在"总包交钥匙模式"基础上引入以 BIM 技术为基础、通过项目信息化集成管理平台进行管理的"BIM 总发包管理模式"。该模式下建设方、设计总包方、工程总包方、工程监理方在同一 BIM 平台上对项目实现"管理前置、协调同步、模式统一"，把大量的矛盾（设计与施工，施工与成本计划与质量）前置解决，减少争议，大大提高了工作效率。不同于万达商业地产，龙湖更多的是住宅项目，龙湖的 BIM 系统也更加轻量化，但同样注重设计、施工、采购、运维四方协同。此外，绿地、绿城等房地产龙头企业也纷纷引进 BIM 技术，逐步探索实现建筑全生命期的 BIM 应用。

在地产企业以外，大部分非地产类业主方由于自身性质，对于项目管理的能力具有先天的不足，也逐步开始利用 BIM 技术对工程项目进行精细化管理。例如北京城市副中心项目和北京大兴国际机场项目，都是政府为业主，都具有项目规模体量大、任务重，工程难度大、图纸变更多，参建方多、专业分包多、参与施工人员多，统一协调管控难度大等难点。借助 BIM 技术，项目实现根据项目特点进行施工部署和技术质量控制、制定技术方案和进行技术交底时注意对于复杂节点实现直观精确的施工方案交底、项目协同管理、现场施工管理、项目进度的控制、资料管理与协调。

其次，参建各方基于 BIM 协同应用的价值逐步显现。由建设方发起的参建各方 BIM 协同应用，可以大大提升工程整体的管理效率，从而降低项目成本。BIM 作为数据载体，能够将项目在全生命期内的工程信息、管理信息和资源信息集成在统一模型中，打通业主、设计、施工、供应商等不同参与方的信息壁垒，打通设计、施工、运维阶段分块割裂的业务，解决数据无法共享的问题。用数据驱动标准和流程，保证成本、采购、过程管理透明；基于数据进行动态优化，减少期间沟通成本，智能决策；实现一体化、全生命期应用，进而实现建筑全生命期的数据可追溯和精细化管理。

建设方牵头，参建各方基于 BIM 协同应用的价值不断扩大，一定程度上还会促进新的经营模式的改变，例如 EPC 模式。现在，大部分建设方要求施工阶段各参与方应用 BIM 技术，打破传统的项目由于设计、施工等参与方的分阶段介入的情况，BIM 模型成为业主、设计、施工、供应商等工程主要参与方形成整体项目团队的核心纽带，协助项目参与方改变思维方式和行为，同时基于数据降低管理和协同的难度，提高决策的科学性，形成一种整合效益。

同时建设方往往要求交付可以用于后期运维的竣工模型，这大大促进了 EPC 模式的成功实施。基于 BIM 技术，工程总承包企业可以承担工程项目的设计、采购、施工、试运行服务等工作，并对承包工程的质量、安全、工期、造价全面负责。设计、采购、施工、试运行等业务形成互相配合的整体，协同作战，可以有效地减少成本、控制投资、厘清责任、提高工程建设质量和效益。

4. BIM 技术在基建领域获得价值认可和逐步推广

在 BIM 技术推广应用的近些年，由于政策的支持和利好，BIM 应用在建筑施工企业逐渐开花，大型场馆、住宅、高难度复杂工程等房建项目是主阵地，在基建领域应用却不那么火热，地铁、公路、铁路、隧道、管道等线性工程涉及较少。但如今，BIM 技术在基建领域也正在逐步推广，进行价值的探索。

第一，BIM 应用在基建领域得到逐步推广应用。在本次调研中发现，一些基建类的专业承包单位也已经开始应用 BIM 技术，同时参与调研的 1247 位被调查对象中，有近 35% 的被调查对象所在企业正在探索将 BIM 技术运用到基建项目中。2019 年中国建筑业协会举办的第四届建设工程 BIM 大赛获得一类成果的项目中，基建类项目占比 26%。以上信息都在表明，BIM 技术在基建领域得到了逐步推广，并开始展现出价值。

第二，BIM 应用在基建项目中的价值探索。大型基础设施建设类工程铁路、公路、地铁等都是线性工程，有着工程战线长、工程资料量大、工程复杂度高等特点，以及由于这些工程特点带来的工程监管困难、工程资料不好统计、施工难度高等问题。BIM 技术与先进数字技术的结合应用，使 BIM 模型成为数据的载体，实现工程物理世界和虚拟世界的数字孪生，为工程安全、进度、质量的监管提供了更有效的手段。

BIM 技术及物联网等数字技术解决现场施工监管难问题。线性工程战线长造成巡查时间长、信息难收集，增加项目管理难度。有了 BIM 技术和物联网技术，项目可以通过智能监控、监测设备实现数据的及时采集，将工程过程中每一个部位的实时数据直接传递到云端，供各业务部门进行整合管理，解决现场施工监管难的问题。

BIM、大数据及云计算等数字技术对施工现场大量资料信息进行有效管理。线性工程项目中，每一个部位的建造过程都会产生大量的资料信息，而不同标段又是不同的劳务队，给整个项目的资料管理造成了很大的困难。运用 BIM 和云计算技术就能很好地解决不同标段资料收集困难的问题，同时可以在统一平台实现大量的数据积累，为企业工艺工法的总结和智能化数据分析打下了基础。

第 2 章　BIM 技术应用推广情况分析

上一章节主要对我国建筑业 BIM 应用的整体情况进行了调研和分析总结，本章节将基于以上情况，针对 BIM 技术在建筑业的推广情况进行梳理与分析。本章节主要从 BIM 政策、BIM 标准规范、BIM 奖项与认证等三个方面进行分析总结，旨在进一步对我国建筑业 BIM 应用情况做更加全面、综合的呈现。

2.1　BIM 政策的情况分析

BIM 技术政策是指国家、行业、地方以及组织（包括企业）制定的用以引导、促进和干预 BIM 应用和进步的政策。BIM 技术政策以 BIM 技术支持行业发展为直接目标，是保障 BIM 技术适度和有序发展的重要手段。BIM 技术政策的制定和实施非常重要。首先，促进 BIM 技术进步是各级组织本身的职能要求。其次，单纯依靠市场机制分配资源有时难以满足 BIM 技术发展的需要。最后，迅速增强本国的技术力量需要包括政府在内的各级组织干预。

本章节将对我国的 BIM 政策情况进行总结和梳理，系统性的阐述国家对 BIM 技术的发展政策及未来期望。一般 BIM 技术政策可分为三个层次，最高层次是国家和行业的 BIM 技术政策，给出推动行业整体 BIM 应用水平的目标、任务和保障措施，其次是地方的 BIM 技术政策，结合地方的特色和需求，给出 BIM 进步的激励机制；而企业层面的 BIM 技术政策更加落地，往往有更加详细的企业制度与组织形式相对应，BIM 应用的奖惩政策更加明确。本章节也是围绕这三个层次的划分来进行阐述。

2.1.1　国家和行业性 BIM 政策的情况分析

我国国家层面最早的一项 BIM 技术政策是《2011～2015 年建筑业信息化发展纲要》，此后陆续发布了一系列 BIM 技术政策和标准编制计划。

2011 年 5 月住建部发布了《2011～2015 年建筑业信息化发展纲要》（建质函〔2011〕67 号）。这是 BIM 第一次出现在我国行业技术政策中，可以看作是国内 BIM 起步的政策，文中 9 次提到 BIM 技术，把 BIM 作为"支撑行业产业升级的核心技术"重点发展。政策把 BIM 应用作为重点任务，提出了对 BIM 研发和应用的具体要求，规定了"十二五"期间的发展目标为：基本实现建筑企业信息系统的普及应用，加快建筑信息模型（BIM）、基于网络的协同工作等新技术在工程中的应用，推动信息化标准建设，促进具有自主知识产权软件的产业化，形成一批信息技术应用达到国际先进水平的建筑企业。《2011～2015 年建筑业信息化发展纲要》把 BIM 从理论研究阶段推进到工程应用阶段，从而在我国掀起了 BIM 标准研究和在工程中探索应用的高潮。

随后在 2012 年，住建部启动"勘察设计和施工 BIM 发展对策研究"课题研究，针对我国特有的国情和行业特点，参考发达国家和地区 BIM 技术研究与应用经验，提出了我国在勘察设计与施工领域的 BIM 应用技术政策方向、BIM 发展模式与技术路线、近期应开展的主要工作等建议。这为后期《关于推进 BIM 技术在建筑领域内应用的指导意见》（建质函〔2015〕159 号）和《2016～2020 建筑业信息化发展纲要》（建质函〔2016〕183 号）的推出打下了基础。在《关于推进 BIM 技术在建筑领域内应用的指导意见》中，国家将 BIM 技术提升为"建筑业信息化的重要组成部分"，并在《2016～2020 建筑业信息化发展纲要》中重点强调了 BIM 集成能力的提升，首次提出了向"智慧建造"和"智慧企业"的方向发展。中国国家和行业的主要 BIM 技术政策如表 2-1 所示。

中国国家和行业主要 BIM 技术政策 表 2-1

序号	技术政策名称	发布单位和时间	主要内容
1	《2011～2015 年建筑业信息化发展纲要》（建质函〔2011〕67 号）	住房和城乡建设部，2011 年 5 月	"加快 BIM、基于网络的协同工作等新技术在工程中的应用"
2	《关于推进 BIM 技术在建筑领域内应用的指导意见》（建质函〔2015〕159 号）	住房和城乡建设部，2015 年 6 月	"到 2020 年末，建筑行业甲级勘察、设计单位以及特级、一级房屋建筑工程施工企业应掌握并实现 BIM 与企业管理系统和其他信息技术的一体化集成应用。到 2020 年末，以下新立项项目勘察设计、施工、运营维护中，集成应用 BIM 的项目比率达到 90%：以国有资金投资为主的大型建筑；申报绿色建筑的公共建筑和绿色生态示范小区"
3	《2016～2020 建筑业信息化发展纲要》（建质函〔2016〕183 号）	住房和城乡建设部，2016 年 8 月	"着力增强 BIM、大数据、智能化、移动通讯、云计算、物联网等信息技术集成应用能力，建筑业数字化、网络化、智能化取得突破性进展"
4	《关于促进建筑业持续健康发展的意见》（国办发〔2017〕19 号）	国务院办公厅，2017 年 2 月	"加快推进 BIM 技术在规划、勘察、设计、施工和运营维护全过程的集成应用，实现工程建设项目全生命期数据共享和信息化管理"
5	《推进智慧交通发展行动计划》（交办规划〔2017〕11 号）	交通运输部，2017 年 2 月	"深化 BIM 技术在公路、水运领域应用。在公路领域选取国家高速公路、特大型桥梁、特长隧道等重大基础设施项目，在水运领域选取大型港口码头、航道、船闸等重大基础设施项目，鼓励企业在设计、建设、运维等阶段开展 BIM 技术应用"
6	《关于推进公路水运工程 BIM 技术应用的指导意见》（交办公路〔2017〕205 号）	交通运输部，2018 年 3 月	"围绕 BIM 技术发展和行业发展需要，有序推进公路水运工程 BIM 技术应用，在条件成熟的领域和专业优先应用 BIM 技术，逐步实现 BIM 技术在公路水运工程广泛应用"

从发文内容看，国家的 BIM 技术政策充分考虑了行业现状和需求。我国有自成体系的工程建设管理制度和政策，对应的国家 BIM 技术政策也与之匹配以确保有效落地实施，同时作为支撑行业技术进步和转型升级的重要手段，BIM 技术应用也会与行业其他技术

和标准产生相互影响。其次，我国有规模庞大的从业企业和人员，BIM 技术应用水平和能力千差万别，相关的 BIM 技术政策以推广普及为主，进而起到整体提升行业技术能力的作用，同时也兼顾对更高层次技术应用的引领。最后，我国有相当数量符合国内工程标准和规范的专业应用软件和设备，技术上和经济上短期内都不可能出现全新的替代品，BIM 政策也在逐步引导这些软件和设备的改造和升级，同时也鼓励创新。

另外，我国的 BIM 技术政策的推出有着分阶段、分层次的特色。作为一个大国，特别是我国正在进行着世界上最大规模的建设，有必要着力推进 BIM 技术的应用，以促进我国建筑工程技术的更新换代和管理水平的提升。BIM 技术是一项新技术，其发展与应用需要政府的引导，以提升 BIM 应用效果、规范 BIM 应用行为。

2.1.2　地方性 BIM 政策的情况分析

受国家与行业推动 BIM 应用相关技术政策的影响，以及建筑行业改革发展的整体需求，多个省和直辖市地方政府先后推出相关 BIM 标准和技术政策。这些地方 BIM 技术政策，大多参考住房和城乡建设部 2015 年 06 月 16 日发布的《关于推进建筑信息模型应用的指导意见》（建质函〔2015〕159 号），结合地方发展需求，从指导思想、工作目标、实施范围、重点任务以及保障措施等多角度，给出推动 BIM 应用的方法和策略。表 2-2 列出了部分地方政府的 BIM 相关技术政策，详细的各地方 BIM 政策可在地方政府网站进行查阅，此处不一一列出。

中国各地方 BIM 技术政策（部分）　　　　表 2-2

序号	政策名称（文号）	发布机构	发布时间
1	《广东省关于开展建筑信息模型 BIM 技术推广应用工作的通知》（粤建科函〔2014〕1652 号）	广东省住房和城乡建设厅	2014 年 9 月
2	《关于在本市推进建筑信息模型技术应用的指导意见》（沪府办发〔2014〕58 号）	上海市住房和城乡建设管理委员会	2014 年 11 月
3	《关于印发广西推进建筑信息模型应用的工作实施方案的通知》（桂建标〔2016〕2 号）	广西壮族自治区住房和城乡建设厅	2016 年 1 月
4	《关于开展建筑信息模型应用工作的指导意见》（湘政办发〔2016〕7 号）	湖南省人民政府办公厅	2016 年 1 月
	《关于在建设领域全面应用 BIM 技术的通知》（湘建设〔2016〕146 号）	湖南省住房和城乡建设厅	2016 年 8 月
5	《关于推进我省建筑信息模型应用的指导意见》（黑建设〔2016〕1 号）	黑龙江省住房和城乡建设厅	2016 年 3 月
	"关于印发《黑龙江省建筑信息模型（BIM）技术设计应用导则（试行）》"（黑建设〔2017〕2 号）	黑龙江省住房和城乡建设厅	2017 年 11 月
6	《关于加快推进建筑信息模型（BIM）技术应用的意见》（渝建发〔2016〕28 号）	重庆市城乡建设委员会	2016 年 4 月
	《关于下达重庆市建筑信息模型（BIM）应用技术体系建设任务的通知》（渝建〔2016〕284 号）	重庆市城乡建设委员会	2016 年 7 月

序号	政策名称（文号）	发布机构	发布时间
7	"关于印发《浙江省建筑信息模型（BIM）技术应用导则》的通知"（建设发〔2016〕163号）	浙江省住房和城乡建设厅	2016年4月
8	《关于推进建筑信息模型技术应用的实施意见》（云建设〔2016〕298号）	云南省住房和城乡建设厅	2016年5月
9	"关于发布《天津市民用建筑信息模型（BIM）设计技术导则》的通知"（津建科〔2016〕290号）	天津市住房和城乡建设委员会	2016年6月
10	"关于发布江苏省工程建设标准《江苏省民用建筑信息模型设计应用标准》的公告"（江苏省住房和城乡建设厅公告第30号）	江苏省住房和城乡建设厅	2016年9月
11	"关于发布安徽省工程建设地方标准《民用建筑设计信息模型（D-BIM）交付标准》的公告"（安徽省住房和城乡建设厅公告第61号）	安徽省住房和城乡建设厅	2016年12月
	"关于印发《安徽省勘察设计企业BIM建设指南》的通知"（建标函〔2017〕1300号）	安徽省住房和城乡建设厅	2017年6月
12	《关于推进建筑信息模型（BIM）技术应用的指导意见》（黔建设通〔2017〕100号）	贵州省住房和城乡建设厅	2017年3月
13	《关于加快全省建筑信息模型应用的指导意见》（吉建设〔2017〕7号）	吉林省住房和城乡建设厅	2017年6月
14	"关于印发《江西省推进建筑信息模型（BIM）技术应用工作的指导意见》的通知"（赣建科〔2017〕13号）	江西省住房和城乡建设厅	2017年6月
15	《关于印发推进建筑信息模型（BIM）技术应用工作的指导意见的通知》（豫建设标〔2017〕73号）	河南省住房和城乡建设厅	2017年7月
16	《武汉市城建委关于推进建筑信息模型（BIM）技术应用工作的通知》（武城建规〔2017〕7号）	武汉市住房和城乡建设委员会	2017年9月
17	《关于进一步加快应用建筑信息模型（BIM）技术的通知》（渝建发〔2018〕19号）	重庆市住房和城乡建设委员会	2018年4月
18	《关于促进公路水运工程BIM技术应用的实施意见》（桂交建管发〔2018〕74号）	广西壮族自治区交通运输厅	2018年5月
19	《关于进一步加快推进我市建筑信息模型（BIM）技术应用的通知》（穗建CIM〔2019〕3号）	广州市住房和城乡建设局	2019年12月
20	《关于进一步推进建筑信息模型（BIM）技术应用的通知》（晋建科字〔2020〕91号）	山西省住房和城乡建设厅	2020年6月
21	《关于试行建筑工程三维（BIM）规划电子报批辅助审查工作的通知》	广州市规划和自然资源局	2020年7月
22	《北京市推进建筑信息模型应用工作的指导意见》（征求意见稿）	待定	征求意见中，待发布
23	《关于开展全省房屋建筑工程施工图BIM审查工作的通知（试行）》（征求意见稿）	湖南省住房和城乡建设厅	征求意见中，待发布

从各地方政府的发文时间及内容，可以看出政策对 BIM 技术的显著推动作用，从一开始的推广 BIM 技术应用，到进一步加快 BIM 技术的推进，再到后期的支持电子报批、BIM 审图、CIM 建设等，地方政策文件对行业整体的技术发展方向起到了引导和推进的作用。

2.1.3　全球 BIM 应用典型性国家 BIM 政策的情况分析

在全球典型性国家中，美国和英国的 BIM 政策最具有代表性，全球大部分国家的 BIM 政策都可以参考美英两国。

美国作为 BIM 技术的发源地，"BIM"这个名词便是由美国多个软件商提出，并经过相应的行业机构、企业、院校进行整合，形成了现在的 BIM 技术。目前 BIM 技术中，主要的理论体系均来自美国。所以美国 BIM 技术的推广多是市场自发的行为，与中国、英国等国家不同的是，在公开范围内可查阅的资料里，美国国家层面并没有出台任何与 BIM 技术相关的政策。美国出台 BIM 相关政策的多数为企业与机构，部分州政府也出台过相应的 BIM 政策，但也多是出于更好地提升建设管理水平的目的。

而和美国不同的是，英国的 BIM 推动更多是由政府层面直接牵头及推动。其中，最著名的便是英国内阁办公室在 2011 年 5 月发布的 *Government Construction Strategy 2011*（《政府建设战略 2011》），其中首次提到了发展 BIM 技术。《政府建设战略 2011》是英国第一个政府层面提到 BIM 的政策文件。在这个战略计划中，英国政府大篇幅介绍了 BIM 技术，并要求到 2016 年，政府投资的建设项目全面应用 3DBIM，并且将通过信息化管理所有建设过程中产生的文件与数据。

在发布《政府建设战略 2011》的同一年，英国政府还宣布资助并成立 BIM Task Group，由内阁办公室直接管理，致力于推动英国的 BIM 技术发展、政策制定工作。BIM Task Group 成立的同时，英国政府还提出了 BIM Levels of Maturity，要求在 2016 年所有政府投资的建设项目强制按照 BIM Level 2 要求实施。目前，英国主要的 BIM 政策和标准均为国家层面或其委托的机构发布。

2.2　BIM 标准规范的情况分析

推进 BIM 普及应用，标准是关键因素之一。可以认为 BIM 标准是"为了在一定范围内获得 BIM 应用的最佳秩序，经相关组织协商一致制定并批准的文件"。BIM 标准为 BIM 应用的各种活动或其结果提供规则、指南或规范，解决 BIM 技术研究与应用问题的同时，让与 BIM 标准相关的产品或服务能加速产业化，直接体现了 BIM 标准牵引产业的作用。

根据一般的标准体系划分原则，BIM 标准大致可分为三类。第一类是基础标准，如信息分类和编码标准 IFD、数据交换标准 IFC 等，这些标准往往是指导 BIM 软件产品研发的基础标准。第二类是通用标准，如 ISO 29481 "*Information Delivery Manual*"标准、美国的 BIM 国家标准，以及中国的《建筑信息模型应用统一标准》等，这些标准给出 BIM 应用的一般性规则和方法。第三类是专用标准，如我国的《建筑信息模型施工应用标准》，这些标准直接面向工程技术人员，指导具体的工程应用。目前第一类基础标准主要由 buildingSMART 等国际非营利组织牵头编制，此处介绍国家、地方及国外标准主要针对第二、三类标准。

2.2.1 国家和行业性 BIM 标准规范的情况分析

住房和城乡建设部 2012 年 1 月 17 日《关于印发 2012 年工程建设标准规范制订修订计划的通知》（建标〔2012〕5 号）和 2013 年 1 月 14 日《关于印发 2013 年工程建设标准规范制订修订计划的通知》（建标〔2013〕6 号）两个通知中，共发布了 6 项 BIM 国家标准制订项目（表 2-3），分别是：《建筑工程信息模型应用统一标准》《建筑工程信息模型存储标准》《建筑工程信息模型编码标准》《建筑工程设计信息模型交付标准》《制造工业工程设计信息模型应用标准》和《建筑工程施工信息模型应用标准》。这两个工程建设标准规范制订修订计划宣告了中国 BIM 标准制定工作的正式启动。

中国国家 BIM 标准　　　　　　表 2-3

序号	标准名称	标准编制状态	主要内容
1	《建筑信息模型应用统一标准》 GB/T 51212—2016	自 2017 年 7 月 1 日起实施	提出了建筑信息模型应用的基本要求
2	《建筑信息模型存储标准》	正在编制	提出适用于建筑工程全生命期（包括规划、勘察、设计、施工和运行维护各阶段）模型数据的存储要求，是建筑信息模型应用的基础标准
3	《建筑信息模型分类和编码标准》 GB/T 51269—2017	自 2018 年 5 月 1 日起实施	提出适用于建筑工程模型数据的分类和编码的基本原则、格式要求，是建筑信息模型应用的基础标准
4	《建筑信息模型设计交付标准》 GB/T 51301—2018	自 2019 年 6 月 1 日起实施	提出建筑工程设计模型数据交付的基本原则、格式要求、流程等
5	《制造工业工程设计信息模型应用标准》GB/T 51362—2019	自 2019 年 10 月 1 日起实施	提出适用于制造工业工程工艺设计和公用设施设计信息模型应用及交付过程
6	《建筑信息模型施工应用标准》 GB/T 51235—2017	自 2018 年 1 月 1 日起实施	提出施工阶段建筑信息模型应用的创建、使用和管理要求

这六个标准可以分为三个层次，分别是统一标准一项：《建筑工程信息模型应用统一标准》；基础标准两项：《建筑工程信息模型存储标准》《建筑信息模型分类和编码标准》；应用标准三项：《建筑工程设计信息模型交付标准》《建筑工程施工信息模型应用标准》《制造工业工程设计信息模型应用标准》（图 2-1）。

国家 BIM 标准编制的基本思路是"BIM 技术、BIM 标准、BIM 软件同步发展"，以中国建筑工程专业应用软件与 BIM 技术紧密结合为基础，开展专业 BIM 技术和标准的课题研究，用 BIM 技术和方法改造专业软件。中国 BIM 标准的研究重点主要集中在以下三

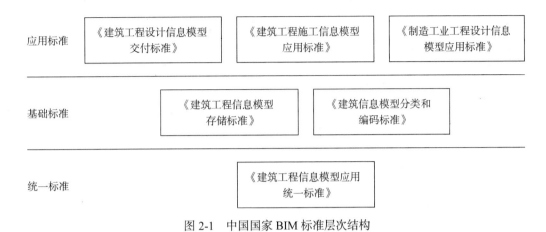

图 2-1　中国国家 BIM 标准层次结构

个方面：信息共享能力是 BIM 的核心，涉及信息内容、格式、交换、集成和存储；协同工作能力是 BIM 的应用过程，涉及流程优化、辅助决策，体现与传统方式的不同；专业任务能力是 BIM 的目标，通过专业标准提升专业软件，提升完成专业任务的效率、效果，同时降低付出的成本。

所以，中国 BIM 标准的编制充分考虑了 BIM 技术与我国的建筑工程应用软件紧密结合的路线，以既有产品成果为依托、实现上下游数据贯通、达到数据完备性要求，并在此基础上实现统一的数据存取和安全机制。

2.2.2　地方性 BIM 标准规范的情况分析

在国家层面发布的政策和标准基础上，大部分省、直辖市和地方发布了 BIM 标准。国家 BIM 标准在编制时从整体框架上考虑到了标准未来扩展的可能性，这些地方 BIM 标准，大多数是结合地方发展需求，在国家标准的基础上做的拓展和衍生。

以北京市《民用建筑信息模型深化设计建模细度标准》DB11/T 1610—2018 为例，便是在国家 BIM 标准《建筑信息模型施工应用标准》GB/T 51235—2017 的深化设计要求基础上，结合北京市的实际情况做的拓展与细化，用于指导北京市施工阶段的 BIM 深化设计模型创建、质量控制、信息管理，并为后期整体运维提供基础。

部分地方标准填补了国家标准的空白，以北京市《民用建筑信息模型设计标准》DB11/T 1069—2014 为例，此标准编制时，市场上对 BIM 的需求已逐渐增加，但国家尚无设计 BIM 标准，因此为了规范 BIM 设计应用，北京市发布了对应的 BIM 标准。

一般地方标准的要求会高于国家标准。在项目实施时，如同时参考地方标准与国家标准，在地方标准和国家标准对同一项内容要求不一致时，一般要求取更严格地来执行。目前主要的地方 BIM 标准和技术政策如表 2-4 所示。由于地方性 BIM 标准数量较多，此处仅罗列直辖市及广东省、广州市的部分 BIM 标准。详细的各地方 BIM 标准可在各地方政府网站进行查阅，此处不一一罗列。

中国部分地方主要 BIM 标准（部分）

表 2-4

序号	政策名称（文号）	发布机构	发布时间
1	《民用建筑信息模型设计标准》DB11/T 1069—2014	北京市规划委员会 / 北京市城乡规划标准化办公室	2013 年 12 月
2	《民用建筑信息模型深化设计建模细度标准》DB11/T 1610—2018	北京市住房和城乡建设委员会、北京市市场监督管理局	2018 年 12 月
3	《上海市保障性住房项目 BIM 技术应用验收评审标准》（沪建建管〔2018〕299 号）	上海市住房和城乡建设管理委员会	2018 年 5 月
4	《天津市民用建筑信息模型（BIM）设计技术导则》（津建科〔2016〕290 号）	天津市城乡建设委员会	2016 年 5 月
5	《城市轨道交通管线综合 BIM 设计标准》DB/T 29-268—2019	天津市住房和城乡建设委员会	2019 年 9 月
6	《重庆市工程勘察信息模型实施指南》《重庆市建筑工程信息模型实施指南》《重庆市市政工程信息模型实施指南》（渝建〔2017〕752 号）	重庆市城乡建设委员会	2017 年 12 月
7	《建筑工程信息模型交付技术导则》（渝建〔2017〕753 号）	重庆市城乡建设委员会	2017 年 12 月
8	《重庆市建设工程信息模型设计审查要点》（渝建〔2017〕754 号）	重庆市城乡建设委员会	2017 年 12 月
9	《建设工程信息模型技术深度规定》（渝建〔2017〕755 号）	重庆市城乡建设委员会	2017 年 12 月
10	《广东省建筑信息模型应用统一标准》（DBJ/T 15-142—2018）	广东省住房和城乡建设厅	2018 年 7 月
11	《城市轨道交通基于建筑信息模型（BIM）的设备设施管理编码规范》DBJ/T 15-161—2019	广东省住房和城乡建设厅	2019 年 8 月
12	《城市轨道交通建筑信息模型（BIM）建模与交付标准》DBJ/T 15-160—2019	广东省住房和城乡建设厅	2019 年 8 月
13	《民用建筑信息模型（BIM）设计技术规范》DB4401/T 9—2018	广州市质量技术监督局 / 广州市住房和城乡建设委员会	2018 年 8 月
14	《建筑施工 BIM 技术应用技术规程》DB4401/T 25—2019	广州市质量技术监督局 / 广州市住房和城乡建设委员会	2019 年 8 月

2.2.3 全球 BIM 应用典型性国家 BIM 标准规范的情况分析

与 BIM 政策相近，在全球 BIM 应用典型国家中，美国和英国的 BIM 标准最具有代表性，同时也是全球被引用最为广泛的国家标准。目前国内施工企业在海外"一带一路"工程中，所涉及的大部分国家的标准都是直接引用的英标和美标。目前，新加坡、中国香港、中国台湾、印度、欧盟（非洲采用欧标国家较多）等国家或地区虽然有自发标准，但借鉴英国 BIM Level 2 的思路较多。而中东、部分东南亚国家、美洲国家等，借鉴或直接使用美国 BIM 标准较多。

建筑信息模型（BIM）这个专业术语 2002 年产生于美国。作为 BIM 的发源地，美国的 BIM 研究与应用一直处于国际引领地位。特别是美国国家 BIM 标准，其第一版发布于 2007 年，又分别于 2012 年和 2015 年发布了第二版和第三版。美国国家 BIM 标准对奠定 BIM 理论体系有着重要的作用。因为其理论性和系统性，以及对美国各主流标准的引用和融合，使得美国国家 BIM 标准成为被其他国家和地区引用或参照最多的 BIM 标准。

英国是目前全球 BIM 应用推广力度最大和增长最快的国家之一。作为最早把 BIM 应用于各项政府投资工程的国家之一，英国不仅建立了比较完善的 BIM 标准体系，并且出台了 BIM 强制政策。与美国的多类标准并行的现状不同，英国的 BIM 标准具有很强的统一性与系统性。英国整体框架性、宏观性标准由英国标准院（British Standards Institution，简称 BSI）编写。BSI 与行业组织、研究人员、英国政府和商业团体合作，于 2007 年开始编制和发布 BIM 标准系列，制定实施 BIM 所必需的总体原则、规范和指导，以此加深建筑行业相关部门以及从业人员对于 BIM 发展国家规划的理解。

除此之外，BIM 的基础标准，如信息分类和编码标准 IFD、数据交换标准 IFC 等，目前主要由中立化、国际性的非营利组织 buildingSMART 牵头制定。

2.3　BIM 奖项与认证情况分析

目前，从事 BIM 工作的人员越来越多，能力水平参差不齐，如何证明自己的能力、如何清晰的认识自己在 BIM 圈的水平、如何清晰的规划未来 BIM 职业发展，行业尚没有统一的量化判断标准。而 BIM 大赛和 BIM 认证是目前衡量建筑业企业以及 BIM 从业者能力水平的最直接方式。

BIM 大赛主要分为国际 BIM 大赛及国内 BIM 大赛，国内的省市级 BIM 大赛也越来越多。国际知名度较高的 buildingSMART openBIM 国际大赛，国内影响力较大的中国建设工程 BIM 大赛、龙图杯全国 BIM 大赛都已经举办多届，参赛单位和人员从数量和质量上都有所提升，可以说 BIM 大赛很好地推进了 BIM 的发展和实际的落地应用。

针对 BIM 认证，主要以行业协会为主，软件厂商参与合作，同时，伴随越来越多的企业推广 BIM 技术，企业内部认证也越来越广泛。目前主流认证包括全国 BIM 技能等级考试、全国 BIM 专业技术能力水平考试。这些考试主要是基于 BIM 软件的实操考核，以模型的创建能力为考核标准，培训及考试相对成熟，已经培养了大批专业技术人员。

针对 BIM 大赛及 BIM 认证，有其存在的积极价值和意义。第一，BIM 大赛及认证极大地促进了 BIM 的发展和沉淀，让越来越多的从业者对 BIM 有更清晰的认识和更大的信心。第二，BIM 大赛可以提高企业的知名度，通过参与大赛提高企业的高新技术竞争力；此外，企业可以将 BIM 认证作为招聘的条件，选拔出有 BIM 能力和经验的优秀人才。

未来，针对 BIM 大赛，BIM 应用评审维度将会更加宽泛，应用的深度将会更加严格，单纯的建模及专项应用已然变成最基础的内容，更多的是需要结合项目目标、需求以及结合数字化、一体化等概念将 BIM 技术用广、用深、用的有价值。

针对 BIM 认证，需要有不断的扩展，目前除了建模能力的考核，对于 BIM 项目管理能力、BIM 规划能力的认证基本处于空白状态，还无法从管理方法维度进行体系的考核，而行业最紧缺的恰恰是既懂项目管理又懂 BIM 的综合全面人才，所以在 BIM 认证这条道路上还需要不断地探索和推进。

编写组针对行业内认可度比较高的 BIM 奖项与认证进行了梳理，在下面的内容中将逐一呈现。

2.3.1 BIM 应用相关奖项

1. 全球性 BIM 奖项情况梳理

（1）全球工程建设业卓越 BIM 大赛

主办单位：Autodesk

网址：www.aecexcellence.com

简介：全球工程建设业卓越 BIM 大赛，英文名 AEC Excellence Awards ，全球最具影响力的国际 BIM 大赛之一，截至目前为第十届赛事，每年都会有来自世界各个国家和地区的数百家企业和项目参与。奖项主要分为建筑设计、基础设施设计、施工 3 个类别，以及颁发给个人的"年度创新者"大奖。

（2）基础设施年度光辉大奖赛

主办单位：Bentley

网址：yii.bentley.com/zh/awards

简介：Bentley 基础设施年度光辉大奖赛（曾用名 Be 创新奖）是一项在全球范围内开展、囊括全球各种形式的基础设施项目赛事。赛事是纵览基础设施大会的一部分，将全球各地的基础设施领域专业人员汇聚一堂，共同分享在基础设施项目设计、工程、施工和运营方面的创新性实践，推进基础设施领域的"数字化"进步。自 2004 年开赛以来，光辉大奖赛已从全球评选出 3400 多个杰出的基础设施项目。

通过基础设施年度光辉大奖赛，参赛者能够获得全球认可。基础设施项目会收录在 Bentley 的《纵览基础设施》年刊中，并以纸质版和电子版两种形式分发给全球媒体、政府和业内具有影响力的人士。所有获奖者和决赛入围者的项目还将在 Bentley 官方网站上进行展示。同时，还可以获得全球媒体报道，并可获得 Bentley 团队的支持，向媒体营销和推广其项目。

（3）openBIM 国际大奖赛

主办单位：buildingSMART

网址：awards.buildingsmart.org

简介：buildingSMART 的 openBIM 国际大奖赛（简称" bSI 大奖赛"）是由国际权威 BIM 组织 buildingSMART 发起和组织的国际级 BIM 大赛。自 2014 年起已成功举办四届，鼓励并带动了全球范围内的 BIM 企业运用 openBIM 标准更为高效、更有创意性的解决工程项目中存在的问题，为一大批优秀的 BIM 应用项目授予了荣誉。

2020 年 bSI 大奖赛设置了四大类奖项，分别是 Project Delivery Excellence（项目交付类优秀项目）、Operational Excellence（运维类优秀项目）、Research Excellence（科研类优秀项目）和 Technology Excellence（技术类优秀项目），四大类奖项下均设有子奖项。

评估标准：因使用 BIM 而产生的量化商业效益与品质提升；引领 BIM 的应用；创新使用 BIM 技术；提供 BIM 技术组织部署的证据；容易把理念拓展到其他组织；关于采用或使用 BIM 能提出有益的建议。

获奖的团队或企业会被 buildingSMART 国际 BIM 大会授予大奖证书或奖杯，并成为 buildingSMART 经验分享会的主要发言人。

2. 全国性 BIM 奖项情况梳理

（1）中国建设工程 BIM 大赛

主办单位：中国建筑业协会

网址：www.zgjzy.org.cn/menu19/newsDetail/8416.html

简介：大赛由中国建筑业协会主办，主要面向施工领域。此赛事是目前最具影响力的国家级 BIM 赛事之一，采用推荐制参赛，申报项目数量受限制，需要经过地方或者企业选拔推荐才能入围。各地区协会、行业协会、大型施工企业分配参赛名额。

大赛设有 BIM 技术综合和 BIM 技术单项两个组别，分别评选出一类、二类、三类成果。2019 年参赛项目数量为 805 个，最终 592 个项目获奖，评选率为 73.5%，其中一类成果的项目数量为 86 个。

（2）龙图杯全国 BIM 大赛

主办单位：中国图学学会

网址：www.cgn.net.cn/cms/news/100000/index.shtml

简介：大赛由中国图学学会主办，面向整个建筑行业的 BIM 领域，是目前国内参赛项目最多的赛事。大赛设有 4 个组别：设计组、施工组、综合组、院校组，其中综合组要求项目 BIM 应用涉及设计、施工、运维中的两个阶段才可报名参加。每个组分别设有一等奖、二等奖、三等奖和优秀奖。

2019 年的大赛共收到了 1844 项成果，其中 569 项成果进入复评（获得奖项），190 项成果进入答辩环节，最终颁布 60 项一等奖。综合获奖概率为 30.9%，一等奖获奖概率仅有 3.3%。

（3）创新杯建筑信息模型（BIM）应用大赛

主办单位：中国勘察设计协会，欧特克软件 (中国) 有限公司

网址：www.autodesk.com.cn/campaigns/bim-awards-2020

简介：中国勘察设计协会和欧特克中国主办，主要面向勘察设计领域。2020 年赛事的奖项设置与以往有一些调整，单项奖分为三大类、16 个专项，并特别设置了"共克时艰"贡献奖，用于表彰应用了数字建造技术的优秀防疫类项目，并在原来一、二、三等奖的基础上增设了特等奖。

3. 地方性 BIM 奖项情况梳理

除上述的国内外知名度较高的 BIM 大赛，我国各省市地区也有非常多的 BIM 大赛项目，结合各地推进 BIM 的政策，地方性 BIM 大赛促进了 BIM 技术的普及应用和全面落地。地方性大赛汇总如表 2-5 所示。

地方性 BIM 大赛

表 2-5

序号	比赛名称	主办单位	级别	备注
1	山东省 BIM 技术应用大赛	山东省勘察设计协会	省部级	2017 年首届 / 每年一届
2	菏泽市"牡丹杯"BIM 技术应用大赛	菏泽市建筑信息模型（BIM）技术应用创新联盟	省部级	2018 年首届 / 每年一届
3	上海建筑施工行业第五届 BIM 技术应用大赛	上海市建筑施工行业协会	省部级	2014 年首届 / 每年一届
4	福建省建筑信息模型（BIM）应用大赛	福建省建筑信息模型技术应用联盟 福建省勘察设计协会 福建省工程建设科技标准化协会	省级	2018 年首届 / 每年一届
5	广西壮族自治区"八桂杯"BIM 技术应用大赛	广西建筑信息模型（BIM）技术发展联盟	省级	2017 年首届 / 每年一届
6	广东省 BIM 应用大赛	广东省 BIM 技术联盟	省级	2016 年首届 / 每年一届
7	上海建筑施工行业 BIM 技术应用大赛	上海市建筑施工行业协会	省级	2014 年首届 / 每年一届—公司项目均可报名
8	申新杯 BIM 机电安装应用创新大赛	上海市安装行业协会	省级	2014 年首届 / 每年一届—公司项目均可报名
9	建筑信息模型技术应用试点项目	上海市建筑信息模型技术应用推广联席会议办公室	省级	本省项目
10	江苏省安装行业 BIM 技术应用大赛	江苏省安装行业协会	省级	本省项目
11	2018 年将选择一批代表性项目进行 BIM 技术应用试点示范	江苏省住建厅发布了《省政府关于促进建筑业改革发展的意见》文件	省级	本省项目
12	2018 年度省级节能减排（建筑节能和建筑产业现代化）奖补资金项目	江苏省住建厅	省级	本省项目
13	河南省建筑信息模型（BIM）技术应用大赛	河南省工程勘察设计行业协会	省级	2017 年首届 / 每年一届
14	建设工程"中原杯"BIM 技术应用大赛	河南省建筑业协会	省级	2016 年首届 / 每年一届
15	河南省建筑信息模型（BIM）技术应用试点项目	河南省住房和城乡建设厅	省级	2017 年首届 / 每年一届
16	四川省建设工程 BIM 应用大赛	四川省建筑业协会	省级	2017 年首届 / 每年一届
17	重庆市建筑信息模型（BIM）技术应用示范项目	重庆市城乡建设委员会	省级	2016 年首届 / 每年一届
18	"浙江建工杯"BIM 运用大赛	浙江省建筑业行业协会、浙江省勘察设计行业协会	省级	2018 年首届
19	企业建筑信息模型（BIM）应用能力成熟度评估 工程项目建筑信息模型（BIM）应用能力成熟度评估	浙江省建筑信息模型（BIM）服务中心	省级	2018 年 11 月 25 日正式开始实施
20	浙江省"筑新杯"建筑施工 BIM 应用技能比赛	浙江省建筑业技术创新协会	省级	2016 年首届

序号	比赛名称	主办单位	级别	备注
21	安徽省建筑信息模型技术应用大赛	安徽省工程勘察设计协会	国家级	2017 年首届 / 每年一届
22	安徽省建筑信息模型技术应用大赛	安徽省普通本科高校土木建筑类专业合作委员会		2018 年首届 / 每年一届

2.3.2　BIM 认证

1. 国际 BIM 认证情况梳理

（1）Autodesk Revit 工程师认证考试

发证机关：Autodesk 软件公司

证书分类：Revit 初级工程师、Revit 高级工程师、Revit 认证教员。

报考条件：大中专、职业技术院校的在校学生，以及企事业单位的工程技术人员。

考试时间：报名缴费成功后即进行考试。

（2）全国信息化工程专业技术证书考试

发证机关：中国软件行业协会

证书分类：对 BIM 系列软件培训（Revit、Bentley、Tekla、ArchiCAD、InfraWorks）工程师证书；对 GIS 系列软件培训（ESRI、Intergraph、MapInfo、MapGIS、GeoStar、Citystar）工程师证书。

2. 国内 BIM 认证情况梳理

（1）全国 BIM 技能等级考试

发证机关：中国图学学会及国家人力资源和社会保障部联合颁发

证书分类：一级 BIM 建模师、二级 BIM 高级建模师（区分专业）、三级 BIM 设计应用建模师 (区分专业基础之上偏重模型的具体分析)。

报考条件：一级和二级 BIM 技能应具有高中或高中以上学历 (或其同等学历)；三级 BIM 技能应具有土木建筑工程及相关专业大专或大专以上学历 (或其同等学历)。

一级（具备以下条件之一者可申报本级别）：①达到本技能一级所推荐的培训时间；②连续从事 BIM 建模或相关工作 1 年以上者。

二级（具备以下条件之一者可申报本级别）：①已取得本技能一级考核证书，且达到本技能二级所推荐的培训时间；②连续从事 BIM 建模和应用相关工作 2 年以上者。

三级（具备以下条件之一者可申报本级别）：①已取得本技能二级考核证书，且达到本技能三级所推荐的培训时间；②连续从事 BIM 设计和专业应用工作 2 年以上者。

考试时间：每年的 6 月和 12 月，一年两次。

（2）全国 BIM 应用技能考试

发证机关：中国建设教育协会

证书分类：一级 BIM 建模师、二级专业 BIM 应用师 (区分专业)、三级综合 BIM 应用师 (拥有建模能力，包括与各个专业的结合、实施 BIM 流程、制定 BIM 标准、多方协同等，偏重于 BIM 在管理上的应用)。

报考条件：一级（土建类及相关专业在校学生，建筑业从业人员）。二级（凡遵守国家法律、法规，具备下列条件之一者可申请）：①通过 BIM 建模应用考试或具有 BIM 相关工作经验 3 年以上；②取得全国范围或省级地方工程建设相关职业或执业资格证书，如一级或二级建造师、造价工程师、监理工程师、一级或二级注册建筑师、注册结构工程师、注册设备工程师等。三级（凡遵守国家法律、法规，具备下列条件之一者可申请）：①通过专业 BIM 应用考试并具有 BIM 相关工作经验 3 年以上；②工程建设相关专业专科及以上学历毕业，并具有 BIM 相关工作经验 5 年以上；③ 取得全国范围工程建设相关职业或执业资格证书，如一级建造师、造价工程师、监理工程师、一级注册建筑师、注册结构工程师、注册设备工程师等；④取得工程师及以上级别职称评定，并具有 BIM 相关工作经验 3 年。

考试时间：每年的第二季度和第四季度。

（3）全国 BIM 专业技术能力水平考试

发证机关：工业和信息化部电子行业职业技能鉴定指导中心和北京绿色建筑产业联盟联合颁发

证书分类：BIM 建模技术、BIM 项目管理、BIM 战略规划考试

报考条件：凡遵守国家法律、法规，工程类、工程经济类、财经类、管理类等专业，在校大学生已经选修过 BIM 相关理论知识和操作能力课程，或从事工程项目建筑设计、施工技术与管理的人员已经掌握 BIM 相关理论知识和操作能力，或社会相关从业人员通过自学或参加 BIM 理论与实践相结合系统学习的人员。

BIM 建模技术（满足"前提"即可报考）。BIM 项目管理（大专学历以上）：①从事施工技术与管理工作满 4 年考 4 科；②从事施工技术与管理工作满 6 年，BIM 技术相关工作经历满 2 年考 3 科。BIM 战略规划（本科及以上学历，从事建筑工程相关工作满 6 年，从事 BIM 相关工作满 2 年）。

考试时间：每年 6 月第二个周末；每年 12 月第二个周末。

第3章　BIM 软件与相关设备情况分析

3.1　BIM 软件的应用情况及趋势

BIM 技术是实现建筑业企业生产管理标准化、信息化以及产业化的重要技术基础之一，而 BIM 软件作为这项技术的承载与应用工具更是备受关注。随着近几年 BIM 技术的不断发展，软件产品也在迎合市场需求的浪潮中不断更新、迭代。下面编写组将从常用 BIM 软件应用及发展情况以及 BIM 软件发展热点与趋势两个方面进行具体分析。

1. 常用 BIM 软件应用及发展情况

（1）国产软件应用及发展情况

国内 BIM 软件还处于发展的起步阶段，如广联达、品著、鸿业、理正、鲁班、PKPM、橄榄山等。

广联达作为创新驱动、技术密集型的科技公司，始终立足建筑产业，围绕建设工程项目的全生命期，提供建设工程领域核心专业应用软件服务、信息化解决方案，以及产业大数据、产业新金融等增值服务。2018 年初完成了 BIM+ 智慧工地的整合，并形成了项目级 BIM，实现了 BIM+ 智慧工地集成应用。在 BIM5D 方面，从起初的加密锁模式升级到了网络授权模式，从 PC 端升级到网页端，大大提升了客户操作的易用性和实操性。在 2019 年发布的 V4.0 版本中，在 2014 年单机版、2016 年的协同版基础上，升级至模块化版，真正把项目管理精细到每一个构件、每一道工序、每一个岗位、每一项任务，实现轻量化、专业化、协同化应用。此外，在生产、技术、商务、质量安全等模块都进行了不同功能和模块的升级。未来，基于"端 + 云 + 大数据"产品 / 服务，广联达还将不断推出更多整合前沿科技和行业应用价值的重磅产品，成为产业大数据、产业新金融等增值服务的数字建筑平台服务商。

品著软件公司经过近些年的发展，在诸多 BIM 软件研究的探索中，提出 P-BIM 理念，并逐渐趋于专业化、智能化、云端化。以 Project、Professional、Practical 为特色，通过系列化 BIM 产品软件满足各方场景化应用需求。从 BIM 全过程跟踪审计、项目施工 BIM 应用、基于 BIM 的智慧工地施工安全三大场景出发，通过 PBIM 软件＋ BIM 云平台＋移动应用＋数据分析，与成本、进度、质量、安全、数据管理等业务结合，将"高大上"的 BIM 技术转化为用户易于操作的简便应用程序，这样既可以避免 BIM 技术单点应用的信息孤岛，也降低了 BIM 整体集成应用的推广难度，为 BIM 应用的价值落地提供了切实可行的路径。

鸿业科技有限公司作为目前国内正向设计理念的提出者，以及 Autodesk 公司 BIM 本地化合作伙伴，自 2008 年以来，鸿业在 Revit 平台基础上开发出了功能涵盖建筑、给水排水、暖通、电气等专业的三维设计软件，2020 年 7 月 23 日，发布 BIMSpace2021以及正向设计落地指南——《BIM 正向设计》，帮助设计院向高效率高质量设计转型。BIMSpace 设计平台，把国家的设计规范、设计手册及标准图集融入每个设计建模环节，做到计算结果与智能化设计衔接，使 BIM 设计效率接近甚至超过二维设计，轻松开启BIM 设计之旅，促进 BIM 在设计院落地、开花、结果。

（2）国外软件应用及发展情况

目前我国常用的国外软件分别是 Autodesk 公司的系列 BIM 软件、Bentely 公司的系列BIM 软件、Trimble 公司的系列 BIM 软件、Dassault 公司的系列 BIM 软件。

Autodesk 公司在建筑工程领域的主要 BIM 软件包括 Revit、Navisworks、Civil3D、Infraworks、Advance Steel、Robot 等，涵盖建筑全专业的 BIM 应用功能，且支持多软件之间数据无缝传输。另外，Autodesk 公司的多款产品与其 Dynamo 可视化编程工具深度结合，获得了高效的参数化建模与自动化统计分析等功能，拓展了软件的应用范围。同时，Revit 作为工程建设行业普遍应用的一款软件，兼具了平台数据整合的作用，支持不同的软件开发商通过其开放的 API 端口进行二次开发，以满足不同使用需求，让模型的利用率最大化。其中在近期发布的 Revit 2021 版本推出的衍生式设计模块，利用自动化的强大功能加快迭代速度，并做出更加明智的设计决策。第一次让 AI 技术与工程师的实际工作相结合。

Bentely 建筑、结构和设备系列，包括 AECOs、ProjectWise、Mechanical Systems、Building Electrical Systems、Building Electrical System。Bentely 软件公司是致力于基础设施设计、施工和运营的全球领先综合软件和数字孪生模型云服务提供商。近期，Bentley宣布其开放式建模应用程序和开放式模拟程序已经在新版本中进行了功能更新，其以往的设计集成产品已经从桌面应用程序扩展到云服务，帮助各组织创建并在 4D 环境中清晰查看和分析基础设施资产的数字孪生模型，帮助基础设施资产的构建和运营阶段进一步提升业务价值，并提供切实可行的见解。

Trimble 公司是 GPS 技术开发和实际应用行业的领先企业，BIM 软件侧重于测量工具相结合，通过收购现有全生命期解决方案 Trimble Building。其中 Tekla 完整深化设计是一种无所不包的配置，囊括了每个细部设计专业所用的模块。用户可以创建钢结构和混凝土结构的三维模型，然后生成制造和架设阶段使用的输出数据。是国内钢结构应用最为广泛的 BIM 软件，具有强大的钢结构设计、施工以及制造的能力。在 2020 年 3 月发布的Tekla Structures 2020 中，改进了原有功能并添加了新功能，同时支持 Trimble Connect 协作平台，在笔记本电脑、台式机或移动设备上实时共享、审查、协调和评论数据详实的建筑模型、图纸、时间表和其他项目信息，以改进跨接触点的协调和项目管理。

Dassault 公司是全球最高端的机械设计制造软件公司，在航空、航天、汽车等领域具有接近垄断的市场地位。SolidWorks、CATIA、Digital Project 应用到工程建设行业，无论是对复杂形体还是超大规模建筑其建模能力、表现能力和信息管理能力，都比传统的建筑类软件有明显优势。其中应用最广泛的 CATIA 软件从 1981 年到 1988 年相继推出了 V1、V2、V3、V4 版本，1999 年推出了 V5 版本，包含机械设计、形状设计和造型等诸多强大的应用。CATIAV5 主要是用于参数和非参数建模的 CAD 软件。CATIAV5 通过添加其他功能以及其易用性与附加的平台支持等，从根本上替代了 CATIAV4。3DEXPERIENCE 是达索系统在 2012 年提出的，3DEXPERIENCE 平台是达索系统的产品开发软件应用程序，可在一个平台上实现 3D 设计、工程、3DCAD、建模、仿真、数据管理和流程管理。在近几年的软件升级中，该平台逐步把达索系统的其他软件产品线（CATIA、ENOVIA、Solidworks、DELMIA、Simulia 等）集成到一个统一的 3DEXPERIENCE 平台上。不仅可以提供基于 Web 的精美 PLM，并且无须安装其他应用程序即可查看模型。3DEXPERIENCE 不仅改变了 GUI，还增加了易用性和全新的体验。

2. BIM 软件发展热点与趋势

目前，建筑业已普遍认同 BIM 是未来的趋势，BIM 技术的普及成熟，对整个建筑行业的影响将是革命性的。现阶段，BIM 软件发展热点与趋势主要有四个方面。

（1）标准的形成与统一，将为 BIM 的发展带来更广阔的空间

BIM 软件之间数据信息交互还不够通畅，容易产生重复建设，提升使用成本。当前设计、施工阶段的 BIM 数据对接已有较好的成果。要推动设计、施工、运维各阶段的数据打通，更多需要 BIM 软件厂商之间的合作以及市场竞争的自然选择。随着应用的拓展，主流 BIM 软件厂商应用的数据标准将会形成事实标准。可以预见，BIM 软件的发展将最终以事实标准为基础，加以深化和完善，推动形成行业标准。

（2）具有专业特征的 BIM 软件将迎来发展机会

土木工程专业类别众多，从房建、厂房、市政，到钢结构、精装、地铁、铁路、码头、化工等，十分庞杂，专业区别比较大，建模技术也有着不同的要求。而不同工程专业的工艺流程，管理体系也有所不同。与专业需求、规范，甚至是本地深化深度结合，用户体验好、费效比高的专业 BIM 软件将受到市场欢迎。

（3）BIM 软件在运维阶段的市场前景广阔

由于运维阶段周期更长，涉及参与方复杂，现存可借鉴经验少，BIM 技术在运维阶段的应用发展较为缓慢，整个 BIM 运维市场尚未成熟。对于 BIM 技术而言，与云计算、大数据、物联网、人工智能、移动互联网等技术的结合，可以为建筑内部各类智能设备提供空间定位，有助于各类检修、维护活动的直观分析。BIM 技术在运维阶段应用落地，加快实现数据接口的打通，解决建筑全生命期各阶段数据传递问题，做好与设计、施工阶段的数据衔接，才能发挥出 BIM 技术的最大效用。

（4）"小前端、大后台"将成为趋势

"小前端、大后台"的运营模式与集约化经营理念是相通的，是先进生产力方式。当前"大前端"模式带来的项目经理水平代表了企业水平，资源整合难以实现导致资源浪费，由于工程项目管理的特殊性，导致项目部利益和企业利益存在相异之处。从行业发展的角度看，"小前端、大后台"将是国内建筑业企业能力提升的有效手段，也将成为 BIM 相关软件的发展趋势。

3.2　BIM 集成管理类软件

BIM 集成管理类软件可以有效实现工程建设全生命期中数字化、可视化、信息化需

求，通过标准、组织、平台实现更高层次的 BIM 应用，也是 BIM 技术应用的最佳体现。相比以往传统模式，应用 BIM 集成管理类软件可以使团队之间通过交流与信息共享，大幅提升工程的整合效率，避免各专业之间出现的冲突，提升工程的质量，避免不同专业之间所出现的差异化结果。目前，常用的 BIM 技术集成管理类软件有：广联达 BIM5D、云建信 4D-BIM、Autodesk Vault、BIM360、Aconex 平台、鲁班 BIM 系统平台、品茗 CCBIM、译筑 EveryBIM 等。

3.2.1 BIM 集成管理类软件整体介绍

作为应用于工程设计、建造管理的数据化平台，BIM 集成管理软件通过参数模型整合项目各类型信息，在项目策划、运行和维护的全生命期过程中进行共享和传递，使工程技术人员对各种建筑信息做出正确理解和高效应对，为参建各方提供协同工作的基础，在提高生产效率、节约成本和缩短工期方面发挥重要作用。具有信息完备性、信息关联性、信息一致性、可视化、协调性、模拟性、优化性、可漫游性的同时，有着轻协同、易管理的优势。BIM 集成管理类软件应具备以下核心特征：

支持超大模型：压缩比应达到 10 ~ 50 倍，或与 5G 技术融合，支持超大的模型体量浏览。

高质量可视化：应采用云端渲染、多线程调度、动态磁盘交换、首帧渲染优化等技术，在更接近现实场景的同时占用较少资源。

多专业模型解析：应具备解析多种数据格式，打通数据壁垒，并可按需开放数据接口的功能。

多种浏览方式：应实现跨平台 (IOS/Android/PC/Web) 浏览 BIM 模型，支持漫游、剖切、视口保存等操作。同时支持 PC 端、移动端和 Web 端，必要时支持 3D 眼镜直通 VR 体验。

面向多应用方：应针对业主、工程总承包、施工项目部等应用主体，制定相适应的界面、功能和业务流程，在实现总体目标的同时满足各方实际工作的需要。

可视化多人协同：应实现在线浏览各类工程文件、模型，支持在线浏览审核，问题批注并发起任务解决，同时支持现场拍照上传，并能与图纸、模型、技术资料进行比对。

与物联网、GIS、VR 等技术的集成应用：应支持 BIM 与物联网、VR、GIS 技术的信息交互融合与集成应用。

大数据分析积累：应实现项目成果的数字化留存，支持数据分析管理便于决策，同时能形成 BIM 数据库，形成数字化资产。

提供开发接口：应提供开发接口，以便更好实现基于系统的二次开发，拓展三维模型的应用领域。

3.2.2 BIM 集成管理类软件主要应用的业务场景

BIM 集成管理类软件对于不同参建方有着不同的业务使用场景，下面分别从业主方、设计方、总承包方的角度展开分析，见表 3-1。

各参建方针对 BIM 集成管理类软件的主要业务使用场景   表 3-1

项目参与方	应用阶段	应用场景	取得效益
设计方	方案设计阶段	方案调整及优化	通过形状工具来创建几何形体，提取重要的建筑信息，有利于省时省力，可视化调整方案
		日照及能耗分析	对已经建立优化好的建筑模型分析能耗分布情况，以满足建筑节能规范要求
	初步设计阶段	空间可视化分析	通过效果图、漫游动画等，有利于平面空间、竖向空间、视点空间分析
		模型优化	在方案设计基础上进行模型的深化，形成具有设计参数的模型文件，有利于提高设计图纸质量，满足各专业设计条件
		结构分析	进行力学性能分析、结构性能抗震性能模拟分析、结构抗风计算分析等，提高设计质量
		风、光、噪声性能分析	进行室外、室内风环境、光环境、噪声的分析，有利于提高设计质量
		消防、交通性能分析	对建筑的火灾危险性和危害性进行定量的预测和评估。对建筑的单向行人流、相向行人流、交织行人流及瓶颈行人流等方面进行分析，有利于提高建筑的设计性能
	施工图设计阶段	参数化设计	有利于提高设计质量、节约设计时间
		管线综合与碰撞，错漏碰缺检查	对已经建立好的模型进行合图碰撞，对冲突部位进行调整优化。有利于图纸质量提高，使图纸更精确
施工方	投标报价阶段	工程量快速提取	根据招标清单量进行投标报价与成本预测，为投标提供数据支持
	施工策划阶段	模型辅助图纸会审	利用 BIM 模型辅助进行图纸会审，提前发现图纸问题，有利于提高工程质量，节约施工成本
		施工进度模拟	动态展示项目进度，对多专业间工序穿插进行合理性分析，有利于缩短工期
		施工场地布置	在不同施工阶段对材料堆放、加工场地、交通组织、垂直运输、设备吊装等进行施工场地动态布置管理。有利于缩短工期，节约施工成本
		BIM 成本策划	发现图纸缺项漏项，有利于过程成本管理与结算的数据支持
	施工阶段	碰撞检测	各专业碰撞检查、管线综合、净高检查、大型设备吊装路线等，有利于提高工程质量，减少后期拆改造成的成本、工期浪费
		工艺工序模拟	关键部位的工艺 / 工序模拟演示。有利于提高关键复杂部位及工艺的施工质量
		可视化技术交底	复杂节点、关键部位的三维可视化技术交底，有利于提高作业人员的施工效率，提升工程质量
		深化设计	辅助各专业深化设计、出图，有利于提高深化设计效率，提高图纸质量
		质量安全	利用移动终端采集现场数据，建立质量缺陷、安全风险、文明施工等数据资料，形成可追溯记录
		模型过程管理	对各专业不同版本的施工图及施工过程模型进行实时动态管理，有利于提高协同效率

续表

项目参与方	应用阶段	应用场景	取得效益
施工方	施工阶段	垂直运输管理	对塔吊、施工电梯布置及安全措施进行模拟及分析，有利于施工现场的安全管理
		材料精细化管理	材料出入库管理及限额领料控制，对材料使用状态进行分析并实时纠偏。有利于现场材料控制，节约施工成本
		物料运输管理	对现场材料、设备进行运输过程信息动态管理。有利于提升管理效率
		工程资料管理	进行工程资料归档管理，有利于提高工程验收效率
		移动终端管理	实现模型轻量化浏览、可视化交底等，利于提升管理效率
		分包管理	对分包进行施工进度、质量、安全、成本等管理，有利于提升作业效率，提高工程品质
业主方	项目策划阶段	模型成本评估	利用 BIM 模型来记录和评估已有物业，可以为业主更好地管理物业生命周期运营的成本
	招投标阶段	工程量节点随时测算	有利于大幅降低融资财务成本，科学评估投标方案
	建设施工阶段	项目整体进度、投资、质量、安全等方面的协调	有利于控制进度、加强各专业之间协调，提升建筑产品品质，提高产品售价，同时提升项目协同能力，积累项目数据
	运营管理阶段	模型移交及运维平台构建	有利于提高房屋的运营管理水平，增加商业价值。形成模型，提升运维效率、大幅降低运维成本

3.2.3 BIM 集成管理类相关软件介绍

作为 BIM 产业的核心与根基，近几年受国家政策引导，以及国外软件市场发展倒逼，国内 BIM 软件厂商由建造、施工 BIM 软件向协同协作类型软件发力，不断向产业链上下游拓展应用，通过本地化产品和配套的技术服务支撑，取得了相当好的成绩，目前广联达、清华大学、鲁班、品茗等国内提供 BIM 集成管理类软件的企业和单位已经研发出了多种具有自主知识产权的国产产品，在不断满足我国建筑施工管理的实际需要的同时，可用于各种建筑工程的施工项目管理，具有广阔的应用前景，可产生较大的社会效益、经济效益。具体 BIM 集成管理类软件介绍及优势分析如下：

广联达 BIM5D 以 BIM 平台为核心，集成全专业模型，并以集成模型为载体，关联施工过程中的进度、合同、成本、质量、安全、图纸、物料等信息，为项目提供数据支撑，实现有效决策和精细化管理，从而达到减少施工变更、缩短工期、控制成本、提升质量的目的。

其特点和优势在于：第一，功能全面，协助工程人员进行进度、成本管控，质量安全问题的系统管理。第二，管理方面的应用比较清晰，提供"三端一云"，即 PC 端、手机端、浏览器端，以及 BIM 云服务。"三端"由项目中不同的人员分别使用，云服务则是在后端支撑各业务之间的数据存储和传递。第三，支持的模型格式全面，可以承接 Revit、Tekla、MagiCAD、广联达算量及国际标准 IFC 等主流模型文件。第四，成本管理应用深入，依托广联达强大的工程算量核心技术，提供精确的工程数据。

清华大学研发的"基于 BIM 的工程项目 4D 施工动态管理系统"（简称 4D-BIM 系统）是国家"十五""十一五"科技支撑计划的研究成果。通过将 BIM 与 4D 技术有机结合起来，引入建筑业国际标准 IFC，研究基于 IFC 标准的 BIM 体系结构、模型定义及建模技术、数据交换与集成技术，将建筑物及其施工现场 3D 模型与施工进度、资源、安全、质量、成本以及场地布置等施工信息相集成，建立基于 IFC 标准的 4D-BIM 模型，实现了基于 BIM 的施工进度、施工资源及成本、施工安全与质量、施工场地及设施的 4D 集成管理、实时控制和动态模拟。

其特点和优势在于：第一，可针对业主、工程总承包、施工项目部等应用主体，提供完整的应用流程。第二，根据应用需求从整体 BIM 模型中提取或创建不同细度的 4D 模型，系统应用涵盖多个工程领域。第三，基于统一的 BIM 管理平台，提供 CS、BS、MS 三大应用系统，各系统无缝集成，信息与 BIM 双向链接，支持跨平台协同。第四，实现了以平台加插件的系统架构，支持用户自主的二次开发。

欧特克的平台软件包括 Autodesk Vault 和 BIM360。Vault 是基于本地服务器的管理平台，集成了二维、三维数据，让参建各方基于统一数据源进行协同工作。BIM360 是一款基于云的互联网 BIM 数据管理平台，同时支持图纸与 BIM 模型的轻量化、同步、修改和协同。BIM360 与欧特克系列软件深度结合，可以方便地将本地模型文件通过软件 BIM360 模块与云端数据协同与交互，让团队中不同成员实时掌握最新的数据，并完成对整个项目数据的统计、分析和管理工作。

其特点和优势在于：第一，覆盖范围广，民用、市政、工程、机械、娱乐等领域均可应用。第二，市场占有率高，使用成本低。第三，具备 Autodesk 系列软件集成优势。第四，团队合作与协同，适用大型工作组的可扩展性应用。第五，数据共享可扩展到企业级业务系统，集成并形成可交换数据。

Aconex 是广泛采用的大型工程建设项目管理协同平台，可以管理项目中数量众多的参与者以及海量的图纸、文档、3D（BIM）模型、跨组织的流程和决策，并提供对全项目范围的所有流程管理，包括文档管理、工作流管理、BIM 协同、质量和安全管理、招投标、移交与运维、报表分析、信息通知等。

其特点和优势在于：第一，能在多个组织多项复杂流程处理信息需求，审核及批准文档，提供文档分发、文档传递流程、图纸管理、移动设备访问、版本控制等应用。第二，可共享、审核、标注，并直接在 Aconex 中生成复杂的多维模型，遵守 BS/PAS1192、NATSPEC 和 NBIMS-US 等 BIM 标准。提供多专业设计协同、支持 BIM 数据共享和可视化、支持移动终端数据访问。第三，所有通过平台发送的信件和表单均会被自动记录到日志，无法被删除，用于防止纠纷。

鲁班 BIM 软件定位建造阶段 BIM 应用，为广大行业用户提供业内领先的工程基础数据、BIM 应用两大解决方案，形成了完整的两大产品线。鲁班软件围绕工程项目基础数据的创建、管理和应用共享，基于 BIM 技术和互联网技术为行业用户提供从工具级、项目级到企业级的完整解决方案。其主要应用价值在于建造阶段碰撞检查、材料过程控制、对外造价管理、内部成本控制、基于 BIM 的指标管理、虚拟施工指导、钢筋下料优化、工程档案管理、设备（部品）库管理、建立企业定额库。

其特点和优势在于：第一，主打基于互联网的企业级平台系统，通过模型信息共享，提升整个项目的协作能力。第二，数据开放，适用多元模型数据，上游可以对接 Revit、Tekla、Bentley 等满足 IFC 格式的主流 BIM 设计数据，下游可以导出 IFC 文件、导出到 ERP 以及项目管理软件中。第三，本地专业化优势，能自动集成各地清单定额，实现一模多算。

品茗 CCBIM 是品茗旗下专业的 BIM 项目团队协同工具，是集数据管理、微信沟通、看图看模三大优势于一体的轻量化 BIM 软件。专为工程建筑领域施工单位、咨询企业、工程监理单位等机构提供 BIM 相关服务，通过模型在移动端和 WEB 端轻量化显示和基于模型的协同功能让 BIM 协同工作更简单。具备品茗自主研发的模型轻量化引擎，能轻松实现模型和图纸的轻量化查看并支持采用二维码进行分享，同时该平台可与品茗旗下所有 BIM 软件无缝对接。

其特点和优势在于：第一，可打开应用 CAD 图纸，且可以进行图纸标记、发布任务、评论等应用。第二，模型在看板屏幕上可自动旋转，显示平台各项产生数据。第三，通过二维码将任务与图纸、模型相关联。

EveryBIM 中间件是译筑科技自主研发，专为工程建设行业打造的轻量化 BIM 开发组件及二次开发平台，具备轻量化、大体量、全端口、多数据源等能力。以 BIM 为核心，为全过程项目管理提供更高效的可视化管理手段。充分利用 EveryBIM 平台的云端化、流程化、智能化等先进特性，为全过程项目管理各阶段、各业务提供信息化技术支撑。

其特点和优势在于：第一，操作简单，容易上手，只要经过简单的培训就能很好的应用。第二，模型轻量化上传速度比较快，轻量化比例达到 1 : 20。第三，手机端模型体验效果好，复杂模型浏览流畅。第四，可通过二维码进行构件跟踪的应用，在装配式项目上对于预制构件的管控很有效。

3.3 BIM 应用工具类软件

美国 buildingSMART 联盟主席 Dana K.Smitn 先生在其出版的 BIM 专著 *Building Information Modeling - A Strategic Implementation Guild for Architects, Engineers, Constructors and Real Estate Asset Managers* 中提到这样一个论断："依靠一个软件解决所有问题的时代已经一去不复返"。相信大家在日常应用 BIM 的过程中也深有体会，我们经常通过数个 BIM 软件的配合协同使用来达到我们所需的某个应用目的。其中，BIM 工具类软件是主要应用软件。

BIM 应用工具类软件指的是用以搭建、深化基础模型，以及以实际应用需求为导向，对建筑信息模型搭载的数据信息进行加工处理的一类软件。其显著特征为个体性，针对特定个体问题采用个体实施的方式进行针对性的个体应用。它与前文所述的平台类软件的关联是：平台类软件所需的集成数据信息来源于 BIM 应用工具类软件，因此 BIM 应用工具类软件的发展和使用情况作为前端条件直接影响到 BIM 的价值能否最大程度的发挥。从当前国内 BIM 技术点状价值释放应用为主的情况来看，BIM 工具类软件是应用范围最广、应用程度最深的 BIM 软件。BIM 工具类软件的发展及应用也是影响行业 BIM 技术发展的关键因素。某种意义上讲，当前 BIM 工具类软件的发展情况正在影响着 BIM 技术整体应用发展的情况。

3.3.1　BIM 应用工具类软件整体介绍

BIM 工具类软件当前的发展与应用状态，有三个方面值得关注：

第一，国外 BIM 工具类软件的本土化。BIM 工具类软件的发展是以行业管理标准、发展阶段以及具体应用需求为导向的。BIM 技术作为一项"舶来品"，基于国外工程建设行业的管理标准、管理习惯形成的国外 BIM 工具类软件在刚进入国内市场时，的确发挥着国内行业 BIM 技术推广的"学步车"作用。但是伴随着国内 BIM 技术应用不断深入，国外 BIM 工具类软件逐渐出现了"水土不服"，且随着国内 BIM 技术应用广度及深度不断增大，这种"水土不服"问题已经影响了 BIM 技术本身价值的释放，也使得企业或者项目的决策者们对该项技术产生了质疑。

事实上，BIM 工具类软件的开发大部分是基于 IT 思维系统的分析和解决数据的基础问题，也就是通过数据的创建、采集储存、流通、解构、重构、分析等，解决 BIM 应用的通用性基础问题。但是随着应用的推广和深入，要求软件必须是符合应用场景的，不满足中国工程建设行业的管理逻辑与业务习惯，这正是国外 BIM 工具类软件出现"水土不服"的问题所在，也是一线 BIM 从业者感叹项目 BIM 落地应用难的原因之一。

近几年，许多软件厂商开始认识到这一问题。国外软件厂商开始了解国内应用场景和使用方的共性需求，开放数据接口，鼓励国内基于其软件进行二次开发，快速翻模工具、通用族库插件、便利的深化设计工具等层出不穷。国外软件的本土化进化所带来的显著效果使得 BIM 技术应用门槛降低、效率提升，国内 BIM 技术应用的范围显著扩大。而国内的软件厂商在拥有图形技术、大数据算法、AI、物联网等底层技术上不断发力与突破。由工信部牵头，行业几大巨头联合研发的具有中国完全自主知识产权的"BIM 三维图形系统"，已取得阶段性成果。

第二，BIM 工具类软件之间的信息交互。为了在 BIM 实践应用的过程中达到所需的应用目的，往往需要多个 BIM 软件的协调配合使用，这其中的核心要素是信息交互。不同软件之间信息交互核心关注点，是从上游到下游数据传递过程中，如何保证下游数据信息承接端所需的特殊软件格式和应用功能的需求，主要体现在如下三个方面：

一是图形交互，在图形交互中，几何形状一般不会发生变化，更多的问题是对材质识别的准确性。二是数据交互，表达构件信息不仅仅是图形，还有赋值给图形的数据信息，交互过程中，软件环境的改变可能会改变或不识别相关数据。三是逻辑交互，这类型交互难度最大且最核心。以"门"这个构件来举例，在工程管理中，进户门、户内门、防火门不仅仅功能不一样，其生产单位、施工单位、施工时间、验收标准都不一样。在交互中将所有"门"构件混为一类，这类逻辑交互问题往往是最为致命的，尝尝因为此类问题导致项目 BIM 技术应用仅仅停留在三维可视化应用层面，深度应用乏力。

第三，BIM 工具类软件的分类。据不完全统计，BIM 工具类软件有上百款，不同软件间有相同功能但又有不同的功能侧重。为了便于了解软件功能，传统 BIM 工具类软件往往以能够满足特定功能的软件归为一类的分类方式，但随着 BIM 技术应用的不断深入，以具体问题为导向以及多款软件协作应用，即为了软件优势功能归纳以及更好梳理不同软件间的信息交互关系进行分类。这种划分方式弱化了对软件的固有标签，而强调了软件不同功能模块的应用作用。譬如，Revit 往往被定义为建模软件，但它本身的功能模块架构使得它不仅仅能创建模型，也可以完成模型深化设计甚至一些施工阶段的具体应用。更重要的是，按照应用阶段的划分可以更好地帮助使用者理清不同软件之间的数据交互关系，有助于梳理具体应用开展的技术难点，优化软件使用组合方案。

3.3.2　BIM 应用工具类软件介绍

按照应用阶段，编写组简要列举如下常用 BIM 应用工具类软件，分析其核心应用价值，并简要对软件的核心优缺点进行分析，供读者参考，详见表 3-2。

主要 BIM 应用工具类软件应用　　　　　　　　　　　　　表 3-2

应用阶段	应用场景	应用价值	软件名称	软件分析
设计阶段	概念设计	能够帮助项目团队在概念设计阶段，通过三维模型来理解复杂空间的标准和做法，从而节省时间，提供对团队更多增值活动的可能。特别是在客户讨论需求、选择以及分析最佳方案时，获得较高的互动效应，借助模型做出关键性的决定	SketchUp	软件容易掌握，操作更为便捷，对于初期设计更为简便，适合快速生成体量推敲。但模型的准确性和细化加深的可能性都有很大限制
			Revit	软件准确性、数据性更强，在后期的出图以及转化至施工图的过程也会有一定的便利性。但前期的设计操作过于复杂，对概念阶段方案快速的变化应对能力较差
	建筑分析与设计	通过建立或者导入模型，对建筑的使用性能进行计算分析，获取日照、光照、声环境、热环境的信息，导出计算结果。对设计调整的决策提供支持，优化设计	Ecotect Analysis	软件操作界面友好，3DS、DXF 格式的文件可直接导入，与常见设计软件兼容性较好，分析结果可以用丰富的色彩图形进行表达，提高结果的可读性
			Green Building Studio	基于 Web 的建筑整体能耗、水资源和碳排放的分析工具。可以用插件将 Revit 等 BIM 软件中的模型导出 gbXML 并上传到 GBS 的服务器上，计算结果将即时显示并可以进行导出和比较。采用了云计算技术，具有较强的数据处理能力和效率
			IES	集成化的软件模块非常灵活并且适应性强，因此也更容易和各种绿色建筑标准（比如 LEED）相结合，并提出相应评价内容。软件为英国开发，软件中整合的材料规范等信息可能与中国的不符，所以结果会有偏差
			Energy Plus	EnergyPlus 主要输入及输出的方式为纯文本档案来储存。软件本身接口给予的提示较少，引导过程皆需阅读使用手册，导致学习成本较高

应用阶段	应用场景	应用价值	软件名称	软件分析
设计阶段	结构分析与设计	通过建立或者导入模型，进行结构受力分析，完成建筑工程各结构的截面设计，通过数据库的建立获取更加准确的数据参数，如梁、板、柱、楼梯结构的信息参数等，了解建筑结构的整体比例特征，保证设计效果	PKPM	设计流程非常简便，它的操作界面是一些常规的构件和荷载的输入，设计者很方便进行结构设计，然而它的很多参数和公式都隐藏在软件的背后。设计者不能进行修改，特别是遇到复杂一些的结构形式，应用会受到一定的影响。完全遵循中国标准规范和设计师习惯，可以快速地进行配筋并出图
			Midas	可以进行多高层及空间结构的建模与分析。侧重点是针对土木结构，特别是分析象预应力箱型桥梁、悬索桥、斜拉桥等特殊的桥梁结构形式，同时可以做非线性边界分析、水化热分析、材料非线性分析、静力弹塑性分析、动力弹塑性分析。也可以进行中国规范校核
			SAP2000	专注于空间结构，比如网壳类、桁架类、不规则结构等，也可以进行中国规范校核。软件将大量的设计参数提供给设计者，让设计者自己来定义和设置这些参数，大大提高了设计者的灵活性和操纵性
			Robot	Robot 与 Revit 软件同属于 Autodesk 公司，两者之间的结构模型数据可以实现很好的传递，避免了结构模型通过软件接口或中间格式导入其他分析软件可能出现的数据异常，如截面不匹配、材质信息丢失等，实现了建模软件与结构分析软件之间更好的结合。但软件中包含的中国规范有限，且版本都比较陈旧，对于我国结构设计不太适用
	机电分析与设计	空调系统建模、模拟计算、气象参数图表输出、全年动态负荷报表输出、能耗分析报表输出、方案优化对比，提供建筑全年动态负荷计算及能耗模拟分析，根据数据优化设备选型方案，降低设备投资与建筑整体能耗，帮助设计人员基于能源利用和设备生命周期成本，优化设计方案，打造绿色节能建筑	鸿业 HY-EP	基于 AutoCAD 平台，以 EnergyPlus 为模拟引擎，提供建筑全年动态负荷计算及能耗模拟分析，完全遵循中国标准规范和设计师习惯，集施工图设计和自动生成计算书为一体，广泛应用
			Trane Trace	基于能源利用和设备生命周期成本，优化建筑暖通空调系统的设计。具有超强的模拟功能，可模拟 ASHRAE 推荐的 8 种冷负荷计算法，具有操作简单、使用便利的特点
			Magicad	软件设计模块包含大量的计算功能，例如流量叠加计算、管径选择计算、水利平衡计算、噪声计算和材料统计。适用于 AutoCAD 和 Revit 平台

应用阶段	应用场景	应用价值	软件名称	软件分析
设计阶段	施工图协同设计	通过协同设计建立统一的设计标准，包括图层、颜色、线型、打印样式等，在此基础上，所有设计专业及人员在一个统一的平台上进行设计，从而减少现行各专业之间（以及专业内部）由于沟通不畅或沟通不及时导致的错、漏、碰、缺，真正实现所有图纸信息元的单一性，实现一处修改其他自动修改，提升设计效率和设计质量	Revit	通过工作集的使用，所有设计师都基于同一个建筑模型开展设计，随时将自己的编辑结果保存到设计中心文件去，这样别的设计师就可以更新自己的工作集，看到别人的设计结果。这样每个设计小组成员都可以及时了解别人及整个项目的进展情况，从而保证自己的设计和大家的设计保持一致
			Archicad	同样可以多个设计人员同时对同一项目进行编辑以提高项目的推进效率。多设计人员同时操作时，仍需要划定权属范围协同创作
	装配式设计	不同的预制构配件在模型平台上进行预拆分，能够初步确定构件外形尺寸，为工厂生产、运输、吊装等工序提供前期的准备工作。通过 BIM 模型对每个不同部位、不同的预制构件、不同的节点进行预拼装，保证今后实际安装准确无误	CATIA	广泛应用于汽车制造、航空航天等领域，在建筑设计中，作为机械设计软件，也同样适用于进行装配式建筑的零部件设计、装配件设计、工程图纸生成
	设计模型搭建	通过建立 3D 空间模型展现建筑的各种平面、立面、透视图纸以及 3D 动画，各个图纸都来自于同一个模型，所以各图纸之间是存在关联互动性的，任何一个图纸的参数发生改变，其他图纸的参数也会发生相应的改变，从而将建筑的整体变化直观展现出来。更重要的是将原本二维的图形和文字表达的信息提升到三维的层面，解决了二维不能解决的"可视化"和"可计算"问题，为后续其他深入的 BIM 应用提供基础	Revit	国内主流 BIM 软件，具有良好的用户界面，操作简便；各部件的平面图与 3D 模型的双向关联，Revit 的原理是组合，它的门、窗、墙、楼梯等都是组件，而建模的过程则是将这些组件拼成一个模型。所以 Revit 对于容易分辨这些组件的建筑会很容易建模，但是，对于异形建筑而言，就会比较难
			ArchiCAD	最早的 3D 建模软件，ArchiCAD 具有良好的用户界面，操作简便；拥有大数据的对象库。是唯一支持 mac 系统的 BIM 制模软件。ArchiCAD 软件的指令都保存在内存条中；不适用于大型项目的制模，存在模型缩放问题，需要对模型进行分割处理
			Bentley	支持复杂度高的曲面设计，该软件的设计模式和运行机理非常独特，用户绘制的建筑模型具有"可控制的随机形态"，即通过定义模型各部位的空间结构联系，就可以基于用户定义模拟多种不同的外形结构，使得设计工作具有多样性，同时，还具有坐标点定位功能

应用阶段	应用场景	应用价值	软件名称	软件分析
施工深化设计阶段	机电深化设计	对机电管线及支吊架建模，进行深化设计、综合排布，解决碰撞，进行支吊架受力分析以及空间净高分析等。模型完成后，可用以指导现场施工，配合建筑、装饰减少施工中的碰撞，达到美观的效果	广联达 BIM 审图软件	对广联达算量软件有很好的接口，与 Revit 有专用插件接口，支持 IFC 标准，可以导入 ArchiCAD、MagiCAD、Tekla 等软件的模型数据。除了"硬碰撞"，还支持模型合法性检测等"软碰撞"功能
			Revit	可进行机电多专业管线建模及深化设计出图，可实现多专业协同建模，处理碰撞，与建筑、结构、装饰等专业整合
			Magicad	主要用于综合管线及支吊架建模
			Navisworks	模型综合及空间管理、碰撞检测
			Tekla、Robot Structural Analysis	用于支吊架节点受力分析
	钢结构深化设计	对钢结构精细的结构细部进行建模，进行面向加工、安装的详细设计，生成钢结构施工图。模型创建完成后，可以直接统计工程量，精度较高。模型可导入其他软件中，实现不同专业模型整合应用	Tekla	专注于钢结构深化设计，专业程度高，建模完成后，可导出图纸、清单、其他格式的模型信息等，可用于结构分析、模型参考、渲染出图、清单处理等。同时，可与其他众多软件进行数据交互
			Advance steel	基于 Auto CAD 平台的钢结构深化设计软件，可实现复杂异形钢构件创建、清单统计，与 Revit 进行平台整合，可导入 NavisWorks、SolidWorks 进行协调，但目前国内钢结构节点较少，还需完善
			Revit	可进行钢结构建模及深化设计、工程量提取
	土建深化设计	对建筑、结构进行建模，可进行工程量统计，与其他专业模型拟合，进行深化设计，进行模型审查，发现问题，用以指导现场施工，对复杂节点可进行三维可视化交底	Revit	进行建筑结构建模的基础性软件，实现模型创建、工程量统计、模型碰撞处理等
	模架体系深化设计	对模架进行三维立体化、参数化设计，形成加工料表，进行工厂预制化加工，提高生产精确度和生产效率	广联达模架软件	支持二维图纸识别建模，也可以导入广联达算量产生的实体模型辅助建模。具有自动生成模架、设计验算及生成计算书功能
			品茗模架软件	基于 Revit 平台的插件，可进行模架智能计算布置，生成配模施工图及下料表，可进行材料用量明细表导出，输出模板、脚手架平面布置图，输出施工方案及计算书

续表

应用阶段	应用场景	应用价值	软件名称	软件分析
施工深化设计阶段	装饰装修深化设计	进行模型搭建，与建筑、结构、机电等专业整合，可进行复杂节点深化、可视化交底、碰撞检测、装饰面砖排版、施工方案对比，模型完成后，进行渲染	Revit	进行模型搭建，复杂节点深化设计，可进行渲染出图，渲染效果较差、渲染速度较慢，操作复杂
			Lumion	导入 Revit 模型，进行渲染，渲染效果真实，可进行动画展示，渲染速度快，但不能进行施工进度模拟，主要用于静帧图片展示
			Fuzor	可载入 Revit 模型，进行碰撞检查，施工模拟，同时，可进行漫游检查，沉浸体验强，可用于三维交底，可视化程度高
			SketchUp	进行建筑模型搭建，操作快捷简单，模型参数提取较困难，主要用于设计方案三维快速绘制
	小市政深化设计	建立地下管线模型，使二维图纸上复杂、大量的信息变得立体化、可视化、信息化，对管线进行深化设计，碰撞检查，在纵断面、横断面中进行核查调整，相较于传统二维方式更有效直观	Civil 3D	用于建立道路工程、场地、雨水/污水排放系统以及场地规划设计。所有曲面、横断面、纵断面、标注等均以动态方式链接做出更明智的决策并生成最新的图纸
			PowerCivil	路线、场地、勘测、给水排水、桥梁、隧道等的三维设计建模软件
			Bently Navigator	用于三维系统设计浏览、分析、模拟工具，可进行三维模型交互式浏览、跨专业综合碰撞检查、进度模拟和安全检查模块
施工应用阶段	临建布置	根据项目场地情况，结合项目施工组织安排，基于 BIM 设计各阶段现场材料堆场、临时道路、垂直运输机械、临水临电、CI 等内容的平面布局；同时对现场办公区、生活区进行规划布置，保证施工现场空间上、时间上的高效组织，并可提取临建工程量支撑临建管理	Revit	可以精细化创建临建 BIM 模型、模型渲染和提取临建工程量，模型信息丰富但建模工作量较大，模型渲染速度快但效果一般
			品茗 BIM 施工策划软件	快速建模但感官效果一般
			Lumion	可以进行临建模型渲染和漫游动画制作，软件操作简单且效果逼真，但渲染时间较长，模型导入后数据信息易丢失和更改
			3ds max	可以进行临建模型渲染和动画制作，渲染效果逼真，但软件较难掌握
	可视化交底	应用 BIM 可视化的特点，针对项目技术，质量，安全体验教育等方面重点管控的工艺、工序、节点进行 BIM 模型创建，导入可视化交互设计软件或平台端进行交底内容的详细设计，输出成果至交互媒介，如 VR、MR 设备，二维码使得现场作业人员能更直观和高效的掌握传递的管控重点内容	Revit	可以根据交底的具体内容精细化创建交底 BIM 模型，模型信息丰富，但建模工作量较大；软件可以完成交底模型的渲染，但渲染成果用于交底通常精度不足

续表

应用阶段	应用场景	应用价值	软件名称	软件分析
施工应用阶段	可视化交底	应用 BIM 可视化的特点，针对项目技术，质量，安全体验教育等方面重点管控的工艺、工序、节点进行 BIM 模型创建，导入可视化交互设计软件或平台端进行交底内容的详细设计，输出成果至交互媒介，如 VR、MR 设备，二维码使得现场作业人员能更直观和高效的掌握传递的管控重点内容	3ds max	可以根据交底的具体内容精细化创建交底 BIM 模型，模型造型体现逼真，但是模型信息不够丰富，同时可以输出可视化交底交互设计软件所需的文件（如全景照片、渲染和动画），软件较难掌握
			Lumion	可以对交底 BIM 模型进行渲染处理，同时输出交底交互设计软件所需的文件（如全景照片、渲染），操作简单但渲染时间较长，模型导入后数据信息易丢失和更改
			720yun	可以进行可视化交底的交互设计，基于输出的全景照片，添加热点、场景切换、录入文字、图片等辅助交底的说明信息，还可以输出交互媒介如二维码。操作简单，交底设计丰富，但对全景照片的质量要求较高
			Trimble Connect	对可视化交底模型进行轻量化处理，导入到 VR 交互设备中进行呈现
	进度管理	基于 BIM 技术进行项目进度计划管理，利用模型可视化的特点，将进度计划与模型构件挂接，进行模拟施工，结合输出的人材机资源投入统计数据及时调整和优化进度计划，过程中按实录入实际进度，并通过实际进度和计划进度的对比，分析进行进度的动态纠偏管理	Revit	创建进度管理所需的实体建筑模型如结构、建筑、机电等模型，输出进度计划管理软件所需的文件格式，建模精度高，但建模工作量大，且核心要做好匹配进度模拟的模型构件拆分工作
			Navisworks	承接 Revit 创建的 BIM 模型，并可利用"选择树"和"集合"功能进行模型构件的分类，同时可以手工录入或导入进度计划表，并将模型构件与进度计划挂接，进行进度模拟，同时也可按实录入实际进度情况，进行对比分析，对进度计划进行动态纠偏管理。软件操作简单，但进度模拟的感官效果不好，并且无法输出资源曲线辅助进度计划的优化
	质量管理	通过 BIM 软件的可视化能力将质量管控重点的工艺、工序和节点进行分解展示，同时快速收集现场的三维数据与模型对比分析质量情况，或通过手机 APP，平台和云端的配合应用完成现场质量问题巡查和整改的闭环管理，并可通过周期性的后台数据进行系统分析	Revit	创建质量管理所需的 BIM 模型，如交底模型、质量控制节点模型等，同时可以创建高精度的 BIM 模型作为与现场实际施工实体进行对比的对象，建模精度高，模型数据信息丰富但建模工作量大
			Trimble Realworks	对现场已施工实体进行三维扫描生成的点云数据进行处理，与 BIM 模型进行整合对比，进行墙面平整度、垂直度、阴阳角等实测实量，反映施工误差，并为后续工序提供现场真实尺寸，数据精度较高但配套使用的软硬件费用较高
			Lumion	可以对质量管理 BIM 模型进行渲染处理，同时输出交互设计软件所需的文件（如全景照片、渲染），操作简单但渲染时间较长，模型导入后数据信息易丢失和更改

应用阶段	应用场景	应用价值	软件名称	软件分析
施工应用阶段	质量管理	通过 BIM 软件的可视化能力将质量管控重点的工艺、工序和节点进行分解展示，同时快速收集现场的三维数据与模型对比分析质量情况，或通过手机 APP，平台和云端的配合应用完成现场质量问题巡查和整改的闭环管理，并可通过周期性的后台数据进行系统分析	720yun	可以进行质量管理交底的交互设计，基于输出的全景照片，添加热点、场景切换、录入文字、图片等辅助交底的说明信息，还可以输出交互媒介如二维码。操作简单，交底设计丰富，但对全景照片的质量要求较高
	安全管理	在施工建造阶段，基于 BIM 模型可视化的特点，基于 BIM 模型进行现场危险源辨识，完成安全措施模型创建，配合安全管理的管控流程（交底、巡查、整改回复）进行现场安全管理；同时可通过手机 APP、平台和云端配合应用完成现场安全巡检和安全问题的整改闭环管理，并可通过周期性的后台数据进行系统分析	Revit	创建安全管理对象建筑物和安全措施设施的 BIM 模型，如临边防护模型、洞口防护模型等，同时可输出安全设施工程量进行材料的精细化管理，建模精度高，模型数据信息丰富，但建模工作量大
			Fuzor	可实现基于 BIM 模型自动识别临边、洞口等危险源，并生成安全措施设施模型如临边防护栏杆、洞口防护盖板等，同时可完成模型漫游排查安全死角。软件操作简单，适应性高，但软件价格较高
			Navisworks	可基于 BIM 模型进行漫游排查危险源及安全措施设施设置情况，操作简单但无法创建安全措施模型，只能起到漫游检查和校核的作用
	造价管理	利用 BIM 技术在数据储存、调用和传递上具有的高效性，创建造价管理模型，植入算量扣减规则，对造价工程量信息进行提取、分类整理、汇总计算和传递，进而辅助预算、过程对量、结算等各阶段的造价管理工作	Revit	可按照达到算量需求的建模规则创建 BIM 模型，提取各构件工程量信息，帮助完成施工过程的材料精细化管理，同时也可向专业算量软件或插件完成模型传递交互，减少多次建模，提高效率。建模精度高，模型信息丰富，但建模工作量大，同时用于造价管理的模型应严格按照建模规则创建，明确扣减规则和构件族的类型定义和属性赋值
			广联达算量软件（GCL、GQI、GGJ）	可创建土建、机电、钢筋等算量模型，内置定额和清单，提取的工程量能与清单进行挂接匹配，软件操作简单，但算量模型由于数据统计维度与现场施工过程所需的精细化管控数据细度较难匹配，所以对现场管控支撑性不足
			斯维尔三维算量 For Revit	基于承接的 Revit 模型或算量模型分析计算，自动完成工程量的扣减计算，形成明细表，同时可自动将模型的工程量与清单的编码进行关联，形成匹配清单的汇总工程量，操作简单，计算效率高，但是对承接的 BIM 模型有一定的要求
竣工交付阶段	竣工验收	整合所有专业模型，拟合建设工程实施过程中的技术资料、管理资料、进度资料、造价资料等，用以交付业主方	Revit	拟合所有专业模型，是集成建筑模型信息的基础文件
			NavisWorks	可形成分析报告，用于竣工验收阶段模型资料交付
			广联达 BIM5D、BIM360 等	可导入 Revit 模型，整合工程实施过程中的技术资料、签证资料、施工管理资料等

续表

应用阶段	应用场景	应用价值	软件名称	软件分析
竣工交付阶段	运维管理	整合所有专业模型，集成所有设备、末端等信息，用以交付使用单位后续使用和维护	Revit	集成所有模型信息，包含设备、终端、端等
			博锐尚格、蓝色星球等相关运维数据处理软件	可整合 Revit 模型，对接现场设备、探测器等工作状态数据，按照一定规则或标准整合成为最终运维管理平台可用数据。目前该类软件主要为运维厂商内部应用软件，未对市场形成开发

3.4　BIM 应用相关设备及软件

BIM 技术在国内已经逐步向智慧建造阶段发展，目前使用计算机针对设计方案、工程现场和运维环境进行模拟预判的技术已经形成了丰富而成熟的开发和市场环境，但基于 BIM 的模拟计算成果如何反映到施工现场进行智慧建造，则需要通过直接用于施工实体的设备手段来实现。

目前国内对于 BIM 相关智能设备的应用，大部分还处于"舶来主义状态"，即由外国设备公司如天宝、法如、徕卡等老牌精密仪器集团基于传统产品创新研发和生产一系列高度集成化、可与 BIM 模型集成的智能设备，国内工程团队直接采购其设备，根据操作说明进行规定功能的使用，这种状态最大的问题在于设备操作流程不一定符合国内工程习惯，产出的数据成果无法被国内建筑业直接认可，这也造成该类设备一定的推广阻力。

造成该状态的原因一方面由于发达国家在精密仪器制造工业上深厚的技术积累，另一方面在于他们对于提升工程、沟通效率、减少人工成本的诉求更高。但随着国内工业水平发展、人力成本上升以及"新基建"产业和政策快速的发展，本土化的建筑智能设备市场势必将吸引大批企业进入，形成新的智能设备产业格局。

3.4.1　BIM 应用相关设备及软件整体介绍

1. 可穿戴式视觉仿真设备

扩展现实（XR）是总称术语，适用于所有计算机生成的环境，可以合并物理和虚拟世界，也可以为用户创建完全身临其境的体验。扩展现实类技术在建筑领域的应用是一种融合跨界的综合技术，主要分为三类。

（1）虚拟现实（Virtual Reality，简称 VR）是一种可以创建和体验虚拟 BIM 空间的计算机仿真系统。利用 BIM 模型在计算机中生成模拟环境，通过多源信息融合、交互式的三维动态视景和实体行为的系统仿真，使用户沉浸到该环境中进行 BIM 的交互体验。

该类 VR 代表设备有 HTC Vive、Oculus Rift、Playstation VR，整套系统一般包括全视角包裹头盔装置、运行主机、交互手柄以及空间定位装置，其开发生态环境在扩展显示类设备中最为成熟，与建筑领域相关的应用较为丰富。

针对交互需求的进一步挖掘，各类高校和专业技术公司也研发了诸如万向跑步机、蛋椅驾驶舱等联动体感设备，但相较于高昂的价格，其体验效果并不显著，多用于新技术的阶段性成果展示。

另一种虚拟全景技术又称三维全景虚拟现实（也称实景虚拟），是基于全景球形图像将目标 BIM 场景进行沉浸式展示的技术。全景（英文名称是 Panorama）是把环 360° 导出的多组照片拼接成一个全景图像，通过计算机技术实现全方位互动式观看的建筑真实场景还原展示方式。该项技术的使用仅需要一个可两片装凸透镜的盒子和普通智能手机，通过 APP 中的 VR 横向分屏功能，即可体验沉浸式全景漫游的体验。该类设备轻便简易，交互功能虽然简单，但可用于轻量化浏览建筑效果或工艺做法，成本低廉。

（2）增强现实（Augmented Reality，简称 AR）是一种实时地计算摄影机影像的位置及角度，并加上响应 BIM 模型的技术。该技术的目标是在屏幕上把虚拟 BIM 模型套在现实世界并进行互动。代表的专业设备如 Google Glass，目前大部分智能移动电子设备均有相关功能，其设备体验效果的核心除了 BIM 模型本身和响应动作之外，硬件效果主要在于设备计算芯片的算力和光学方案的显示效果，即设备配置越高，软件交互制作越精良，体验感越佳。

（3）混合现实 (Mixed Reality, 简称 MR) 是通过智能可穿戴设备技术，将现实世界与 BIM 模型相叠加，从而建立出一个新的环境，以及符合一般视觉上所认知的虚拟影像，在这之中，现实世界中的实物能够与虚拟世界中的物件共同存在并即时的产生互动，因此设备中会有一套 SLAM 系统对周边环境进行实时扫描，并需要 CPU 在设备里创建一个三角网虚拟世界与 BIM 模型进行互动，因此 MR 技术是目前扩展显示类设备中技术含量最高的一种，其硬件和配套软件成本也相对较高。

目前混合现实技术的生态与建筑业深度结合的设备和系统还未成熟，投入进行开发的市场环境单一，能够满足国内建筑业使用需求的软件较少。混合现实技术的代表设备是微软公司的 HOLOLENS 系列，目前已发布第二代产品，操作手势的识别也由单一的夹取扩大到整个手掌动作的识别，视角范围也有一定的增大。相较于一代产品更易上手，体验效果更好。另外，天宝公司联合 Hololens 开发的 XR10 将安全帽与设备结合到一起，更适合工地环境，并且通过三个非平行平面来让模型与现实空间进行结合，使等比模型与现实空间的叠合误差大大缩小，在某些程度上具备了取代施工现场放线工序的潜力，不过该类设备的通病都是在强光的室外环境视觉效果较差，视角范围也不是沉浸式全覆盖，需要适应和调整。

2. 数字化施工设备类

数字化施工类设备是将目前行业内常用的工程装备进行数字化升级或者改良后，能够接收 BIM 作为操作依据进行实体施工、测量的设备仪器。目前行业使用较多的为智能全站仪、无人飞行器、三维激光扫描仪、数字化土方施工机械等几大类设备。这类设备的特征是都能够接收三维的 BIM 模型及数据，机器直接读取数据后在设备中自动建立三维空间坐标系，通过自动化的机械手段进行作业。在异形三维空间的快速放线、现场施工实体数据采集、大体量土方挖掘方面对施工效率有很大的提升。

（1）智能全站仪在业内更多被称为放线机器人，可见其智能和自动化程度。目前国内市场占有率最高的是美国天宝公司生产的 RTS 系列全站仪，该全站仪主要由通过红色激光指示测量放样点位的全站仪主机，用于控制、选择测量或放样点的操作手簿以及配套的三脚架和棱镜套装组成。

其工作原理是：首先，从 BIM 模型中设置现场控制点坐标和建筑物结构点坐标分量作为 BIM 模型复合对比依据，在 BIM 模型中创建放样控制点。其次，在已通过审批的机电 BIM 模型中，设置机电管线支吊架点位布置，并将所有的放样点导入 Trimble Field Link 软件中。再次，进入现场使用 BIM 放样机器人对现场放样控制点进行数据采集，即刻定位放样机器人的现场坐标。最后，通过平板电脑选取 BIM 模型中所需放样点，指挥机器人发射红外激光自动照准现实点位，实现"所见点即所得"，从而将 BIM 模型精确的反映到施工现场。

智能全站仪能够基于三维模型进行放线，因此可以承载比平面图更多的建筑信息，在异形结构、MEP 系统中有着非常明显的优势，能够节省大量的现场放线人员工作，其放线精度也能提高到毫米级。

但由于操作习惯、方法与传统的放线形式有较大区别，实际操作仪器的测量工程师在前期需要重新学习，除了需要学习通过触控平板电脑进行仪器的操作和数据的分类储存之外，对于 BIM 模型的处理，也与传统根据二维图纸的形式有很大不同，基于 BIM 的智能全站仪要求测量工程师掌握 BIM 相关软件的操作，因此智能型全站仪大规模的推广使用，需要项目团队成员进行基于三维模型施工的培训和经验积累，才能达到更好的效率。

（2）无人飞行器是目前建筑业勘察、施工阶段的常用设备。普通房建项目一般是配备小型多旋翼飞行器搭载一个高清摄像头的设备，手机 APP 或者自带的遥控装置，用于高空实景拍摄。基于无人飞行器的实境捕捉技术的优势在于鸟瞰的视角能够快速全面的对施工场地进行查看和捕捉数据。对于专业勘察团队或者大面积的基础设施、城市改造工程，则使用固定翼或者大型多旋翼飞行器，搭载扫描仪或者多镜头倾斜摄影相机，能够拍摄更高清和多倾角图片，用于高精度的实景建模工作，可进行大规模地域的快速高空测绘。一般代表设备有大疆精灵、御等系列产品，但在高精度航拍勘测领域，则需要采买或定制专业无人机，价格则按照具体需求差别较大。

（3）物联网类设备。随着智慧工地系统的兴起，智慧工地大脑的自动分析功能在行业越来越被重视，基于真实数据进行自动分析的应用可以为管理人员节省大量的重复劳动工作，但如何获得大量真实有效的工程数据，则需要物联网技术的支持，因此智慧工地物联网设备是现在智慧工地实现的基础。

一般物联网数据都是由不同的传感器网络来采集和传递，传感器技术在工业领域已经非常成熟，包括结构应力传感器、形变传感器、位移传感器以及加装在各类仪表上的数据传感器等。在建筑业中，通过与 BIM 和智慧工地平台结合，形成可视化、自动形成处理结果报告的完整智慧工地系统，物联网传感器数据的传输方式除了弱电线路还有 4G 传感，因为单点数据量较小，一般 2G 也可以达到实时传输效果。因此，物联网数据是否好用，取决于传感器的质量和平台数据算法的设计，尤其是在工地这个复杂多变的环境下，许多需要暴露在外的传感器十分容易受到现场其他因素影响，如极端天气、人为等因素，导致异常的数据结构，需要定期进行人工检查。

3.4.2 BIM 应用相关设备及软件主要应用的业务场景

1. 可视化设备

（1）VR 沉浸式环境模拟仿真

VR 设计方案模拟是一项具有较大潜力的应用场景，设计者可以就设计的建筑物与工程单位在网络上基于沉浸式模型相互沟通交流，直接感受到一些建筑信息，如墙面材料、内部设计构造、不同天气环境的模拟、建材外观颜色的更换等。目前 VR 在建筑方案设计阶段进行外形、结构、设备管线等专业的方案设计应用还较少，更多用于精装阶段的已有构件细节模拟和简单的既有家具模型放置的应用。一方面是由于软件技术还不成熟，另一方面也是设计师的工作习惯仍未形成，但该类沉浸式视觉技术在改变设计流程和方式中有极大的潜力。

VR 建筑安全体验是现在安全领域展示最热门的一项技术，主要是结合 VR 眼镜实现安全教育场景的动态漫游及 VR 交互。让体验者有更加沉浸式的逼真感受，可以直接感受、体验电击、高空坠落、洞口坠落、脚手架倾倒及隧道逃生等多种虚拟效果。但受制于传统 VR 设备只能单人操作的特点，目前业内大部分 VR 安全体验更多被作为一种展示形式，并未起到大规模进行更有效的安全教育的目的。最近也出现了可以同时多人接受安全教育的 VR 一体机技术，为了能够同时通过一台教育主设备对多台 VR 设备进行内容显示，取消了手柄互动和空间定位的功能，这种方式提升了同时进行安全教育的人员覆盖率，让 VR 的安全应用进一步落地。

VR 工艺模拟考核是在施工过程中，针对重要的工序施工或者设备操作需要，对工人或者技术人员进行技术交底和实操培训，相较于实体培训，借助 VR 进行虚拟培训能够节省大量的材料、机具和场地投入。VR 高度真实感的仿真和交互特征，可以提供几乎相同质量甚至更复杂的培训支持，例如塔式起重机、挖掘机操作员以及钢筋、钢结构、装配式施工队特殊工艺的模拟培训。目前，行业中各大 VR 服务商已经有了大量通用的工艺培训程序，但是针对某一工程项目特色环境和条件的仿真训练一般需要进行定制，相关服务价格相对昂贵，企业可以考虑自身情况，培养具有相关 VR 设计能力的工程师团队，来制作企业级的技术工艺考核库，有助于企业技术经验的标准化推广。

（2）AR 轻量化模型浏览

增强现实技术依托硬件相对简单，一般的手机、平板电脑都可以实现，因此应用场景更多，操作也较为简单，主要用于在现实场景中进行特定部位 BIM 或者工艺的展示，如钢筋节点做法、门窗幕墙构造做法。AR 的应用场景体验感主要取决于硬件对于现场触发图形的识别灵敏度和模型交互动作的制作精细度，目前行业大部分应用都是 BIM 的模型轻量化展示，但如果交互动作设计的足够丰富，可以达到非常多的互动效果，如分层浏览，动画演示等。

（3）MR 混合现实交互

模型轻量化浏览的 MR 混合现实交互与 AR 技术的现实效果类似，有更多通过手势对模型进行互动的功能，并且其 SLAM 技术能够获得具有深度的现实空间信息，因此交互起来更有真实感，尤其是将模型以 1：1 的形式与现场进行结合之后，能够查看工程完成效果、隐蔽工程位置确认和施工进度比对。但由于设备自身限制，在强光环境下显示效果较差，目前市面上的设备还无法加载较为复杂的建筑模型，一般是将模型分割之后再导入设备。

多方协同需基于混合现实生态下的软件进行应用，大致功能是基于一个会议室的形式，不同设备的操作者可以基于同一个模型进行语音对话，并且能够显示互相在模型中的标记指示，可以基于模型的设计或者施工方案继续沟通，体验效果也较为成熟，但需要每个参与者都佩戴设备，成本相对较高。

2. 施工设备

（1）放线机器人。放线机器人在施工中的应用效果已经被公认，基于三维模型的放线工作在异形模板、MEP、幕墙、钢结构等专业已经非常成熟，但作为工程测量的施工放线工具，在软件层面的功能还不够本土化，无法直接导出符合中国工程管理相关的表单资料。这一点从技术实现上并不困难，预计今年就能有相关应用出现。

（2）三维激光扫描仪。作为在考古、精密制造领域已经应用成熟的技术，三维激光扫描仪对于实景捕捉的能力，在工程领域主要应用于土方阶段的测量算量、工程结构实测实量以及特殊构件的数字化复原等。目前仪器的精密度在业内已经难以大跨度的提升，因此针对扫描成果的快速处理和应用是现在更多软硬件企业深化的重点。现在市面上已经出现能够现场进行实体和 BIM 偏差对比分析的解决方案，但直接导出行业认可的报告表单应用还在推进，因为这涉及仪器精密性的标准、测量报告的格式以及传统工程资料性质的变更，相信近几年在行业协会的引导下能够解决相关问题。

（3）混凝土 3D 打印。3D 打印作为一种近年崛起的增材制造技术，已在模具制造、工业设计等领域取得较多成果，在建筑等领域的运用方兴未艾。基于挤压层积式 3D 打印混凝土技术，在无须模板支撑的情况下，将水泥砂浆的挤出条状物逐层堆积，逐步打印构件，是建筑领域的全新尝试。可以实现异形化施工，使建筑物摆脱单调的几何形状限制，极大地推动建筑领域机械化、智能化、个性化以及安全化的进程，有着巨大的发展空间。目前国内已有多个建筑业龙头企业尝试过 3D 打印一些低层的房屋，正在广泛探索这种制造方法在基础设施、住宅和公共建筑领域结构中的可行性，均表示对其前景的肯定。现有的问题主要集中于 3D 打印混凝土构件的特殊力学性能导致其与现有的工程规范难以匹配，以及材料和施工成本的效益价值。

（4）物联网监控设备。物联网设备在工程领域的应用较早，主要针对结构、模架体系的形变应力检测，另外楼宇智能化专业中对于建筑设备的监控也是物联网传感的重要应用领域。今年针对物联网的关注由于"智慧工地"概念的提出越发火热。基于物联网的智慧工地是物联网在施工阶段应用的集成和提升，通过在施工现场布设包括临水临电、人员安全帽定位、视频监控传感、塔吊监控、环境检测和治理、实验室监控等在内的涉及工地方方面面的物联网系统，并将数据集成到一个整合平台，通过后台的基于工地管理习惯的算法，为现场管理人员提供决策建议。

目前工地物联网系统的制约条件在于，一方面涉及的物联网设备类型众多，一般都是由一个智慧工地平台企业与硬件设备企业合作一个生态系统，但是多个类型物联网设备企业的数据还是会有相互割裂的现象发生，无法统一进行综合分析。另一方面在于施工现场团队的管理方式千差万别，不同项目都有自身的管理流程和数据处理方式，因此物联网数据的处理算法也无法统一制定，现阶段的智慧工地更多是让用户适应平台的逻辑，这也造成了大量项目的推进遭到项目一线使用者的抵触。因此，物联网和智慧工地的应用未来应该向大数据互通共享、定制化或机器学习的方向努力。

3. 机器人

（1）机器人发展环境

工程机器人是目前 BIM 和数字化建造领域一大热点，随着人力成本升高、劳动力严重短缺的行业问题逐步显现，工程领域对机器代替人工的需求渐渐展露出来。住房和城乡建设部联合国家发展和改革委员会、教育部、工业和信息化部、中国人民银行、国家机关事务管理局、中国银行保险监督管理委员会印发的《绿色建筑创建行动方案》中指出，加强技术研发推广，加强绿色建筑科技研发，建立部省科技成果库，促进科技成果转化。积极探索 5G、物联网、人工智能、建筑机器人等新技术在工程建设领域的应用，推动绿色建造与新技术的融合发展。结合住房和城乡建设部科学技术计划和绿色建筑创新奖，推动绿色建筑新技术应用。

此外，住房和城乡建设部、国家发展和改革委员会、科技部等 13 部门近日联合印发的《关于推动智能建造与建筑工业化协同发展的指导意见》中提到，"探索具备人机协调、自然交互、自主学习功能的建筑机器人批量应用""加快部品部件生产数字化、智能化升级，推广应用数字化技术、系统集成技术、智能化装备和建筑机器人，实现少人甚至无人工厂。加快人机智能交互、智能物流管理、增材制造等技术和智能装备的应用。"

（2）机器人类别

1）工艺机器人：从施工技术出发所研制的施工工艺机器人是最先问世的，砌砖机器人、搬运机器人、焊接机器人和装饰板施工机器人等都是国际工程行业讨论的话题，这些机器人能够在某些占据大量重复劳动且复杂程度不高的工艺上起到非常大的作用。其根本是通过一个或者多个关节的机械臂，实现能够基于 BIM 模型或者施工工序程序进行工作。

国内代表的机器人企业则是碧桂园旗下的博智林科技公司，相关数据显示，碧桂园集团现有在研建筑机器人 50 余款，覆盖主要建筑工艺工序。其中，近 40 款投放工地测试应用，10 余款进入产品化阶段。对于复杂的工地现场环境，人工智能和机器学习技术的进步对机器人的发展有着革命性的意义，国外一些实验室中正在研究通过增加传感器和算法，让机器人能够识别操作复杂构件的形状，并且能跟其他工种的机器人进行合作，在复杂的施工现场也能自我学习和修正，有极大的应用潜力。

2）四足机器人：相对于工艺机器人，四足机器人则是针对其移动机制进行的定义。对于机器人来说，可以分为移动机器人和非移动机器人。移动机器人又可以分为轮式机器人、履带式机器人和足式机器人。根据研究表明，轮式机器人在相对平坦的地形上行驶时，具有控制简单、运动平稳快速的特点；但在松软地面或崎岖不平的地形上行驶时，车轮的移动效率大大降低甚至无法移动。足式机器人可以在施工现场或者未知的勘测区域等恶劣环境中工作，因此四足机器人的应用场景更为广泛。

波士顿动力公司从 2012 年以来发布了多款四足机器人，2016 年推出的 SpotMini 四足仿生机器人体型小巧，质量仅约 30kg，并且能够搭载多种设备，如机械臂、扫描仪等，应用场景和功能更加灵活。但目前四足机器人发展还不够完善，大多数四足机器人还停留在实验室研究和演示阶段，因此四足机器人的应用还处于探索阶段。

3.4.3　BIM 应用相关设备及软件介绍

按照应用阶段，编写组简要列举如下常用 BIM 应用相关设备及软件，分析其核心应用价值，并简要对软件的核心优缺点进行分析，供读者参考，详见表 3-3。

主要 BIM 应用相关设备及软件应用　　　　　　　　　　　　　　　　表 3-3

应用场景	应用价值	软件名称	应用分析
VR 技术	能够接收 BIM 模型对其进行 VR 交互动作设计、营造沉浸式的虚拟现实交互动作，包括漫游、移动构件、设置天气背景、工艺考核设置等	VDP 设计平台	一个基于 UNITY 引擎扩展现实技术的综合设计平台，从 VR 设计、渲染到浏览和操作交互全流程覆盖，操作功能模块集成度较高，普通工程师经过简单培训后即可上手设计，但目前在某些模型导入时会有部分构件遗失，并且构件最小单元的分割也与 BIM 建模软件不同，各类动画效果样式还不够丰富
	在 Revit 中直接生成轻量化的 BIM 模型全景二维码和链接，便于以 VR 全景模式快速分享 BIM 模型	斗模	非常轻巧的 Revit 插件，操作与流程极为简便，但对于大型和复杂的模型难以流畅的转化，并且所有模型都会传到软件企业的云上，可能会涉及客户涉密的问题
AR 轻量化浏览	接收 BIM 模型进行 AR 交互制作，包括动作触发图形的识别、交互模型动作设置等，可制作静态或者动态的 AR 展示内容，如将设计图纸直接显示在现实的环境中，以分解视图的方式，在图中看到这面墙的各种组装方式，帮助建筑工人理解复杂的组装说明	Bentley 模拟施工系统	基于现实的模型呈现能让人更加直观、清晰、准确地理解建筑模型，提高建筑施工中的"容错率"，其追踪系统帮助施工人员准确实操，减少施工失误。但头部位置和方向测量还不够精确
MR 混合现实	在混合现实设备中从模型提取模型相关数据、根据 BIM 模型文件属性对模型进行分层浏览和互动操作、进行模型文件共享、多方模型整合、基于同一个 BIM 模型多方进行协作管理	Trimble Connect	操作简单，易上手。但内容仍比较单一，尤其是 BIM 中信息方面的呈现和应用尤为单薄，缺少本土化的应用内容，有很大二次开发潜力
智能全站仪	直接基于 BIM 模型将工程中的放线控制点标记出来，通过操作手簿连接内业到外业（BIM 到现场）；在现场可视化放样、采集现场数据、计算误差、输出工作报告、拍摄实时视频等	Trimble Field Link	该基于 Revit 及 CAD 的插件，对于工程师来说更容易学习上手，模型选点也有多种模式，可以直接将把点位在模型中选取并设置完成，导出到 Trimble Field Link 软件，操作软件可指挥机器人现场放样。但对于异形结构较多、体量较大的模型，无法批量选择，并且光滑的弧面需要重新绘制分割线才能准确的选择施工放线的点位，抓取控制点的精度和内容也比传统二维图中更多，前期工作量较大

续表

应用场景	应用价值	软件名称	应用分析
三维激光扫描	多站点云自动拼接、点云模型测量，包括距离测量、自动净空测量、点到拟合面距离测量、拟合圆柱体直径测量、点到图形距离测量、各种角度测量、点坐标测量、方向测量等，并能够输出 BIM 与点云偏差情况报告	Trimble Realworks	软件功能强大，是目前行业内最为成熟的应用软件之一，有较大的用户群体。但由于其功能点较多，造成操作复杂，且缺少针对中国本土的应用功能
倾斜摄影实景建模	对无人机进行倾斜摄影飞行及摄影进行参数行为设定，使其自动化进行数据采集工作。将采集的摄影照片进行整合分析，计算建立三角网及贴图模型，最后输出相关测量数据如体积计算、等高线、三维点云、数字表面模型、正射影响镶嵌图、三维纹理模型等处理	ContextCapture	建模效果、技术水平为业界标杆。利用航拍和街景拍摄技术，展开针对多个超大城市的大规模三维城市建模
		Photoscan	是俄罗斯软件公司 AgiSoft 开发的一套基于影像自动生成三维模型的软件。除了用于三维建模，也有不少用户将它用在全景照片的拼接中，该软件良好的融合算法确实可以适当弥补图像重叠部分匹配准确度的不足

第4章　BIM 技术应用模式与发展趋势分析

　　BIM 技术应用的基础价值，由前期的概念性倡导走向落地实施，实践所得到的直观价值得到广泛的认可。BIM 技术的协调性得到从工地到项目到企业乃至建设方的全链条应用，形成了多层级应用模式。此外，BIM 技术的发展也随着应用需求的增加呈现出与其他数字技术集成、打通建造过程全周期数据以及对于数据安全方面更加重视的趋势。

　　BIM 技术的应用模式与 BIM 技术的发展趋势是相互影响、相互作用的，两者之间存在着重要的内在联系和联动关系。为了让读者更深入了解下阶段 BIM 技术的应用模式和发展趋势，以便于建筑业企业更好地进行 BIM 发展规划，本章节将从 BIM 技术应用模式和 BIM 技术发展趋势的角度进行逐一介绍和论述。

4.1　BIM 技术应用模式

　　建筑业的 BIM 应用已经进入 3.0 阶段，逐步展现出从施工技术管理应用向施工全面管理应用拓展、从项目现场管理向施工企业经营管理延伸、从施工阶段应用向建筑全生命期辐射的特点。从 BIM 应用模式上看，基于现阶段的 BIM 应用特点以及使用需求，主要可分为 BIM 与相关技术集成，形成基于数据进行业务管理的应用模式、基于数据实现项目管理协作的应用模式、基于数据实现项目建造全过程一体化的应用模式。

　　第一，BIM 技术作为数据载体，能够很好地与其他数字技术结合，形成工程项目的数据中心，辅助项目上各岗位、各业务部门的工作提效，同时数据可以在各业务间有效流转，实现项目上更加精细化的管理。第二，项目上各岗位、各业务部门间的数据有效流转，可以形成项目上各组织间基于数据的多方工作协同和管理，保证项目上参建各方的有序协作。第三，BIM 技术本身可视化、协同的优势，可以将各岗位、各业务线、各组织间的数据通过 BIM 模型及多形式看板，在建造全过程实现有效传递，从而优化建造过程中的全要素、全过程、全参与方，实现建造全过程一体化精益管理。

4.1.1　BIM 实现基于数据的项目业务管理应用模式

　　BIM 技术先天具有可视化和协同的优势，在工程项目的数字化转型进程中，可以更好地赋能项目部各岗位、各业务部门，利用以 BIM+ 智慧工地为核心，涉及物联网、云计算、人工智能、移动互联网、大数据等数字化技术，实现工作效率和管理效率的提升。

　　BIM2.0 阶段的典型特征中，包含从设计阶段应用向施工阶段应用转变的趋势，BIM 技术的载体是模型，所以在施工阶段的应用也是从模型最容易产生价值的技术管理应用开始的。经过这些年的应用实践，BIM 应用以专业化工具软件为基础，逐步在深化设计、施工组织模拟等技术管理类业务中得到应用。按照项目管理"技术先行"的特征，技术管理成果和其他管理融合更有利于 BIM 技术的优势发挥和价值实现。

在 BIM3.0 时代，BIM 技术不再单纯地应用在技术管理方面，而是深入应用到项目各方面的管理。除技术管理外，还包括生产管理和商务管理，同时也包括项目的普及应用以及与管理层面的全面融合应用。在过去几年的实践过程中，建筑业企业已经对 BIM 应用具备了一定的基础，对 BIM 技术的认识也更加全面。在此基础上，建筑业企业强烈需要通过 BIM 技术与管理进行深度融合，从而提升项目的精细化管理水平，创造更大的价值。

经过近几年的应用实践和总结，BIM 应用环境正在发生变化，从过去的可视化应用为主，逐渐转向对"数据载体"和"协同环境"这两大技术特征的应用，BIM 技术与其他新技术和集成应用已经逐渐深入到项目部各管理阶层，成为精细化管理落地的关键技术，为加速工程项目的精细化管理水平提供技术支持。以 BIM 技术为载体，实现基于数据的工程项目业务管理应用模式主要体现在落实管理岗标准化管理、跨岗位协作管理、建立指标数据库管理三个方面。

第一，落实管理岗标准化管理，提升岗位工作效率。建立任务级跟踪体系和标准作业工作包，将精益建造思想与 BIM 技术融合，对原有的项目管理模式和管理方法进行优化。通过 WBS 拆解将工序级工作任务形成标准数据库，通过 BIM 平台与进度计划形成联动，将各岗位管理内容落实到人，实现岗位管理活动标准化，提升岗位效率。例如，传统模式下成本管理工作大量的时间用在繁杂的算量、组价、询价等事务性工作上。这些事务性工作可以由 BIM 模型、大数据及人工智能等数字化方式辅助完成。成本管理人员可以将主要精力转移到成本管理规则制定以及辅助科学决策方向，从业者的主要工作是研判数据结果、发现数据背后的真相、为项目决策提供建议，以及为项目价值最大化出谋划策。

第二，跨岗位协作管理，提升项目部各岗位、各业务部门间沟通效率和精细化管理水平。应用基于 BIM 技术的项目管理平台，将改变传统项目管理系统以流程表单为核心、与各业务部门间管理脱节、数据传报效率低、各业务间数据无法充分共享联动、决策没有真实数据支撑等问题，为项目部的精细化管理提供数字化支撑。新一代基于 BIM 的项目管理系统，集成 BIM、云、移动智能终端、物联网等技术，改变项目部各业务部门职能分割、数据信息不对称的现状，实现自下而上汇总项目信息、自上而下落实业务管理，加强项目管控能力。基于 BIM 技术的数字化管控系统可以围绕项目的技术、生产、商务等核心业务，有效解决项目建造过程中多岗位、多部门沟通协调难，彼此间信息交互传递慢、透明度低的问题，进而降低沟通成本，提升各岗位、各业务部门的协作效率。

第三，建立指标数据库管理，落实共建共享的模型化指标数据库，让数据成为新生产力。通过实现 BIM 与项目信息的集成，随着项目的推进自然形成模型化指标数据库，存储完整的建造阶段要素信息，并根据需要进行不同维度的数据分析。例如，通过分析工期、质量、环保、安全等要素对工程成本的影响，建立各要素的影响力模型。另外，基于模型化指标数据可以进行多维度的分析，准确计算拟建项目的工程成本。基于模型化指标数据必将形成用数据说话、用数据管理、用数据决策、用数据创新的生产模式。在这种模式下，数据资产必将成为企业的核心资产，但是单个企业的数据是有限的，只有通过 BIM 数字化平台与行业内其他企业分享数据，才能建立起共享共赢的行业大数据库。可结合区块链技术的应用，在保障数据安全性的前提下，建立供给与收益互补的价值分配机制，鼓励并吸引更多项目共同参与、共同分享，形成共建共享的大数据。以工程造价为例，基于共建共享的模型化指标数据，通过云技术、大数据技术及智能算法，对采集的模型化数据进行分析，形成工程量清单数据、组价数据、人材机价格数据的工程造价专业大数据库，并在实践中进行数据训练，深度学习，建立具有深度认知、智能交互、自我进化的智能数据应用，可以实现快速算量、智能开项、智能组价、智能选材定价，大大提升岗位的工作效率。

4.1.2　BIM 实现基于数据的项目管理协作应用模式

现阶段，工程项目在生产环节中的过程信息主要以人工填报为主，信息的真实性和及时性问题很难被解决，而且这些填报信息的多方共享也存在着较大的困难。应用 BIM 技术，通过将工地现场的智能感知数据实时关联在 BIM 模型上，可以更好地实现生产过程中的数据共享与协同。其中，主要集中在项目部各部门间的数据协同、项目部与公司之间的数据协同、项目部与各参建方之间的数据协同这三个方面。

项目部各部门间的数据协同，可以避免各部门重复进行数据采集工作以及收集过程中存在偏差和版本不一致的问题，统一精准的数据还可以保证各部门间基于统一数据的协作效率和效果。在基于 BIM 数据进行业务管理，为项目部各部门间协同管理提供支撑的过程中，数据的标准化是关键因素。数据作为项目管理的核心依据，需要有统一的数据标准支撑业务协同的开展，这就要求项目的策划阶段就明确好项目数据标准，业务数据要在标准数据约束下才能产生业务管理间协同的价值。例如，施工前期可以通过 BIM 技术，在建筑信息模型上进行施工模拟，事前发现问题，减少后续施工阶段的返工情况；这一数据同时也可以用到生产业务，项目上的劳务工人、物资、机械等相关资源可以做到事前更加合理的配置，从而更好地保障进度计划有效的执行，最终实现工程项目的工作效率以及资源利用率的提升。

项目部与公司之间的数据协同，可以促进基于数据的"项企一体化"协同效率。工程项目的管理协作主要包括公司、项目以及公司和项目之间的全过程、全要素、全参与方的业务管理与协同。当项目部需要公司给予项目支持，保证工程有序实施的情况下，公司基于项目真实数据进行决断，更有效的保证项目需求的实时响应。另外，公司也可以通过项目的实时数据，根据具体情况对项目进行更具针对性的管控和赋能，同时根据多项目综合数据，合理调配公司资源，实现资源最有效利用。在此过程中，BIM 作为数据载体，可以实时、真实的反映多项目的真实情况，通过数据指导公司决策。例如，在传统管理方式的情况下，项目部都是按照计划，向公司申请相关资源的，但根据实际情况的变化以及由于客观或是主观因素导致的变更，需要公司及时响应项目部的新需求，传统的管理系统以流程申请及审批为主，整个流程冗长复杂，项目部的需求得到响应往往存在滞后情况；另一方面，公司也无法准确了解项目部提出需求的具体情况，这些信息都无法记录，审批的准确性也无法保障。通过以 BIM 为核心的数字化技术，可以更清晰的反映项目部客观情况，项目部的需求可以被更迅速的响应，同时也方便公司做出更加合理的资源调配方案。

项目部与各参建方之间的数据协同，可以让项目部与业主方、不同专业的分包单位、PC 构件厂等参建相关方形成基于统一数据平台的协作，避免了在沟通过程中信息不一致和信息不对称情况的发生。在协作过程中，参建各方通过数据的分析与应用可以更好地寻找到利益平衡点，真正促进各方之间建立利益共同体，实现收益的共赢。面对传统方式下，项目各方协同不直观、不清晰等问题，BIM 的可视化、协作性特征逐步为项目协作方提供协作基础。例如，业主方在建造阶段核心是对进度、质量安全的把控，通过 BIM 技术，项目部可以更加清晰的展示进度情况，业主方也能在过程中做到更有效地把控；再比如不同专业分包都会存在工作面交叉、施工顺序不合理的情况发生，通过 BIM 技术的可视化和协同特性，可以通过工序模拟推演出最优方案，避免整体资源的浪费和工程返工；又如 PC 构件厂等物资供应方，可通过 BIM 技术，将构件的相关信息在模型上匹配，根据 BIM 模型上项目部所提供的需求信息进行生产、运输，做到项目需求与供给的无缝对接，过程情况实时可查。

4.1.3　BIM 实现项目建造全过程一体化应用模式

项目建造全过程一体化的应用模式是指通过以 BIM 为核心的数字化技术手段，实现建造过程各阶段基于统一数据的一体化管理，从而使得工程进度、质量、安全、成本等多方面的效率得以全面提升。另一方面，BIM 技术可实现数字孪生，建造期全参与方可通过 BIM 模型信息与项目现场信息的实时交互，清晰了解参建各方的资源情况，进而实现全参与方的资源效率最大化配置。

在传统的业务模式下，设计、施工、运维各阶段是相对割裂的，参建各方都是利益的个体，相互之间是利益博弈的关系。基于 BIM 技术的数字化应用可以更好地实现产业链各方协同完成建筑的设计、采购、施工、使用和运维，形成网络化与规模化的多方协作。建设方可更充分地连接、配置和使用资源，向使用方提供更精准的产品、更高质量的服务；设计方基于 BIM 进行全数字化的协同设计、审核和交付，最大化提高设计效率和质量；施工方实现岗位、项目、企业之间的信息协同，构建以工程项目为核心的精益管理与赋能体系。在此过程中，各参建方之间不受时间、地点的限制，提升了各方互动频率，促进各方不断升级产品和服务，形成以项目成功为目标的利益共同体，真正实现项目的信息共享和跨角色的高效协作。

以 BIM 技术为核心，基于数据的建造全过程一体化应用模式的价值主要体现在三个方面。第一是改变组织内生产关系。通过数字化转型，建筑企业组织边界将被打破，向网络化协作转变，构建数据化、透明化、轻中心化的组织模式。管理机制将向层级缩减的扁平化转变，运行方式向高效灵活的柔性化转变，重构企业与客户、企业与员工、组织与组织之间的关系。基于数据驱动，建筑企业与客户建立起实时互动和反馈的价值连接和动态响应，提高了企业的生产效率，改变企业组织管理的模式，为企业创造更多更大的效益，同时提升组织的效能，实现与数字生产力的高度匹配。第二是改变项目全过程协作关系。新型协作模式与生态伙伴关系是数字时代生产关系的重要组成部分。通过数字技术的集成应用，在数字化平台的赋能下，建设方、施工方与咨询方等各参与方以项目为中心，构建风险共担、价值共创、利益共享的新型生态伙伴关系，形成项目利益共同体，产生高度协同的效应，将生产力提升到新的层次，从项目层面加速数字生产力的落地。第三是改变产业链上下游关系。BIM 等数字化技术的发展，打破了传统产业边界对于企业发展的束缚，促进了企业之间的数据共享，也推动了产业之间的跨界融合，重构产业信任关系，使产业上下游的关系变得更加透明和紧密，形成数字化新生态。以交易为例，数字化可以引发建筑市场交易模式的变革，在需求端、供给端之间搭建数字化高速公路。5G、大数据等应用打破了传统市场交易的时空限制，降低了市场搜寻成本，交易的个性化、长尾化和便捷度空前提高。区块链技术使交易更加透明、可信、可追溯；大数据 + 人工智能精准匹配供需两侧，让交易更加智能精准。同时，物流网络的不断完善，也会反向促进数字化交易，引发交易模式的数字化变革，从交易层面支撑数字生产力的形成。

通过基于 BIM 技术的数据平台赋能，工程项目将实现设计、采购、制造、建造、交付、运维等全过程一体化，最高效提升产业链的生产效率。在设计阶段，参建各方通过 BIM 技术进行全过程数字化打样，实现设计方案最优、实施方案可行、商务方案合理的全数字样品；在采购阶段，通过大数据、区块链等技术构建数据驱动的数字征信体系，使整个交易过程透明高效；在建造阶段，可打造融合工厂生产和现场施工的一体化数字生产线，通过基于数字孪生的精益建造，实现工厂制造与现场建造的一体化；在运维阶段，通过大数据驱动的人工智能，可以自动优化设备设施运行策略，为业主提供个性化精准服务。

4.2　BIM 技术发展趋势

现阶段，建筑业对于 BIM 技术的认知基本普及，从模型应用向集成、数据应用拓展范围越来越广，BIM 技术与其他技术的集成应用需求愈发强烈。同时，与其他流程系统的深度结合，需要对 BIM 相关软件进行二次开发和利用，国外对核心技术的开源程度和适应性影响了国内对其深度应用的进程，如图形处理技术，限制了现阶段 BIM 技术应用发展的速度。此外，BIM 技术在应用过程中，产生大量数据，在海量数据积累的过程中，其安全性不容忽视。

从 BIM 技术的发展趋势来看，主要以三个方面为主，即 BIM 技术与其他数字技术的数据集成、以 BIM 为载体的数据管理系统与其他流程系统的集成以及 BIM 技术应用所引发的数据安全问题。下面将对这三个主要趋势进行逐一介绍与论述。

4.2.1　BIM 技术与其他数字技术集成应用，实现建造阶段的数据整合

BIM 作为工程领域数字化转型升级的核心技术，已经得到越来越多行业从业人员的认可。工地现场实时的智能感知实现了对项目实际生产过程的采集和记录，再通过 BIM 将虚拟建筑和实体建筑的信息连接在一起，就可以实现数字模型与实际工程数据的实时交互。

对于建筑业企业而言，实现工程项目的数字化需要主要考虑四个方面，即建筑实体的数字化、要素对象的数字化、作业过程的数字化、管理决策的数字化。建筑实体数字化核心是多专业建筑实体的模型化，即建立精细化项目 BIM 模型。在项目实施前，可以

通过 BIM 模型先将整个项目的建造过程进行计算机模拟、优化，再进行工程项目的建设，减少后期返工问题。要素对象数字化是将工程项目上实时发生的情况，如"人、机、料、法、环"等要素的实时数据，通过智能感知设备进行收集，再将数据关联到 BIM 模型，让数字世界与工程现场的实时交互成为可能。作业过程数字化是在建筑实体数字化和要素对象数字化的基础上，从计划、执行、检查到优化改进形成效率闭环。项目进度、成本、质量、安全等管理过程数字化，将传统管理过程中散落在各个角色和阶段的工作内容通过数字化的手段进行提升，形成一线的实际生产过程数据。

整个过程以 BIM 模型为数据载体，以要素数据为依据开展管理，实现对传统作业方式的替代与提升。管理决策数字化是通过对项目的建筑实体、作业过程、生产要素的数字化，可以形成基于 BIM 模型的工程项目数据中心，通过数据的共享、可视化的协作带来项目作业方式和项目管理方式的变革，提升项目各参与方之间的效率。同时，在建造过程中，将会产生大量的可供深加工和再利用的数据信息，不仅满足现场管理的需求，也为项目进行重大决策提供了数据支撑。建造阶段的数据整合价值，主要体现在生产全过程的数字化管理和生产工艺工法的标准化管理两个方面。

一是生产全过程的数字化管理。与制造业有所不同，建筑业的产品具有唯一性和大体量的特征，世界上的每一个建筑物几乎都是不同的，而且其体量相对庞大，需要更多人、材料、机械设备的协调与配合，这就给建造生产过程的管理工作带来了非常大的难度与挑战。工程项目传统的管理方式大多基于对阶段结果的管理为主，例如对工程质量的管理基本上是由质检员进行巡查，发现问题后要求工人进行整改。这就导致项目上很多管理动作都是滞后的，甚至会有遗漏，某一点出现了问题就会导致工程整体进度受到影响，而项目管理者很难在前期发现所有问题并提前解决，这给项目的建造带来了非常大的风险。基于 BIM 技术建立与实际项目实时交互的数字模型，保证数字模型能够实时精准的反映工地现场情况，就可以真正实现对生产过程的管理。例如某一个工作面出现了人员的短缺，数字模型就会自动对各层管理者发出预警，敦促及时调整；随着大量决策过程数据被数字化解构，系统可以通过不断学习从而逐步实现半自动甚至全自动的智能化决策。还可以以进度管理为例，当工作面出现人员短缺时，系统可以判断出这一情况对整体进度的影响是否重要，是否需要通过调配其他不受影响的工作面人员来进行劳动力补充，并形成各级建议方案推送给相关管理者，甚至是由系统自动形成方案进行更高效的自动处理。同时，在生产全过程中，每个阶段的数据都能被准确地记录下来，这也为后续对过程数据的应用打下了基础。

二是生产工艺工法的标准化管理。建筑业属于劳动密集型产业，同时也面临着工人老龄化严重的问题。据测算，我国建筑业劳动工人的平均年龄已经达到 47 岁，而且有着逐年上升的趋势。另外，随着国家产业结构更加综合的发展，就业机会越来越多，建筑业这个相对辛苦的行业对于年轻人来说吸引力也在下降，所以劳动力的短缺将成为建筑业在发展过程中需要重点关注的问题。由于工程项目的建设环节与工艺工法相对复杂，培养熟练的产业工人需要比较漫长的过程，传统的培养方式主要以"师傅带徒弟"为主，通过在实践中的指导积累经验从而逐渐成为合格的工人，企业层面则是通过工程项目总结相关的工艺工法库，借助标准化的手段指导施工过程。但这种标准化的管理方式在整个行业中的落地效果并不十分理想，问题主要集中在工人的文化水平普遍不高，理解方面存在很大的困难，企业的工艺工法库过于抽象很难让工人迅速理解并按要求执行。借助数字孪生，可以很好地解决工艺工法标准化的落地，可以将带有工地现场实时数据的 BIM 模型与工地实际工作面进行虚实场景交互，工人通过佩戴 VR/AR 眼镜等方式在视野前呈现出虚实两个场景的叠加，要做的工作内容与步骤可以叠加在实际工作场景上模拟演示，工人只需按照演示方式进行操作即可，过程中还可以对工人是否按照工艺工法要求施工，结合现场智能感知能力进行监控和错误预警。当然，每一个工程都存在一定的特殊性，当工人识别对某一个工艺环节出现疑问时，可以直接连接后台的高级技术人员，针对特定场景高级技术人员远程进行指导，甚至可以做到远程操作协助，从而保证工程质量的标准化管理。

4.2.2　BIM 技术打通建造过程全周期数据，实现与其他流程系统的集成

从技术特性上看，BIM 技术作为数据载体，可以更好地与数字化技术结合，打通建造过程全周期数据。这些建造过程数据可在 BIM 模型上集中呈现，通过统一的数据接口，可以与其他流程系统进行有效的集成，实现数据共享，为工程项目带来更大的价值。在本章节中，主要介绍 BIM 和项目管理系统的集成应用、BIM 和装配式建造模式流程的集成应用这两个典型性集成应用。

第一，BIM 和项目管理系统的集成应用。在传统的项目管理系统中，各个业务模块的信息基本上是通过手工填报方式录入系统。由于项目管理的业务数据量巨大，这给操作人员带来了很大的工作量；同时，各个业务模块间信息独立、分割，造成数据不统一，口径不一致，以至于不能为项目决策及时提供准确数据，决策往往靠经验，易给项目带来风险。

BIM 技术与 PM 的集成应用表现为 BIM 应用软件与项目管理系统的集成，用以解决项目管理系统数据来源不准确、不及时的问题。一般而言，可以有两种集成方式，即基于数据的集成方式和直接采用基于 BIM 的项目管理系统的方式。基于数据的集成即从 BIM 应用软件导出指定格式的数据，然后将该数据直接导入到项目管理系统中，从而进行集成。例如，使用项目管理系统做进度计划时，用户需要分别计算并在其中录入各任务的持续时间。若将 BIM 与项目管理基于数据进行集成，可在 BIM 应用软件中开发一定的功能，使其根据 BIM 模型自动识别各任务，并计算出各任务的持续时间，然后以指定格式的数据文件形式导出；同时，可在项目管理系统中开发一定的功能，支持导入该格式的数据文件。这样一来，就可以省去管理人员对任务及其持续时间的录入，从而提高编制进度计划的效率。基于 BIM 的项目管理系统是近年来出现的新型项目管理系统，其主要特征是将各个专业设计的 BIM 模型导入系统并进行集成，关联进度、合同、成本、工艺、图纸、人材机等相关业务信息，形成综合 BIM 模型，然后可利用该模型的直观性及可计算性等特性，为项目的进度管理、现场协调、成本管理、材料管理等关键过程及时提供准确的基础数据，如提供构件几何位置、工程量、资源量、计划时间等数据；同时，可为项目管理提供直观的展示手段，如形象地展示项目进度和相关的预算情况。

BIM 技术与 PM 集成应用的核心价值体现在以下几个方面，即提高项目可视化管理

能力、提供更有效的分析手段、为项目管理提供数据支持。BIM 模型的可视化特性在工程项目管理中可起到非常大的作用。传统项目管理系统都基于二维图纸、文档，构件的信息在图纸上采用线条绘制表达，其构造形式就需要人去自行想象。由于近年来建筑业出现越来越多形式各异、造型复杂的建筑，超越了人脑的空间想象能力。BIM 技术与 PM 集成应用可以为工程项目管理带来可视化管理手段。例如，4D 管理应用可以直观地反映整个建筑的施工过程和形象进度，从而可以帮助项目管理人员合理制定施工计划、优化使用施工资源。集成各种信息后，BIM 模型可为项目管理提供更有效的分析手段。BIM 模型是综合建筑信息模型，由不同层级的构件组成，并可基于部位、专业、分项、构件、时间提供各种维度的分析。例如，利用 BIM 综合模型，辅助动态成本管理，包括针对一定的楼层，从 BIM 集成模型获取收入、计划成本，从项目管理系统获取实际成本数据，然后进行三算对比分析。在传统项目管理系统中，各个业务模块的信息分散割裂，很难及时获取，不能及时为项目决策提供支持。而将 BIM 技术与 PM 集成应用之后，可基于 BIM 综合模型为项目管理各个业务实时提供基础数据。例如，可以方便快捷地为成本测算、材料管理及甲方报量、分包工程量审核等业务提供工程量数据，从而可大幅度提高工作效率，并提高决策水平。

第二，BIM 和装配式建造模式流程的集成应用。相对于传统方式，在装配式施工中应用 BIM 技术，可以更有效地管控项目进度，提高质量管理水平，降低项目成本。在进度方面，通过施工方案模拟，可以优化施工计划；通过构件管理，可以及时下达、跟踪构件状态，避免因构件生产运输等问题影响进度；通过施工进度管理，可以形象直观地发现实际进度与计划进度的偏差，及时进行计划及相关资源调整，保证进度在可控范围内。在质量方面，通过吊装模拟，进行形象化的交底，保证吊装的精度；通过可视化的技术交底，保证构件的节点连接质量；通过构件质量管理，实现质量数据可追溯，提高了质量管理水平。在成本方面，通过场地布置，避免了构件的二次运输；通过施工方案模拟，优化了资源配置，避免了窝工、怠工等现象的发生；通过吊装模拟及可视化的技术交底，提高了工作效率和安装质量，降低项目成本。

从装配式建筑的信息化应用特点可以看出，装配式建筑需要解决实现设计、生产和施工多阶段的管理与协同，包括实现全过程的成本、进度、合同、物料等各业务信息化管控，提高全过程信息集成、信息共享、协同工作效率。为实现"设计、加工、装配一体化"的需要，可以充分利用 BIM 技术，基于 BIM 的信息化管理是以建筑信息模型为项目的信息源，结合企业层面的信息管理平台，以云技术、RFID 等物联网技术和移动终端技术为信息采集和应用手段，通过搭建基于 BIM 的一体化信息管理平台，结合 EPC 模式，可以实现对装配式建筑设计、生产、装配全过程的采购、成本、进度、合同、物料、质量和安全的信息管理，将工程建设的全过程连接为一体化的完整产业链，最终实现资源全过程的有效配置。

在此基础上，可以搭建数据管理平台，把设计、采购、生产、物流、运营、管理等各个环节集成起来，共享信息和资源，并在数据不断积累的基础上实现大数据分析与深度挖掘。例如建立协同集成的标准化构配件库，将原来的构件部品库进一步向制造、装配环节创新扩展；建立与各个构件模型相对应的生产模具库，和与构件模型相对应的吊钩吊具、支撑架体等工装系统库，从而保证标准构件集成了相应的生产、装配信息，实现 BIM 应用已有标准化构件库快速集成组装建筑模型。

4.2.3　BIM 技术应用所引发的数据安全问题，将获得行业的重点关注

安全问题是所有数字化系统中绕不开的话题，只有安全可靠的数字化系统，才能让使用者放心地把日常决策权和控制权交给数字化系统自动或半自动运行。BIM 技术的应用也存在着数据安全的问题，政策明确指出，公共建筑的数据模型图纸都不得存在国外，工程项目的数据安全问题已经被提到了国家安全层面备受关注，自主研发的 BIM 应用平台和去中心化的数据管理将成为保证 BIM 应用安全性的有效手段。

BIM 技术高速发展的今天，数字系统对工程项目的感知、认知、决策和控制能力的进步离不开对数据的搜集和整理。系统对数据的时间跨度、数据量、数据质量的要求远超以往，数据正成为行业的核心资产。数据资产的特点是，数据因为容易复制因而单体价值极低，数据资产的整体价值会随着数据总量、数据维度的增加成非线性甚至指数级增长，数据资产必须通过流动才能充分发挥自身价值。这些多维度海量数据资产的采集、整理和发布往往需要同行业甚至是跨行业的协作才能完成。

数据资产的易于复制和传播是把双刃剑。一方面，这种易于传播的特性很容易让数据资产变现产生巨额收益，但是这是建立在数据资产确权、流转、消费等环节完全可控的前提下，否则在无限复制和传播的情况下，数据资产单体价格必然会趋向于无。另一方面，数据资产在无限制的流转过程中，还会给数据资产的提供者带来自身隐私和商业机密的泄漏问题，比如工地的现场数据在给云端第三方服务处理，第三方服务就会了解工地的实际运行状况，当这个状况被工地施工方的竞争对手获得的时候，就形成了施工方商业机密的泄漏。这使得数据质量越高，越可能导致相关的隐私和机密泄漏的情况发生，最终直接导致数据资产的拥有者为了自我保护，不愿意进行数据共享和交换，反而选择了将数据资产封闭起来，形成一个个的数据孤岛和数据烟囱，进而造成行业整体在数据资产领域采集、处理、存储等方面的巨大浪费，也阻碍了行业的快速发展。

工程项目的建设涉及多方参与，为了保证工程质量，相关责任人都需要对各自的工作成果终身追责。为此，建筑项目从设计开始，关键参与方都需要通过传统纸质资料的签名方式标示各自的责任范围，并进行所有纸质材料存档。在传统的数字化系统中，系统自身无法证明系统是忠实的、以正确的顺序、准确的时间、完整的记录客观事实，这就阻碍了建筑业全数字化的进程。

传统数字化信息系统的安全策略，主要是通过访问控制、系统漏洞及时修复、不法活动的预防检测处置以及分布式冗余备份等手段让系统对外部入侵进行防范，并能够从系统故障中恢复。然而历史在不断地证明，再坚固的堡垒，往往都是很容易从堡垒内部被攻破的。而且堡垒一旦被攻破，获得了超级权限，不管是从内部还是外部攻破，整个系统就会像待宰的羔羊一样，毫无反抗能力，任人宰割。为此不妨换个思路，我们用模仿生物免疫系统的工作模式，通过软硬件的组合，系统在遭受意外和恶意入侵时让部分设备失效，系统一样能够正常工作，同时能够及时发现入侵行为，并及时采取行动让受感染的系统通过隔离、替换、修复、重置的方式恢复正常，这样就建立了一个可信的计算系统。可信的

计算系统是软硬件整合在一起的整体方案，从单个节点角度来说，使用 TCM 技术的可信 CPU、可信主板、可信服务器、可信硬件等方案保证单节点的可信计算，从整个系统来说还需要架构设计保证系统整体的安全和可靠性。

区块链可以作为可信计算的核心引擎是因为区块链具有如下的核心特点：第一，使用密码学的加密、摘要等算法，保证了数据生成以后的不可篡改性。第二，链式记账的形式保证了全量交易数据历史存储和记账事件的先后关系明确。第三，智能合约作为参与方一致认可的规则计算代码，实现了系统运行规则的透明化。第四，分布式共识机制保证数据及时、正确的存储在不同的节点上，整个系统的数据依然保持整体性、正确性和一致性。

源于比特币的区块链技术应对的就是去中心化的分布式计算系统。它要解决的就是在每一个参与方都有可能作恶，但大多数参与方愿意维护整个系统整体利益的情况下，使用 PBFT、POW、POS、DPOS、DAG，分片的各种整体或者局部共识算法，来保证最终的正确计算结果能够扩散到整个系统中。这些共识机制先让每次计算都会有多个参与方共同验证计算结果，同时对于验证方的选择保证作恶方不会占据大多数，这样偶尔发生的硬件故障不会影响到最终结果的正确性。黑客攻破系统后，要想实现控制计算结果的目的，必须攻克足够多的参与方系统。显然这种情况的实现要比过去中心化系统困难得多，特别是计算的各个验证方都是仅仅通过区块链数据通道连接的独立系统，再加上足够多的验证参与方，个别系统故障和黑客局部入侵无法影响整体系统正常工作。总之，使用恰当共识机制的区块链为中枢，配合足够多的独立参与方，可以为系统提供安全保证，及时发现故障和黑客入侵事件。

通过利用区块链可靠的记账能力，结合电子签名、哈希值校验和可信时间戳，数字系统的数据和记录的事实就与人以及真实时空联系起来，组成不可撤销的客观和完整的因果链条。在高院司法解释肯定了基于区块链的固证、存证的司法效力以后，就为建筑业全数字化进程提供了一条司法认可的发展方向。系统用户在数字世界的所有行为证据通过个人签名在区块链上存储，就不用担心运营方会恶意的删除关键证据，失去对自身权益的保证。而系统运营方也可以通过这些方式来证明自己所有的工作都是严格遵守各方同意认可的规则来执行。当用户和运营方出现纠纷的时候，可以通过提供充足的、有司法效力的数字证据来帮助仲裁或者司法机构做出正确的裁决。

通过共识机制、去中心化的分布式处理架构和各方一致认可"数字法律"智能合约，保证写作规则可靠的自动执行，这就提供了一种公开、透明和可靠的机制促进多方互信。通过多维度的数据采集和大数据分析，配合数字身份体系，可以完整、客观、准确的描述每一方在协作过程中所做的实际工作。这些记录某一方无法单方销毁或伪造数据，以不按规矩行动和拒绝承担相应责任，进而将系统治理从人治逐步演进成可靠的自动化数字法治。

第5章　BIM 技术应用专家视角

BIM 技术的应用是个相对复杂的过程，不同企业、不同岗位在具体应用中可能会遇到不同的问题，有不同的视角和观点。为了能更加细致全面地了解现阶段建筑业企业 BIM 应用情况，本报告邀请从事 BIM 相关研究的行业专家和来自不同岗位的应用实践者，结合自身 BIM 实践，从不同的视角解读 BIM 应用中遇到的问题及思考，为企业推动 BIM 应用工作提供参考。

专家视角以访谈的方式进行，针对建筑业 BIM 应用推进情况，每位专家做了相对系统的分析和解读。结合各专家的不同行业背景，分析和解读的问题有所差异，或针对类似的问题，不同专家从不同角度进行了总结，以下是各专家的访谈过程。

5.1　专家视角——刘锦章

刘锦章：教授级高级工程师，博士。中国建筑业协会第七届理事会副会长兼秘书长，中国建筑集团有限公司原党组副书记、副总经理。从事建筑技术及管理工作 40 余年，承担过国内、海外多个建设工程项目的建设，具有丰富的理论和实践经验，对项目管理和企业管理有独到的见解，对数字技术在建筑企业和工程项目管理中的应用有深入研究和实践。

1. 从政府和社会视角看，推动行业 BIM 发展的重要因素有哪些？

首先，BIM 技术是推动建筑业数字化发展的重要技术。为了更好地实现建筑业的数字化转型升级，近几年政府以及社会组织对 BIM 技术发展的重视力度持续加强。在推动建筑业发展的进程中，主要有三方面因素需要重视。

第一，引领和鼓励建筑业企业先用起来。尽管 BIM 技术经历了十几年的发展，但从价值探索和应用方法上还需要积累更丰富的经验。另一方面，BIM 技术作为建筑业数字化转型的数据载体，通过大量的应用，可以积累相关的数据资产，为建筑业的数字化转型早日实现提供大数据支撑。

第二，提供良好的 BIM 应用环境。对于建筑业企业而言，BIM 本身就是新技术，从接受到习惯需要一个过程。在这个过程中，能否提供良好的 BIM 应用环境对 BIM 发展起到非常大的影响。例如政策层面的鼓励、BIM 相关软件和平台的易用性、BIM 应用标准的建立等都将大大影响 BIM 技术在行业中推进的效果，所以说 BIM 技术的发展需要一个良好的环境，这一点至关重要。

第三，培养优秀的 BIM 应用人才。建筑业 BIM 应用数据调查中表明，缺乏 BIM 人才已经连续 4 年成为推进 BIM 发展的最大阻碍，企业对于 BIM 人才需求的迫切性可见一斑。BIM 应用人才不仅仅只是会建模型、会用软件这么简单，优秀的 BIM 应用人才需要掌握利用 BIM 技术解决工程项目在建设过程中的实际问题，这就要求此类型人才既要精通 BIM 技术的相关应用，又要具备工程建设能力和丰富的实践经验。大力培养这种复合型技术人才，满足企业在 BIM 工作推进中的人才需求是十分重要的。

2. 过去这些年，我国推动行业 BIM 应用发展上主要做了哪些方面的工作？取得了哪些成效？

近些年，对于推动我国建筑业 BIM 应用发展，从政府、社会到企业都在共同努力，并且取得了一定的进展与成效，主要总结为四个方面：

一是一系列 BIM 应用相关鼓励政策的制定。从 2011 年开始，各级政府相继出台了多条 BIM 应用发展方面的实施鼓励政策，大大促进了建筑业企业在 BIM 应用方面的积极性，从而加快了 BIM 技术在我国的推进步伐和行业的良性发展。特别是近五年，BIM 应用利好政策持续加码，为企业以及个人对 BIM 技术应用的推动持续建立信心。

二是 BIM 技术应用标准体系的建设与推广。2017 年，住房和城乡建设部先后出台了《建筑工程设计信息模型交付标准》和《建筑信息模型施工应用标准》，从宏观层面对我国的 BIM 应用做出了方向性指导。此后，根据各地方、行业的不同环境情况和发展阶段，又相继出台了一系列 BIM 应用标准（地方、行业和团体标准），促进各区域及相关行业 BIM 应用的有序推进。与此同时，众多优秀的建筑业企业也根据本企业特点，有针对性地建立并逐步优化企业自身的 BIM 应用标准，以适应本企业对于 BIM 技术应用的发展需求。最终形成了从国家到地方再到企业的 BIM 应用标准体系。

三是 BIM 大赛推动行业应用水平的持续提升。近些年，从全国到地方，BIM 大赛成为各企业 BIM 应用成果集中展示的舞台，例如"中国建设工程 BIM 大赛"等多项大赛相继举办。BIM 大赛有利于建筑业企业提高应用、实践 BIM 技术的积极性，也有利于行业大力推广高水平的 BIM 应用成果。一方面，企业可以通过参加 BIM 大赛更好地梳理总结项目上的 BIM 应用成果，形成知识型的方法和经验，指导其他工程项目的 BIM 应用，更好地推动 BIM 技术整体发展。另一方面，BIM 大赛提供了难得的行业交流与相互学习的机会，通过参与行业 BIM 大赛，企业可以更好地了解、学习、借鉴其他企业的优秀经验成果和模式方法，从而逐步促进行业整体进步。

四是 BIM 应用软件及相关设备的规模化研发。随着 BIM 应用发展的不断进步和行业对 BIM 软件及相关设备应用需求的不断提升，越来越多的国产 BIM 软件应运而生。BIM 软件作为 BIM 应用主体和数据载体，除了提供应用价值以外，保证数据的安全性也尤为关键。对国产 BIM 软件的鼓励与支持，势必大大影响着我国 BIM 应用的持续性发展，自主可控的技术平台也必将成为我国 BIM 发展的重要保障。

3. 从推动行业 BIM 技术发展角度，您认为政府、市场、社会组织间的理想分工模式应该是怎样的？

近年来，政府和建筑企业对 BIM 技术的关注逐渐升温，在建设行业内，尤其是在资源消耗最集中、现场环境变化最复杂、周期最长的建造阶段，BIM 技术带来的价值日益凸显，并得到众多相关从业者的认可。

BIM 技术的创新应用需要更好地发挥政府、市场、社会组织三大支柱的作用。政府要做好顶层设计、政策引导、标准制定，需要根据市场需求制定对 BIM 发展纲要，在

BIM 规划及标准制定、大数据积累、评估及诚信体系建设方面承担主要作用，引导行业的 BIM 发展方向；市场主体企业要发挥主观能动性和创造性，通过持续的实践，积累并总结应用经验，持续推进 BIM 应用的发展与进步；行业协会为代表的社团组织则需要积极发挥纽带作用，促进政府和市场的良性互动，同时积极组织相关力量通过课题研究和标准制定来进一步夯实 BIM 应用基础和营造良好应用环境，助力建筑业良性的发展。

BIM 技术的推广应用是我国建筑信息化的基础，同时也是推动建筑业数字化转型的重要支撑。目前，被认为是继 CAD 之后建筑业第二次"科技革命"的 BIM 技术在我国建造阶段的应用水平已逐步和世界接轨，价值呈现日渐明显，BIM 技术也被认为是提升工程项目精细化管理的核心竞争力。在此过程中，政府、市场、社会组织既要分工明确，又要在价值层面形成合力。

4. 结合近些年我国大力推进 BIM 技术发展与应用，您认为建筑业的 BIM 应用发生了哪些趋势性变化？未来 BIM 技术将向哪些方面发展？

随着我国建筑业大力推进 BIM 技术应用发展，越来越多的企业积累了大量的实践经验，在从失败中吸取教训的同时，也总结出很多 BIM 应用方法与模式。从建筑业 BIM 应用趋势的角度看，主要存在三方面的变化：

第一，是从应用尝试向价值落地转变。政策的引导、市场的需求以及环境的向好都为 BIM 技术应用在我国建筑业的良性发展提供了优质的土壤，越来越多的企业通过长期的实践与摸索，逐渐感受到 BIM 应用为企业自身发展所带来的巨大价值。过去，企业对于 BIM 技术的应用，更多只是停留在理论层面的价值，实际项目中很难感受到，往往前期投入远大于产出。而随着应用尝试的积累和经验的总结，企业能够从失败中成长，从而找到走向成功的路径，找到 BIM 应用为企业带来的价值。在此过程中，企业需要形成量变到质变的过程，寻求到适合自身发展的 BIM 应用模式。

第二，是从 BIM 专岗人员应用向普及应用转变。建筑业 BIM 应用发展初期，项目上的 BIM 应用人员基本以 BIM 咨询方人员或企业专门从事 BIM 方面研究的专职人员为主，项目上各岗位的人员也大多对 BIM 应用是不了解的。但随着 BIM 应用的快速发展和价值落地，越来越多的企业已经逐步形成项目上"全员 BIM 应用"的态势。BIM 技术成为工程项目上的常规技术手段被更多的建筑业从业者所掌握，其行业认知度和普及程度也在逐年升高。

第三，是从重点工程应用向普通工程应用转变。过去，BIM 技术只会在重点工程以及复杂性工程中应用，而且多以提升品牌形象和技术创新尝试为目的。随着 BIM 技术在试点项目、试点业务场景下逐渐产生应用价值并得到更广泛的认可，BIM 技术越来越多的在普通工程项目上得以应用，并能有效的解决项目实际问题。

从建筑业 BIM 应用未来发展趋势看，主要有两个方面，即既有应用点逐步深化，以及 BIM 应用与其他数字化技术集成化应用。第一方面，既有应用点进一步加深。以基于 BIM 的进度管理为例，未来通过 BIM 技术做进度计划，并根据数字孪生手段，实时映射 BIM 模型数据和工地现场的情况，实现精准的进度管理。第二方面，BIM 技术与其他技术的集成应用将带来新应用点，例如 BIM 技术与 GIS 技术的集成应用将用于线性工程的建设过程管理，由于线性工程特性，管理人员很难做到施工现场的全面管理，利用 BIM+GIS 的集成应用，能够更好地做到项目现场的管理无死角。

5.2 专家视角——许杰峰

许杰峰：研究员，中国建筑科学研究院有限公司总经理、党委副书记，中国图学学会副理事长，中国建筑业协会工程技术与 BIM 应用分会会长、中国建筑学会 BIM 分会主任委员、中国工程建设标准化协会 BIM 专业委员会副理事长。在 20 多年的工作中，承担过多个建设工程项目的建设，通晓建筑施工过程中的技术、流程，对项目管理和企业管理有独到的见解。作为中美交流团员，首批对美国、加拿大等国的设计、施工企业 BIM 应用进行考察，组织研发了具有自主版权的 PKPM-BIM 设计协同管理平台、装配式建筑设计软件 PKPM-PC 以及施工综合管理平台。

发表著作《一体化管理体系的建立与实施》，编制国家标准《建筑工程信息模型存储标准》《建筑信息模型应用统一标准》。"十三五"国家重点研发计划项目"基于 BIM 的预制装配建筑体系应用技术"负责人。承担着"BIM 发展战略研究"课题。编制规程《建筑施工组织设计规范》GB/T 50502—2009、发表论文"基于 BIM 的我国工程总包企业供应链合作伙伴关系调研及分类研究"、"基于建筑信息模型的建筑供应链信息共享机制研究"等。

1. 近些年，我国在 BIM 推进方面的国家及各地方政府陆续发布 BIM 指导意见，对于这一系列举措您是如何看待的？

从国家和地方层面发布相关政策性文件看，整体说来是非常有必要的。一方面体现了国家对于该技术的认可和支持，鼓励从业者使用与创新；另一方面利用政策性文件也可以适度规范市场，避免行业乱象的发生。但如果具体拆解、研究各项文件，也不难发现国内的部分指导意见偏宏观，有的指导意见下发之后，由于没有具体的实施细则与任务分解，导致指导意见没有达到发布预期。

住建部发布的《关于推进建筑信息模型应用的指导意见》，通过政策影响全国各地的建筑领域相关部门对于 BIM 技术的重视，就起到了很好的引领、示范效果。《意见》中提到发展目标为"到 2020 年末，以下新立项项目勘察设计、施工、运营维护中，集成应用 BIM 的项目比率达到 90%：以国有资金投资为主的大中型建筑；申报绿色建筑的公共建筑和绿色生态示范小区。"这一目标的发布背景是当时国内正处于 BIM 发展、扩张的高峰期，行业内一片看好，普遍认为 BIM 技术会不断突破，快速改变原有的设计、施工管理方式。事实上，BIM 的发展是全产业的问题，需要打破原有的工作习惯与利益链，要求"业主、设计、施工、供应商"等都能响应与支持。从手绘到 CAD，虽然也是一次深度变革，但其本质还是在二维的层面发展，信息传递的方式没有改变，而从 CAD 到 BIM，增加了一个维度，彻底改变了原有的管理方式，并且涉及深层次的利益再分配，其难度呈指数型攀升。

个人认为在"十四五"的相关政策中，仍应有 BIM 指导意见来指导 BIM 技术的推广与发展，但建议不同地区根据辖区内建筑行业水平和 BIM 应用情况，有针对性的编制相关指导意见。指导意见应侧重于让技术在工程中落地、产生价值。此外，政策发布后应有反馈与评估机制，不断更新与完善，才能更好地发挥引导价值。

2. 您认为现阶段我国 BIM 标准体系的建设情况如何？对于企业而言，是否有必要制定企业的 BIM 标准，在制定与执行过程中主要面临哪些问题和阻碍？

中国的 BIM 标准体系建设还有待提升，目前已经发布的标准系统性不强，主要侧重于应用。《建筑信息模型应用统一标准》可看作"标准的标准"，是框架性文件，《建筑信息模型施工应用标准》《建筑信息模型设计交付标准》《制造工业工程设计信息模型应用标准》还不能覆盖建设的全过程，《建筑信息模型分类和编码标准》主要促进建筑信息的交换与协作。从业者在使用过程中只能针对不同业务需求去查找不同的依据，不能建立系统性的认知。从全球范围来看，英、美两国的 BIM 标准影响力较深。其中，美国 BIM 标准（NIBS）主要分为三部分：技术、分类系统和符合性规范的引用标准以及信息交换标准和应用实施标准，覆盖非常全面，既有针对软件开发人员的内容，也有面向工程管理人员的部分，体现了美国全球领先的科技实力。英国标准系统性强，以国家强制力推行，将 BIM 划分为 3 个等级，内容与软件紧密结合，实用性较强，要求建立通用数据环境，并规定了包括文档的管理、模型的命名和拆分要求、模型样式等细节性内容。与这两个国家相比，我国的 BIM 标准中，基础性的内容相对缺失，更加强调 BIM 技术的应用价值。从这个角度看，我们的 BIM 标准应该在基础性方面多下些功夫，可以多借鉴国外的先进经验，也可以将好的内容做本土化引用。

近几年不少企业在编制 BIM 标准，由于现在的国标内容深度不足，根据企业自身特点进行补充是比较合理可行的办法。建议企业标准应该重在执行层，根据一线人员的业务水平和使用的软件，编制切实可行的操作级规范或指南，形成标准化的工作流程，提高管理水平。同时通过建立沟通反馈机制、设置奖惩措施，不断优化，确保执行。

3. 在您看来企业的标准化管理体系算不算精细化的一种模式？其中 BIM 技术起到的价值主要有哪些？

个人认为标准化是精细化的必要条件，标准化是减少错误、降低风险、提升效率的最佳手段，也是现代企业管理的趋势。BIM 属于信息技术的范围，对于建筑企业，传统的工程管理信息离散度非常高、沟通效率低，BIM 技术最大的优势在于其可视化和高集成度，从而使信息能够高效传递。BIM 模型实际上是为项目中的各个构件建立了专属的数字 ID，通过这个 ID 可以将与之相关的材料、进度、成本等信息进行关联集成，再通过计算机手段进行管理的拓展应用。如果能实现实体与信息模型之间的完整映射，那么也就具备了工业化自动生产的基础条件，将会引发建造方式的彻底革新。

4. 从您的视角，如何评价国内外的 BIM 软件？在后期应用上您对国内软件有哪些期许？

BIM 软件可分为两大类，一类是三维设计软件，具有建模功能，面向设计师；另一类是消费级的管理类软件，主要用于模型浏览和赋能，使用对象是工程管理人员。目前，在基础建模 BIM 软件方面，国内设计院、施工企业采用的多是国外产品。但是，一方面，国外 BIM 软件不满足中国工程建设行业的管理逻辑与业务习惯，出现了"水土不服"，且这种"水土不服"问题似乎正在导致企业决策者对 BIM 技术本身价值的质疑。另一方面，也给国内设计院、施工企业带来了长期、高额的投入与维护成本，最重要的是可能为建成后的单个建筑、群体建筑、园区级乃至城市级的建筑数据安全带来隐患。管理类软件相对条件好很多，目前最大的问题是软件的实用性差，这主要是因为开发软件的人不了解业务需求。通过加强复合型人才培养、梳理企业业务场景、推广应用实践等手段，软件的能力应该会逐步走向正规，成为项目管理的新型生产工具。

因此，建议国家层面考虑组织在科研创新、设计能力、施工能力等方面具有技术优势，具有结构复杂、环境复杂工程设计与施工经验，具有"社会奉献精神、不以逐利为根本目标"的企业，牵头进行国产基础建模 BIM 软件的研发工作；高校牵头通过"进教材、进课堂、进头脑"的方式，面向未来的中国建筑人，促进 BIM 理论与国产 BIM 软件、与工程实践密切结合；信息化企业牵头进行 BIM 插件、软件、平台的二次开发，共同构建国产 BIM 软件的系统化、良性化技术生态圈。

5. 企业推广 BIM 应用过程中普遍存在哪些困难，有什么解决办法或思路？您如何判断 BIM 应用未来几年的发展趋势，建筑业企业该做好哪些方面准备工作？

常见困难有以下几点：

第一，下游企业信息化水平低，变革动力不足。建筑施工最终还是需要通过购买材料、工人实施才能完成实体的转化。目前国内的劳务受教育程度偏低、老龄化严重，管理难度大，很难实现信息技术的落地。而材料供应商自身动力不足，不愿意在信息化上进行投入，不利于 BIM 的发展。

第二，国内项目工期紧张，管理细度难以提升。中国建筑市场业主为了降低投资成本，极力压缩工期，三边工程依然存在，导致施工管理难度增大、建筑质量安全风险提升。设计图纸、施工计划的变动都非常大，不利于 BIM 的落地。

第三，缺乏具备 BIM 技能和管理经验的复合型人才，在施工企业中，一般应用 BIM 技术的人员大多是刚毕业一两年的员工，现场管理经验还不是很丰富，而具有现场管理经验的员工从个人职业发展的角度一般又不太想从事单一的 BIM 工作。

第四，惯性思维不愿意变更，传统模式难以颠覆。常年以来，建筑行业管理粗放已经成为习惯，形成思维定式。而 BIM 的潜在要求就是全面普及和协同工作，如果不能从顶层推动，由项目主要负责人督促，实际的应用效果往往低于预期。

解决办法可以通过试点示范、优势企业扶持、政策补贴等手段，做出代表性项目，培育龙头企业（可以是中小型企业），带动整体向上发展。

总的说来，BIM 技术在我国进入发展的爬坡期基本已经成为共识，在较长的一段时间内，将不断向产业链各企业缓慢渗透累积，才能引发质变。建筑企业应该多培养具备传统业务与 BIM 应用能力的复合型人才，同时关注人工智能、机器人等外部新技术发展动向，逐步向信息化、智能化方向转型升级。

5.3 专家视角——马智亮

马智亮：清华大学土木工程系教授、博士生导师。主要研究领域为土木工程信息技术。主要研究方向包括建设项目多参与方协同工作平台、BIM 技术应用、施工企业信息化管理。曾经或正在负责纵向和横向科研课题 50 余项。发表各种学术论文 200 余篇。曾获省部级科技进步奖一等奖、二等奖、三等奖等多项奖励。最近 7 年，作为执行主编，每年编辑出版一本行业信息化发展报告，覆盖行业信息化、BIM 应用、BIM 深度应用、互联网应用、智慧工地、大数据应用、装配式建筑信息化。目前兼任国际学术刊物 Automation in Construction（SCI 源刊）副主编，中国土木工程学会计算机应用分会副理事长，中国图学学会 BIM 专业委员会副主任，中国施工企业管理协会信息化工作专家委员会副主任等多个学术职务。

1. 近些年我国建筑业大力推动 BIM 技术的应用，取得了阶段性的成果。在您看来现阶段建筑业的 BIM 发展有哪些方面值得肯定，哪些方面需要改进？

近年来，我国建筑行业应用 BIM 技术取得了很大成绩。值得肯定的有以下四方面：

一是相当数量的企业认识到 BIM 技术的重要性。特别是骨干建筑企业，主要领导都已建立了对 BIM 技术的基本认识，开始重视 BIM 技术在企业管理及项目管理中的应用。

二是不少企业对 BIM 应用进行了较为充分的投入。很多的企业专门成立了 BIM 中心，购买了相关的软件系统和硬件设备，配备了相应的人员，并通过多种方式进行了人员培训。

三是在重点工程中实践 BIM 应用并取得了较好的成果。不少企业挑选有挑战性的项目，在其中进行比较全面的 BIM 应用，作为企业 BIM 应用的标杆项目。同时积极参加有关 BIM 大赛，展示企业 BIM 应用成果，并获得同行 BIM 应用的信息，进一步推动企业的 BIM 应用。

四是应用的广度和深度不断提高。近一年来，参加了一些 BIM 大赛的评审工作，并与一些企业针对 BIM 应用进行了交流。我发现，特别是随着施工 BIM 应用的国家标准的出台，施工企业对 BIM 应用的认识加深，表现在项目应用中，每个项目都针对大量的应用点开展了应用。另外，不少项目结合项目特点，充分应用 BIM 技术，实现了施工过程的一次成优，取得了较好的应用效果。

接下来在 BIM 应用中值得在以下四方面进行改进。

一是实现全员 BIM 应用，即施工管理人员每个人都掌握 BIM 技术，结合自己的工作职责开展 BIM 应用，而不是依赖 BIM 咨询公司或企业 BIM 中心进行 BIM 应用。这是因为，就像今天的设计人员无一不是应用设计软件在进行设计一样，BIM 系统将成为管理人员开展施工管理必不可少的工具。

二是实现 BIM 模型信息的共享。BIM 技术的初衷是实现项目全生命期的信息共享。目前这一点在实际过程中还没有实现。往往是，设计人员和施工管理人员分别自己建模、自己应用。这造成了无谓的资源浪费。为解决这个问题，一方面需要完善 BIM 建模标准，另一方面需要完善现有的建模软件功能。关于后者，主要是完善模型拆分和合并相关功能，使得施工管理人员很容易对设计 BIM 模型按照施工应用的要求进行修改。

三是追求有效益的 BIM 应用。经过过去几年的 BIM 应用，BIM 应用目前进入了新阶段，即从探索 BIM 应用转到按需应用。应结合实际需求，确定 BIM 应用点，而不是一味追求尽多尽全的 BIM 应用点。同时，不回避对 BIM 应用效果效益的评估，杜绝"为了应用 BIM 而应用 BIM"的现象。

四是 BIM 应用治理。BIM 应用最大受益方是业主。但实际过程中，业主对 BIM 应用提不出具体要求，即使能够提出，对得到的 BIM 成果也不能进行有效的审核，从而影响了 BIM 模型在后续阶段中的共享和应用。目前在一些大型项目中，已经出现了由建设单位雇用 BIM 应用管理单位，以改善的 BIM 应用，这将成为未来的一种趋势。同时，建设单位将体会 BIM 技术带来的价值，为设计和施工企业应用 BIM 技术提供更好的条件。

2. 在您经常参与的国际 BIM 技术应用方面的学术经验交流中，您认为国际上的 BIM 技术应用有哪些特征，与我国有哪些方面的不同？产生这种差异的主要因素有哪些？

我曾应德国巴伐利亚州建筑业协会邀请作我国 BIM 应用的专场报告，并进行了深入的交流。之后，通过我的牵线，该会还专门组织代表团，在中国建筑业协会的安排下对我国 BIM 应用进行了考察，并向我进行了反馈。德国 BIM 应用水平代表欧洲的水平。另外，我与多名美国教授针对美国 BIM 应用进行了交流。总的感觉是，欧美等发达国家 BIM 应用有如下特点：

第一，努力从根本上解决 BIM 应用问题。特别是，他们重视 BIM 信息的共享。在这方面，国际组织 buildingSMART 建立了 BIM 标准基本框架，美国率先实现了该基本框架的落地，美国的国家 BIM 标准已经达到第三版，其中的核心目标是实现建筑全生命期的信息共享。

第二，重视系统性应用 BIM 技术。在这方面，一个典型的例子是 ISO 19650 标准的推出。该标准的目标是，推动实现 BIM 信息的全生命期共享。为此，该标准给出了建筑全生命期多参与方基于 BIM 实现信息共享的体系架构，并给出了多参与方之间实现信息共享的方法和途径。

第三，实际 BIM 应用水平与我国相比差距不大。在欧美等发达国家，BIM 应用水平与我国的相比差距不大，并且同样存在着设计阶段 BIM 应用动力不足、施工阶段 BIM 应用发展较快的特点。这主要是因为，国内外所使用的 BIM 应用软件差别不大，因此决定了所能达到的应用水平差距不大。

相比之下，我国 BIM 应用在根本性和系统性方面显得不足。这与我们在基础研究方面投入不够有很强的相关性。

3. 作为行业公认的 BIM 技术学术研究专家，在您看来，未来 5 年我国建筑业的 BIM 技术将向哪些方向发展？

我认为，BIM 应用将主要向以下三个方向发展。

一是与管理的集成应用。大家知道，BIM 应用开始主要集中在可视化、碰撞检查、管线综合等方面，体现为技术应用。之后的 BIM-4D 和 BIM-5D 只能称之为最初步的管理应用，因为它们是静态化的应用，只是起施工计划的可视化的作用。真正的管理应用应该是动态的，即需要辅助并反映 PDCA（计划 - 执行 - 检查 - 纠偏）过程。目前，有的企业已经将 BIM 技术成功应用于施工质量和安全的动态管理，BIM 技术在进度和成本方面的动态管理也指日可待。

二是应用向运维阶段延伸。迄今为止，BIM 技术在设计阶段和施工阶段的应用已经非常多，但是，在运维阶段的应用可以说是刚刚开始。毫无疑问，BIM 在运维阶段同样可以发挥重要作用。为了更好地实现 BIM 技术在运维阶段的应用，主要有两个关键问题：一是实现施工 BIM 模型的标准化，方便运维阶段从中提取必要的数据；二是需要开发专门针对运维阶段管理工作的 BIM 应用系统。在我国，有的施工单位为在竞标中胜出，针对一些大型工程已承诺不仅在施工阶段应用 BIM 技术，而且在工程竣工时赠送建设单位一个基于 BIM 的运维管理系统。这样的承诺可以在一定程度上解决前一个问题，但系统往往只支持信息的静态管理，离满足真正的运维管理需求还有一定的距离。

三是与其他技术的集成应用。随着 BIM 应用广度和深度的提高，人们已经开始将 BIM 技术和其他相关技术集成起来加以应用。特别是在施工阶段，可以将 BIM 技术与移动互联网、物联网和管理信息系统等技术集成起来加以利用。例如，在有的集成应用中，通过移动互联网或物联网采集工程动态数据，并利用管理信息系统的功能实现动态管理。另外，针对铁路、公路等线性工程，BIM 技术与 GIS 技术实现集成，使得两者能够取长补短，更好地服务于施工过程管理。

4. 从行业的发展大趋势看，BIM 以及相关数字化技术将是未来建筑业数字化发展的关键。对于高等院校人才在 BIM 技术发展方面的培养，咱们清华大学主要投入了哪些方面的研究？也请您给高校人才在 BIM 技术方面的发展一些建议。

BIM 技术是一项具有广泛应用范围和良好应用前景的基础性新技术。BIM 技术的发展虽然已经有 10 多年的历史，考虑它的复杂性和发展潜力，可以说它的发展和应用方兴未艾。

发展和应用 BIM 技术需要有相应的人才支撑。不仅需要 BIM 技术的应用人才，也需要 BIM 技术的研究开发人才。特别是，迄今为止，我们主要在使用国外的软件系统，随着国际形势的复杂化，我们不得不考虑万一发生在 BIM 应用的关键技术上被"卡脖子"的情况，我们如何应对的问题。

清华大学作为研究型大学，培养 BIM 技术研究开发人才，满足我国工程建设需求责无旁贷。我们在几年前已经开始了这项工作。我们在面向土木工程专业学生的必修课"土木工程 CAD 技术基础"中增加了 BIM 相关内容，教授学生 BIM 相关的应用和研究开发技术；另外，我们还开出了面向建筑学、土木工程、水利工程、建筑设备等多专业的选修课程"BIM 技术基础"，不仅教授学生 BIM 相关的应用和研究开发技术，也教授多专业学生的协同工作的技术和方法。

在高校 BIM 人才培养方面，我觉得以下三点非常重要。

第一，要形成高水平的教科书。为满足研究开发型人才的培养，该教科书中需要包含 BIM 相关的基础理论、技术和方法；为了和实际应用相结合，其中应包含对最新的软件功能的介绍和实际应用案例。

第二，要与实践相结合。BIM 教学必须采取理论与实践相结合的方法。目前，在实际过程中，随着 BIM 应用的深入发展，BIM 应用水平在迅速提高。BIM 技术作为信息技术的一个分支，其本身的发展也非常迅速，尤其体现在新软件层出不穷。与工程实践相结合，特别是与 BIM 应用搞得好的单位的工程项目相结合，可以取得更好的教学效果。

第三，要多专业交叉。BIM 技术本身是建筑工程与信息技术相结合的产物。因为建筑工程涉及多专业，所以在实际开展 BIM 应用时，往往需要多专业配合。在高校的 BIM 教学中，最好针对典型的建筑工程项目，让相关专业的学生共同应用 BIM 技术进行设计或模拟施工管理，在此过程中培养他们协同配合的能力。有的国外高校专门有这样的规定，即学生必须学习一定数量的专业交叉课程，国内高校也可以借鉴。国内的个别高校在这方面已经有成功的实践。

5.4 专家视角——李云贵

李云贵：博士，中国建筑集团有限公司首席专家，住建部科技委智慧城市专委会和绿色建造专委会专家，中建集团智慧建造专委会主任，中国建筑学会 BIM 分会副理事长，中国勘察设计协会信息化工作委员会副主任，中国建筑业协会施工技术与 BIM 分会副理事长；是最早将 BIM 技术引进到我国，并开展国家重点项目研究、国标编制、商品软件开发，以及在大型企业推广应用的组织实施者，也是国家 BIM 标准和"十二五""十三五""十四五"行业信息化发展纲要，以及推进 BIM 应用指导意见和科技创新专项规划等行业技术政策的主要起草人之一。

1. 作为建筑业 BIM 应用的专家和意见领袖，您认为 BIM 技术会给施工企业的信息化建设和项目管理带来怎样的改变？

在建筑市场竞争日益激烈的环境下，建筑施工企业要想更好地可持续发展和发挥竞争优势，就必须提升企业的管理水平和核心竞争能力，就必须不断地进行技术创新与管理创新。而信息技术是支撑企业发展和管理落地的有效手段之一。随着近几年信息技术日新月异的发展，涌现出许多新的信息技术，特别是 BIM 技术的出现，为企业集约经营、项目精益管理的管理理念的落地提供了更有效的手段。

BIM 的价值在于完善了整个建筑行业从上游到下游的各个管理系统和工作流程间的纵、横项沟通和多维度交流，实现项目全生命期的信息化管理。BIM 在促进建筑专业人员整合、提升建筑产品品质方面发挥的作用与日俱增，它将人员、系统和实践全部集成到一个由数据驱动的流程中，使所有参与者充分发挥自己的智慧，可在设计、加工和施工等所有各阶段优化项目、减少浪费并最大限度提高效率。

BIM 不只是一种信息技术，已经开始影响到建筑施工项目的整个工作流程，并对企业的管理和生产起到变革作用。我们相信随着越来越多的行业从业者关注和实践 BIM 技术，BIM 必将发挥更大的价值带来更多的效益，为整个建筑行业的跨越式发展奠定坚实基础。

2. 从 2010 年开始接触 BIM 技术到现在，中建在 BIM 应用的规划与实践方面有哪些经验可以与行业分享？

第一是培训和研究，开展集成应用能力建设。中建从 2010 年开始在总工培训会上开展 BIM 技术培训，从 2011 年持续立项对 BIM 集成应用和产业化进行系统、深入研究，结合中建投资、设计、施工和运维"四位一体"的企业特点，对工程项目 BIM 应用的关键技术、组织模式、业务流程、标准规范、应用方法等进行了系统研究，建立了适合企业特点的 BIM 软件集成方案和基于 BIM 的设计与施工项目组织新模式及应用流程，经过近10 年的持续研究和工程实践，形成了完善的企业 BIM 应用顶层设计架构、技术体系和实施方案。

第二是做好顶层设计，制定了"稳步推进，适度超前"的中建 BIM 应用路线图，分三阶段推进 BIM 应用：第一阶段（2012～2013 年）是引导应用阶段，重点是鼓励大家进行试点示范应用，总部给予技术支持和指导，及时总结经验，并组织编制企业 BIM 应用标准；第二阶段（2014～2015 年）是规范应用阶段，要求按照企业 BIM 标准进行 BIM 应用，减少低水平重复和资源浪费；第三阶段（2016～2017 年）是提高应用阶段，要求从解决工程问题入手，重点强调应用效果，解决工程问题。同时，不断发布企业技术政策，推进 BIM 应用落地。从 2012 年中建专家委成立 BIM 专委会整体开展 BIM 应用，到 2018 年中建科协成立智慧建造分会，总部层面启动以 BIM 为抓手的智慧建造研究和实践，顶层设计一直比较到位。

第三是开展示范工程建设。为了推进项目 BIM 技术研究与应用深入开展，在业内率先开展了 BIM 示范工程建设工作。从 2013 年开始，在中建总公司科技推广示范工程计划中，增加了"BIM 类示范工程"，并首期批准了 25 项 BIM 应用示范工程，2014 年批准 7 项，2015 年批准 15 项，2016 年批准 13 项，2017 年批准 13 项。总计开展了 73 项 BIM 示范工程，项目涉及众多工程类型，既有超高层建筑，又有公建项目、EPC 项目、地下交通项目和安装项目等，广州东塔、中建技术中心实验楼等一批项目已经成为行业 BIM 应用范例，对推动中建乃至整个行业的 BIM 应用起到了良好示范作用。

第四是开展标准体系建设。结合中建企业特点和实践经验，编写了《建筑工程设计 BIM 应用指南》《建筑工程施工 BIM 应用指南》两部企业标准（2014 年第一版，2016-2017 年第二版），全过程、多专业、全方位、多角度对 BIM 应用的业务流程、建模方法、模型内容、模型应用、专业协调、成果交付等作出了详细规定，并给出了实用的应用方案。评审专家认为两本指南代表了当前国内 BIM 应用的最高水平，对建筑设计和施工企业的技术创新和质量保障具有极高的指导作用。

第五是开展人才队伍建设。项目注重实战能力培养，将基础培训与应用提高相结合，在企业级、项目级、专业级等三个不同层面，培养既有建筑专业能力又有 BIM 技术应用能力的人才。2018 年底统计结果表明，中建系统已有 27142 名工程技术和管理人员掌握了 BIM 应用技能，人才培养成功率是行业平均水平的两倍以上。

3. 在中建集团推进 BIM 技术应用的过程中，遇到的困难和阻碍主要是哪些方面？

中建在推进 BIM 应用过程中遇到的困难，有这几方面：一是法律环境，BIM 模型还没有法律地位，蓝图仍然是法律依据，制约了基于 BIM 模型的审查、交付和存档。二是 BIM 软件功能，现有 BIM 软件和相关设备的功能和信息共享能力达不到项目要求，需要大量定制开发，影响应用效率、效益和效果。三是应用 BIM 人员的知识和年龄结构，掌握 BIM 应用技能的人员大多是年轻人，他们的工程经验不足，与实际项目管理过程结合还不够紧密，影响了 BIM 应用效果。据统计，中建 80% 的 BIM 应用人员的年龄在 30 岁以下，而美国约 80% 的 BIM 应用人员在 30 岁以上。我想，中建遇到的问题，也是行业的共性问题，也是国际性的共性问题，在 2019 年在与美国斯坦福大学 CIFE 中心 Martin Fischer 教授交流时确认了这一点。

4. 对于 BIM 发展初期的企业，在您看来应该按照怎样的路径更好的应用 BIM 技术？该如何看待现阶段在 BIM 技术应用方面的投入产出比？

对于 BIM 发展初期的企业，可以参考中建的应用经验。一般来说，可以分三个阶段。

第一阶段制定战略：根据企业总体目标和资源拥有情况确定企业 BIM 实施的总体战略和计划，包括确定 BIM 实施目标、建立 BIM 实施团队、确定 BIM 技术路线、组织 BIM 应用环境等工作。第二阶段是重点突破：选择确定本企业从哪些 BIM 重点应用开始切入，对于已经选择确定的 BIM 重点应用逐个在项目中实施，从中总结出每个重点应用在企业的最佳实施方法。第三阶段是推广应用，首先是对已经实践过的 BIM 重点应用按照总结出来的最佳方法进行推广；其次是尝试不同 BIM 应用之间的集成应用，总结出集成应用的最佳方法。

有关现阶段在 BIM 技术应用方面的投入产出比，与应用策略有关。BIM 技术应用粗略的可以分为两方面，一方面是技术应用，也可以说是单项应用，包括模拟分析、空间协调、可视化交底等，投入小、见效快、效果好；另一方面是管理过程应用，也可以说是综合应用，需要集成系统或平台支撑，例如基于 BIM 的协同工作系统或智慧工地系统等，涉及的资金量比较大，应用也比较复杂，由于目前一些集成系统或平台的功能与工程需求有一定差距，在一定程度上影响了应用效果。

5. BIM 作为数据载体，其安全性不容忽视。那么在您看来，国产 BIM 软件对 BIM 在国内推广起到的作用大吗？BIM 相关软件该如何发展？在后期应用上对国内软件有哪些期许？

目前国产 BIM 软件对 BIM 在国内推广起到的作用有限。究其原因，主要有以下几点：一是软件基础薄弱。我们在应用层面做得比较好，但基础层面做得不够。没有自主知识产权的 BIM 基础平台，导致 BIM 软件的国产化程度太低，目前市场上规模较大、应用比较成熟的 BIM 基础平台都掌握在国外软件商手中，这已成为制约我国 BIM 软件发展和建筑业转型升级的"卡脖子"关键技术。二是研发投入不足。自主知识产权的 BIM 基础平台研发难度大、周期长、投入大，需要充足的、长期的经费支撑，国内虽有为数不多的几家软件商在积极研发自主知识产权的 BIM 基础平台，但技术水平和经济实力与国际开发商相差甚远，目前还难以改变国外软件垄断的局面。三是国内 BIM 应用软件竞争力不足。由于缺少自主知识产权的三维图形平台和 BIM 基础平台，国内 BIM 软件商只能基于国外图形平台或在国外 BIM 产品上做二次开发，而且多数软件功能仅能满足个别阶段、个别专业的单一业务场景需求，难以形成系统化、通用化的软件产品，国内用户以引进国外软件为主，造成国外产品先入为主，形成应用生态锁定，国产软件难以冲破多年形成的市场格局。四是数据标准、软件标准缺失。因没有我国自主的数据格式和图形格式等数据标准和软件标准，制约了建设工程报建、审批和存档等工作的数字化发展。五是国家信息安全受到严重威胁。我国建筑业在大力推进 BIM 应用，很多工程单位都在应用国外 BIM 软件，大量的建设数据，包括国家重点工程项目数据等重要信息都可能被掌握，存在着十分严重的信息安全隐患。

针对上述问题，在国家层面，应强化营造有利于国产软件年发展的环境，支持国产软件企业发展；国产软件企业应奋起直追，在学习中进步，在竞争中成长；应用企业应两手准备，对于普通工程可以择优而用，对于敏感工程必须采用国产软件。

6. 未来，您认为 BIM 技术会成为建筑业数字化转型的核心技术吗？对于 BIM 技术在建筑业的发展您有何判断？

　　BIM 的本质是不仅使建筑数字化，而且使建筑过程数字化，并对相关数据进行结构化管理，便于利用信息系统进行处理。随着 BIM 技术应用的不断深入，单纯应用 BIM 的项目会越来越少，更多的是 BIM 与 5G、IoT、AI、大数据、云计算等现代数字技术的融合应用，形成智慧建造，在施工领域，智慧工地正在加速发展。

　　当前，BIM 应用已经成为促进建筑业转型升级的核心引擎，为整个建筑业的变革与发展注入新的活力。BIM 技术是"数字建筑""数字企业""数字城市"乃至"数字中国"的数字化基础设施，必然驱动产业技术水平提升，推动商业模式变革，促进管理模式革新，更好地引领建筑业的转型升级与可持续健康发展，从战略层面促进建筑企业数字化转型升级。

5.5　专家视角——汪少山

　　汪少山：广联达科技股份有限公司公司高级副总裁，中国建筑业协会建筑供应链与劳务管理分会副会长，中国安装协会 BIM 应用与智慧建造分会副会长。兼任上海 BIM 技术联盟副理事长，中关村智慧建筑产业绿色发展联盟 BIM 专委会主任，中国施工企业管理协会科技专家，中国施工企业管理协会常务理事，中国建筑学会建筑施工分会常务理事，中国建筑学会 BIM 分会理事，中国图学学会 BIM 专委会委员。2018 年被评为中国软件行业新锐人物。汪少山先生近年来一直致力于用新技术推进建筑业数字化转型，对数字技术在工程项目精细化管理、施工企业管理的应用上开展深入研究和实践。

　　1. 近些年无论是国内还是国外，对于 BIM 技术的应用需求不断增加，应用规模也不断扩大。在您看来，现阶段 BIM 应用的发展主要呈现哪些特点？

　　纵观全球，我们已经迈进数字时代，建筑业也在从传统的发展模式下快速向数字化方向转型。在这其中，BIM 技术的有效应用无疑是推进建筑业数字化转型的关键。之所以说 BIM 是关键技术，主要有两方面原因：一是 BIM 技术的可视化特性，可以更好地实现建筑产品和建造过程的数字化表达；二是 BIM 模型作为数据载体，可以使得建筑产业链条的各相关方，基于实时准确的数据流转实现高效协作。

　　从全球总体趋势上看，BIM 应用越来越普及，应用价值也越来越被认可，尤其是建筑市场份额较大的国家和区域，更是对 BIM 应用尤为重视。NBS 发布的英国《国家 BIM 报告 2019》调查中显示，几乎所有的受访者都知道 BIM，只有 2% 的人说他们不知道。在 98% 了解的人中，有将近 3/4（73%）的人表示企业已经在项目中使用了 BIM。再看中国，BIM 技术在建筑业的应用也非常普遍，《中国建筑业企业 BIM 应用分析报告（2019）》的调查数据显示，有超过半数的建筑业企业应用 BIM 技术已超过 3 年，仅有 19% 的企业应用不到一年时间。

　　那么，针对现阶段 BIM 应用主要呈现两大特点：一是 BIM 应用更多从创新驱动转向价值驱动，二是 BIM 技术从工具型应用转向平台化应用思维。

　　从创新驱动转向价值驱动是现阶段 BIM 应用的显著特点。经过阶段性的研究、探索、实践，BIM 技术的应用价值越来越广泛的得到认可。纵观全球，BIM 技术在建造阶段的价值已经被广泛认可，在国际性的 BIM 应用交流中我们发现，BIM 的价值已经从技术管理逐渐向建造全过程管理拓展，这已然成为行业共识。BIM 技术已经不再是单纯的技术应用，已深入到项目管理的各个方面，包括成本管理、进度管理、质量管理等都会深入应用 BIM 技术，与管理的融合应用成为 BIM 应用的一个趋势。在今年的调研中显示，认为 BIM 技术与项目管理信息系统的集成应用，实现项目精细化管理的观点超过七成。

从工具型应用转向平台化应用思维也是现阶段 BIM 应用的一大特征。例如，BIM 应用相对早且领先的瑞典，产值位列前 4 名的施工企业均在数字化战略中将平台模式列为重点。BIM 应用的平台化产品，将整合建造各阶段多参与方的资源，提供基于 BIM 的行业定额、构件库、工艺工法、指标信息、材价信息、劳务信息及行为数据等数据，以及工具、算法等，服务于全价值链的生产活动，实现建造阶段全企业，乃至全行业的生产要素优化与配置，更好地为产业链上各类合作伙伴赋能，通过相互协同进化形成群体智能，不断激活产业发展的活力和商业模式的创新动力，助力行业专业化能力提升和建筑业的转型升级。

2. 您认为建筑业企业在实现数字化过程中，需要考虑哪些方面？BIM 技术将起到哪些作用？

企业在实现工程项目的数字化过程中需要主要考虑四个方面，即建筑实体的数字化、要素对象的数字化、作业过程的数字化、管理决策的智能化。

建筑实体数字化是项目数字化的基础，核心是多专业建筑实体的模型化。即通过"BIM+"打造项目数字模型。在项目的实施前，先将整个项目的建造过程进行计算机模拟、优化，再进行工程项目的建设，减少后期返工问题。如装配式建筑在工厂生产之前进行全数字化设计，能保证所有构件的精准加工与拼装。

要素对象数字化是项目数字化的手段，通过应用 BIM 技术和物联网技术实现"人、机、料、法、环"等要素的数字化，大幅度地提高了项目管理业务流程的标准化程度、业务执行效率、数据获取的实时性和准确性，使工地现场更加智慧。要素对象的数字化为项目的精益管理和智能决策提供了数据支撑。

作业过程数字化是项目数字化的核心，在建筑实体数字化和要素对象数字化的基础上，通过"PM+"，从计划、执行、检查到优化改进形成效率闭环。项目进度、成本、质量、安全等管理过程数字化，将传统管理过程中散落在各个角色和阶段的工作内容通过数字化的手段进行提升，形成一线的实际生产过程数据。整个过程以 BIM 模型为数据载体，以要素数据为依据开展管理，实现对传统作业方式的替代与提升。

管理决策智能化是通过对项目的建筑实体、作业过程、生产要素的数字化，形成工程项目的数据中心，基于数据的共享、可视化的协作带来项目作业方式和项目管理方式的变革，提升项目各参与方之间的效率。同时，在建造过程中，将会产生大量的可供深加工和再利用的数据信息，不仅满足现场管理的需求，也为项目进行重大决策提供了数据支撑。在这些海量数据的基础上，应用大数据、人工智能等数字技术，可实现项目管理决策的智能化，为项目管理决策提供有效数据支撑。

3. 随着政策环境的利好、市场需求的扩大、竞争局势的激烈，以 BIM 为代表的数字化技术的发展无疑将迎来更大的空间。那么，您是如何看待数字化技术将给建筑业带来的变化？

从全球发展的角度看，建筑产业占全球 GDP 的 13%，是全球最大的产业。然而在过去 20 年，建筑行业的年均生产增长率仅占到经济总量平均水平的 1/3。工期超时和成本超支已成为常态，而且这一高风险行业的利润率竟只有 5% 左右。在数字时代，建筑业的数字化转型将成为改变行业发展现状的重要手段。

随着 BIM 应用环境的不断完善，BIM 产品的逐步成熟，BIM 技术在建造阶段应用的更加深入和全面，形成了以建造阶段的技术管理应用为核心，向全面管理应用拓展，并对其他相关方产生影响的新趋势。这种应用趋势将更有利于 BIM 技术"协同"优势的发挥和 BIM 应用"在全流程和全参与方"价值的显现。而 BIM 技术未来的发展，将主要作为核心技术赋能建筑产业的数字化转型，实现产业价值链的重塑、组织形式的重构、价值分配方式的变化。针对数字化技术将给建筑业带来的改变，有两个方面值得关注。

第一是建筑产品全生命期的数字化。数字技术可以实现更好的协作，帮助企业实现向更多数据驱动型决策转型，这些应用将改变企业甚至整个行业的运营模式。BIM 技术具备可视化和协同的技术优势，可以在利用 BIM 模型为数据载体，做好正向设计，从项目的策划阶段就实现更有效的规划，指导后续工程的建造与运维。通过使用 BIM 技术创建完整信息的数字建筑模型，企业可以更好地实现资源的有效利用，在项目建造前期就加入进度、成本等相关信息，而不是在建造过程中才去考虑。这将从根本上改变建设过程中的风险和决策顺序，同时将更合理的优化建造过程各个环节。使用以 BIM 为核心的数字化技术可以显著改善工程建造过程各方的协作，从而提升建造阶段的管理效率和资源利用率。

第二是数字化将重塑价值链并实现供应链的整合。随着建筑产业数字化的发展，各类型企业的核心竞争力将转向拥有或控制价值链中的重要环节，如设计施工一体化、既定部品部件的规模化生产、供应链管理和现场装配。通过协作合同或共赢的激励措施进行纵向整合，建立有共同目标的合作伙伴关系。和制造行业类似，控制价值链关键环节是保障建造全过程有序进行的关键因素，其中数字化技术将改变各环节的协作模式。BIM 技术的应用可以实现决策流程在早期制定，分销将专注于在线平台和高级物流管理，而端到端的软件平台有助于企业更好地控制和集成价值链和供应链，价值链的控制和集成将减少各环节间的问题。

4. 随着建筑业 BIM 应用的发展，其价值也越发显性，但很多企业在推进 BIM 应用过程中仍面临很多困难和挑战，您认为哪些是现阶段阻碍 BIM 应用发展的主要因素呢？应如何应对？

要坚定不移的落地 BIM，就要清晰地认识到 BIM 在中国的发展阶段。从 2010 年到 2015 年这段时间，BIM 技术在国内的发展属于"高光时光"，那个时候 BIM 是处于神坛之上。但随着 BIM 技术逐步推广与大量实践，产生一系列与管理流程机制难适应的情况发生，进而引发 BIM 应用所带来的价值不明显、应用落地难等现象，近几年 BIM 走下神坛，进入了"黑暗时代"。但随着 2020 年 8 月 28 号住房和城乡建设部等九部门《关于加快新型建筑工业化发展的若干意见》发布，意见提出，要加快信息技术融合发展；加快应用大数据技术；推广应用物联网技术；推进发展智能建造技术；大力推广建筑信息模型（BIM）技术，加快推进 BIM 技术在新型建筑工业化全寿命期的一体化集成应用。充分利用社会资源，共同建立、维护基于 BIM 技术的标准化部品部件库，实现设计、采购、生产、建造、交付、运行维护等阶段的信息互联互通和交互共享。试点推进 BIM 报建审批和施工图 BIM 审图模式，推进与城市信息模型（CIM）平台的融通联动，提高信息化监管能力，提高建筑行业全产业链资源配置效率。BIM 又一次回到大家的视野，也再次说明了 BIM 在建筑业转型中的重要性和必要性。

经过这几年的发展，在我看来，初期阻碍 BIM 应用发展的三个因素：标准规范、应用工具、人才培养的问题还是依然存在的，只不过在这个阶段，其问题的核心矛盾和初期发生了一些变化。

第一是 BIM 标准的统一性问题。BIM 技术在建筑业发展的这个阶段，行业需要有更加统一的 BIM 标准，形成与现阶段技术发展相适应的标准体系，才能更好地推进 BIM 普及应用。而现阶段来看，标准不统一、标准无法参考执行成为阻碍 BIM 应用发展的主要因素之一。目前已经发布和正在制定过程中的 BIM 标准可分为国家标准、基础标准和执行标准三个层次。国家标准主要是针对其他标准的编制进行指导，规范 BIM 标准的编制，如《建筑信息模型应用统一标准》GB/T 51212—2016；基础标准如存储标准和编码标准主要是针对软件厂商，要求其提供哪些类型的基础数据以及程序员要按照哪些规则进行代码的编写；而执行标准如《建筑信息模型施工应用标准》GB/T 51235—2017，针对的主要对象是工程技术和管理人员的 BIM 应用要求。在 BIM 标准体系建设方面，美国和英国最具有代表性，同时也是全球被引用最为广泛的国家标准。现在，我国的 BIM 国家标准还没有形成完整的系统化体系，在这个阶段，企业以及项目的 BIM 标准相对更加具有实际意义，例如中建集团制定的企业 BIM 应用指南，其中包含了对软件选择方面的内容，很好地解决了 BIM 工作者在应用过程中不知道如何进行 BIM 软件选择的问题。从行业发展的角度看，基础标准的不统一给 BIM 应用的推进造成了不小的阻碍，由于基础标准不统一，软件间的数据传输会存在不兼容等问题，重要数据的丢失给应用层面带来极大的困扰。所以建立统一的基础标准对于现阶段 BIM 发展尤为重要。经过这几年的摸索和沉淀，到了可以也是必须推出可执行要落地的标准时候了，这是未来 BIM 发展的核心基础之一。

第二是 BIM 应用的工具易用性问题。BIM 技术是实现工程项目管理水平提升、降本增效的重要手段，所以在 BIM 技术的应用上，要与业务需求紧密结合，通过应用 BIM 技术，真正能够给企业带来实实在在的价值。现阶段 BIM 应用工具的发展，我认为主要应遵循两个趋势。一是设计领域 BIM 工具的普及，这是源头。没有三维设计工具的普及应用，BIM 应用的后续落地，带来更大的价值实现会有所困难。据调查显示，项目的变更越到后期进行，所带来的成本就会越大，基于 BIM 的正向设计可以很好地指导后续施工和运维阶段，这样将给项目的整体带来非常可观的正向收益。而实现这样的理想场景，设计阶段 BIM 工具的普及尤为重要。二是施工阶段的 BIM 应用要与业务场景相结合，这是核心。BIM 应用在工程项目尤其是管理方面可以带来的价值被广泛认可，但现阶段软件的成熟度、数据量、传统的管理流程与机制，都给 BIM 在工程管理过程中能带来的价值大打折扣。在此阶段，BIM 应用工具的发展要与相关的业务场景紧密结合，围绕着关键业务，为项目上具体明确的业务场景提供看得见、感受得到的价值。以生产环节的物资管理举例，从设计、算量阶段，可以清晰地计算出计划工程量，并通过 BIM 模型直观呈现出相关信息。建造阶段根据前期计划，按照时间进度精细管理各个阶段所需的各类型物资，从而实现精细化生产管理，提升企业的资源利用效率和管理效益。此过程中，BIM 应用工具一定要贴合各个环节的真实业务，才能够更好地有效服务项目，最终实现真正的价值落地。

第三是人才体系建设的问题。再好的战略规划都需要由人来执行，在推进建筑业 BIM 发展的过程中，BIM 人才体系的建设是推行 BIM 应用的基础条件。现阶段，要培养与业务深度结合，并且可以向工程项目全生命期全面管理拓展的综合型人才。在近四年的调查结果中显示，缺乏 BIM 人才均排在阻碍企业 BIM 发展问题的第一位，可见培养 BIM 人才是企业最急迫需要解决的事情。对此，企业可以从加强 BIM 人才队伍建设、建立合理的 BIM 人才知识结构体系、完善人才发展机制等三方面入手，有针对性的解决此类问题。加强 BIM 人才队伍建设，重点是实现专业性 BIM 人才逐渐向既懂技术和管理又懂 BIM 应用的复合型人才转变。BIM 人才的培养，不需要每个人都拥有全面能力，需要结合岗位需要分层级和业务领域培养 BIM 人才知识结构体系，例如，总工要有 BIM 应用的整体规划能力，BIM 项目经理要有 BIM 应用策划能力，专业岗位工程师要有操作 BIM 软件和系统的能力。BIM 人才的发展不能与企业人才培养发展机制分割开，而要与专业岗位的职业发展通道相融合，合理建立包含激励和考核的 BIM 人才建设体系，这样才能保证符合企业发展要求的 BIM 人才不断涌现。

5.6　专家视角——邓明胜

邓明胜：现任中建八局首席专家、教授级高级工程师，享受国务院特殊津贴，英国皇家特许建造师。从事施工技术及管理工作近 40 年，具有丰富的理论和实践经验，主编多部企业技术标准，是《建筑信息模型设计交付标准》《建筑工程设计信息模型制图标准》等国家和行业标准的主要编制人员，是《建筑施工手册》（第五版）主要编写人员；发表 / 出版论文 / 著作 30 余篇（本），获省部级科技奖 10 余项、国家专利 10 余项；兼任国家（科技部）科技专家库专家，住房城乡建设部绿色施工专家委员会委员，国家科技部"十三五"技术预测专家，中国专利审查技术专家，住建部中国工程建设标准化协会工程管理专业委员会第一届理事会副主任委员，中国建筑业协会国家级工法评审专家，中国 BIM 认证联盟技术委员会委员，中国建筑学会数字建造学术委员会理事，中国建筑学会高层人居环境学术委员会副主任委员，中国建筑学会施工分会 BIM 专业委员会副理事长，中国建筑工程总公司专家委 BIM 技术委员会委员等。

1. 中建八局应用 BIM 技术的驱动力在哪？如何看待投入产出问题？

首先，不同时间段、不同层级有不同的驱动力。

第一，BIM 技术显现之初：先贤驱动，激励"持续不断地探索"是驱动力。表现为：有识之士对 BIM 技术的学习、吸收、应用和推介。这里面，"学习"——能有效"吸收"地学习，是基础；"应用"——与工作实际相结合的应用，是动力；"推介"——与应用成果相结合的推介，是关键。

第二，BIM 技术优势已见：领导驱动，激励"令行禁止使命必达、良好地执行"是驱动力。表现为：领导慧眼、部属跟进，选准项目、重点突破，系统规划、全面实施。这里面，"领导慧眼"——企业决策者能敏锐地捕捉到 BIM 技术的发展潜力，并及时把握机会、制定政策、采取措施，是条件；"部属跟进"——企业各系统、各层级员工，按照企业关于 BIM 技术推广应用的战略部署要求，及时启动、雷厉风行、逐项推动，是基础；"选准项目、重点突破"——重点项目、重点运用、重点突破，标杆项目示范带动，是"助推剂"；"系统规划、全面实施"——系统规划，有利于全面实施，全面实施，方能进一步展现 BIM 技术的"革命性"作用，能否全员应用，全过程、全方位、全面使用是关键。

第三，BIM 技术普及已成：毅力驱动，激励持之以恒、持续发展、创新突破是驱动力。表现为：领导坚持、部属发力，持续推进、系统突破，创新应用、引领行业。BIM 技术好入门、容易看到效果，但真要让效果落地，能获取真正的效果，也并不容易，跟风运用、浅尝辄止的现象时有发生。只有深入应用、持续应用、系统应用、创新应用才能最终达成目的。这里面，"领导坚持、部属发力"是条件；"持续推进、系统突破"是基础，"创新应用、引领行业"是终归可以实现的最终目标。

目前，中建八局的 BIM 应用介于状态二与状态三之间：已经基本实现了项目 BIM 应用的全面普及，部分实现了全过程、全方位应用，少数代表性工程、示范领域中已实现创新突破；全局上下对 BIM 技术的认识保持高度一致，拥有足够的信心和恒心，正向着全员运用、系统应用、深度应用，将 BIM 技术作为基本工具、基本技能全面融入数字建造，以智慧工地为切入点向智慧建造目标创新发展。

其次，辩证看待 BIM 技术应用的投入产出问题。

毫无疑问，BIM 技术的推进必定要相关软硬件投入、相关专业人员投入，必要时还要有其他相关基础设施投入，并且，很多投入不能立竿见影，需要给予一定的时间积累和一定的工程项目展示才能逐步显现。在决定用不用 BIM、投不投 BIM 时，作为决策者不能局限于单一资金角度的投入产出比，而应注重多层次、多领域，综合的投入产出效应，表现在：投入 BIM 技术，产出技术难关攻克和虚拟建造成果；投入 BIM 技术，产出项目管理综合能力的提升；投入 BIM 技术，产出企业新技术运用、创新发展的社会形象。

总之，随着 BIM 技术投入后持续不断的推动，陆续产出技术能力、管理能力和创新能力的提升是必然，综合效能和最终经济效益的提升也是必然。

2. 中建八局在推进 BIM 应用的过程中是如何规划和思考的？

中建八局的 BIM 应用，完整经历了业内企业普遍经历的历程。从个人探索、项目示范到企业推动，并经企业推动将 BIM 技术运用带向了一个又一个的高峰。今年上半年，全局近两千个在施项目 BIM 协同管理平台上线率多数单位达 100%，最低为 86%，均值在 94% 以上；截至 2019 年底，我局获各类 BIM 大赛奖项无数，其中仅国内中勘协、中建协、中安协、龙图杯等四大 BIM 赛事一等奖就达百余项（106 项）；全球 AEC 卓越 BIM 大赛冠军 1 个（也是设奖 8 年来迄今为止中国区唯一一个）、冠军角逐入围项目 5 个，大会主委会专门面向亚太和中国区域特别设定的奖项中一等奖 5 个、二等奖 3 个、三等奖 2 个。

我局 BIM 技术的推进策略是：以解决工程实际需求为出发点，面向工程实际应用、面向基层专业技术人员、面向业主及其顾问、面向社会各关联方，全面发挥 BIM 潜能、全面展示 BIM 实力；结合工程实际需求，充分发挥企业工程研究院科技攻关能力，有针对性地设立科研课题，广泛与高校、科研单位及 BIM 软硬件提供商合作，为工程实际运用提供技术支持。

目前，结合我局 BIM 应用的成功实践，已广泛参与多个国家、行业和地方 BIM 标准编制工作。去年（2019 年）初，将我局"BIM 工作站"改组升级为"数字建造中心"，以我局庞大的主营业务载体作为依托，以信息技术、大数据等技术为基础，以工程实际和智慧工地等为切入点，进一步实施基于 BIM 的数字建造和智慧建造工作。2019 年，与中国联通合作，启动了全国首个 5G 智慧工地项目。

伴随着 5G 和人工智能的不断普及，我们计划依托我局在 BIM 技术应用过程中所积攒的丰富经验，勇于探索、不断推进，围绕着工程和工作载体，以"全员普及"的工具化应用为突破、全过程推进的深度应用为表现，全方位实施 BIM 技术在各系统、各领域"技术与管理相融合"的创新应用。

3. 中建八局 BIM 应用成功的最关键因素有哪些？

我局 BIM 应用成功的关键因素主要包括：领导重视、项目带动、上下联动、系统联动、以赛促用和科技支撑等六个方面。

一是领导重视。表现为：局董事长、总经理亲自推动，总工程师具体带动，成立 BIM 工作领导小组专项推进，各级单位成立专门 BIM 工作机构，建立工作机制、设立专项基金、购买专用正版软件等。

二是项目带动。中建八局有一大批类似于天津周大福金融中心、上海深坑酒店、珠海歌剧院、杭州博览中心、吉林北山滑雪场等工程样式的高、大、精、尖、特项目，在这些项目中应用 BIM 技术、开展 BIM 示范，不但较好地解决了工程本身的技术和协调难题，还实现了人员培养、示范引领效果。

三是上下联动。局设立"BIM 工作站"战略引领、公司设立"BIM 工作室"分类指导、项目设立"BIM 工作组"具体实施，上下联动，全面推进 BIM 应用。

四是系统联动。由技术质量系统面对日益复杂、艰难的工程技术需求启动"技术驱动"推进 BIM 技术，由施工生产与安全系统从工作协同角度启动"管理驱动"推动 BIM 技术，由商务系统从工程量价确认角度启动"价值驱动"推进 BIM 技术，多系统联动、全面推进。

五是以赛促用。联动企业内部职业技能竞赛活动，启动 BIM 应用大赛工作，选拔 BIM 技术骨干；优选各项目 BIM 应用成果，广泛参加国内外 BIM 赛事，多维度检验 BIM 技术应用效果；实现知己知彼、以赛促用的效果。

六是科研支撑。面向通用 BIM 软件，结合企业实际需求，开展专项研究，解决通用软件不能解决的"最后一公里"落地问题。自 2012 年起，全局先后立项自主开发并形成：《企业 BIM 族库管理平台》《企业 BIM 快速建模平台》《企业 BIM 工程算量平台》《企业 BIM 施工工艺管理平台》《项目 BIM 协同管理平台》《基于实景重建的工程质量分析技术》《机电工程数字化建造技术》等一系列"BIM+"数字建造科研成果，累计在 1500 余个在建工程中得到不同程度的应用，较好地支撑了 BIM 技术的应用落地。

4. 企业推广 BIM 应用过程中普遍存在哪些困难？有什么解决办法或思路？

关于推广 BIM 应用过程中企业普遍存在的主要困难，我认为有五个问题。

第一是观念问题。在没有真正"走进"BIM 之前，单凭外界的宣传和推介，要真正了解 BIM 技术的功用肯定是有一定难度。由此，会产生出对 BIM 技术应用的疑惑与观望等负面现象，进而阻碍着 BIM 技术的推进。

第二是人员问题。很多企业在推进 BIM 技术之初都存在着 BIM 技术人员不足的问题。在企业欠缺、社会也稀缺 BIM 技术人员的情况下，外部引进艰难、内部培养耗力耗时，还面临着被外部"挖墙脚"的风险。没有驾驭 BIM 技术的人员，BIM 技术工作自然是难以开展。

第三是工具问题。一则 BIM 软件多而杂、更新快，缺少全能型、稳定型产品；二则多数 BIM 软件对计算机等硬件要求比较高，两相组合后表现出来的是短期（瞬时）投入比较大。单从"资金投资回报率"角度看，往往会阻碍 BIM 技术的开展。

第四是方法问题。BIM 技术的推进，能熟练驾驭相应的软硬件是需要具备的方法之一；如何选准切入点，有效培育技术骨干、有效开展具体工作，是需要具备的方法之二；在此基础上的深度应用问题、拓展应用问题、创新应用问题等，需要源源不断有效的方法来支撑，所具备方法的多寡及其优秀程度的深浅，决定着 BIM 技术推进的快慢和好坏。

第五是载体问题。通常认为，好的项目载体是成功推行 BIM 技术的良好开端，但绝大多数企业和项目所遇到的、经历的却是一个个非常普通的项目。一般项目没有必要运用 BIM、普通项目不值得应用 BIM……，不停地寻找及等候好载体出现，而不实际启动 BIM 应用，在等候、等待中形成事实性的观望状态。

从解决上述问题的办法来说，主要也要从五个方面入手。

第一是改进观念。政府政策的指导、业主招标文件邀约"逼迫"的压力，再加之业内先进企业优秀项目展示的吸引，多管齐下、多方协力，改变观念，从被动采用 BIM 到主动应用 BIM 已成为必然发展的定势。

第二是骨干带动。无论是新进入 BIM 技术应用行列的企业，还是已经"普及"应用 BIM 技术的企业，"骨干"对推动 BIM 技术的应用，都是不可或缺的。骨干的培育，可以由企业自身依靠循序渐进的路径逐步完成，也可以通过面向社会吸纳成熟人才的方式快速补充。非常可喜的是，国内 BIM 技术推动快速发展的这十来年，在国家、企业、高校、BIM 软件提供商和咨询企业等多方努力、共同发力的作用下，已为社会培育了不少成熟的 BIM 技术人才，在此情形下，无论是企业自身培养还是面向社会招聘，都有足够的资源。在各类 BIM 技术骨干的带动下，当企业全体专业技术人员都可以将 BIM 技术作为必备的工具和手段熟练地融入日常工作之中时，企业的 BIM 技术应用一定会突飞猛进。

第三是渐进配备。与渐进开展 BIM 技术人才培养的方法相似，BIM 技术应用所必须（需）的软硬件投入也可以结合具体情况逐步配备到位。现阶段，企业员工不说人手一台计算机，绝大多数员工拥有各种类型的计算机，或用于工作，或用于日常生活，几乎是"随处可见"，甚至部分企业的专业技术人员还拥有性能较高的笔记本电脑或台式计算机。这些计算机，对于 BIM 技术的推进，只要不是运行大型、综合的 BIM 模型，作为 BIM 技术的入门级运用，几乎是没有任何问题，或者采取措施、稍加改进即可适应。作为入门级学习使用，还可以借助于类似 Autodesk Revit 系列之类可提供学习版和试用版的软件，快速便捷地完成入门学习和基本应用工作；应用见效后再正式投入购买。只要用起来，就一定能见效！在各种 BIM 应用实际效果的促动下，逐步配备所需的各种软硬件装备，可以较好的突破"投入产出比"困局。

第四是引进借鉴。目前，BIM 技术应用成功的企业和项目比比皆是。每年，国家和各地建筑行业管理部门或协会都在组织各种类型的 BIM 技术应用观摩交流，有的甚至与智慧工地、5G、人工智能等"高大上"的技术结合起来。类似的全国性、国际型学术交流活动也在北京、上海等各主要城市频繁举办。无论是观摩交流还是学术交流，每次都有许多成功案例精彩呈现，借鉴或引进这些成功做法，对于促进企业 BIM 应用非常有益。还可以通过各种竞赛活动，体验式参与、评判自身 BIM 技术的实际水平。

第五是从小到大。面对各种 BIM 技术应用载体的"纠结者"，我想说明的是：BIM 技术，不分项目大小、不分项目难易，基于任何项目，基于项目的任何部位、任何环节，均可以开展。尤其，通过小项目、简单的项目，以"搭积木"的方式完成 BIM 技术学习和应用的入门及基础培植工作，会非常有利、有效。通过简单项目、小项目，循序渐进地学习运用 BIM 技术，不挑时间、不选地方，可以快速启动、及时启动：只要下决心运用 BIM 技术，即可立项行动。

5.BIM 推进过程中，企业、项目的工作分别要侧重哪些方面？

企业层面的工作重点：企业着重解决战略引领、技术指导等方面的工作，为项目 BIM 应用指明方向、创造条件、提供支持。体现在应用点、推广面的选择，管理制度、激励机制的建立，软硬件及关键人员配备和 BIM 技术普及培训等方面；按企业总体发展战略要求，建立必要的 BIM 技术专项科技攻关或联合攻关机制，为项目 BIM 技术推进提供有针对性的技术支持。

项目层面的工作重点：项目层面主要解决 BIM 技术的应用落地问题。一方面，结合具体工程实践，将 BIM 技术逐步、逐项运用到工程项目的每一个方面，实现 BIM 技术的全过程、全方位应用；另一方面，根据工程建设渐进性特点，以"搭积木"方式，由 BIM 技术骨干人员带动项目全员应用 BIM 技术，将 BIM 技术作为强有力的工具支撑日常工作；结合 BIM 技术的具体应用，积累成熟经验的同时，找准各 BIM 软件的薄弱点，及时反馈企业科技管理部门，为企业启动有针对性的 BIM 技术开发工作积攒第一手资料。

2019 年底，在一个 BIM 技术高峰论坛上，我应邀作总结陈词时有感而发讲了三句话，这里摘录于下，与大家共勉：

BIM 技术是一个很好的工具！

很好的工具要用起来才有用！

我们大家共同努力，把 BIM 技术用到我们的工作中、甚至我们的生活中。我们共同推进中国建造、推进智慧社会！

5.7　专家视角——杨晓毅

杨晓毅：教授级高级工程师，现任中国建筑一局（集团）有限公司副总工。曾先后主持和参与了中央电视台新台址主楼 A 标段、沈阳文化艺术中心、深圳平安金融中心、海南三亚亚特兰蒂斯和深圳国际会展中心等高、大、精、尖、特项目。在超高层工程施工、钢结构工程和建筑施工信息化领域承担过多项国家和省部级科研课题。获华夏奖一等奖 1 项（排名第 5，2010 年）、省部级科技进步奖 10 项。参编行业标准 4 项。获专利 22 项，其中发明专利 2 项。国家级工法 1 项，省部级工法 3 项。发表论文 16 篇，出版专著 15 部。获评中建总公司科学技术贡献奖（2009 年）、全国优秀科技工作者（2014 年）等。

1. 中建集团有自己的标准化项目管理体系，您如何看待这些管理体系给中建一局带来的价值？

随着国家经济的高速发展，企业规模快速增长，产业化程度越来越高，技术越来越复杂，社会分工越来越细，企业间相互协作越来越广泛，就必须通过使用和制定标准，来保证不同区域、不同类型项目、不同部门的生产经营活动保持统一和协调。标准化是现代企业组织生产的重要手段和必要条件，是企业实现科学管理和现代化管理的基础。

国家经济的高速发展和企业的急速扩张，带来企业人员的快速增长，同时各个区域生产资源、气候环境各有特点，而且施工项目属于个性化定制生产，项目需求也不尽相同，再加上临时整合的团队和各种生产要素需要磨合，导致各个项目有不同的特点、难点。针对施工行业的特点，通过实践总结出管理经验，提出标准化管理体系，同时考虑适用性，从而展现公司的整体性，提高管理效率，保证不同区域的管理人员都能据此开展管理工作。

由于建造规模快速增长，市场无序低价竞争，导致企业科技投入严重不足，整个施工行业与加工制造业相比较，目前还是一个经验积累型行业，整个行业底层基础较差，变革性创新很少，技术发展相对缓慢。为提升企业的管理水平，集中大量经验丰富的管理人员共同编制各项管理手册，形成一系列标准化动作，同时根据不同项目的特点划分出不同的管理等级，项目根据自己的需求来选择管理标准，对项目的各项管理标准可以实现精准定位，在保证安全、质量和进度的前提下，合理控制项目的各项成本支出。在中建集团的标准化项目管理体系下逐渐形成"5.5 精品工程生产线"，即 5 个步骤（目标管理→精品策划→过程控制→阶段考核→持续改进，实现全面质量管控，过程精品）、5 个平台（科技平台、人力资源平台、劳务平台、物资平台和安全平台，为工程生产提供全方位的资源要素支撑，实现智慧建造、绿色建造、安全建造、节约建造）和 5 条管理底线（质量底线、工期底线、安全底线、绿色建造底线和施工现场形象管理底线），大幅提升了企业的管理效率、能力和水平。

2. 从标准化施工到精细化管理，BIM 技术能为施工管理带来哪些价值？

标准化是基础、信息化是手段、精细化是目标。标准化作为基础，能够提供各项的管控基础数据；利用信息化手段，将各项管控数据进行分类、组合、分析和传输，提供给项目各方；依据各项数据实现各项任务有章可循、有据可查、有人管理和有人检查的精细化管理，最终保证管理过程可控，实现既定目标。

个人认为，施工行业的整体发展应该是数字化、智能化、智慧化的一个逐步发展，同时三种形态相互组合、相互促进的发展过程。数字化是三种发展形态的基础，BIM 技术为施工项目实现数字化提供有效的工具和载体。以前由于施工行业底层基础薄弱，为实现基础数据化需要投入大量的人力、物力，往往变成形象工程，以点带面的展示一下，无法形成真正的生产力。现在通过 BIM 技术可以快速地建立数据模型、提取各项所需数据，同时与利用物联网技术采集的现场数据进行比对和分析，可以形成项目的各种管理数据，为项目管理提供依据。在项目管理过程中非实体消耗材料（模板、木方、架料等）的投入是直接影响项目成本的主要因素之一。利用 BIM 技术精确设计，根据进度和流水段的划分，绘制模板排版图、支撑布置图、门窗洞口细部节点图等，确定非实体材料的投入数量、投入时间和周转次数，精确控制项目的制造成本。项目计划管理也是项目管理过程中影响因素最多、最容易失控的过程，在计划管理中一般按照四级计划进行管控（年度计划、月度计划、周计划和日计划），配套计划有物资采购、物资进场、机械进出场、劳动力、设备采购、周转材料进出场、深化设计和分包进出场计划等。计划编制基础是数据合理的分析，符合现场实际的进度模拟、工序模拟、方案模拟和现场平面规划分析可以验证计划编制的合理性，利用数据采集工具跟踪项目计划执行情况，比对分析计划的偏差原因，提出计划的纠偏措施，保证项目进度可控。可以说 BIM 技术为我们提供了很多数字化的手段和方法，提升项目管理的效率和效果。

3. 企业在推行 BIM 应用过程中，建立统一的标准和制度至关重要，那么中建一局的 BIM 标准和相关制度的制定和执行情况如何，推进过程中面临的主要问题有哪些？

中建一局 BIM 技术推广应用过程目前经历了三个阶段，第一阶段是普及推广，在这个阶段是建章立制、基础教育培训，扩大 BIM 类软件的使用人员数量；第二阶段是全员全专业应用，将 BIM 技术和应用与项目管理人员日常工作挂接在一起，提升管理效率，让被动使用变成主动使用；第三阶段是创效应用，明晰 BIM 技术在项目管理过程创效点，提升项目管理者软件应用的积极性，让强制推动变自主应用。

在不同的推进阶段，面临的问题和执行情况都有所不同。①在普及推广阶段，评价的标准制定原则是让大家能够开始应用相关技术，考核的标准是明确应用点、培训和取证的人员数量，让 BIM 技术快速的推广普及。在试评价后，发现我们由于只有一个评价标准，不同规模的项目、不同性质的企业、不同的承包方式无法适用一个标准，不能对企业和项目的应用水平进行准确评价。②在全员全专业阶段，评价标准制定原则是让数据能够开始流转，不再是信息孤岛，考核的标准是将应用流程应用方法都在编写的指南中明确出来，让项目人员知道怎样去用，应用的标准是什么。在考核应用中发现，由于项目经理的积极性不高，导致很多项目虽然应用，但是应用深度不够，仅仅为完成任务，同时由于很多项目是将任务交给 BIM 专业人员和内业人员，BIM 成果与现场脱节，并不能真正的指导项目现场的实施，BIM 应用成果按照规范标准评判还存在很多问题。③创效应用阶段，评价标准制定原则是让内业工作与外业结合，真正的指导现场实际工作，并有价值体现。在考核中发现，价值应用还没有形成标准化流程，有一定的重复工作，需要进一步的总结和归纳。目前开展 BIM 工作整体投入还比较大，想让 BIM 技术真正落地，必须要形成基于 BIM 技术的创效标准化流程，有针对不同类型项目的价值点，项目重点、难点问题有合理的解决方案，让项目主要负责人看到应用 BIM 技术能够给项目带来什么样的价值，而不是高投入、低产出，仅仅为了装点门面和评优创奖。评优创奖只能在发展初期起到一定的激励作用，BIM 技术如果仅停留在评优创奖上，将极大地阻碍 BIM 技术的发展和真正落地应用。

4.在您看来，我国建筑业的 BIM 技术将如何发展？中建一局是如何考虑未来 BIM 发展路径的？

中建一局 BIM 技术将融合发展，BIM 技术必须与项目管理深度结合，利用标准化、信息化和精细化三化融合，实现对项目过程精细管控。一方面要打通项目内部的数据传递，让项目外业管控真正的应用数据进行管理；另一方面要实现项目外部数据在数据安全的前提下的无障碍交流，保证数据的真实可靠。

根据企业发展的需要，开展智能化装备的研究。目前智能化装备主要是两个方向开展研究，一是减少管理人员的管理工作强度，提供更加准确及时的数据，以采集和处理数据为主；另一方面是降低劳动力的投入，将重复机械的动作变成由智能机器人完成，保证工作完成的效率和质量。

伴随以 5G、人工智能、工业互联网、物联网为代表的新型基础设施的建设，项目将逐渐形成以基于 BIM 技术的数字化工地为载体，通过 5G 网络作为信息高速通道，把人工智能、物联网装备与云计算、大数据等技术结合在一起，形成真正的智慧工地，将是一个融合、发展、创新的过程。

5.8　专家视角——许和平

许和平：中国铁建股份有限公司科技创新部总经理，正高级工程师。担任中国铁道学会轨道交通工程分会秘书长，中国岩石力学与工程学会水下隧道工程分会、锚固与注浆分会副理事长，中国土木工程学会隧道及地下工程分会理事。长期从事企业科技创新及管理工作，先后参加南昆铁路、内昆铁路、上海轨道交通 2 号线西延伸工程等重点项目技术攻关和管理。近年来结合工程建设，大力组织在全系统推广应用 BIM 技术，效果明显。参加的"基于 IFC 标准的 BIM+GIS 中低速磁浮交通工程大数据平台"项目荣获铁路 BIM 联盟首届"联盟杯"铁路工程 BIM 大赛一等奖。

1.作为建筑业，尤其是轨道建筑科技专家，您认为 BIM 技术会给建筑施工企业的信息化建设和项目管理带来怎样的改变？

在建筑行业，项目管理业务是核心，BIM 技术可以融入项目的全生命期中，使项目的管理和交付更加优质和精准。

当前，BIM 技术的应用日益深入，已经从最初的设计阶段延伸到施工、运维阶段，为建筑项目的全生命期管理提供了有力的技术支撑。以 BIM 管理平台为依托，通过多专业协同作业，以多源异构数据为线索，串联起项目的多个阶段、多个专业和多个软件，使得建筑施工的信息化建设有了一个长足的进步。

在设计阶段，BIM 技术可以实现三维渲染、模型构建、碰撞检查等，有效提高设计的精确度，减少在建筑施工阶段可能存在的错误损失和返工的可能性，在前期就尽可能将可能出现的问题进行模拟分析，力图得出最优的设计方案。

在算量阶段，BIM 技术可以准确快速计算工程量，摆脱以前人工算量的低效、烦琐，提高施工预算的效率和准确性。

在施工阶段：建筑业约 70% 的工作发生在施工现场，使用 BIM 技术主要解决在施工现场产生的下列问题：施工人员管理问题、施工现场安全问题、绿色施工问题、物料管理问题等。BIM 技术将打通经济、技术、生产之间的通道，实现进度、成本、质量、安全、环保等的可视化、参数化、数据化。同时，BIM 技术对施工场地的人员、物料、车辆等进行合理的分配和规划，保障人员、资源的安全和高效地利用，减少资源、物流和仓储环节的浪费。

在运营维护阶段，BIM 技术可以实现能源管理、漫游、应急预案模拟等功能，消除管理盲区，大大减少人工成本；BIM 技术将基础设施相关信息储备在构件模型中，可以实现设备预警、更换提示等功能。

总之，BIM 技术已经成为建筑行业先进生产力的代表，它的应用与推广将大幅提高行业信息化水平、工程管理的集成化程度和交付能力，使工程的质量和效率显著提高，减少返工、减少浪费、提升效益。

2.BIM 技术在国内推广已经有 10 余年的时间，中国铁建在 BIM 应用的规划与实践方面，有哪些经验可以与行业分享？

中国铁建是一家提供规划、勘察、设计、施工、监理、维护、运营和投融资完整的建筑行业产业链的特大型国有企业，因此推广 BIM 技术应用具有先天优势。近些年来，中国铁建一直致力于 BIM 技术在建筑行业全过程中发展应用，先后在高速铁路、高速公路、新型轨道交通等行业应用 BIM 技术，以提质增效，为行业发展创造更多可能。

经过多年的 BIM 技术的认知提升与实践应用，我认为在 BIM 应用的规划与实践方面应该要注意以下几点：

一是要制定 BIM 技术发展规划。BIM 技术是建筑行业的重大科技革命，是对生产力的提高和促进。首先应把握与认知 BIM 技术，结合企业的自身条件，根据项目实施的实际需要，应用科学化、标准化、规范化的实施方法作为指导，明确制定 BIM 技术的发展规划与战略。在制定 BIM 技术规划时，既要考虑项目全过程管理中的应用，又要适应 BIM 技术的不断进步与发展。只有明确了宏观的规划应用，才能有效地解决建筑行业大型项目全过程中遇到的难点和痛点，切实实施与应用 BIM 技术。

二是要增强 BIM 技术人才队伍建设。BIM 技术人才队伍建设主要有三方面内容：一是加强企业员工 BIM 技术培训，通过统一教育培训培养全过程综合应用人才，同时与高校联合，完善 BIM 应用类课程体系与教学模式，培养适合的 BIM 技术人才输送到企业；二是完善 BIM 技术人才引进机制，引进高水平、高学历 BIM 技术人才；三是建立健全 BIM 技术专家库与个人能力认证体系，为企业与个人能力认定提供标准和机制。

三是要积极主动扶持 BIM 技术发展。BIM 技术结合先进的数据技术，使其发展越来越快。作为一家大型建筑行业企业，积极主动扶持 BIM 技术发展，走在同行业前列是非常有必要的。中国铁建"十三五"规划、"十四五"规划都有明确 BIM 技术发展目标，从 BIM 标准编写、EPC 总包项目、新型轨道交通、智慧工地等 BIM 技术实际落地应用，到中国铁建的重大科技专项项目、子公司科研项目，从科研研发到项目落地应用，统筹"产学研"一体化，让 BIM 技术真正在中国铁建生根发芽，带来实际效益。

2019 年底，中国铁建开始筹建"中国铁建 BIM 工程实验室"，依托该实验室，中国铁建将开展有关 BIM 前沿技术、关键共性技术研究；推进 BIM 工作中的正向设计、协同

设计、协同建造、成果交付等技术体系的建立；以市场为导向、产学研用相结合，加强 BIM 研发成果转化；加强国内外 BIM 技术合作与交流，充分利用社会资源，服务企业技术发展；培养、凝聚一批创新型 BIM 技术人才，推进以专家为核心的科研团队建设，提升自主创新能力，扩大行业和社会影响力。

3. 在中国铁建推进 BIM 技术应用的过程中，遇到的困难和阻碍主要是哪些方面？有什么解决办法或思路？

众所周知，BIM 作为一项综合性信息化应用技术，随着计算机、大数据、物联网等技术的发展，目前仍在不断完善之中。同时，我们对 BIM 技术的认知也在不断完善与进步当中。中国铁建在多年推广 BIM 技术的过程中，也遇到了诸多问题，影响着 BIM 技术的应用推进。

一是 BIM 标准化体系亟须构建。随着 BIM 技术的应用推广和深入，我们发现数据孤岛与数据交换难的现象普遍存在。构建 BIM 标准化体系可以解决这个问题，只要遵循 BIM 标准体系，就可以高效地进行信息管理、共享与项目管理，为 BIM 技术实现更大范围推广应用打下基础。中国铁建在 BIM 标准化体系方面的工作可以分为两大类：一是构建企业内部标准化协同流程，实现管理、生产、共享运作在参建各方畅通无碍；二是积极参编各项 BIM 数据标准，一方面加入铁路 BIM 联盟，参编铁路行业及国家相关 BIM 标准规范，另一方面也积极组织编制中国铁建内部企业 BIM 标准。

二是 BIM 应用模式亟须调整。BIM 技术在工程项目应用之初，以单项目单阶段应用为主。随着 BIM 技术应用的深入，单项目单阶段的应用已不能满足需要，且缺乏集成性高的 BIM 应用与项目管理系统。为了补足短板，我们积极调整了 BIM 应用模式，应用数字技术，GIS、大数据、云平台等，计划建设 BIM 项目监控中心、BIM 项目建设管理平台，从企业管理层面做到对 BIM 建设项目整体规划、整体把握，对项目全过程中人员、物资、进度进行监管，促进项目正常开展。

三是 BIM 解决实际问题的能力亟须增强。BIM 技术推广应用之初，存在为了应用而应用的问题。通过多年发展与认知，我们认识到 BIM 技术本质是生产力工具。优秀的工具在于要解决实际问题，花拳绣腿再优秀，也只是镜花水月、空中楼阁，无法实际落地。BIM 技术应当带着问题去发展，真正解决目前工程建设领域急迫的难点与痛点问题。

4. 施工企业应用 BIM 技术的驱动力有哪些，该如何看待现阶段在 BIM 技术应用方面的投入产出比？

目前施工企业应用 BIM 技术的驱动力体现在：BIM 技术以三维可视化技术为基础，集成建筑工程项目全生命期工程信息，实现各参与方和各项目之间信息高效共享，是推进建筑企业数字化升级转型的核心基础信息化技术。在具体工程实施过程中，通过自动交换数字信息，提升执行工程、采购和施工等工作流程的自动化能力，包括：多学科设计建模、设计审核和洞见、项目分析与模拟、4D/5D 施工模拟、项目绩效洞见、制造与模块设计、数字采购等环节；在企业资产数字化管理方面，通过数字化信息，提升执行运营、维护和资本投资的流程执行能力，包括：沉浸式数字运营、资产绩效管理、运行分析与模拟、资产生命周期信息管理、资产投资规划等。

BIM 技术应用前景广阔，但目前在技术方面还处于发展阶段。目前国家层面不论是从政策扶持上，还是工程建设大环境上，都在积极的推动 BIM 技术应用。投入相当的人力、物力、财力研发 BIM 技术，能产出多少收益，这是每一个试图应用 BIM 的大型企业都会考虑的问题。我认为，从远景上看，BIM 技术具有显著的降本、提质、增效的作用，但是达到这一目标离不开技术的逐步积累过程。只有不断的尝试和积累，才能总结经验教训，不断前进。即便目前产出可能并不显著，但是作为企业数字化升级转型、适应未来新基建经济环境的重要一环，必须坚定地推进 BIM 技术的深入应用。

5. 近些年，BIM 与其他数字化技术的集成应用成为行业趋势，在您看来，未来 BIM 以及其他数字化技术的发展方向如何？

BIM 技术与其他数字化技术在未来必然是紧密集成的，我认为主要包括物联网、云计算、大数据、地理信息系统（GIS）、虚拟现实、3D 打印等技术。

BIM 技术与物联网集成应用，实质上是建筑全过程信息的集成与融合。BIM 技术发挥上层信息集成、交互、展示和管理的作用，而物联网技术则承担底层信息感知、采集、传递、监控的功能。在工程建设阶段，二者集成应用可提高施工现场安全管理能力，确定合理的施工进度，支持有效的成本控制，提高质量管理水平；在建筑运维阶段，二者集成应用可提高设备的日常维护维修工作效率，提升重要资产的监控水平，增强安全防护能力。

BIM 与云计算集成应用，是利用云计算的优势将 BIM 应用转化为 BIM 云服务。基于云计算强大的计算能力，可将 BIM 应用中计算量大且复杂的工作转移到云端，以提升计算效率；基于云计算的大规模数据存储能力，可将 BIM 模型及其相关的业务数据同步到云端，方便用户随时随地访问并与协作者共享；云计算使得 BIM 技术走出办公室，用户在施工现场可通过移动设备随时连接云服务，及时获取所需的 BIM 数据和服务等。

BIM 技术与大数据技术融合，可通过数据挖掘技术在海量的建筑信息和设计方案报价中找出有价值的内容，利用以往的设计施工经验，简化施工方案设计及报价流程，归纳得到现有施工场景的最佳方案和最优报价，从而达到提高质量和效率、降低成本的效果。

BIM 与 GIS 集成应用，包括数据集成、系统集成或应用集成，可在 BIM 应用中集成 GIS，也可以在 GIS 应用中集成 BIM，发挥各自优势，可提高长线工程和大规模区域性工程的管理能力。随着互联网的高速发展，基于互联网和移动通信技术的 BIM 与 GIS 集成应用向着网络服务的方向发展，分别出现了"云 BIM"和"云 GIS"的概念，云计算的引入将使 BIM 和 GIS 的数据存储方式发生改变，数据量级也将得到提升，其应用也会得到跨越式发展。

虚拟现实技术与 BIM 技术都是对现实世界的再现和仿真，二者集成应用可提高模拟的真实性，实现真正的"数字孪生"。通过模拟工程项目的建造过程，在实际施工前即可确定施工方案的可行性及合理性，减少或避免设计中存在的大多数错误；可直观地分析出施工工序的合理性，生成对应的采购计划和财务分析费用列表，高效地优化施工方案；可提前发现设计和施工中的问题，对设计、预算、进度等属性及时更新，并保证获得数据信息的一致性和准确性，有效提升工程质量。

3D 打印技术是一种快速成型技术，综合了数字建模技术、机电控制技术、信息技术、材料科学与化学等方面的前沿技术。BIM 与 3D 打印的集成应用，主要是在设计阶段利用

3D 打印机将 BIM 模型微缩打印出来，供方案展示、审查和进行模拟分析；在建造阶段直接将 BIM 模型打印成实体构件和整体建筑，部分替代传统施工工艺来建造建筑。

在智慧经济时代，BIM 赋能"新基建"，为建筑产业转型、建筑企业升级转型、创新发展带来新的机遇，未来 BIM 技术的应用前景广阔，通过与其他数字化技术的集成融合，将充分发挥 BIM 技术的最大价值。

5.9 专家视角——李久林

李久林：现任北京城建集团副总工兼国家速滑馆公司副总经理、总工。作为双奥总工、亚洲最大的全地下再生水厂北京槐房水厂创新团队负责人、北京新首钢大桥技术保障组组长，系统研发了奥运场馆现代化建造技术、复杂钢结构建造技术、绿色建造及智慧建造技术。兼任中国建筑学会 BIM 分会副理事长、北京市建筑信息模型（BIM）技术应用联盟常务副理事长、住建部科技委绿色建造专业委员会委员、住建部信息技术应用标准化技术委员会委员、中国施工企业管理协会岩土锚固工程专业委员会副理事长、商务部国家援外工程咨询专家委员会专家、中国混凝土与水泥制品协会 3D 打印分会副主任委员、中国建筑金属结构协会钢结构专家、中国钢结构协会专家委员等。

1. 您认为 BIM 技术应用的价值应该如何客观评价？ BIM 等数字化技术的应用能为企业经营和多项目管理方面带来哪些价值？

评价 BIM 技术应用价值，应从建筑工程的业务需求、解决问题、实现目标三个角度出发，随着 BIM 技术的不断成熟以及多项信息化技术的融合发展，BIM 技术成为解决工程成本管理、进度管理、质量管理等项目管理问题最有效的手段之一，并且由单项技术应用发展为项目管理综合应用，因此对于 BIM 技术应用价值的评价应从节省材料、工期、人工等可量化的直接价值和提升项目和企业的管理水平等不可量化的隐形价值两个方面进行评价。要实现 BIM 技术应用价值的客观评价，需建立科学精细的管理成果评价方法，选定合适的评价标准，对过程的各个阶段进行客观分析，是否降低工程成本，是否提升工作质量和效率，是否提升数字化管理，单项目的数据汇总后是否形成企业数据库，在多项目得以复制利用，以及提升为企业技术。与前期项目建设业务需求目标进行对比，解决了目标实现过程中的问题，实现或接近实现目标，就可以说是实现了预期的应用价值。

在国家大力发展数字信息化技术的背景下，结合企业自身发展要求，通过 BIM 等数字化技术的应用，解决工程项目建造难题，提升工程项目信息化管理水平，增强企业总部对项目信息的掌握和处理能力，逐步积累企业管理信息资源并形成企业管理数据资产，将企业的生产经营活动客观形象的记录下来，实现可计量、可存储、可复用的管理目标，利用"BIM+"技术的信息集成优势，实现企业管理信息与 BIM 技术的集成应用，加速企业转型升级，实现企业提质增效，保持企业核心竞争力。通过数据资产的分析利用实现以下价值目标：一是通过参与市场竞争，提高服务水平和营销能力来增加收入；二是通过改进业务流程或提高分析效率，降低运营和人工成本；三是以真实完整的信息帮助企业管理者科学管理与决策。

2. 作为北京城建集团 BIM 应用推进的带头人和行业 BIM 应用专家，您如何看待目前 BIM 在行业推广的现状以及所遇到的困难？

BIM 技术已经成为行业发展的热点，在整个行业中受到政府、企业和从业人员的高度重视。各级政府在相继出台应用标准和办法，企业在制定内部实施规划和标准，BIM 服务商在陆续推出适合实际需要的软硬件产品，建筑从业人员在进行 BIM 技术学习应用。在建筑设计中已经开始实现正向设计，各专业间共享设计模型数据，进行专业协同；利用各种分析软件进行结构受力分析、能耗分析、日照分析等，可以快速计算工程量，并进而形成工程成本预测。设计三维模型开始由设计院向施工单位传递。在施工中，施工企业利用 BIM 技术进行施工投标，提升中标率，在施工准备阶段进行施工方案模拟与优化、可视化交底，施工过程中进行工期、质量、安全等管控。BIM 技术的应用提升了管理人员的管理能力，提高了效率，企业增加了效益。以 BIM 为核心的信息技术已成为支撑行业技术升级、生产方式变革、管理模式革新的核心技术。在近年来的探索应用过程中，应用政策和规范不断完善，一些企业和项目取得了较大的效益。

在应用过程中也遇到了各式各样的问题和困难。① BIM 模型的创建资费和共享问题。目前工程项目建设以项目承包制为主要实施模式，在项目部成立 BIM 团队会增加项目部成本，同时增加公司的管理成本。BIM 模型创建各方均从自身需要出发应用 BIM，更关注自身应用 BIM 的价值，缺乏共享造成重复建模，BIM 模型在共享中的权属和责任不清将制约 BIM 价值的最大化。② BIM 数据的质量问题。目前工程建设中针对 BIM 模型的质量较少关注。建设过程中由于缺少像实体工程一样的检查验收机制，因此最后交付的模型质量千差万别，难以满足进一步应用和大数据分析的需要。③ BIM 数据的安全问题。BIM 由于全息描述了工程对象，具有更加丰富和完备的工程信息，而且其电子化属性决定了其安全性更加重要。④ BIM 应用带来的产业利润重分配问题。错漏碰缺的减少和工程量计算简便准确以及建造过程的透明化，都会触及施工单位的利益，大大压缩施工单位的盈利空间。⑤复合型人才和软硬件的缺乏。掌握 BIM 技术的工程技术复合型人才紧缺，绝大部分建模软件是国外的，在国内处于垄断地位，硬件设施存储、运算大型图形文件性能不足，或要高资金投入。

3. 结合北京城建集团的实践经验，您认为企业应如何进行 BIM 组织管理体系与 BIM 中心的建设？

BIM 组织体系建设是要实现 BIM 技术在企业的落地应用和发展的保障，城建集团 BIM 应用经历了四个阶段，即数字化建造及 BIM 技术创新阶段、BIM 综合应用及运维管理阶段、基于 BIM 的项目信息化管理系统应用阶段和智慧建造阶段。

从集团层面来说，任何一项技术的推广，其组织管理和体系架构应该是自上而下的，建立三级应用管理机构，即集团级、事业部和二级公司级、项目级，并在发展过程中成立了智慧建造创新团队。企业 BIM 组织管理体系建设，要根据企业现阶段需求、发展需求、未来发展目标进行建设规划，根据实施经历，可以自上而下建立 BIM 组织管理体系，根据企业的组织结构设立多级管理机构，各层级机构担负不同职责。智慧建造创新团队主要负责接收前沿科技、研发应用平台，解决目前市场上软件不能满足实际需要的功能。作为组织架构的领导层，在集团层面建立信息化管理部门，对企业业务的信息化做出战略部署，完成架构建设，明确工作目标，负责集团 BIM 中心指导、引领和管理 BIM 技术实施，制定企业 BIM 标准，明确组织实施管理模式、管理流程等内容，对事业部、二级公司提出实施率指标要求，并负责考核。

各级子公司建立与集团相应的 BIM 或信息化部门，负责落实集团要求，传达相关指令，明确项目 BIM 应用组织模式、团队架构、模型要求、管理流程、各方职责、成果管理等要求，对项目进行服务和管理，汇总上报实施成果，是组织架构的中间层。

项目部是直接应用层，基础的技术应用在项目部层级全部落实到位，设 BIM 工作室，直接负责项目 BIM 实施，编制项目策划文件，建立模型，进行过程应用，并负责成果交付和保存，同时项目部根据实施方案，定期总结实施成果，提出存在的问题，通过逐级上报的方式，在中间层或领导层得到解决，并反馈回项目部。这也是现在比较多的企业正在实行的三级管理制度。

各层级都需要有独立的 BIM 中心或 BIM 管理部，负责 BIM 技术策划、应用分析、疑难解答和技术创新，如同其他管理部门一样，该部门具有相应的管理职能，各司其职、各负其责。

4. 缺乏 BIM 相关人才成为了当前施工企业推进 BIM 发展的主要阻碍，关于 BIM 人才培养，北京城建集团有哪些成功的经验可以与行业分享？

BIM 人才缺乏是企业实施 BIM 落地应用中遇到的一个普遍性问题，很多企业和项目都有。原因是 BIM 技术在国内发展的时间相对不是很长，企业内部没有事先储备。从工作岗位职责可分为研发型、应用型，不同类型的人才需要掌握的专业知识和技能不同，但首先是满足工作需求和企业发展需要。

城建集团采用引进与培养相结合的方式建立了三级团队，在集团有专家团队和城建智慧工程院，工程院引进高知专业型人才，包括博士 5 人、硕士 25 人、专业工程师 40 余人，专业负责信息系统研发工作，以企业研发平台提升团队和个人的能力。应用型人才以内部培养为主，近几年在城建商学院连续举办不同类型的 BIM 培训班，对内部人员进行 BIM 岗位知识和技能培训，分阶段掌握 BIM 建模、基本应用和独立全面应用技能，满足工作需求，同时城建集团培养 BIM 人才是以利用优质项目资源，对具有学习意愿和能力的工程师进行 BIM 理论和软件操作培训，这样做的好处是，在实践中既可以锻炼工程师 BIM 能力，同时现场工程师可以把 BIM 技术用于实际的业务管理中，找到应用点，并对其使用结果做出客观的评价。这种培养方式不仅可以提高工程人员利用信息化能力，培养出复合型人才，同时可以将 BIM 技术应用前沿化，解决具体的工程管理问题。同时逐步接收高校相关专业毕业生，充实到一线岗位进行锻炼，围绕项目管理基础工作，展开工具级和跨岗位的协同管理应用，为后续发展储蓄力量。

5. 近些年，BIM 与其他数字化技术的集成应用成为行业趋势，在您看来，未来 BIM 以及其他数字化技术的发展方向如何？

在"十三五"期间，建筑业信息化水平得到全面提高，BIM、大数据、智能化、移动通信、云计算、物联网等信息技术集成应用取得突破性进展，BIM 与其他数字化技术的集成应用成为行业趋势，实现智慧城市与智慧建造将是发展方向。从技术角度看 BIM 的发展，模型轻量化技术、基于云的协同技术以及基于 BIM 与多元数据集成管理的数字化集成技术将是未来 BIM 发展的重点方向。

　　数字化技术作为国家战略，各行业都已经开始了面向数字化的转型，这是社会发展阶段决定的，大势所趋，哪个企业能尽快掌握数字化技术，建立基于数字化的管理体系，哪个企业就能掌握先机，占领市场，提高发展效能，扩大市场占有率。在 2014 年 5 月，由北京城建集团联合业内十几家单位发起成立了中国城市科学研究会数字城市专业委员会"智慧建造学组"，现在已经发展会员单位一百多个，覆盖了全国 19 个省市区，已成为国内开展智慧建造研究与应用的重要社会平台。BIM 技术的推广与应用为实现建筑工业数字化建造提供了数据基础，信息技术与先进建造技术的融合使建筑工程向"智慧建造"迈进。随着 BIM 和其他信息技术的日趋成熟，使工程建造向着更加智慧、精益、绿色的方向发展，最终实现真正的智慧建造。随着技术的发展，建筑业的运行模式也将发生变革，企业将以总部集约化管理模式替代项目管理模式，以适应数字化建造的管理需求。

　　当下信息技术已经发展到了较高的阶段，企业的信息化重心将由自动化转向持续优化，从以职能为中心转向以服务为中心，以产品和应用为中心转向以客户为中心，数据不再是应用的副产品，而是驱动新业务、催生新应用的核心动力。企业为了提升业务水平、实现更高的业务目标，信息必将成为战略资产。随着企业信息化进程的深入，关注的重点将由应用系统的构件转变为更优质信息资源的获得，以及如何从信息资源中挖掘更大的商业价值。未来体现业务价值的企业信息化蓝图，必然需要以企业数据为核心。

5.10　专家视角——金睿

　　金睿：教授级高级工程师，浙江省建工集团有限责任公司总工程师、工程研究院院长。曾任浙江电力生产调度大楼、杭州广电中心一期、杭州火车东站站房项目总工。直接主持的项目成果荣获中国专利奖 1 项、詹天佑大奖 2 项、鲁班奖 1 项、国家级工法 4 项、发明专利 5 项、住房城乡建设部华夏奖二等奖 1 项、教育部科技进步二等奖 1 项、浙江省科学技术奖 3 项、浙江省建设科学技术奖 7 项。兼任住房城乡建设部科技委工程质量安全专委会委员、国家建筑信息模型（BIM）产业技术创新战略联盟常务理事、中国建筑业协会建筑技术分会副会长、中国建筑学会模板与预制建筑专业委员会副理事长、《空间结构》第四届编委、《建筑施工》第七届编委、《土木建筑工程信息技术》第四届编委等职务。荣获"十二五"全国建筑业企业优秀总工程师、首届浙江工匠、浙江省有突出贡献中青年专家、浙江省十大杰出青年岗位能手、浙江省住房城乡建设系统最美建设人、浙江省高技能人才创新工作室领衔人、杭州市青年科技奖等荣誉。

　　1. 施工企业应用 BIM 技术的驱动力有哪些？您认为企业应如何看待 BIM 投入与产出的问题？

　　目前来说，施工企业应用 BIM 技术的驱动力包括：政策引导、业主等项目相关方要求、行业趋势、应用效益 4 个方面。

　　对于 BIM 投入与产出的问题，企业应该从综合效果的角度来看待。尤其应当注意两方面：一是 BIM 应用效益中的难以量化的部分，小的来说体现在岗位工作的质量和效率提升，大的来说提高方案比选科学性，避免工期、成本超标；二是 BIM 的支撑作用，日常与 BIM 结合的工作，潜移默化地使得很多工作的效果离不开 BIM 的支持。

2. 作为行业代表，您认为浙江建工集团在近些年推进 BIM 技术应用方面，有哪些成功经验可以与行业分享？

在集团推进 BIM 应用方面，我们主要做了三方面的工作：一是通过课题研究、标准编写、工程实践，归纳提炼了 BIM 应用框架，明确了对于 BIM 的认识；二是提出了"人人 BIM"的理念，把 BIM 看作是岗位人员的技能之一，确定了 BIM 分级标准，对专业人员技术职称提出了 BIM 前置条件；三是确定了"实事求是、逐步推进"的工作思路，BIM 推进中根据 BIM 发展水平和工程项目应用水平，集中抓不同阶段的落地应用，如：前几年的以三维表现为主的应用，近两年的以设计深化为主的应用等。

3. 浙江建工集团在实现 BIM 应用落地过程中，BIM 的价值主要体现在哪些方面？如何看待企业中对 BIM 的不同声音？

我们认为 BIM 的价值体现在三个层次：对于个人来说，BIM 提高了岗位工作的质量和效率；对于项目团队来说，BIM 为精细化管理提供了数据支撑；对于企业来说，BIM 为计划安排、集中招采等企业集控管理提供了项目精细化管理基础。

对于企业中对 BIM 的不同声音，来自管理层的要多沟通 BIM 认识，展示 BIM 实效；来自操作层的要严格制度标准要求，强调做出实效。关键是 BIM 应用要做出实效，没有实效的支撑，怀疑声音会越来越多，制约 BIM 推广。

4. 在您看来，施工企业推动 BIM 应用的阻力有哪些？企业应如何推动 BIM 的发展？

施工企业推动 BIM 应用的阻力来自于不同方面。外部阻力主要在于项目各方没有基于 BIM 的工作协同，影响了 BIM 应用效率，此外相关信息内容及交换标准的缺失、现有软硬件限制也使得 BIM 的一些效果难以实现。内部阻力主要在于思想认识、原有施工管理方式及习惯、BIM 技能普及程度。

5. 浙江建工集团在 BIM 应用推广中积累了哪些经验？对未来是如何规划的？

集团的 BIM 推广经验主要在以下几方面：一是通过立足高层次的研究，保障 BIM 的理解和认识与行业趋势符合，避免走弯路。二是通过着眼项目实效的调研和应用，使得每步 BIM 推进都尽量切合工程实际，保证推进的效果。三是集团层面对于 BIM 的推进没有简单针对个别项目，而是从员工、标准、制度体系等方面提出措施要求，保证推进工作的系统性和科学性。

未来在继续坚持现有做法的基础上，在项目坚持应用落地，在集团层面推进基于 BIM 的工作协同和决策支持，同时完善优化已有的工业化建筑项目管理数字化平台软硬件，进一步提升智能建造水平。

5.11　专家视角——刘玉涛

刘玉涛：教授级高工，工学博士，国家一级注册结构工程师、注册土木工程师（岩土）、一级建造师。现任中天控股集团技术总监、中天建设集团总工程师，兼任中国土木工程学会土力学及岩土工程分会施工技术专业委员会委员、中国施工企业管理协会科技专家、中国建筑业协会绿色施工分会专家、国家级工法评审推荐专家、浙江省省级工法评审专家、浙江省钱江杯评审专家、浙江理工大学兼职教授等多项社会职务。从事建筑行业 20 余年，一直在设计、施工、科研一线工作，多项研究成果上升为国家、地方标准，取得了较为显著的经济、社会效益，为技术进步和行业发展贡献了力量。获得发明专利 14 项、实用新型专利 24 项、省级工法 12 项、软件著作权 2 项，获得各级科技进步奖 9 项，主持或参与编制标准规范 9 项。获 2019 年度金华市人民政府质量奖贡献奖（个人），入选浙江省"151 人才工程"。

1. 中天建设集团作为优秀民营企业代表，在推进 BIM 应用的过程中，主要考虑哪些因素？希望通过 BIM 应用为企业带来哪些方面的价值？

中天建设把"强技术"作为转型升级的重要抓手，将建造技术与信息技术进行融合，推动建造方式和最终产品的高质量发展。中天建设目前主流的生产模式是"深化设计、集中加工、流水施工、穿插作业"，各个环节对精细化、结构化的数据提出了更高的要求。BIM 技术提供的结构化数据，为数字建造、精益建造、绿色建造提供基础。

从技术层面看，BIM 的精细化、可视化数据，为中天实施复杂建筑的建造方案、施工推演提供了直观有效的载体。特别是对于工艺复杂、分包单位多的项目，可以统一模型基准，提高信息交换的效率，专业交叉检查验证，通过预演把大量问题事先暴露，减少过程的各种变更甚至返工，实现所见即所得。对量大面广的房建工程，又为细化优化、精确备料、精准定位提供了有效的工具。

从项目管理的全链条来看，质量管理、安全管理、生产管理、成本管理等各个业务条线，需要将建筑实体和建造措施量化、可视化，提高管理效率，BIM 可以直观反映项目各个阶段的即时状态，BIM 模型是目前最有效的数据载体。将 BIM 技术融入信息化系统，突破项目管理瓶颈，规范项目管理的流程和技术标准，有些项目管理粗放、成本把控不牢，存在信息化短板是重要的原因之一。利用 BIM 技术作为全生命期的结构化信息基础，串联项目各阶段及各业务条线，打破信息孤岛，同时利用 BIM 技术建立建筑基础数据，实现精准设计、优化施工、管控成本，助力工程项目精细化管理和工业化建造，实现"优质、低价、能赚钱"。

另外，中天以 BIM 模型为基础，融入物联网技术，打造数字运维平台，通过智慧办公、智慧管网、智慧社区等数字化建造示范项目的创建，加快推进全生命期数字建造技术的探索应用，用数字化来改造提升我们的生产方式，前景非常广阔，当然也非常具有挑战性。

2. 对于企业层面规划和推广 BIM 应用工作，中天建设集团有哪些经验值得借鉴？

首先简单来回顾一下中天集团的 BIM 技术应用历程：从 2013 年组建 BIM 技术团队，到发布应用清单，着力推进单项 BIM 技术应用，总结提炼各项应用的作业流程、技术标准，再到推进项目管理、智慧工地方面应用，重点推进"BIM+"成本管理的应用，打造区域级 BIM 技术应用示范项目，随着应用的逐步深入，应用方向和重点也有一些差异。

我们简单地把 BIM 技术应用划分为 4 个主要阶段，第一阶段主要任务是建立 BIM 技术应用团队。第二阶段主要任务是建立和完善构件素材库、通用节点库等基础数据库，针对单点应用建立技术应用的组织模式、管理流程及执行标准。第三阶段主要任务是联同业务部门开展管理需求分析，梳理不同业务场景下的应用模式和管控方法，进行系统平台及应用模块的应用和开发。第四阶段主要任务是实现数字建造阶段，BIM 贯穿工程全生命期，施工阶段机械化、工业化建造特征明显，信息化管理平台的运用能够支撑资源要素的科学支配。

从上述的几个应用阶段可以看到，BIM 技术应用的基本要素包括人、数据、标准、流程、平台等，我们的 BIM 技术推广应用实际上也是围绕这些要素来展开。在人员的配备上，集团要求各区域公司限时成立独立的 BIM（设计）中心，三年内所有人员集团给予一半薪酬补助。数据方面通过考核指标、竞赛活动等方法逐年积累各类别参数化族，并开发族库平台予以共享。流程、标准则以技术管理标准化建设为契机，在实践应用的基础上通过研讨会的组织，固化形成一种标准范式，各区域在标准范式上结合自身予以修订。平台方面则在集团信息化团队基础上积极与头部 BIM 软件供应商合作，借助外部力量实现自身的架构设想。

综上，我们认为 BIM 技术应用要因企制宜，根据自身定位分阶段推进，需要指出的是，BIM 技术应用离不开专业技术人员，因此队伍的培育尤为重要，另外 BIM 技术应用还不够成熟，对技术应用的价值期望不要过高，只要坚信数字化、信息化是行业发展的必然，那么一步一个脚印，BIM 技术的应用价值总有拨开云雾见彩虹的一刻。

3. 在您看来施工企业应该如何制定 BIM 等数字化技术的应用规划，如何保证规划的顺利执行？

我认为，对于一个施工企业来说，数字化技术应用规划要充分结合企业实际，并符合行业发展方向，就 BIM 技术应用规划而言，在编写之前应深入理解企业的发展战略、目标定位、面临的挑战以及核心能力提升方向等内容，规划制定不能脱离企业整体的发展战略，好比企业是做道桥的，你花再多精力去研究房建技术对企业来说意义不大。在此基础上，充分了解、认知 BIM 技术本身，不能人云亦云，回答清楚 BIM 技术能给企业提供哪方面的帮助，BIM 技术在企业中的应用场景是什么样，BIM 技术在应用中是占主导支配地位还是辅助支撑作用，组织架构、资源要素要作怎样的调整和匹配等问题。BIM 技术应用规划的制定应在清晰、明确的目标下驱动形成一个系统性解决方案。

规划目标的定位是不是大致正确对规划的落地执行至关重要，在规划总体目标之下，还需要进一步分解阶段目标，这样便于阶段性考核和衡量，回归到 BIM 技术应用规划，施工企业一定要从问题出发，充分发掘 BIM 技术的应用功能和价值点，再好的功能只要与自身问题不相关，就不要去浪费精力和时间，另外规划的执行还需要精准的技术路径、方法举措及保障措施来予以配套，只要采取的措施到位、责任清晰，根据阶段目标步步推进，相信会取得一些成绩。

我们认为 BIM 技术应用规划中有些阶段性目标是必不可少的，比如技术队伍培育、项目应用历练、经验教训总结、流程标准梳理等，感觉到没有这些基础能力积累，BIM 技术应用很难迈向更高一级的目标，另外现阶段 BIM 技术应用尚不够成熟，规划实施过程中更应该营造一种良好的技术应用氛围，优选价值认同度较高的应用项作为突破口进行推广，让技术成果的使用者和输出者都能获得信心，这样才能带动更多岗位和业务部门参与技术应用，当然公司层面的重视程度越高，在组织、资源、队伍等方面的保障措施力度越大，对规划的执行也越有利。

4. 中天建设集团在 BIM 应用中走过哪些弯路？在 BIM 人才的培养、应用方法的总结方面，中天建设有哪些经验可以分享？

集团推进 BIM 技术应用以来，困扰我们最久、最难的问题估计跟大家遇到的也差不多，就是 BIM 技术具体定位以及价值体现问题。从一开始的满怀期待、寄予厚望，到迷茫无措、怀疑否定，再到步步为营、重拾信心，心路历程犹如过山车。

从我们自身 BIM 技术应用的经验来看，BIM 技术在复杂节点、管线综合、模拟拼装等技术方面的应用情况相对较好，而在质量、安全、成本及进度等管理方面的应用上则遇到诸多挑战，情况不甚理想。表面上这体现出 BIM 技术作为一项技术工具相较于管理工具更容易落地实施，我们自己分析其原因，问题不在于 BIM 技术，而在于企业自身，因为 BIM 技术作为技术工具的价值体现很大程度上仅依赖于 BIM 工程师的专业水平，影响因素相对单一，而作为管理工具的价值体现在标准化管理流程、技术标准支撑下，还需要岗位责任体系、考核激励等管理办法的配套落实，实际上是一项多人、多行为动作的系统工作，影响因素复杂多样，考验的是应用团队的综合管理能力和协作能力。因此 BIM 技术作为管理工具应用时，应更多去探讨在 BIM 技术应用场景下组织、体系、流程、标准、考核等方面如何重构，也就是通常说的一种新的生产方式要对应新的生产关系，而不能仅仅局限于讨论 BIM 技术本身。

在推进 BIM 技术应用过程中，我们还发现开发一些工具软件、插件对技术应用会有事半功倍的效果。在进入管理应用阶段，为了满足参与各方、各岗位的需要，也会自然产生协同管理平台的开发需求，这时候就会面临开发任务怎么实施的问题，虽然各单位的实际情况各有不同，但软件开发对于施工单位来说普遍是一个短板，我们主张技术应用要开放合作、消化吸收、集成应用，市场中优秀的软件供应商很多，优秀的标杆企业也很多，站在他们积累的经验教训上能在很大程度上规避弯路、错路。在人才培养方面，首先要有组织保障，解决身份认同问题，然后不断循环培训、实践、总结，通过管理流程梳理将 BIM 工作纳入到日常管理行为中，让从业者切实体会到工作带来的价值，这一点在现阶段尤为重要，其他方面则跟各专业条线工程师的培养大同小异。

5. 未来，中天建设集团在推动 BIM 技术发展方面有哪些规划？从您的视角来看，施工企业应如何推动 BIM 的发展？

加强信息化融合是集团"七三"规划中强技术重点推进内容之一，集团在 BIM 技术应用方面将持续做好以下几项工作：一是加强基础队伍建设；二是完善管理流程、技术标准；三是建立有效的技术应用组织、管控模式；四是信息化管理平台建设；五是提升机械化、工业化以及装配化施工水平。

集团的 BIM 技术应用要为打造先进生产力服务，利用 BIM 技术建立建筑基础数据，精准设计、优化施工、管控成本，通过在深化设计、智慧工地、成本管理、数字化建造等业务上的实践，系统性总结集团统一的应用范式，固化应用模式、组织方式、技术标准，以便复制推广。

建筑业是传统产业，建筑业与信息化融合比较落后，用信息化来提高建造效率、质量，潜力与空间都非常大，所以现在很多施工企业都在谈信息化，谈 BIM 技术应用，可以说大家都看到了这里的机遇，也可以说在现有模式下大家的发展都遇到了一些瓶颈，那么在基础薄弱的情况下怎么去推动 BIM 发展？个人觉得要关注以下几个方面：一是思维正确，技术应用要问题导向、结果导向；二是提升 BIM 技术站位，清晰定位；三是加强基础能力建设，包括技术体系、队伍、标准等；四是开放合作，加大资源保障力度；五是宣贯引导，示范引领；六是持续推进，久久为功。

企业是一个市场主体，赢得客户、获取利润是企业实现自我发展的根本。BIM 技术的应用应该让企业更具有市场竞争力，获得更先进的生产力。推进 BIM 技术应用过程中不要想着投机取巧走捷径，不做或少做华而不实的表面功夫，要认清自身能力和实力，步步为营，持续付出努力。技术应用的成效也不能仅以课题结论、技术成果、获奖荣誉来衡量，要把实际应用者的反馈、市场客户的接受度作为一个重要评价标准。

信息化是行业转型升级的必然，只要你对这一点坚信不疑，那么团结一切力量，立刻行动起来，目标会离你越来越近。

5.12　专家视角——马西锋

马西锋：高级工程师。现任河南科建建设工程有限公司董事，副总经理。先后从事项目技术员、施工员、测量员、技术负责人、项目经理，企业技术负责人，公司副总经理工作，经历多岗位磨炼，积累丰富项目管理和企业管理经验。担任项目经理的工程项目多次荣获河南省优质工程——中州杯。参与施工管理的恒大绿洲项目 A10 地块 17 号、18 号、19 号楼及地下车库获得中国建设工程鲁班奖。先后获得"BIM 建模技术"证书、"结构设计专业 BIM 高级建模技术"证书。引领河南科建建设工程有限公司应用 BIM 技术及企业数字化转型升级工作，成效显著。

1. 河南科建在 BIM 应用方面走在了民营企业的前面，作为企业数字化转型负责人，您认为 BIM 给企业带来了哪些方面的价值？

从 BIM 技术应用价值看，我认为主要有四个方面。

一是提升了企业形象。利用 BIM 可视化特性，完善企业 VIS 形象族库，变平面为立体，变静态为动态，企业 VIS 形象提升明显。

二是丰富了安全管理技术手段。BIM 在专项方案编制、比选、模拟等方面应用广泛；BIM 在安全教育、安全技术交底、安全事故场景 VR 虚拟体验的应用也在公司得到普及。

三是丰富了质量创优的手段，提升创优成功率，降低创优成本。创优策划、创优样板的可视化应用，使得创优效率提高，成本降低。

四是解决了传统施工模式下造型复杂、施工难度大的建筑工程的技术难题。

从 BIM 管理应用价值看，我认为主要有三个方面。

一是 BIM 打开企业信息化大门，企业信息化程度明显提升。随着 BIM 在各项目的推广应用，信息沟通出现瓶颈。河南科建 2017 年 6 月试点应用广联达 BIM5D 平台，2018年 1 月全面推广 BIM5D 平台。随着应用的普及和深入，河南科建先后部署了协同办公、人力资源管理、数字项目管理、智慧工地和企业 BI 数据决策多个系统平台，信息化程度明显提升。

二是管理标准化程度提升。随着 BIM 及基于 BIM 的数字项目管理平台的深度应用，河南科建"管理内容标准化、管理程序标准化、作业工序标准化"程度均得到很大程度的提高，管理变得高效。

三是项目精益程度提升。利用 BIM 结合 BIM 轻量化技术进行施工现场平面布置，合理规划，提高现场总平面布置合理性；利用 BIM+ 无人机技术持续监督施工现场实际情况与规范保持一致，以提高运输效率，减少材料二次搬运；利用 BIM、BIM+VR、BIM+3D 打印技术及数字项目管理平台质量管理系统，进行质量创优、质量样板、技术交底可视化和质量过程控制，提高产品一次验收合格率，提升产品质量。利用 BIM、BIM+VR 规划并指导安全措施标准化工作，辅助施工现场安全体验、安全三级教育、劳务管理；利用 BIM+ 无人机进行施工现场安全文明施工巡视；利用数字项目管理平台及智慧工地智能设备进行施工的安全风险分级管控和安全隐患排查治理，确保施工现场安全；利用 BIM、数字项目管理平台、斑马梦龙软件，将施工进度计划与 BIM 模型关联，形成计划（工作任务）拉动资源的高效施工进度管理模式，提高施工进度管理效率。加强数据和沟通管理，完善流程，使各专业、各职能部门之间的沟通协作更高效。

通过以上应用，河南科建在减少和消除浪费方面成效显著，产品质量提高明显，客户满意度也大幅提升。项目利润率的提升、"中国建设工程鲁班奖"的获得、近三年来工程中标数量递增便是最好的证明。

2. 在 BIM 应用初期，企业的投入相对较大，而价值产出需要过程，那么应如何正确看待投入产出的问题？

首先，要正确理解 BIM 的价值。需要不断地学习其他企业经验，借鉴成果，明确 BIM 的短期价值与长远价值。除了 BIM 本身特性决定的其技术价值外，在 BIM 扩展应用过程中，BIM 的管理价值与数据价值也会逐步显现出来，我称之为 BIM 的潜在价值。只有认识到 BIM 的技术价值和 BIM 的潜在价值，才能正确地看待和重视这些价值产生的过程。而企业对这个过程的认真和投入程度又决定了价值的高低，我们应该用辩证的态度对待过程与价值的关系。

其次，要理性投入。满足阶段性需求的投入：参考河南科建 BIM 应用投入经验，不建议贪大求全的一次性投入。因为这样的投入方式往往一次性投入较大，而得到的 BIM 相关的软件、硬件和平台类软件较多，企业在没有应用经验和完善的组织架构、应用标准和制度支持下，很难做到 BIM 的落地应用，更不用说产生价值了。以单个工程项目为例，企业可以根据项目工程特点、项目 BIM 应用人才配备情况，确定项目 BIM 应用的范围，甚至是应用点，据此投入。根据企业管理水平渐进式投入：企业也可以根据企业管理标准化程度决定 BIM 投入。以成本管理，在企业尚未完成项目人、材、机成本直接费管理标准化之前，项目安全管理、质量管理水平较差的情况下，盲目引进相关成本、相关平台类产品后，企业就会发现平台不好用、效果差等诸多问题。所以，建议在投入前，应该对企业自身管理水平进行评估，根据评估结果决定投入。当然，对于这个建议，学习能力、管理能力、执行能力较强的企业可以不予考虑。

3. 您是如何看待项目部不愿意应用 BIM 的现象，企业与项目部应该如何共同促进 BIM 的落地？

关于项目部不愿意应用 BIM 的现象，主要有六方面因素：

一是价值认知问题。对 BIM 技术一知半解，不能正确认识 BIM 本身的价值和 BIM 的潜在价值，认为 BIM 无用。

二是应用范围认知问题。一种是对 BIM 适用的工程范围认知问题，认为只有高、精、尖工程才适合应用 BIM，普通工程不用 BIM 我也可以做得好。另外，就是对 BIM 在工程专业类别、工程不同阶段应用范围的认知问题，认为只有土建类、市政类工程适用 BIM，或者只有在设计阶段或者在施工阶段才适用 BIM。

三是人才问题。这种情况大多是目前没有 BIM 专业人才、出高价培养 BIM 人才又怕跑了、员工认为从事 BIM 相关专业前景不明朗，不愿意学习和应用 BIM 等。

四是投入问题。项目利润本来就不太高，BIM 投入又太大，不划算。

五是效率问题。BIM 效益不明显，建模效率低，建模速度跟不上施工进度，干脆就不用了。

六是评价体系、标准、制度保障措施不健全。企业没有建立完善的 BIM 应用评价体系和相关制度。主要表现在：BIM 价值得不到评价；即使有评价，但评价标准不统一，不能做到公平公正；BIM 建模及应用没有标准、模型应用效率低；应用 BIM 技术较好的项目团队得不到奖励、不愿意用或用得不好的项目没有受到处罚等。

关于解决项目部不愿应用 BIM 技术的针对性措施，主要有五个方面：

一是针对价值认知问题。可以采取企业建立示范项目，与相似性高的传统项目进行对比，让他们直观地看到 BIM 的价值。

二是针对应用范围认知问题。通过学习 BIM 应用先进或示范标杆企业相关经验，开阔眼界，学习 BIM 在各类工程难度规模、各类专业及工程各阶段的应用经验。

三是解决人才问题。通过外部学习带动内部学习的方式，培训企业内部人才；合理设置项目组织架构和轮岗制度，明确 BIM 从业人员权利和义务，鼓励 BIM 专业人员学习其他专业技能，成为综合型人才。打通 BIM 专业人才晋升通道，给 BIM 人才美好前程，提高 BIM 从业积极性。

四是针对投入大问题。价值的高低是决定投入决心的关键因素，解决了认知问题，解决了人才问题，相信很多开明的项目经理会下决心的。

五是至于效率低、评价体系、标准、制度不健全等，相信只要前几个问题解决了，这些难题都会迎刃而解，不再成为项目不愿意用 BIM 的原因了。

4. 在推行 BIM 落地的过程中，行业普遍存在缺乏人才、缺少方法、难以建立统一的标准和适当的机制问题，对此河南科建是否也面临同样的问题，您有哪些建议？

河南科建也面临人才缺乏的问题，特别缺乏既懂得相关专业技术、管理知识又掌握 BIM 技术的综合型人才。我们公司是以建筑工程施工为主业的施工企业，当面临专业性极强的工程 BIM 应用时，出现无人可用的情况。比如：钢结构工程深化设计、幕墙深化设计、市政道路桥梁工程的施工及 BIM 技术应用等。

至于缺少方法、难以建立统一的标准和适当机制方面的问题，我们做出的实践和努力比较多。已经建立相关的标准、制度、评价体系、组织架构，并逐步改进，趋向合理化，所以对河南科建的影响还不算太大。

关于人才的引进、培养，人才快速成长和人才快速复制，每个企业都需要根据企业的性质和特点制定不同的措施。河南科建在人才管理方面的做法也可能只适用于河南科建或者与我们性质、特点相似的企业。

科建在人才管理方面的措施包括：完善企业教育培训制度，建立企业网络教育平台，提高教育，效率效果；建立人才专业知识考核制度，明确考核标准并与薪酬挂钩，留住人才；通过平台采集管理人员管理行为数据，画出人才知识结构及专业能力画像，合理使用人才；组织开展问题导向、结果导向、目标导向、过程导向类竞赛、考核、晋升、调薪活动，调动员工积极性等。

5. 河南科建在 BIM 应用推广中都有哪些体会或教训，未来对 BIM 应用的规划又如何？

项目推广中的教训：组织架构设置不合理，人员不专业。在 BIM 推广初期，为保证 BIM 应用能够落地，河南科建设立了企业 BIM 中心和项目 BIM 工作站两级 BIM 应用组织架构，未设置项目 BIM 专业工程师。项目 BIM 工作站站长由项目技术负责人兼任，其他专业建模人员也是由项目质检员、技术员及项目主管工长兼任。由于未设立专业 BIM 专业工程师，建模工作严重滞后。项目面临建模没有进度快、关键时刻没有模型可用的尴尬境地。

BIM 技术在成本管理方面应用的价值难以体现。目前，我们公司也只是利用模型中构件的量的数据来进行采购计划提报，限额领料，希望通过减少和消除采购浪费、使用浪费来降低成本，但成本控制效果并不明显。多数成本管理工作仍不能实现信息化、数字化、在线化，成本经营分析时间跨度较大，成本控制多数是结果控制而不是过程控制。数据也难以积累并形成企业数据资产，关键岗位员工流失后对企业影响大。

未来规划：除加强 BIM 的基础应用、巩固目前 BIM 应用成果外，河南科建正加大与 BIM 技术及平台供应商——广联达科技股份有限公司合作力度。积极探索 BIM 与数字项目管理平台在成本管理方面的深度应用，发挥 BIM 在过程成本控制方面的作用；探索企业 BIM 数字决策系统的深度应用，充分挖掘数据潜力，为企业决策提供支持；积极配合项企一体化、精益建造的相关实践工作。为企业数字化转型和高质量发展打下坚实的基础。同时，也积极参与智能建造与建筑工业化的学习和实践，为实现国家 "2025 年，引领并带动广大企业智能建造转型升级，打造中国建造'升级版'，2035 年，'中国建造'核心竞争力世界领先，迈入智能建造世界强国行列"（引自：《关于推动智能建造与建筑工业化协同发展指导意见》）发展目标，做出河南科建应有的贡献。

5.13　专家视角——赵思远

赵思远：武汉大学土木工程专业，现任广州建筑股份有限公司工程事业部总经理助理兼技术中心、信息科技中心经理；先后于广州市太古汇商业、酒店、文化中心和办公楼工程项目，广州市珠江新城商业、办公楼 1 幢 B2-10 地块财富中心（越秀金融大厦）项目，佛山西站 SG4 标段项目，华南理工大学广州国际校区一期工程项目，担任工程管家负责人、项目经理、项目技术负责人职务，从事工程项目及施工技术管理、信息化技术应用、装配式建筑施工等工作。

1. 作为建筑施工行业的技术专家，您认为施工企业应用 BIM 技术的驱动力有哪些？企业应如何看待 BIM 投入与产出的问题？

施工企业应用 BIM 技术的核心驱动力可以从多个方面考虑。第一，从国家政策看，国家相关部门一直在努力推进 BIM 技术在建设工程中的应用。例如，住建部在 2011 年发布的《2011～2015 年建筑业信息化发展纲要》中提出："'十二五'期间，基本实现建筑企业信息系统的普及应用，加快建筑信息模型（BIM）的发展"；同时，地方政府也逐渐重视建筑工程中 BIM 技术的应用。第二，现场安全质量等信息管理需要。我们可以了解到，近年来，全国接连发生多起质量安全事故，造成了重大的经济损失和人员伤亡。回顾那些已发生的一些较大社会影响事件，事故的发生不仅在于对建设工程技术难度和施工风险的低估，而且在于市场、现场的信息联动不顺畅，以及由此导致的质量安全监督的过程监控和风险预报不力等原因，改进加强质量安全信息管理已成为迫切需要。第三，施工企业管理水平提高需要，我们公司希望通过 BIM 技术提升项目施工管理水平，最终实现项目效益最大化，这里所说的施工管理包括项目的成本管理、安全管理、质量管理、生产管理、技术管理等各个方面。

我们当然也希望可以用最小的投入获得最高的产出效益，但是面对现在的起步阶段，还是不现实的。效益上，主要关注两个方面，第一，工程项目的建设过程中，通过 BIM 技术的有效应用，例如优化施工组织、工艺节点、杜绝窝工、减少材料浪费等，可以实现对工程成本的有效控制，从而提高项目的总体经济收益。第二，融合了 BIM 技术的项目管理可以理解为一种先进的项目管理模式，可以在传统项目管理方式的基础上实现质的飞跃，即项目管理模式的转型升级。所以，BIM 技术在这层面上的价值实质上是管理效益的产出，这其实是一种隐形的经济效益，从宏观来看肯定是有经济收益的，只是无法具象的量化出来，事实上这方面的收益对施工企业来讲更有价值。

2. 您认为广建集团在近些年推进 BIM 技术应用方面走过哪些弯路，有哪些成功经验可以与行业分享？

在 BIM 技术发展前期，我们过于追求模型，比如怎么把模型建得好看、怎么把模型建得细致、怎么用模型做一些高大上的东西、渲染些好看的效果图之类的，更多地把精力围绕在模型上，同时，国内外的 BIM 软件相继蜂拥而至，功能上五花八门，所以在对软件的选型上也是耗费时间。后期我们也意识到这些问题，开始转换方向，在有 BIM 模型的基础上，考虑如何融入项目各方面的管理中。

我们觉得，第一，BIM 技术，不仅仅只是建模，应用不只是停留在模型的建立上。第二，BIM 也不是什么高大上的，它就是一个为现场各方面服务的一个新技术，还是要和现场实际结合应用，而不是自己建自己的模型，和现场脱离。第三，我们觉得 BIM 的价值在于其数据，然后我们如何运用这些数据进行分析、管理。第四，BIM 技术的落地应用绝对不仅仅是一个部门能做的，应该是各部门之间紧密结合，共同推动落地应用。第五，要将 BIM 技术与现阶段管理模式结合，在推动落地的过程中去发现现阶段管理模型的不足，再进行优化。第六，BIM 的落地应用需要制度落地，任何工作都会有规范制度，BIM 也不例外，用制度管理人绝对比靠人的自觉性要更加实际可靠。第七，可通过试点项目的方式，将一个项目打造成公司的示范或者标杆项目，然后带动其他项目一起共同发展。

3. 广建集团在实现 BIM 应用落地过程中，BIM 的价值主要体现在哪些方面？如何看待企业中对 BIM 的不同声音？

BIM 技术的价值主要体现在四个方面：

第一，设计方面。在设计方而言，由 BIM 软件作为设计工具，在设计端对于出图的效率可以增快，平、立、剖面由同一模型出图，不会有不对应的情况，可减少设计时间；在施工方而言，在 BIM 模型中得到相关信息，并且结合相关软件或程序，可对于工地现场进行分析，例如动线分析、人员管理系统、物料管理、生产管理等，减少施工错误，以确保进度如常。

第二，成本方面。BIM 数据库的创建，通过建立 5D 关联数据库，可以准确快速计算工程量，提升施工预算的精度与效率，可以快速提供支撑项目各条线管理所需的数据信息，有效提升施工管理效率。施工企业精细化管理很难实现的根本原因在于海量的工程数据，无法快速准确获取以支持资源计划，致使经验主义盛行。而 BIM+ 信息化技术的的结合可以让相关管理条线快速准确地获得工程基础数据，为施工企业制定精确人材计划提供有效支撑，大大减少了资源、物资的浪费，为实现限额领料、消耗控制提供技术支撑。

第三，管理方面。管理的支撑是数据，项目管理的基础就是工程基础数据的管理，及时、准确地获取相关工程数据就是项目管理的核心竞争力。BIM+ 信息化可以实现任一时间点上工程基础信息的快速获取，通过合同、计划与实际施工的消耗量、分项单价、分项合价等数据的多算对比，可以有效了解项目运营是盈是亏、消耗量有无超标、进货分包单价有无失控等问题，实现对项目成本风险的有效管控。

第四，安全方面。我们通过将 BIM 与安全管理相结合，可以预先发现危险源所在，事先制定对应的解决措施，防患于未然，同时可以将相关安全隐患信息及时进行曝光，达到警示提醒的作用，降低安全事故的发生率。

每个企业对 BIM 都会有不同的声音，这些可能都源于个人或者企业对 BIM 技术的认知、想法不相同，或者需要的应用点不一样，各取所需嘛。

4. 在您看来，施工企业推动 BIM 应用的阻力有哪些？企业应如何推动 BIM 的发展？

施工企业推动 BIM 应用的阻力，主要有几个，分别是：

一是 BIM 技术起源于国外，他们的软件开发，都是适合国外的建筑设计，和中国实际还是有很大差距的，因此需要国内自己开发配套的软件来配合结构、造价、建筑。国家对 BIM 技术相当重视，各地也推出自己的 BIM 标准，比如广州、上海、北京等，但如果仔细研究一下就会发现，实际操作起来很难，因为这些标准中缺乏具体实质性的标准，只是简单地谈了一下 BIM 应用能够实现什么、带来什么好处等，如果作为设计和施工的标准是很难的。

二是就目前来说，国内建筑项目备案等仍以 2D 图纸文档为主，但是 BIM 对于 2D 图纸表现力有一些不足，而自身所建立的 3D 数据模型，又不能参与备案等相关手续，所以各地采用 CAD 技术还是非常普遍的。BIM 应用不但改变了绘图的理念，甚至从设计到施工的流程都会产生影响，BIM 技术的大范围应用必然会提高传统建筑工作效率，节省了时间和降低了重复工作，但也正因如此，影响了某些个人及部门的既得利益，因此在没有得到切实保障制度和一套合理机制的情况下，让一个单位强制推行 BIM 有点不现实。

三是人才缺乏，现阶段"会建模"的人是很多，但是"会建模、会用模"的人很少，运用模型是需要现场管理经验，而现阶段的 BIM 建模师多数是刚工作不久的大学生，在管理经验上远远不足，这些都是需要通过实际的项目去锻炼培养的，这也是我们现阶段需要考虑的人才培养问题。

5. 未来，广建集团在推动 BIM 技术发展方面有哪些规划？

我们公司对 BIM+ 信息化技术的发展主要分为三个阶段，分别是：

实践阶段：主要研究加快推行 BIM 的应用，具备搭建 BIM 云技术平台的基础能力，重点项目实现基本信息化管理。

提高阶段：公司 BIM 基础平台及各专业标准体系初步运行，应用进一步完善，同时保证重点项目信息化管理更加全面深入。

成熟阶段：逐渐形成数字广建体系，整体形成完备的 BIM 云平台，新开工项目全面实现信息化管理。

公司现阶段主要处于提高阶段，也是最关键的阶段，同时，我们也在将一个项目打造成公司的 BIM+ 信息化示范项目，作为以后其他的项目的学习样板。同样，公司也注重这方面的人才培养，通过开展 BIM 实训基地的方式培养人才，从而打造一只"会建模、会用模、会分析"的信息化人才队伍，实现全部项目的精细化管理，从而提高公司的效益。并且公司会协助政府相关部门，共同推进 CIM 的落地，制定对应的 BIM 技术标准；还有加大公司在 BIM+ 信息化技术方面的宣传，在提高公司影响力的同时，也诚邀其他单位观摩，一起相互学习，共同推进 BIM 技术的全部落地应用。

5.14 专家视角——王鹏翊

王鹏翊：清华大学土木工程系硕士，卡内基梅隆大学、斯坦福大学访问学者。现任广联达科技股份有限公司副总裁、数字项目产品线总经理。专注于 BIM 技术、数字化项目管理软件研发与实践，施工企业数字化研究。清华 - 广联达 BIM 研究中心学术委员，北京、广东、陕西 BIM 发展联盟委员，中国施工企业管理协会科技专家。曾任 BIM5D 产品经理，广州东塔、天津 117、华润春笋等项目 BIM 经理。其中 BIM5D 项目管理软件，获 2016 年北京科学技术奖三等奖；广州东塔 BIM 项目，获 2014 年工程建设 BIM 大赛一等奖。曾参与《BIM 技术应用基础》《中国建筑施工行业信息化发展报告（2015）BIM 深度应用与发展》等专业图书的编写。拥有专利《砌体排布方法及砌体排布系统》（第一作者，专利号 201610274221.7）。

1. 近些年，BIM 技术在建筑业的发展迅猛，在您看来 BIM 应用发展经历了怎样的阶段？

随着 BIM 技术的不断更新与业务结合程度的更加紧密，BIM 的内涵也在不断发生变化。起初，BIM 定义为"building information model"，意为建筑信息模型，核心在于通过三维模型去呈现工程信息，将业务数据进行图形化的展现并做模型化应用，例如碰撞检查等。基于 BIM 技术价值的持续发掘，BIM 逐渐趋于全生命期应用，"model"变为"modeling"，更强调动态的过程，与施工业务方面的融合也更加贴合实际业务，例如施工模式、方案模拟等。随着 BIM 应用发展程度的继续深入，其内涵再次进行迭代，更新为

"building information management"，从模型深入到业务管理过程，将 BIM 应用融入日常管理，例如基于 BIM 技术的进度管理、质量安全管理等。

纵观 BIM 的发展不难看出，BIM 技术经历了从模型实体应用到模型业务应用，再到施工业务管理应用的过程，无论 BIM 的内涵如何拓展变化，其核心均是对数据的承载与分析。对于施工现场来说，BIM 技术应用可以实现施工现场的建筑实体数字化和生产要素数字化，提供信息可视化的管理平台，最终实现项目数字化的应用场景。

2. 在项目的管理方面，BIM 技术能为建筑业企业提供哪些价值？

BIM 技术是实现工程项目数字化管理的核心技术和有效手段。关于项目的数字化，是指以 BIM 应用为核心，结合"云、大、物、移、智"等数字化技术，对施工现场"人、机、料、法、环"等各关键要素做到全面感知和实时互联，实现工程项目管理的数字化、系统化、智能化，最终驱动项目管理方式的转型升级。数字项目最终是为了把工程建造提升到现代工业级精细化水平，最终实现工程项目的精细化管理。

对于建筑业企业而言，项目作为企业的核心产品，也是营业收入和利润的源泉。建筑业企业对工程项目的管理主要集中在两个层面，即对单个项目的管理和对多个项目的管理，而企业对于项目的传统管理方式主要是以流程管理为主，项目信息主要以项目相关业务部门填报的方式呈现，这就导致信息的及时性和真实性无法得以保障。此外，企业对项目管理的传统做法主要是对结果进行管理，通过阶段巡查、验收等形式保证项目的正常有序推进，这样的管理方式不仅需要大量的人力投入，而且无法保障企业对项目建造过程很好的管理，工程项目的建造全过程存在持续的管理隐患。

对此，企业可以通过有效的数字化手段，以 BIM 为核心技术形成数据载体，结合物联网、移动互联网、云计算、大数据、人工智能等数字化技术，做好工程项目的数字化实时过程管理，并通过多项目各业务线数据的互联互通，形成企业的集中管控，真正实现企业对单个项目以及多项目间基于实时数据的精细化管理。在此过程中，企业需要建立合适的 BIM 技术应用模式。

3. 在技术进步的大环境下，您认为 BIM 软件供应商应该做哪些方面的改进去推动行业的数字化转型？其中广联达是怎么做的？

软件商的优势是用 IT 的思维以及最新的技术，系统地去分析和解决数据的问题。也就是通过数据的采集、存储、流通、解构、重构、分析来提升效率、优化流程、支撑决策。这个思路本身是没有问题的，它也可以和各个行业的业务进行结合。但是问题出在我们的视角总是软件视角，而不是客户的业务视角，很多我们觉得很清晰的逻辑在客户眼里可能是很复杂的。客户一看到心里就开始抵触了。所以我们除了要不断地做底层技术的突破和积累，比如图形技术、大数据算法、AI、物联网等，更重要的是要学习客户的业务，了解应用场景，让软件能真正融到客户的业务里，从而带来更大的价值。具体有什么好的方法呢？我认为有两个，一是我们的业务人员要到客户的工作现场去，和客户一起做项目；二是我们自己在推出产品之前要先在自己的项目上用，这也是广联达的一贯做法。2013 年广联达在北京总部落成的信息大厦就是 BIM 技术在建筑全生命期的一个应用。今年春天奠基的广联达西安大厦，也是我国首次利用全生命期数字建造理论建设的新型建筑。我们将运用 BIM 和"云、大、物、移、智"等新技术，IPD 集成交付模式和精益建造的管理思想，探索数字建筑的实践道路。

施工企业以及项目的数字化转型不是一蹴而就的，因为企业和项目本身条件的不同，以及大家所处的转型阶段不同，对于软件的需求肯定也是不同的。现状就是一个项目下来，施工企业需要采购来自十多个甚至数十个软硬件供应商的产品，沟通成本不说，不同公司产品间的数据打通是个大问题。广联达希望为建造阶段的数字化转型提供一站式服务，但是我们也很清楚，光靠广联达一家企业是做不到的。所以广联达提出了"平台＋模块＋生态"的理念，广联达的数字项目管理平台也就是这个理念下的产物。广联达以"114N 体系"，即"一个理念、一个平台、四层服务和 N 个应用"，对产业数字化进行了全方位覆盖。一个理念即秉承数字建筑理念；一个平台就是统一的数字项目管理平台；四层服务是指应用数字化技术，针对岗位提效、项目管理、企业管控、行业治理提供综合性服务；N 个应用是一套兼容应用、开箱即用、开放给客户和生态伙伴的应用。它覆盖了 BIM 建造、智慧劳务、智慧安全、智慧物料、智慧质量、智慧生产、智慧商务等业务场景，客户可以根据自己的需求选择业务模块，灵活组合到平台上，从而能支撑以 BIM 为核心的企业数字化转型成功。

4. 建筑业企业在推进以 BIM 技术为核心的数字化转型过程中，您有哪些建议？

作为企业数字化转型的关键技术路径，"双速 IT"可以更好地解决现阶段以 BIM 为核心的数字化技术在企业中的推动，进而为建筑业企业的数字化转型赋能。同时，"双速 IT"模式的驱动也将成为企业未来 BIM 应用发展的主要趋势。

以 BIM 为核心的数字化技术已经加快了建筑业企业的创新步伐，为此，很多企业已经被迫大幅提高 IT 体系对业务变革和创新的支持要求。但是，再造企业的整个 IT 架构总是面临着不可估量的高风险、高投资和高成本，而且此类变动本身也是成本高昂且旷日持久的过程。对此，企业可以选用"双速 IT"架构的方案来应对。

"双速 IT"架构包含两个并行的 IT 体系。其中一个体系是"敏捷 IT"体系，往往用于诸如进度管理、质量安全管理、物料管理等面向前端系统的开发和维护，追求敏捷快速、随需应变。各种数据的查询、计算及处理等应用逻辑经由"敏捷 IT"开发形成一个个可独立维护更新的服务（微服务），并视业务逻辑需要组装成更复杂的业务流程，供不同业务部门调用。另一个体系则是"传统 IT"，通常用于诸如 ERP、供应链管理等偏后台的核心系统的开发和维护，注重稳定可靠和成本控制。两个体系之间的数据交换等交互，往往借助一个集成的中间件平台，采用松耦合的方式实现。

建立"双速 IT"中的"敏捷 IT"可能是整个 IT 组织敏捷转型的开始。"敏捷 IT"体系通常专注基于业务的管理流程，以及为了提升业务管理水平要求而需要迅速调整的流程。在很多情况下，"敏捷 IT"体系所倡导的敏捷工作方式甚至会对"传统 IT"体系内的开发及管理人员产生极大的触动，促使他们思考如何优化"传统 IT"体系工作方式，从而加快整个 IT 体系向更敏捷有效的相应业务诉求的方向转型。"敏捷 IT"也会影响与 IT 互动紧密的业务部门，并倒逼业务向更高效敏捷的方式转变。而且，这种转变还需要对交付模式进行改变，以便支持快速的交付周期，同时管控部门间的相互依赖关系。"双速 IT"架构将更好地服务于建筑业企业对 BIM 应用工作推进的诉求，从而帮助企业更迅速的实现数字化转型。

在企业实现数字化管理模式的过程中，同样需要考虑四个方面，即项目数字化的实施路径、数据的采集、数据的管理、数据的应用。做好这四个方面，才能更好地推进企业数字化的有效落地。

5.15　专家视角——赵欣

赵欣：美国虚拟建造协会 (Virtual Builders) 专家，北京市 BIM 联盟技术中心主任，现任优比咨询技术总监、北京公司总经理。赵欣曾经任职国际承包商鲍佛贝蒂（Balfour Beatty）美国公司 BIM 经理。2013 年加入中建三局北京公司，先后担任中国尊大厦项目 BIM 负责人、公司 BIM 中心主任。具有丰富的国内施工总承包、海外 EPC 及 ISO 19650 和 BIM Level 2 管理经验，参与过的项目包括美国 Intel 芯片厂房、美国 GSA Edith Green 联邦大厦、Disneyland 佛罗里达度假区、中国尊大厦、环球影城、加拿大 REM 地铁等。北京市地方标准《北京市民用建筑信息模型施工建模细度标准》主编，国家"十三五"重点图书出版项目《中美英 BIM 标准与技术政策》副主编。主持研发的 BIM 线性计划技术成果获得国际先进水平鉴定，在国内外核心期刊发表论文多篇。

1. 作为行业优秀 BIM 咨询企业代表，对于施工企业 BIM 组织建设方面您有哪些建议？

其实谈不上优秀，也做不了代表，这里更多的是结合自己的经历谈下自己的想法。

说一个自己的经历，2013 年刚回国时参加过国内一个影响力很大的 BIM 会议，在会议的一个圆桌会议上，主持人问几位嘉宾"BIM 是技术还是工具"，当时所有的嘉宾一致认为 BIM 是工具。其中一位嘉宾还提到了 BIM 中心，认为 BIM 中心是一个过渡性的机构，主要的目的是推广 BIM 应用，当所有人都把 BIM 作为工具后，BIM 中心就会逐渐消失。

而很多施工企业在 BIM 组织建设方面都有着"薪火相传"的愿景：通过试点项目培养企业的 BIM 技术骨干，通过 BIM 技术骨干带动一批项目人员的 BIM 技能，从而逐步达到企业 BIM 生产力的建设。

很多年过去，我们再仔细看看每一个施工企业，我们的大部分项目层面似乎还是处于 BIM 人员紧缺、不知道该怎么用 BIM 的状态。很多时候，我们说一个企业"BIM 应用能力强"，其实只是说的企业中一小部分人的 BIM 能力强，而放眼于企业整体项目层面，大家似乎都面临着同样的一些问题。

距离刚回国的那次会议已经 7 年过去了，目前来看，我们离"所有人都把 BIM 作为工具"似乎还有很长的路要走，这条路要走多久谁也不好说。而 BIM 中心，有些企业的 BIM 中心逐渐消逝，这个消逝不是因为企业达到了 BIM 普及的状态，而是这批人发现 BIM 的路很长，自己局限于 BIM 在施工企业似乎天花板会很低，于是这批人开始回归传统或者往专职信息技术的方向发展。有些企业的 BIM 中心开始独立运营，在一次次的尝试让项目自实施 BIM 后，在一批批离开又有一批批人加入后，有批人在施工企业开始了"专职 BIM"。

现在其实不同的施工企业都有着不同的 BIM 组织管理模式，我们去中建的各个工程局以及二级单位，每个企业的组织管理模式都不尽相同，每个企业都是处于探索和验证的过程，很难说哪个组织模式是好的，因为都还没有得到最终的验证。所以对施工企业

BIM 组织建设方面，我其实没有很好的建议。

其实这个问题还涉及很多因素，因为和后面几个问题有相似性，所以我在后面的问题也会阐述对这个问题的思考，大家可以结合在一起看。

2. 您认为施工企业以及项目上的 BIM 中心组织构成过程中应注意哪些问题？

和上一个问题一样，这是一个很难给出确切答案的问题。但在讨论这个问题时，我可以提出一个比较有趣的问题：就是一个企业和项目是如何定位 BIM？BIM 是工具还是技术？

对于大部分人来说，BIM 是一个专业级岗位的工具。例如以前项目用 AutoCAD 进行深化设计，现在使用 Revit、MagiCAD、Tekla 等工具进行三维环境下的深化及协调；例如以前使用 Word 及 AutoCAD 配图来阐述我们的工艺，现在通过 BIM 模型结合 Navisworks、Fuzor 等工具通过模拟的方式来表达。所以对于施工企业的绝大多数人，BIM 是利用工具完成相应专业和岗位的工作，从而提高工作效率和工作质量。所以企业或项目 BIM 中心的构成似乎可以按照专业划分。

但 BIM 不是一个单一的技术，是涉及各个业务领域的信息技术，同时因为管理的诉求，管理者往往希望 BIM 能达到集成的应用。例如技术专业的人员希望通过 BIM 软件进行深化设计，从而建立深化设计 BIM 模型；而项目经理希望这个深化设计模型可以用来提取工程量辅助商务的管理；工长希望模型量与工期、流水段关联，辅助周转架料的计算；业主方希望模型能录入相关信息，辅助后期运维管理；企业希望能基于模型建立企业深化设计的接口、知识、构件库；政府希望模型能与 GIS 平台集成，辅助后期的智慧城市建设。所以这个时候再看"BIM"，似乎已不是一个"工具"层面的事情。

上述的每一个应用场景，都要面对传统专业范围以外的多种技术、工具、标准、流程等内容。如果从项目级延伸到企业级、城市级，这些工作还需要有配套的体系、制度、其他相关技术的支撑与融合。这些工作才是组织构成的关键，也是项目和企业突破 BIM 瓶颈的关键。

这也是为什么关于施工企业以及项目上的 BIM 中心组织构成，应该考虑 BIM 是工具还是技术的原因，即专业级与集成级的关系。因为问题篇幅和问题的相关性，这个会在第 5 个问题中继续探讨。

3. 您认为施工企业 BIM 试点应用包括哪些步骤，过程中需注意哪些事项？

很多企业的 BIM 应用都是从试点项目开始，之所以会持续有"BIM 试点应用"，这在某种程度上也验证了 BIM 还处于发展过程，且是一个庞大而复杂的体系。

我个人觉得，施工企业 BIM 试点步骤最大的注意事项就是要认清 BIM 的现状，以及保持合理的预期。BIM 技术发展到今天已不是单纯的建模技术，而是涉及多种信息技术，这些信息技术成熟程度以及在施工领域的普及程度不同，并且在应用过程中互相影响，因此合理的 BIM 技术实施需要将不同的信息技术进行融合或集成应用，即根据项目需求和团队、资源等实际情况，结合现有的信息技术水平，确定合理的应用内容和应用目标，这是项目 BIM 试点应用成功实施的前提条件之一。

以模板脚手架为例，在传统的模板脚手架管理中，项目可通过手动的方式对脚手架进行设计、布置、算量，在现场实施过程中，可通过人工在现场对脚手架搭设的质量、用料等进行管理。在 BIM 技术中，项目可根据现有的信息化技术、工具和系统，对传统的工作方式进行转化。例如使用模板脚手架软件进行设计、分析、建模；利用算量软件对脚手架模型进行提量；结合进度编制工具与 BIM 工具的使用，可提前对脚手架的周转架料、堆场布置进行验证；同时结合 BIM 技术和可视化展示软件对复杂部位的脚手架施工进行交底；在施工过程中，通过 BIM 技术管理系统对脚手架的物资、质量、安全、实际施工进度等进行综合管控；结合移动通信和物联网技术，项目还可对脚手架的应力、应变数据进行监测，辅助安全管理。

所以，同样一个业务方向，BIM 可应用的内容众多，每个应用内容对应的技术手段、技术手段目前的成熟度、所需投入的成本、对人员的技能要求都不一样。这些在 BIM 试点应用前期，都需要需充分结合施工中各项业务的实际情况、现阶段的技术水平、成本投入与效益产出等各个方面的因素综合考虑。

其实，2018 年的时候我参与过一本书的编写，叫《施工企业项目级 BIM 负责人指导手册》，里面详细探讨了施工企业 BIM 试点应用的步骤及注意事项，感兴趣的同学可以搜索下。

4. 企业和外部 BIM 咨询方如何合作才能更有效地推进 BIM 落地应用？

首先，有个很有趣的现象，国外对 BIM 咨询方其实是有更细化的区分：BIM Consultant（咨询）和 BIM Services（服务）。我一直觉得国内目前其实还没有非常专职的 BIM Consultant 出现，国内大部分的 BIM 咨询方主要做的工作还是 Services，并提供个别专家人员的 Consultant。

所以与其回答这个问题，我们不如看下目前国内企业实施 BIM 的几种模式和优缺点，相信你会找到答案。

一是专人应用 BIM。专人应用 BIM 属于集中管理模式，是指项目将掌握 BIM 技术的人员和 IT 人员集中起来，建立 BIM 管理部或 BIM 工作站等，专职进行项目的 BIM 实施。目前国内大部分特大型项目上均采取此工作模式。

此模式的好处是，在国内 BIM 技术尚未全面普及的情况下，通过 BIM 专业人员的设定，可以较好地将 BIM 技术的作用在项目中发挥出来，避免项目因对 BIM 技术的不熟悉而走弯路，并可保证项目 BIM 应用的履约。同时，这类 BIM 专业人员的 BIM 应用和管理技能也能得到迅速提升，为企业培养出 BIM 应用人才。

但这种模式也存在弊端：容易造成 BIM 和专业的脱节，如果项目管理层对 BIM 技术认知不足，BIM 技术人员可能会变成建模、模拟专员。同时专业从事 BIM 技术工作容易造成施工企业 BIM 人员的业务能力脱节，而目前国内施工企业普遍缺少与建筑信息化相关的职业晋升渠道，会对 BIM 人员的未来职业发展造成困惑或制约。

二是技术人员牵头应用 BIM。此模式是指项目 BIM 应用由技术人员兼职实施，项目不设 BIM 管理部，BIM 工作由项目技术部负责。目前国内大部分具备一定 BIM 技术应用能力的项目采用此模式。

此模式的优势是从技术出发更好地将 BIM 与部分业务进行融合，更好地用 BIM 来指导相应施工过程。同时由于 BIM 人员也是技术人员，所以专业能力较强，职业发展通道比 BIM 专员更好。

但此模式缺点也同样明显。因为目前行业整体 BIM 应用水平偏低，各方 BIM 综合协调量和建模量较大，造成技术人员工作负荷大。同时技术人员牵头容易造成 BIM 技术应用的局限性，在深化设计、施工方案辅助以外的其他点上，很难与其他业务系统进行融合。由于技术人员的业务关注点较为专一，此模式的项目难以在 BIM 深层次应用上有所探索，无法实现 BIM 其信息化的价值和特点。

目前国内施工企业普遍面临项目履约压力大、人员紧缺的状况，技术牵头 BIM 模式目前容易造成企业整体 BIM 应用周期较长、BIM 人力资源不易协调、难于形成企业的 BIM 应用核心竞争力，BIM 资源管理不系统且不易积累，BIM 水平难以提高。

三是项目各专业人员直接应用 BIM。如前文所示，理想的 BIM 应用模式应该是 BIM 融入日常生产管理流程，成为项目部所有人员日常工作的工具。随着 BIM 技术的普及，项目各专业人员可直接应用 BIM，BIM 不再作为一个单独的专业而存在。此时项目 BIM 负责人便是项目信息技术应用的总体管理（协调）人员，或是项目的信息化、数据化管理人员。

但这个目标还有很长的路要走，需要在技术和产品、人员能力、制度、法律等各个方面都做好相应的积累和准备才能实现。目前国内外还很少有项目能达到这样的工作模式，但这个模式是行业对 BIM 技术所期望的未来发展方向及目标。

四是第三方支持应用 BIM。项目在初期没有 BIM 应用人员时，一般会寻求第三方来支持项目的 BIM 技术应用，第三方包括企业的 BIM 中心（是的，部分企业的 BIM 中心其实就是扮演内部 BIM 咨询单位的角色）或 BIM 咨询服务企业等。

第三方支持应用 BIM 模式，需要避免完全把 BIM 工作交由第三方完成，而项目人员不参与的情况，这种情况只能是项目在特殊情况下的不得已之举，如短期内需要有大量的 BIM 模型建立或深化设计等工作。项目寻找第三方进行 BIM 应用支持，应注意对方在 BIM 实施过程中对项目人员的培训工作，确保在项目实施完成后，培养一部分具备 BIM 应用技能的技术人员。

目前，国内大部分具备 BIM 自实施能力的项目和企业主要会在遇到信息技术要求高、项目人力不足、不具备实施能力（或者说尚不必配置这个能力，例如激光扫描、倾斜摄影、VR 开发等专项技术）的情况下，寻求第三方的技术支持。国内部分水准较高的企业 BIM 中心或 BIM 咨询单位往往在 BIM 的深层次应用、建筑业信息化等方面有着较深的研究与应用，从而与企业一起成为推动行业整体进步的有生力量。

5. 在项目实施过程中，您认为 BIM 中心如何与项目部配合促进 BIM 应用落地？

在某种程度上，我觉得企业的 BIM 中心扮演了企业内部的 BIM 咨询单位的角色，所以第 4 个问题同样可以回答这个问题。

另外，接着第 2 个问题中"专业级与集成级"关系的探讨，我们继续衍生其项目部与 BIM 中心的配合。

经过前面十几年的 BIM 应用研究和实践，一方面各类专业级 BIM 应用培训服务已经比较成熟和普及，另一方面国内施工企业已经积累了一定数量的专业级 BIM 应用人员，企业内部的自我培训和传帮带也具备了一定的条件。因此，时至今日，培训专业级 BIM 应用人员，即一个专业技术人员掌握与其工作要求对应的软件使用，这个工作从技术上已经没有太大困难了，对于有三五年专业工作经验的从业人员而言，通常一两次集中培训加上两三个项目的应用实践就基本能解决问题。

而集成级 BIM 应用人员的职责则是能够利用自己的知识和能力，或者利用各种企业内部或外部资源，通过合适的 BIM 应用策划、管理和实施，最终达到提升项目质量和效益的目的。但集成级 BIM 应用人员的练成就没有像专业级 BIM 应用人员那样直接和简单的办法了，由于 BIM 涉及的信息技术、设备、系统、专业、标准众多，整体工作偏向于信息技术，但又需要了解各专业知识，所需要的能力极其综合，所以集成级 BIM 应用人员一直是项目层面所缺乏的，但这又是项目 BIM 应用落地的关键所在。

所以除了第 4 个问题中所阐述的内容外，我认为项目与 BIM 中心的配合更多也是专业应用与集成应用的配合。

6. 结合您这些年的实际经验，对 BIM 应用中的人才、工具、方法三方面有哪些建议？

我一直很喜欢何关培何总的两页片子，第一张片子是讲 BIM 应用的相互关系的：我们用信息技术辅助项目管理的诉求铸成了我们的 BIM 理论体系，这个理论需要有工具支撑才能变成对应的 BIM 应用，因为涉及信息管理，所以 BIM 也需要有对应的标准来做支撑（方法）。而在里面起到关键作用的就是人。

所以我们在做任何 BIM 应用，其实都要考虑到这几个因素：我们的诉求目前有没有工具来支撑、这个工具目前的使用成本和对应产生的价值是多少、值不值得项目进行投入，以及这个工具对人的要求是什么、掌握的难易程度是怎样都需要考虑。同时，信息化会涉及标准化，我们的管理人员能否按照这个标准（方法）来执行，这些都是需要考虑的。

BIM 作为一个发展中的技术，并不是所有应用场景所对应的工具都很成熟，不是所有的现有工具都已经达到一个低成本投入和所有人员都能熟练掌握的状态。同时，由于人本身所具备的惰性，并不是所有的管理人员都愿意按照一个标准（方法）来执行一项工作。标准化会带来价值，但在这个技术完全成熟前，这个价值实现的前期肯定会带来额外的工作（图 5-1）。

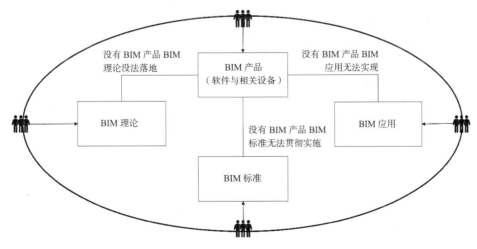

图 5-1　BIM 技术发展的影响因素

讲到工具与人的关系，我们的 BIM 理论体系是一样的，BIM 理论体系背后是利用信息技术辅助项目管理的诉求；我们使用的工具也是一样的，市场上绝大多数 BIM 软件任何企业都可以购买。但是不同的企业在同样的管理诉求下，用着同样的软件，但却产生了不同的效果（图 5-2）。

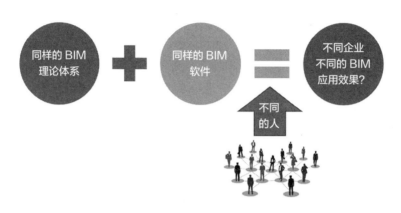

图 5-2   BIM 应用与使用者之间的关系

这个也从侧面体现了，不是说项目用了 BIM 技术就能直接产生效益，项目不是因为使用 BIM 软件建立了模型，设计就优化了、现场就没有碰撞了，设计质量的提升取决于设计人员本身的专业技能和跨专业协调能力，BIM 只是提供了一个三维可视化的环境辅助设计人员开展工作；项目也不是因为购买了 5D 软件，现场就缩短了进度降低了成本，进度、成本管理本身就是一个逻辑性、跨专业协调性、管理性很强的学科，5D 只是通过标准化将时间与成本以集成显性的方式进行展示用于辅助多方的沟通和决策。

很多项目经理希望能用 BIM 解决现场的成本、进度、质量等关键性问题，但如果成本、现场的人员不参与到 BIM 来，不接受标准化所带来的前期付出（现阶段信息化绕不开标准化，标准化必然会带来前期的工作投入），而期望并不是成本、工长出生的 BIM 或技术人员独立通过几款软件来解决这些问题，显然是不现实的。

这其实是目前大部分项目应用 BIM 的现状。所以对 BIM 应用中的人才、工具、方法三方面有哪些建议，我觉得首先需要思考这三者之间的关系。

5.16   专家视角——BIMBOX

BIMBOX：由一群 BIM 实践者聚集到一起组建的建筑科技新媒体，在微信公众平台、知乎、今日头条、喜马拉雅等知识频道开设 BIM 技术科普专栏，用视频和文章形式传播 BIM 理念，普及 BIM 知识，传递行业先进观点，坚持"有态度、有深度"的创作理念，用最简单易懂的语言为大众提供服务，致力于做中国最好的 BIM 知识服务团队。目前已在知乎、Bilibili、今日头条、微信公众平台积累 18 万行业用户。

1. 国内 BIM 技术在建筑业的应用推广经历了 10 年的时间，请您从自媒体的视角谈一谈这些年来您眼中的 BIM 发展。

我们在很多地方看到关于 BIM 的探讨和争论，但也越来越发现，很多时候大家聊到的 BIM 根本就不是同一个东西。

比如很多人探讨"BIM 行业"，那 BIM 到底是不是一个行业呢？

对于有的人来说，BIM 当然是个行业，他们学的是这门手艺，靠它养家糊口，有同行的人交流，甚至会参加一些协会；而对另一些人来说，他们有本职工作，也有自己吃饭的手艺，BIM 对他们来说只是一个工具，有时候甚至会带来麻烦，那在他们眼里，BIM 当然就算不上是一个行业。所以，当有人把"BIM 的未来怎么样"这个问题抛上赌桌的时候，当然会有人买大，有人买小，有人觉得压根不值得买。

你说这种现象是不是很怪呢？其实一点都不奇怪。咱们换一个人人熟悉的概念：短视频。当你问一个人："你觉得短视频的未来怎么样？"，你很可能会得到截然不同的答案。有人是开发短视频制作软件的，有人是搭建短视频社交平台的，有人是打算专职创业拍短视频靠流量变现，有人就是拿别人的短视频作为学习或者消遣的工具，"短视频"这三个字对每个人来说都是完全不同的概念。

当然，我们不能说"大家谈的不是一件事"，所以散了吧，这就是和稀泥了。我们还是要跳出大家的差异，站在一个更客观的视角来看技术的发展。

2. 当"数字中国"成为国家战略，你认为建筑业是否迎来了数字化转型的最佳时期？在行业的数字化转型过程中，BIM 技术又发挥着怎样的价值？

接着拿演化思维来说这件事，我们说技术的演化。《全球科技通史》里面讲了一段中国的瓷器发展史，很有趣。中国的英文名 China 就是瓷器的意思，可见在这个科技分支我们有多牛。牛到啥程度呢？中国是在西晋前后发明的瓷器，比西方领先了大约 1500 年。为啥瓷器发明这么难呢？因为想发明瓷器，需要具备的先决条件特别多。

首先，烧制瓷器需要高岭土，它不是普通的黏土，需要有采矿技术才能挖出来；其次，烧制瓷器需要很高的温度，至少要 1100℃，需要大量的木材持续燃烧很长时间；最后，瓷器是不防水的，需要表面上釉才行，这个上釉的技术也很难，要让陶坯在烧制以前先浸泡在混有草木灰的石灰浆中才行，所以还依赖于石灰浆的发明。

除了技术的原因，还有很多文化的原因，比如中国古代工匠多、瓷器的用途广、审美价值大等等。这个故事告诉我们，任何一个技术在演化的过程中都不是独立存在的，它一定依赖于其他的先决条件作为土壤。BIM 走到今天，不只是一个单纯的技术，计算机图形学的发展、信息化的发展、人们对工程质量提高的需求都是土壤。

不过，故事还没讲完，还有后半段。西方造不出来瓷器，他们造出来另外一个廉价的替代品，就是玻璃。在古代，玻璃的价值可是远远比不上瓷器的，它导热太快，做容器容易烫手，上面没办法画出漂亮的釉彩。

可是，西方人凑合用玻璃来当容器，长期积累了生产玻璃的经验，到了 12 世纪，突然能造出透明度很高的玻璃，后来赶上科学思想在西方萌芽，玻璃这个东西突然就发挥出极强的价值：显微镜出现，人们发现了细胞和细菌，带来了医学革命；望远镜的出现又改写了天文学的历史。而中国早在西周就造出了玻璃，因为瓷器的全面碾压，早早就放弃了玻璃制造的研究，这让我们错失了现代科学的发展机会。

故事讲到这你再看，同样一个技术，换一个时代、换一个环境，会发挥出完全不同的价值。BIM 一开始进入中国，主要是为生产服务的，但 10 年发展下来，它的效率出现了很大的瓶颈。很多人抱怨，国内和国外的工期要求完全不一样，我们没时间去做那么精细的三维设计。这就是一个事实。就像是故事里沉寂很久的玻璃工艺，BIM 在效率这条路上越走越难的时候，遇到了另一个环境，就是行业的数字化转型需求，乃至国家的数字战略。

建筑业的数据，且不谈创造的过程，光是把这些数据放到统一的地方，BIM 都是几乎唯一的选择，何况这个行业能创造数据的技术也和 BIM 有着千丝万缕的关系。BIM 一开始并不是为了数字化转型而诞生的，它只是演化到今天，遇到了数字化这个更大的技术环境，成为解决方案。这个解决方案不是完美的，却是不得不选的。回到我们前面谈到的演化思维，BIM 是解决数字化的麻烦，而数字化这个新麻烦，又是为了解决企业转型等麻烦的。

对于企业来说，数字化转型目前是不是最佳时期呢？我们认为并没有"最佳时期"这么个说法，当年如果所有企业都不用互联网，那大家都过得挺好的，后来有的企业先做了互联网转型，占了竞争优势，对于后面的企业来说，建网站、开微博、做互联网营销就不再是优势，而只是一个标配了。国家竞争也是这样，谁都可以等技术和市场全面成熟再下水，但如果别人不愿意等，你就只能提前布局。

3. 虽然说 BIM 技术应用在不断发展，但也看到有很多 BIM 相关从业者找不到价值所在，也有不少人选择离开。在您看来这种现象是哪些原因导致的？这将是一个短期阶段还将是常态化的存在？

当我们谈 BIM 应用的时候，要谈它所在的土壤和环境。为生产服务的 BIM，和为数字化服务的 BIM，这是两件事，两种发展阶段，需要的也是两拨人。

为当下服务的技术，可以自下而上野蛮生长，而为未来服务的技术就不一样了。我们前面说，人类祖先 MYH16 的基因发生突变，导致咀嚼能力停滞不前，它带来的好处是给大脑发育留出了空间，我们事后站在上帝视角看这个趋势是没错的，但别忘了，说这件事的时候我们的时间跨度是上百万年。

回到当时的一个具体人类祖先身上，上百万年之后人类过得好不好，可跟他一点关系都没有，他遇到的最大问题就是吃东西很费劲，每天都要饿肚子，他一定非常羡慕大猩猩强壮的咀嚼肌。我们人类在演化的过程中，前进的每一小步都是为了应对匮乏，无论是从树上走下来、走出非洲草原、发明农耕和工业，都是匮乏塑造了人类的辉煌。但回到具体的历史场景中你会看到，匮乏不是导师，而是魔鬼。它不停地收割生命，只留下少数人活下来繁衍后代。

实话实说，BIM 从业者的生活状态有高有低，但大部分是过得不好的。他们会面临各种问题，比如学习成本高、软件不好用、升迁通道窄、福利待遇低。也有不少人走不下去，转身离开。很多人把锅全甩给技术，其实并不完全是这样。

我们的一位朋友，在一家设计院负责开发一个数字化产品，投入了几年的心血，最后所有功劳都归了领导，他心凉了，这是技术的锅吗？一个人在施工单位辛辛苦苦建了模型，做了模拟，还做了数据分析，结果没人用，时间长了心也凉了，这是技术的锅吗？

都不是，除了技术之外，还有环境的问题。尽管演化是个体促成的，但没有任何个体有义务对演化负责。在技术层面来说，一件长期的事该由企业来负责。企业没办法要求员工为十年之后的某个大趋势牺牲自我，但企业的领导可以判断，也应该去判断十年的演化趋势。如果一家企业判断数字化是未来的趋势，那就不能让自己的员工把学习成本高、软件不好用、升迁通道窄、福利待遇低这几条都给占满了。待遇低一点，是不是可以考虑买点更好的软件？软件不好用，是不是给一些研发方面的奖励？这不是一个形而上的道德问题，而是企业愿景能不能达成的现实问题。

这家设计院是不向信息中心的员工要产值的，那位领导和我们说，信息中心就是一张嘴，嘴的任务就是吃，吃饱了身体其他器官才有劲儿去捕猎采集，不应该让嘴去承担手和脚的任务。这家设计院搞 BIM 的人就过得比较好，离职率也比较低。信息中心为生产部门服务，给他们做各种开发和辅助，而生产部门有了信息中心的支持，用起 BIM 也不那么糟心。

当然，企业对员工负责，是向那些对的人负责，有的人做什么都做不下去，一点困难就退，最大的期待就是进一个现成的繁荣行业躺着赚钱，那任何企业也帮不了。我们见过几家数字化企业的领导，都和我们说，如果一个人有能力，但搞 BIM 不得志，很欢迎来我们这儿，待遇好谈；但选择也是双向的，如果单纯就因为不顺心想换地方，那也没办法。员工的价值，说到底是企业赋予的，只不过看企业在数字化这件事上，是想要当下的生产价值、两年后的品牌价值，还是十年后的未来价值。

4.请您从客观中立的视角，给 BIM 从业者们在未来的职业发展一些建议。

我们一开始说，每个人的位置不一样，看待一件事的角度也不一样。再进一步说，即便是同一个领域的人，对未来的判断不同，结果也完全不同。

你会发现，同样一个领域，大家都认准了方向去做事，那些我们曾经耳熟能详的公司，有的现在成了独角兽，有的已经黯然离场。所以，我们给从业者的建议是，尽量不要在网上和陌生人论战，争论行业的未来。在演化的随机性面前，无论别人告诉你行业很糟糕，还是告诉你未来一片大好，都没有人能准确预测未来；即便有人预测了未来，那个未来也不一定在谁的手里。

而我们每个人在演化的浪潮里，都只要做好一件事：生存下去，尽量生存得好一点。要生存，就要解决麻烦，要想生存得更好，就要去解决更大的麻烦。设计质量的麻烦、施工现场的麻烦、人际关系的麻烦，都是一个人发挥价值的战场。不要期待一个技术能帮你解决所有问题，你自己才应该做那个解决问题的人。

第6章 BIM 技术应用典型案例汇编

通过前文的分析，我们发现，随着 BIM 技术在施工阶段的深入应用，建筑企业对 BIM 技术有了更加深入和全面的认识。不同企业自身的管理模式和管理水平有所不同，引入 BIM 技术时间不同，各阶段对 BIM 的需求也不尽相同。同时，不同企业因选择的 BIM 应用路径不同，在具体应用和推进速度、应用效果也有很大差异。面对这项技术革新，各企业在应用过程中完全照搬别人的做法是不现实的，只能结合自身特点在应用实践中不断总结出适合自己的落地方法。在此，我们针对不同的企业类型、项目类型选取了 14 个典型的应用案例，希望能给大家一些参考。

6.1 天投国际商务中心二期项目 BIM 应用案例

6.1.1 项目概况

1. 项目基本信息

天投国际商务中心二期项目位于国家级新区——成都市天府新区秦皇寺中央商务区的核心区域，天府新区天府大道南二段与广州路东段交汇处。建设用地南侧为鹿溪河湿地公园，西侧为公园绿地，东侧为西博城，北侧为商业服务设施用地。项目包括两栋超高层建筑、裙楼商业以及公园绿地，净用地面积约为 47375.84 ㎡，总建筑面积约 31 万 m²，主要功能为商业、餐饮及办公。B 栋超高层地下 4 层，地上 55 层，建筑总高度 268.4m；C 栋超高层地下 4 层、地上 38 层，建筑总高度 197.6m，塔楼结构形式采用钢管混凝土柱 - 型钢梁 - 钢筋混凝土核心筒（图 6-1）。项目开工时间为 2017 年 3 月 20 日，计划竣工时间为 2021 年 5 月 28 日，总工期 1530 日历天，由中建一局集团第五建筑有限公司承建。

图 6-1　天投国际商务中心二期项目效果图

2. 项目难点

本项目体量大，预计产生垃圾量较多，每万平方米预计产生 274 吨垃圾，当地环保要求很高。科技部"十三五"国家重点专项"绿色建筑及建筑工业化"（研究领域："建筑信息化"）中的"施工现场固废减排、回收与循环利用技术研究与示范"课题，由中建一局牵头开展研究工作，天投项目作为此研究的落地示范工程之一。

3. 应用目标

项目通过 BIM 手段辅助进行垃圾源头减量化处理，从源头减少垃圾的产生，并必须取得显著效果。

6.1.2　BIM 应用方案

1. 应用内容

基于 BIM 技术的施工现场固体废弃物源头减量化，从设计优化、设计深化、精准投料、永临结合、精细化管理等方面入手，以 BIM 技术为辅助手段，在建筑固废产生的源头上将其最大限度地减量化，确保工程项目的内部循环，减少需要进入垃圾处理系统的建筑固体废弃物。

2. 应用方案的确定

（1）设计优化：在设计阶段结构形式未确定之前，提前开展减量化备选结构方案的 BIM 建模和算量，辅助业主确定方案。

（2）设计深化：在设计阶段，运用 BIM 软件提前建立直观的虚拟模型，提前发现并给出解决方案，避免施工时的拆改。同时在深化过程中优化资源配置，最大限度避免资源的浪费和固体废弃物的产生。

（3）精准投料：BIM 辅助土方平衡、混凝土用量控制、钢筋用量控制、钢结构用量控制、砌块用量控制、机电管线损耗控制、周转材料损耗控制。

（4）永临结合：工程施工中临时设施的安拆过程不仅浪费施工资源，也会产生施工废弃物。永临结合是节约能源、减少现场垃圾固废、提高生产资源利用率的有效措施。本工程的永临结合规划的方向是在成品得以保护的基础上，最大限度地利用永久设施作为临时设施。

（5）精细化管理：通过基础 BIM 技术应用、智慧工地平台、固废管控平台等管理手段相结合，推动绿色施工、节能减排、精细化施工管理等内容。

6.1.3　BIM 实施过程

1. 实施准备

（1）组建 BIM 部分专项工作组：组建固废减量化专项工作组，以保证管理效果，达到 BIM 辅助固废减排的最终目的（图 6-2）。

（2）相关示范策划方案的论证：该工程编制了 BIM 实施方案，其中对 BIM 辅助固废减排的相关技术研究进行了内容规划（表 6-1）。

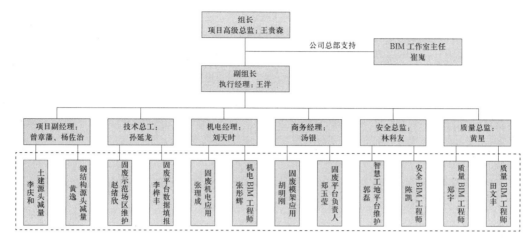

图 6-2　固废减量化专项工作组

BIM 辅助固废减排相关技术研究内容规划　　　　　　　　　　表 6-1

序号	技术研究	示范内容
1	施工现场固体废弃物控制及减量化技术研究	对课题组研发的"BIM 施工组织与材料资源优化软件"进行示范应用，验证该软件对固体废弃物控制和源头减量化的效果
2	施工现场固体废弃物收集技术、管理策略研究与设备开发	对课题组试制的"施工现场固体废弃物收集及传送机成套设备"和"施工现场固体废弃物资源化综合处理一体化成套设备"进行示范，验证成套设备对施工现场固体废弃物的适应性和对固体废弃物处理能力

2. 实施过程

（1）设计优化

项目前期积极参与结构选型工作，经过提前开展 BIM 建模和算量，最终确定本工程结构形式为钢管混凝土柱 - 混凝土核心筒 - 钢梁与压型钢板组合楼盖（图 6-3）。

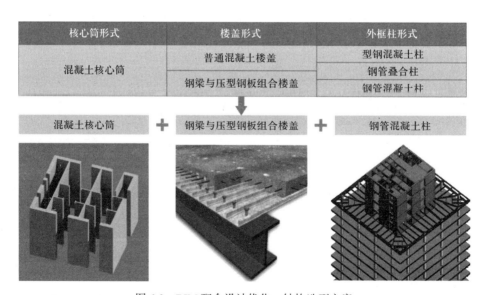

图 6-3　BIM 配合设计优化：结构选型方案

此方案外框钢结构各构件不需要设置模板及支撑体系，相对于常规结构形式节省了大量模板、木方、钢管等措施材料投入，同时节约了相应模板及支撑体系的搭拆人工，而且该结构形式施工简单，节约工期。

（2）设计深化（图 6-4）

1）依据初版设计方案，创建 BIM 模型，进行管线综合，调整各专业之间碰撞问题，进一步提出图纸及模型问题，形成问题报告，联合设计会审解决问题。

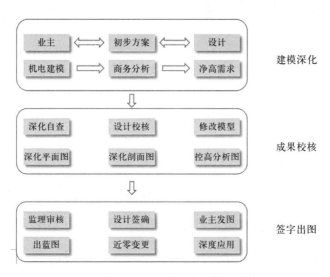

图 6-4　设计深化出图流程

标准层按区域进行楼层划分，各区域的控高向业主进行报审，对重点区域进行图文说明及控高分析。对局部突破控高要求的地方，先与设计进行沟通，在依然无法满足控高要求的情况下对业主进行局部点位控高说明（图 6-5）。

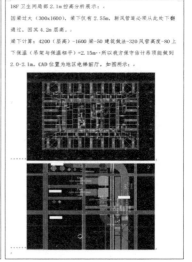

图 6-5　控高说明

图 6-6 地下一层深化展示

2）机电深化经过多次审核，最终实现可指导施工的高精度模型（图 6-6）。

一次深化：保证管综排布在控高范围内，排布美观，保证功能。

二次深化：优化各系统的排版，考虑综合支吊架深化、保温间距、冷桥木间距等。

三次深化：合理排布优化队伍施工顺序，避免窝工；配合精装修考虑吊顶及灯具安装。确保深化图纸精准下料，实现"零返工"。

对深化完成的模型进行二维 CAD 出图，包括控高图、平面图、剖面图，送审。

3）深化电子版图纸经过三方确认，最终出具具有施工依据的签字蓝图。

4）深化设计的应用：机电深化模型定位预留洞口，利用剖面进行表达，导出模型墙体预留孔洞图，进行构造柱深化和复核（图 6-7）。

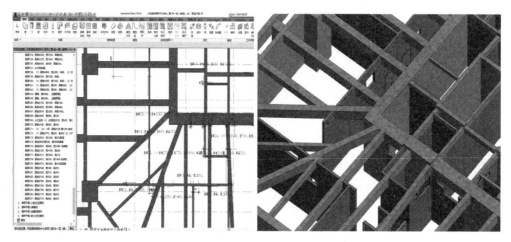

图 6-7 机电深化模型定位预留洞口

5）深化设计的应用：技术部根据机电孔洞位置与原设计图纸构造柱点位进行深化，调整位置，最终出发放分包的二次结构施工图（图 6-8）。

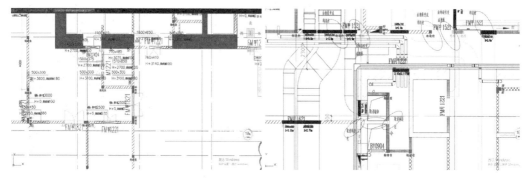

图 6-8 根据机电孔洞位置与原设计图纸构造柱点位进行深化调整

（3）精准投料

1）土方平衡：利用各阶段场地 BIM 模型，策划绿地公园区域和商业办公区域土方填挖平衡。绿地公园区开挖的土方，通过土方量的匹配计算以及施工进度的合理安排，可用于商业区的肥槽回填中。在实际进度中，土方开挖后直接用于肥槽回填，精简了原进度计划中土方外运、专用场地存储、土方外购等环节，减少土方损耗 7% 左右（图 6-9）。

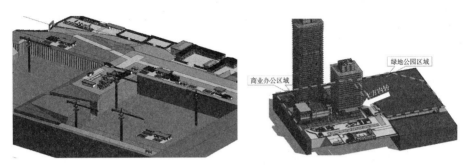

图 6-9　BIM 配合土方平衡：不同区域土方填挖平衡

2）混凝土用量控制：利用广联达算量软件建立了混凝土、钢筋结构模型。每次混凝土浇筑前，依托计量模型分层或分流水段对混凝土和钢筋的工程量进行提取，在原有混凝土工程量基础上扣减钢筋所占体积，得到混凝土净量（图 6-10）。

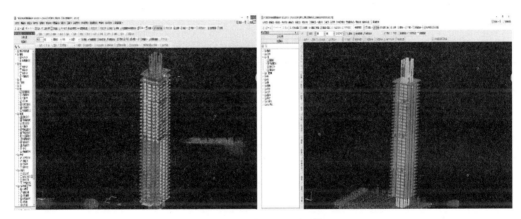

图 6-10　钢筋和混凝土模型

3）钢筋用量控制：首先根据施工图纸进行精细化建模，将模型导入到软件后，通过软件分析可提供多种钢筋优化方案，项目可根据实际原材定尺尺寸等情况选取更加适合工程的下料方案，下料过程中产生的剩余短料，软件可智能分配到其他可以使用的部位，极大程度上地减少废料的产生。

第一步：先把云翻样做好的建模文件导入现场管理软件。

第二步：软件会根据钢筋定尺长度组合，生成 3 种方案供选。

第三步：选择好原材使用方案后，软件会自动优化剩余短料的合理使用部位。

4）钢结构控制：钢结构通过 X-STEEL 建模、展开放样、导入 Auto-CAD、数控排版、沿重合圆弧线切割钢板，将原始整板切割浪费边角余料改进为放样连续切割，有效减少废料，降低原材料损耗。

钢柱变径部位使用 X-STEEL 建模圆锥台，导出独立构件细部构件图，再展开平面放样得到制作下料的尺寸图纸，指导制作施工。

5）砌块用量控制：砌体施工在二次结构阶段会产生大量碎砖、废砖，为了实现对砌筑工程源头的节能减排，本项目在二次结构施工之前利用 BIM 三维软件进行深化设计。BIM 软件创建砌筑模型后，软件自带的排砖功能可智能生成最优排砖方案，现场操作人员可根据方案进行精准投料，合理切砖与排布，控制二次结构砌筑材料的损耗，减少了废料的产生（图 6-11）。

图 6-11　砌块用量控制

6）机电管线损耗控制：机电管线施工损耗现状：技术方案本身造成的设计、施工损耗占比 2%~35%；非设计变更导致的缺漏整改占比 5%~15%。

在施工图确认后，采用基于 Revit 的机电管件的加工组合优选插件，将正负许可误差与废料误差输入三维模型中，该插件可根据施工流水段，快速、多维度（按系统、按区域）选定精细化切割内容；可根据工艺要求、标准规范限定、材料定尺情况，通过参数设置，进行更匹配现场实际的基于项目特异性的定制化切割；可对切割余料进行智能重组并优化已有切割方案，从源头减少机电管线余废料（图 6-12）。

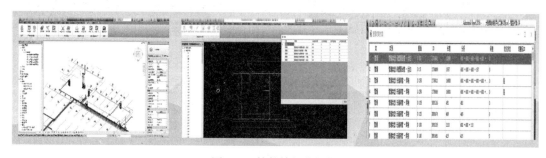

图 6-12　管件精细化切割

7）模架用量控制：

①配模优化：根据工程施工部署，按照施工流水段，选择最优配模方案。从整板使用

率最高，精细化切割等方面进行优化，完成模板加工的智能放样，直接生产配模图及模板切割图。尽可能减少不能周转的细碎模板，减少施工现场模板废弃物产生。

②模板支撑优化：按模板支撑的种类和施工工艺，提供多种支撑形式、支撑材料、参数、地区的选项。模板支撑施工设计与排布时，可以按工程实际情况进行选择，符合相关规范要求，按照施工流水段进行施工设计与自动排布，以使产生的切割量最小，选择最优方案。

③智能快速建模：图纸导入软件后，软件可自动识别标注，完成快速建模，局部仍可进行手动修改。

④流水段配模配架：软件可按预定的流水段进行配模，并按要求进行智能周转。

⑤自动分类提料：软件中可输入实际使用架管规格尺寸，软件可智能组合生成各类规格材料用量，精确输出需求计划。

经过公园区域地下室的试点应用，模板实际损耗率控制在 7.3% 左右，虽然与深化设计理论值 5.3% 尚存差距，但项目经过精心设计优化以及现场严格控制，已远低于行业施工中平均损耗率 15%。显著减少了周转材料的损耗，减少了固体废弃物的产生。

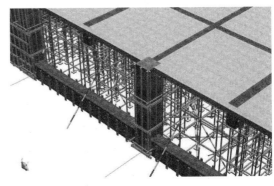

图 6-13　支撑体系三维图

（4）永临结合

为节约成本，利用 BIM 模型策划部分正式工程消防管道用作临时工程消防和施工生产用水管道，将正式工程消防水箱用作临时工程临时消防水箱，同时设置临时用消防水泵及临时用消火栓，达到永临结合的目的，最终避免资源浪费。

（5）精细化管理

1）基础 BIM 技术应用：广联达 BIM5D 平台移动端、PC 端应用、斑马梦龙进度计划管理、质量工艺样板、安全交底等 BIM 可视化过程管理应用。

2）智慧工地平台：精细化的施工管理也需要智慧化的协同管理工具，项目引入广联达智慧工地平台系统，致力于打造智慧工地。该系统包含数字工地、质安管理、环境监测、BIM 数据等内容，同时为企业提供了项目远程管控看板功能。

进度管理：实时动态更新项目生产进度管理目标执行情况以及网络计划、形象进度、产值进度等，辅助管理人员科学决策。

经营管理：集成项目管理主要经营数据，动态展示项目二次经营情况、资金收付情况以及项目盈亏状况，并以图表形式直观呈现。管理人员可清晰掌握项目经营情况，做好过程管控，提高项目利润。

环境监测：监测现场的扬尘、气象、噪声情况，以报表、图标的方式检索查看响应历史记录。

5D 生产：根据项目里程碑、形象进度、总体劳动力、材料、设备、每周派发任务完成情况的统计，进行 5D 生产协同管理。

数字工地：针对现场塔吊、视频监控、地磅进行实时监控和数据分析。

质量管理：通过手机端现场检查、整改、通知、回复和复查，同时掌握项目部各关键部位实测实量情况。

安全管理：做好安全检查、整改、复查管理，并进行数据统计分析。

物料管理：通过软硬结合，借助互联网手段，实现物料现场验收环节全方位管控。更实现了固体废弃物的承重统计。

3）固废管控平台：利用研发的 BIM 固废综合管控平台，以电子报表的形式，进行实时固废数据上传，联动 BIM 模型产生的设计工程量快速统计，进行固废分析，预测最终固废产生量，为固废管控提供数据支撑。

6.1.4 BIM 应用效果总结

1. 效果总结

对设计深化措施的落实使本工程在高效利用施工资源方面和从施工源头控制固体废弃物的产生方面取得了良好的效果。高深度模型的建立让本工程提前发现并解决了很多问题，工程开工 3 年来未出现因节点或控高等原因产生的变更，通过采用基于 Revit 的机电管件的加工组合优选插件，管道废料损耗率由传统设计施工中的 5% 降低到 1% 以内，固体废弃物减少 26.4 吨，与传统切割方式相比，很好地达到节约材料、减少固体废弃物的产生、降低成本的目的。

本工程对以上几方面施工组织优化措施的使用取得了良好的效果，共减少施工废弃物 2339.58 吨，其中钢筋的优化措施节约材料 642 吨，减少钢筋废料约 50%，混凝土损耗率降低至 0.6%，减少废料 1420.53 吨，铝膜爬模的使用，提高了施工效率和结构成型质量，模板废弃物产生量减少 60.05 吨，实际损耗率仅为 8.2%，远低于行业 15% 左右的损耗率；废砖、碎砖等砌块类废弃物产生量减少了 217 吨，实际综合损耗率仅为 1.8%。

2. 方法总结

本项目通过固废减量化的 BIM 应用，总结了一些方法。

（1）方案先行：在固废减量化课题方案中，我们做了详细的 BIM 应用策划以保证应用点顺利、有序、高效进行。

（2）组织保障：人员、分工、软硬件等缺一不可，本项目 BIM 工作站不同专业人员齐备，软、硬件配备合理，给后续的 BIM 应用提供了扎实的技术基础和条件。

（3）开放思路：本项目以固废减排为目标，明确 BIM 应用方向，灵活运用模型，开放思路，使传统应用真正贴近项目实际，为项目所用。

6.2 龙湖金融中心外环项目 BIM 应用案例

6.2.1 项目概况

1. 项目基本信息

项目位于国家中心城市——郑州的核心地段：郑东新区北龙湖，由日本建筑大师矶琦新领衔规划设计，被称为"河南陆家嘴"。

图 6-14　金融岛项目效果图

金融岛包含内环和外环，内环 19 栋建筑，外环 24 栋建筑（图 6-14）。中国建筑第五工程局有限公司承接外环 8 个地块，建筑业态为酒店、公寓、5A 级写字楼，地下 4 层，地上 22 层，建筑高度 99.8m，总建筑面积约 88 万 m²，合同额约 50 亿元。

2. 项目难点

（1）本工程为河南省地标建筑，社会关注度高，质量目标为鲁班奖，施工质量要求高。

（2）项目参建单位众多，6 家建设单位，5 家监理单位，30 余家设计单位，100 多家分包单位，总包管理难度大。

（3）工程周边为现状龙湖，临湖而建，地下水位高，深基坑工程及防水工程施工是施工中的难点。

（4）本项目地下室由外侧 4 层与外环路相连，且内侧紧邻地下综合管廊，受 3 条穿湖隧道、2 条地铁线、4 个地铁车站的相互影响。

（5）各地块地下结构相连为一个基坑，深基坑面积约 12 万 m²，深度 14.5m，项目周边为现状龙湖，被称"在水盆子内搞工程"，施工难度大。

3. BIM 应用目标

基于上述项目特点，急需 BIM 技术支撑；另外，借助 BIM 在技术、管理、科研方面的优势，为项目增值赋能，实现 BIM 落地，为公司培养 BIM 人才。因此，项目提出以下应用目标：以单点应用解决实际问题、以综合应用为项目增值、以应用研究支撑企业战略发展。

6.2.2　BIM 应用方案

1. BIM 应用内容

通过创建全专业三维模型，进行土建、机电等各专业碰撞检测、图纸深化优化，充分发挥 BIM 应用价值。

针对本项目复杂深基坑工程止水帷幕、土方开挖、内支撑拆除等关键工序进行深度模拟，分析不利因素，优化施工方案，指导现场顺利施工。

借助 BIM5D 平台进行项目管理综合应用，为项目增值赋能。

结合项目特点，探索 BIM+VR+AR、深基坑计算分析、BIM+ 进度云、BIM+ 轻量化平台应用研究，探索数字工地建设新方向，实现现场零星用工、物资验收、进度计量等数据资料实时上传、自动归集。

2. 应用方案的确定

（1）硬件配置：项目为满足 BIM 工作需要，目前共计投入 85 万元，配备设施见表 6-2。

项目硬件配备一览表

表 6-2

硬件	数量	用途	硬件	数量	用途
VR 体验馆	1 间	样板交底、参观观摩	LED 大屏	2 台	样板交底、宣传
台式电脑	10 台	BIM 建模、管理	VR 眼镜	1 副	虚拟交底
IPAD	1 部	现场校核、信息浏览	无人机	1 架	航拍、资料留存
触屏电脑	1 台	样板交底、模型浏览	BIM 工作室	1 间	BIM 团队办公、讨论

（2）软件配置：建立模型统一标准，利用专业软件进行 BIM 数据处理，实现模型、平台、可视化输出数据自由共享。

（3）组织架构：建立公司、总包、分包三级管理架构，以中国建筑第五工程局有限公司郑州分公司副总经理兼项目经理为核心，组建涵盖土建、机电、钢构、幕墙、设计、装饰在内的 16 人 BIM 团队，并由公司 BIM 中心和广联达公司提供技术支持。

（4）实施顺序：项目根据实际施工需要，制定总体目标。结合项目职能部门及施工阶段，进行任务详细分解，责任到人。详见图 6-15。

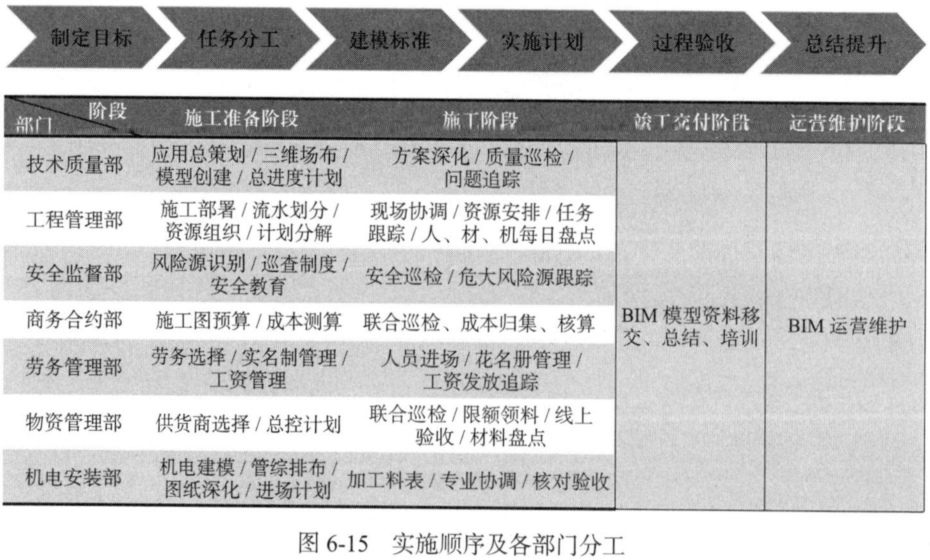

图 6-15　实施顺序及各部门分工

6.2.3　BIM 实施过程

1. 实施准备

（1）明确规范与要求，见表 6-3。

项目 BIM 应用规范与要求　　　　　　　　　　　　　　　　　　　　　　　表 6-3

项目	内容
确定建模实施范围	有合同的根据合同中相关约定确定实施范围
确定建模实施标准	确定使用的软件类型、版本、模型精度、项目名应用点
确定项目交付标准	确定交付文件的格式、交付文件的相关标准以及其他具体细则
确定时间节点	根据项目要求的时间节点做相应的工作划分以及 BIM 工作进度计划

（2）VR 体验馆配置表，详见表 6-4。

VR 体验馆配置表　　　　　　　　　　　　　　　　　　　　　　　表 6-4

项目	数量	说明
VR 体验馆	3 间	人员进行 VR 体验的场所
触屏电脑	1 个	软件演示操作需要
感知手柄	1 个	VR 体验手持感应器
投影仪	1 个	将 VR 模拟内容投屏
沙盘	1 个	项目环境及重点部位施工模拟
安全盒子	2 个	提供项目人员安全学习及考试的设备

（3）软件培训：现阶段成立的 BIM 技术组还无法满足正常的建模及施工要求，需要进行一定的专业培训，以保证模型搭建工作的顺利进行。培训计划由组长领头对小组成员进行建模培训，提高小组建模水平。每周举行一次技术交流会议，针对技术问题、小组发展方向以及需要协调的其他问题进行交流解决。

2. 实施过程

（1）BIM 技术应用

1）图纸可视化

根据公司建模标准流程，创建土建、机电等标准化模型，为 BIM 技术扩展提供基础数据。建模过程中，各模型文件、构件按楼栋、专业、楼层、构件编号进行统一命名、统一管理，为 BIM 技术拓展应用提供了模型基础。基础模板命名格式：项目基础模板文件命名为 Grid.rvt；模型文件命名格式：项目简称 - 创作者 - 专业 - 楼号 - 分层 . 后缀；建立专业色彩选用标准，避免颜色碰撞。

同时，针对不同设计院图纸及相同设计院不同专业的图纸，定义通用坐标系，统一轴网文件，选定地下室外墙边线角点作为基点，保证模型整合准确无误。

2）图纸会审及深化

①土建专业图纸会审及深化：项目建模过程发现重大图纸问题 15 个，如：19 号楼土

建模型创建过程中，在所有标准层发现 4# 楼梯存在一个 800×1000 的大梁，导致休息平台处净高不够；主体结构模型和基坑支护模型整合，发现所有楼栋 –1 层结构靠近中环侧设计有一跨悬挑板，其下设计有斜向悬挑梁，悬挑梁与基坑支护排桩标高存在冲突；进行结构碰撞检查，9 栋楼共发现需调整的结构冲突 760 余处。

BIM 工作人员在建模过程中发现 –4 层换撑板带下存在狭小半封闭区间，即肥槽。外侧为支护灌注桩，内侧为地下室外墙，顶部有间隙性换撑板带，肥槽宽度仅为 0.5～1m。图纸设计为素土、砖模分层回填，工人作业面狭小，材料、器械等堆放、周转困难，施工难度大。经各方同意，优化为 C15 混凝土，施工难度大大降低，工作效率提高显著。

由于本项目基坑开挖条件发生变化，需对原基坑设计图纸进行变更，利用基坑计算软件进行三维受力分析，找到基坑变形最大的部位，确定基坑危险点具体位置。经四方研讨确定，拟在上述危险点处增加型钢斜撑，利用 BIM 技术对型钢斜撑进行三维排布，见缝插针，避让内支撑及主体结构框架梁柱，共增加型钢斜撑 48 根，出具型钢布置图 2 张（图 6-16）。

图 6-16　肥槽深化模型和型钢斜抛撑

利用上述方式进行图纸问题梳理，共形成土建专业图纸会审记录 1200 多条。根据土建施工需求对图纸进行深化设计，共生成预留洞分布图 50 余张，砌体排砖图 1500 余张。

②机电专业图纸会审及深化：针对机电工程进行专业间管线碰撞检查及管线综合排布，特别是在复杂区域，利用三维模型可以快速高效地发现 CAD 图纸中存在的"错、碰、漏、缺"等各种问题，避免返工，形成图纸会审记录 500 余条、管综优化图纸 50 余张（图 6-17）。

同时对所有机房进行空间优化，保证设备的安装、调试、运行、保养和维修等所需操作尺寸和建筑空间，满足功能和美观要求，共出具机房优化图纸 30 余张。

另外，项目的主要安装材料用量是根据投标清单数量，在进行审核后采购，根据各专业平面图纸很难精确现场所需管材数量。经常造成管材过剩，带来极大的资源浪费。借助 BIM 模型清单，我们可以精确地计算材料用量，避免因采购数据不精确导致材料浪费，减少项目成本。

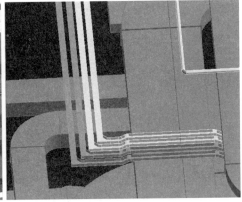

图 6-17　管线优化前后对比

3）场地布置及优化

①土方道路优化：项目场地狭小，各地块地下室连为一体，形成长条形基坑，基坑边线紧邻中环侧现状管廊，仅外环侧可作为项目临建区域及临时道路。因此，针对土方阶段出土道路进行优化，保障车辆畅通。

②塔吊位置优化：本项目深基坑设计有一道钢筋混凝土内支撑，塔吊位置需避开内支撑，同时还要避开主体结构框架梁、柱，并满足顶升附壁和后期拆除要求，布置难度极大。通过基坑支护图纸与主体结构图纸整合，建立群塔模型并进行优化，实现塔吊布置最优（图 6-18）。

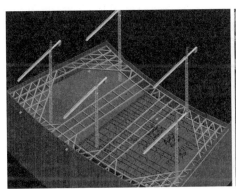

图 6-18　群塔模型及塔吊位置优化

4）施工方案对比模拟

①止水帷幕施工方案对比模拟：本工程邻近现状中环管廊，中环管廊靠近基坑项目侧设计有多处连通口、通风井及疏散楼梯等突出物，对基坑止水帷幕施工有重大影响。项目BIM 团队对三轴及 TRD 两种工艺进行模拟对比分析。

结合施工经验发现，三轴搅拌机在管廊突出物处需绕行施工，每绕行一处需调整设备2 天，增加三轴 2 幅，且在转角部位存在基坑渗漏隐患。TRD 工法机可紧贴突出物施工，避免上述情况发生。

②土方开挖施工方案模拟：项目建立基坑三维模型，针对土方开挖对"盆式"和"岛式"两种开挖方案进行模拟。"盆式"开挖，对撑下区域先开挖见底，该区域筏板负四层施工完成后，可先拆除对撑，空白区域可直接往上施工，和拆撑区域形成流水。"岛式"开挖，角撑区域先开挖见底，该区域筏板负四层施工完成后，需整个基坑负四层封闭后才能拆除角撑，窝工严重。

结合现场情况进行土方开挖深度模拟，发现以下问题：a.角撑部位空间较小，且范围较大，大型挖掘机无法进入；b.内支撑下土方掏挖期间，挖掘机作业半径内遍布格构柱、降水井，严重降低挖掘机效率；c.坑内出土道路范围分布有降水井，降低运输效率。项目随即进行施工方案优化，调整降水井位置，并将钢管井优化为无砂滤管井，将降水井随土方开挖作业随时截断，优化土方开挖环境，使出土效率由 4000m³/ 天提高到 8000m³/ 天。

③内支撑拆除方案模拟：利用 BIM 技术对传统满堂架临时支撑拆除工艺进行模拟演示，发现满堂架搭设及拆除工作繁杂，效率低下，钢管投入量大。经项目研究，采用新型绳锯切割＋钢马凳支撑＋叉车外运的拆除工艺，并使用 BIM 技术对钢马凳间距、拆除顺序、叉车操作空间、运输路径等反复推演，达到资源配置最优。由于无须搭设满堂架临时支撑，减少了材料、设备的租赁。

（2）BIM 综合应用

项目引入广联达 BIM5D 平台，通过生产、进度、施工日志、劳务用工、质量安全和工程量管理等方面的综合应用，为项目增值赋能。

通过对质量安全"问题发起 - 整改反馈 - 验收闭合"的闭环管理，有效追溯问题整改情况，责任到人。依据公司风险源辨识系统，识别出项目安全风险源，并进行安全隐患双重预防巡检，安全排查责任到人，有效排查现场安全隐患，将风险消灭在萌芽状态。BIM5D 平台将巡检排查过程可视化、标准化，有针对性地对风险源进行排查，排查记录清晰准确可追溯，达到了零安全事故的管理目标。

将生产任务与模型挂接，将进度任务指定到人，实现进度精细化管理，有效避免施工任务不清晰、生产管理混乱等现象发生。通过 BIM5D 平台自动整合生产信息并生成施工日志，解决了施工日志编写困难、记录信息不准确等问题。

利用移动端记录现场的每个施工流水工种的人员数量，一方面为生产经理在劳务用工投入方面提供数据依据；另一方面合理避免了劳务纠纷风险。通过 BIM5D 平台进行工程量统计，方便快捷，促进项目工程量精细化管控，控制现场材料浪费。

（3）BIM 技术研究

1）BIM+VR+AR 技术研究：应用目前最前沿的 VR 技术，设置 VR 安全体验馆 3 间，对现场人员进行安全体验、教育、交底。利用三维质量样板 15 个代替实体样板，并开发手机 APP 移动端，实现现场人员随时随地进行样板学习及交底，并申请取得软件著作权 4 项。目前虚拟质量样板 APP 已升级至 3.0 版本，样板库也在不断完善更新。

2）深基坑计算分析研究：利用深基坑计算软件进行深基坑三维受力分析，找到土方开挖、内支撑拆除等工况下的基坑变形危险点，制定作业指导书，指导现场土方开挖和内支撑拆除顺序。

3）BIM+进度云计算：结合 BIM5D 平台数据，研发进度云计算平台，结合项目特点，编制进度计划，反算资源配置计划，减少人为推算导致的人力、物资浪费。

4）BIM+轻量化平台应用研究：通过共享 BIM5D 平台的零星用工、进度计量、人员投入、物资设备等数据，实现资源管理实时化、便捷化、轻量化，为项目成本归集及核算提供数据支撑。开发利用轻量化平台 APP，实时上传现场零星用工、物资验收、进度计量等数据资料，实现数据收集及时准确，可以自动生成各类台账，避免人工二次录入。通过轻量化平台 APP 实现物资验收规范、标准，及时准确记录进场车辆信息、物资种类、数量等信息，实现材料管理轻便化。利用资产盘活系统即五局闲鱼网实现了资源共享，简化了物资调拨流程，提高了周转效率。

6.2.4　BIM 应用效果总结

1. 效果总结

（1）辅助项目管理和工程施工，详见表 6-5。

（2）经济效益：经不完全统计，项目运用 BIM 技术发现各专业碰撞约 3900 多个，优化图纸 1500 多张，目前可预测经济效益约 545 万，时间效益约 55 天。

（3）社会效益：借助 BIM 技术辅助项目获得科技进步奖 1 项。接待各类政府考察、企业交流观摩、高效培训等 50 余次。

BIM 应用成果表　　　　　　　　　　　　　　　　　　　　　　　　表 6-5

应用项目	效果
图纸会审	提高图纸质量，发现图纸重大问题 15 个，一般问题 2866 条，将问题规避到施工前，减少现场拆改，至少节约工期 25 天
施工方案模拟	进行 TRD 与三轴模拟、土方开挖模拟、内支撑拆除、分区分块施工等 BIM 研究，确定了最符合现场的施工方案，节约成本 375 万
专利申请	借助 REVIT 族建模功能，绘制专利模型 7 项，已受理专利 7 项
三维交底	项目三维交底 156 次，对于现场施工质量管理和安全管理有较好的促进作用
VR 体验	累计组织 3687 人次进行 VR 体验，极大提高工人安全意识
移动端问题追踪	移动端问题追踪，项目问题可控，改变了传统的现场管理模式，集成了工程管理数据，提高了管理效率
自动排砖	大幅提升了砌体施工的质量和砌筑速度，减少了现场砌体垃圾排布，创造了经济效益 15 万
BIM 辅助总平面管理	通过可视化的总平面管理，绘制三维场布模型，多次模拟转运路线，减少了现场材料转运次数，节约成本 35 万
BIM5D 平台协同管理	通过可视化的总平面管理，绘制三维场布模型，多次模拟转运路线，减少了现场材料转运次数，节约成本 35 万
BIM 算量	减少了商务算量人员，降低了项目材料工程量偏差
资源协调	方便了现场资源管理调度，使材料运输更合理
成本管控	综合分析了现场成本变化因素，重点管控对项目成本影响较大分项
碰撞检查	通过设计建模与施工模型复核，本项目目前 BIM 发现各专业碰撞问题 3986 个，通过统计经济效益 120 万元
深化设计	针对不同专业进行优化 1153 处，出图 1500 余张，减少了现场返工，可统计时间超过 30 天

2. 方法总结

（1）应用方法总结：经现场实际应用，项目总结出一套 BIM 应用指南，为公司及行业做出有效借鉴。

①针对深基坑工程止水帷幕、土方开挖、内支撑拆除等关键工序进行深度模拟演示，把控施工要点及指导现场施工顺序，为后期主体结构的穿插流水施工提供前提。

②针对基坑开挖条件变化，基于基坑支护与主体结构模型的整合，进行深基坑支护优化，确保基坑安全稳定。

③利用多专业模型整合，进行三维布置施工道路、塔吊等，优化现场布置。

④探索 BIM+ 轻量化平台应用研究，实现现场零星用工、物资验收、进度计量等数据资料实时上传、自动归集。

（2）人才培养：项目以部门为单位定期开展软件培训，实现全员懂 BIM，达到熟练操作的水平，为公司培养 BIM 人才共计 62 人。

BIM 应用人才培养成果表　　　　　　　　　　　　　　　　　　表 6-6

岗位	人数	培养方向
技术工程师	13	Revit 建模、3DMAX 渲染、navisworks 动画、视频制作、lumion 场景制作、品茗力学计算、协筑
预算工程师	11	广联达 GTJ、五局 NC 平台
安全工程师	16	BIM5D 安全管理、品茗力学计算
现场工程师	22	BIM5D 施工管理、进度管理、广联达 GCB、广联达 GMJ

（3）科研成果：借助 BIM 技术辅助项目申请实用新型专利 7 项、发明 1 项，申报省部级工法 1 项、国家期刊论文 6 篇及其他成果。

6.3 眉山春熙广场项目 BIM 应用案例

6.3.1 项目概况

1. 项目基本信息

眉山春熙广场项目位于四川省眉山市，项目是集住宅及商业裙楼于一体的超高层综合体建筑，工程总建筑面积 234552.28m²，包括 3 层圆形地下室和 3 栋超高层塔楼，塔楼主体结构最大高度为 123.75m（图 6-19）。该项目由成都建工第四建筑工程有限公司承建。

2. 项目难点

（1）圆形复杂结构的施工技术难度大：本工程地下室共 3 层，整个地下室为半径 92m 的圆形结构，地下室剪力墙为弧形结构且高度较大，框架梁、次梁也有较多弧形结构。框架柱与弧形剪力墙及弧形梁交接处存在复杂的施工节点，模板钢筋施工困难。

（2）超高层屋顶钢结构吊装施工难度大：本工程主体结构标高 123.75m，为超高层建

图 6-19　眉山春熙广场项目效果图

筑，屋面异形钢结构屋架标高 150.0m，整个钢结构屋架高度较大，外形复杂，装配施工难度大。

（3）本工程结构复杂，机电系统繁多，管线密集区域主要为地下室、设备机房、竖井、各功能房等部位，机电专业管线不可避免存在交叉问题，施工前期对各专业管线的走向排布做出系统分析才能有效确保施工进度和质量。

（4）工程质量目标高、工期紧，为施工技术水平的提升带来挑战：常用的一些施工技术采用传统施工工艺，其水平无法满足现阶段工程施工技术效率和质量的要求，这就需要我们针对常用技术进行突破创新，提升技术水平，保障工期和质量效果。

（5）项目管理难度大：本工程为超高层综合体建筑，具有规模大、现场管理难度大、当地政府关注度高等特点，给施工项目管理提出了挑战，传统的作业方式与技术手段很难达到精细化管理的要求，因此需要推进新的管理手段和方式的应用。

3. 应用目标

（1）通过 BIM 技术的应用实现精细化施工，提高工程施工技术水平，确保复杂异形结构的工程施工质量，同时对施工全过程进行信息化管理控制，提升公司 BIM 技术应用上的实力。

（2）根据工程施工应用现状进行 BIM 技术创新探索，推广 BIM 技术的创新与应用。

（3）培养具有工程实干能力同时具备 BIM 数字化手段应用能力的复合型技术人才。

6.3.2　BIM 应用方案

1. 应用内容

（1）应用 BIM 技术解决复杂结构施工技术难点：建立各专业模型，梳理结构关系，及早发现图纸问题，并将问题解决在施工前，避免不必要的返工；针对建筑圆形地下室、超高层异形钢屋架，应用 BIM 技术梳理不规则平立面结构的空间几何关系，对施工重点及难点进行分析，优化施工工艺；利用 BIM 技术搭设高支模及超限梁三维支模架，解决高支模、脚手架布置难题；建立施工场地布置，进行 4D 钢结构，合理安排施工工序及进度计划。将管线碰撞检查和 4D 施工模拟应用于机电施工，实现机电综合模拟施工，避免了机电管线交叉碰撞、净空不足等问题。

（2）通过 BIM 技术创新提升工程施工技术水平：针对一些工程中常见而通过 BIM 技术又无法解决的技术问题，根据工程施工对 BIM 技术应用的实际需求进行软件开发从而拓展 BIM 技术的现有功能，为施工技术提供更多的功能软件技术。

（3）应用 BIM5D 平台提升项目管理水平：基于该工程搭建施工项目级管理平台，利用三端一云（PC 端、手机端、网页端和关联云）与 BIM 模型相关联进行项目进度、质量、安全等管理；利用 BIM 高效信息协同特点，打破公司原有各部门之间、企业项目之间的信息壁垒，提高生产、质量、安全相关信息的提取和共享效率，实现公司、项目生产、质量、安全管理的信息化。

2. 应用方案的确定

（1）软件配置：软件配备方面要解决工程施工难点并实现应用目标，本工程根据技术实施需求选择了以下软件进行应用：Autodesk Revit、Navisworks、广联达场地布置软件、品茗模板脚手架设计软件、广联达 BIM5D 项目版系统以及 3 款自主研发软件。

（2）组织架构：团队配备方面，为实现工程项目 BIM 应用落地，公司配备了专业技术人才队伍，组建了 BIM 技术攻关应用小组，由公司总工程师担任总指挥，分为公司级应用组和项目实施组，其中公司主要技术人员 12 人，项目主要技术人员 11 人，涉及技术、质量、信息技术、现场管理等多个业务部门，基于不同专业技术由指定专业工程师负责专项技术。

（3）实施顺序：本项目施工全过程采用 BIM 技术，具体实施顺序如下：

1）建立各专业模型，梳理结构关系，及早发现图纸问题，并将问题解决在施工前，避免不必要的返工，节约工期和成本；通过各专业模型深化，指导现场施工安装。

2）针对建筑圆形地下室、弧形结构构件等，应用 BIM 技术三维空间的优势，施工前梳理不规则平、立面结构的空间几何关系，对施工重点及难点进行分析，优化施工工艺。

3）利用 BIM 技术搭设高支模及超限梁三维支模架，解决高支模脚手架布置难题，优化专项施工方案。

4）建立施工场地布置，进行 4D 机电综合模拟施工，合理安排施工工序及进度计划。

5）通过 BIM 技术在实际工程中的应用，从 BIM 技术目前存在的局限着手，进行一系列的 BIM 技术创新，完善 BIM 在工程施工中的应用功能。

6）基于眉山春熙广场搭建施工项目级 BIM5D 管理平台，利用三端一云（PC 端、手机端、网页端和关联云）与 BIM 模型相关联进行项目进度、质量、安全等管理，实现信息化管理。

6.3.3　BIM 实施过程

1. 实施准备

（1）人员培训：在建模工作开展之前，由公司组织参与课题的相关项目部对本项目 BIM 实施规划及具体的实施细则进行学习，同时展开对工程建模人员的培训工作，以确保各参与方对本项目的 BIM 实施规划有一致的理解，从而保证建模质量。本工程首次引入了 BIM5D 平台，针对平台系统的应用实施对项目参与相关人员进行了集中培训，并通过平台的试运行巩固了学习成果。

（2）参与方内部质量控制（项目级）：各参与方应按照 BIM 实施规划要求，预先制定其所负责模型的内容与详细程度。模型和应用质量应依照实施规划要求，明确落实到个人。在 BIM 工作的全部过程中，必须进行质量控制，如设计审查、协调会议等。每个模型和应用成果在提交前，BIM 项目质量负责人应参照审查验收的要求标准，对模型进行质量检查确认，确保其符合要求，并将审查合格的模型提交至公司层级。

（3）外部质量检查机制（公司级）：公司"技术研发管理部"依照项目课题 BIM 实施规划和细则中的相关标准对"BIM 项目质量负责人"收集提交的模型进行进一步审核，并将审核结果以书面记录的方式反馈给"BIM 项目质量负责人"。审核不合格的模型绝不应用，并明确不合格的情况、整改意见和修改完成模型的时间。

2. 实施过程

（1）应用 BIM 技术解决复杂结构施工技术难点

1）BIM 应用于工程复杂节点：整个地下室为半径 92m 的圆形结构，框架柱与弧形剪力墙及弧形梁交接处存在复杂的施工节点，模板钢筋施工困难。通过对圆弧形梁三维模型的建立，可以直观展示弧形梁空间位置关系和不规则的形体信息；可应用 BIM 技术使用空间三维坐标体系控制定位放线，达到精确定位，应用 BIM 技术对圆弧形梁模板进行拼装，优化模板的选用以及使用的效果，合理规划进场材料。

2）优化建筑设计，节约工期和成本：通过 BIM 模型的建立及早发现图纸问题，避免不必要的返工。本工程在施工前发现图纸错误 158 余项（不包含机电、钢结构和幕墙），通过协调配合将发现的问题在施工前全部解决，有效避免返工，合理提高工作效率（图 6-20）。

3）施工场地布置：应用广联达 BIM 施工现场布置软件建立精确的 BIM 模型，进行仿真现场临设规划、3D 动态观察、自由漫游行走，可对施工活动、拆卸等操作进行全面的模拟。

4）通过 3D 支模架搭设的应用，优化专项施工方案：为确保支模架施工搭设的安全与可靠性，预先进行常规支模架和高支模三维架体排布，确定安全网铺设位置、混凝土分层浇筑高度、剪刀撑位置及间距、梁柱节点加固方式，对顶托自由端超长部位进行调整，及时发现并解决问题，实现可视化交底，优化专项方案（图 6-21）。

5）BIM 技术应用于钢屋架施工：在 BIM 建模过程及时发现多处钢构件节点的碰撞点，检查出设计施工图纸中的不合理处，在设计方的确认下进行了构件大小或者标高的修改调整，有效避免返工。该钢结构屋架最大标高达 150.0m，高空吊装难度大，施工危险性较

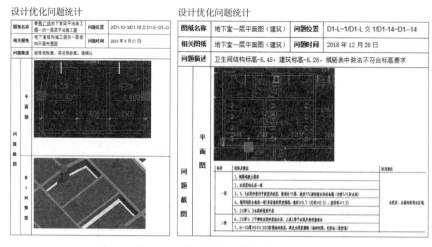

图 6-20 模型中发现的图纸问题

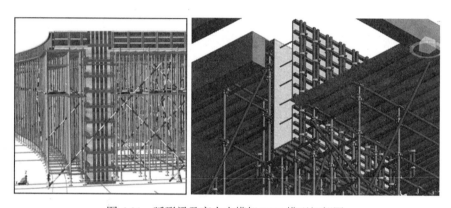

图 6-21 弧形梁及高大支模架 BIM 模型细部图

高，为了保证装配施工正常进行，我们运用 BIM 技术在吊装前期做了详细的施工模拟动画，对施工重点及难点进行分析，更直观地对操作人员进行三维技术交底，不断优化施工工艺，保证装配施工的安全性、高效性。

6）应用 BIM 解决机电施工难题：在机电工程的应用中主要实现了以下功能的应用，解决了复杂管线易碰撞、设备管线安装后净空不易保证等问题。

①机电图纸优化：通过在模型建立的过程中提前发现设计图纸存在的问题，形成 BIM 图纸会审记录。

②地下管线综合优化：结合机电三维模型的碰撞报告，根据生成的碰撞检查报告，结合各方专业意见和建议逐一进行调整优化，缩短项目施工工期。

③设备房管综布置应用：根据确定的设备型号，按照设计或设备厂商提供的基础数据对设备基础进行参数化模型建立，再进行优化布置，制定深化设计方案，完成模型的验证。

④净高分析：通过把机房模型优化后的方案导入 Fuzor 软件中，利用软件测量工具中的净距测量功能对安装管道、风管、桥架、结构梁等进行净高测量，通过测量数据来判断和验证模型优化后的合理性。

⑤4D 模拟施工：通过 4D 模拟直观地表现施工进度计划与模型之间的变化，在真正施工前对三维消防泵房进行实时的可视化漫游和体验。

（2）通过 BIM 技术创新提升工程施工技术水平

1）创新应用一：研发了基于 BIM 构件对齐检查技术，实现工程自动化检测，完善 BIM 技术在图纸会审中的运用。

根据工程施工对 BIM 技术应用的实际需求，研发出基于 BIM 技术的图纸构件对齐检查软件，能自动化检查建筑、结构、机电各专业模型组装后的构件错位问题，突破 BIM 技术在构件碰撞检查中存在的局限，实现自动化检查构件对齐，为 BIM 技术在工程施工中的应用提供了新的技术方法和软件系统（图 6-22）。

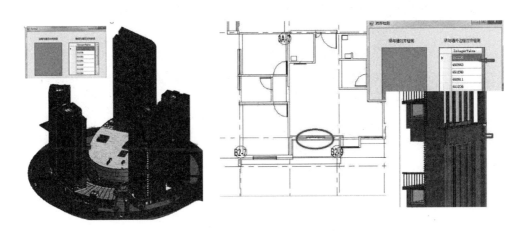

图 6-22　BIM 构件对齐检查应用图

2）创新应用二：研发了基于 BIM 机电智能的快速翻管技术，实现管线模型智能翻弯避让，提高建模及模型优化效率。

研发了"基于 Revit 下的 MEP 系统的智能翻管工具软件 V2.0"，通过点取同一根 MEP 管线的不同的两个点或选取已发生碰撞的两根 MEP 管线，输入相应的参数，快速地实现交叉管线自动避让，实现管线翻弯的精确化、智能化、效率化。

3）创新应用三：研发了基于 BIM 的高大模板扣件式支撑架变形监测技术，实现对高大模板支撑架模型变形监测点的自动布置。

该技术集超限梁板自动识别、模板支架监测点自动布设、模板支架监测动态报警功能于一体。基于 BIM 和定位监测，实现对高大模板支撑架模型变形监测点的自动布置，并结合现场实时反馈的监测值，在电脑上直观地反映出支撑架在施工各阶段的变形情况，给出超限值预警，并可根据监测数据预测下一步工程施工时高大模板支撑架及其周边环境的安全（图 6-23）。

（3）应用 BIM5D 平台提升项目管理水平

本工程引进 BIM5D 管理平台，基于该工程搭建施工项目级管理平台，利用三端一云（PC 端、手机端、网页端和关联云）与 BIM 模型相关联，进行项目进度、质量、安全等管理，实现公司、项目的信息化（图 6-24）。

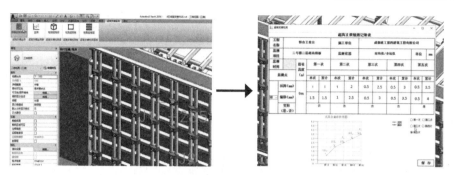

图 6-23　基于 BIM 的高大模板扣件式支撑架变形监测技术应用图

图 6-24　BIM5D 管理平台作战地图（直观展示各单体生产进度实时情况）

1）进度管理：BIM5D 进度管理的应用主要实现了以下功能：利用斑马·梦龙网络计划软件，辅助项目通过关键线路＋前锋线进行动态管理，打通 PDCA 循环，让项目进度可控；基于手机 APP 采集现场数据，通过网页端直接进行生产进度汇报，提升生产例会会议效率和质量，实现生产例会的数字化呈现；现场进度跟踪管理，将总进度计划细化至周计划，周进度计划录入后进行任务派分，将任务落实到具体人员；根据进度计划，查看现场劳动力、材料、机械设备情况；根据每周进度计划完成情况生成数字周报，并可通过扫描网页端二维码进行手机端查看（图 6-25）。

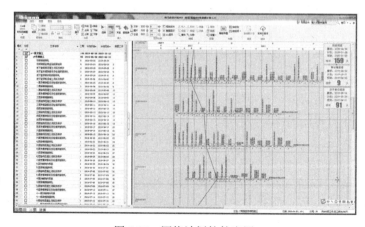

图 6-25　网络计划软件应用

2）质量管理：通过"三端一云"对整个质量问题信息进行把控：质量巡检通过移动端实时在线记录现场质量问题，通过问题发起和闭合实现现场质量管理；收集现场照片，形成系统的施工相册，为后续隐蔽工程验收、索赔佐证、实际进度比对提供帮助；自动生成施工日志，为施工日志内容提供数据来源支撑，提升施工日志编写效率。

3）安全管理：安全巡检通过移动端实时在线记录现场安全问题，通过问题发起和闭合实现现场安全管理。

6.3.4　BIM 应用效果总结

1. 效果总结

（1）复杂高层结构施工技术水平的提高：通过 BIM 技术参与现场实际难点问题的处理，形象直观、多角度化、精细化地对施工过程进行全方位的展示，解决了异形结构施工过程中的难点问题，改变了传统施工操作模式，提升了项目施工技术的水平。

（2）企业 BIM 创新能力的增强：针对 BIM 技术的图纸会审系统、机电模型智能翻管和高大模板扣件式支撑架变形监测等功能的局限性问题，延伸和拓展了 BIM 技术的功能，有效激励了企业的自主创新能力，推动了 BIM 技术在工程施工全过程中的应用和发展。

（3）提升了施工现场管理水平：BIM5D 管理平台的应用改变了传统工程施工管理模式，有效提高了施工现场质量安全进度管理的效率，促进了建设管理模式随着新的需求向高效、科学的方向转变。

（4）经济效益：针对"眉山春熙广场"圆形地下室复杂结构超高层建筑等特点，通过 BIM 技术的基础应用及创新应用相结合，解决了该工程超高层屋顶钢结构、圆形地下室复杂节点优化等工程施工难点问题，施工质量得到了大大提高；利用 BIM 模型首先对模板进行排布，找到最优排布，减少了模板使用量，增加了模板的周转次数，极大减少了材料与成本的浪费；通过对高大模板支模架模型的建立，优化专项方案，避免支模架搭好后发现问题重新返工搭设，减少了工程的成本，促进了经济效益的极大提升。本项目通过 BIM 技术综合应用，从施工图优化、机电管线深化、钢结构深化、支模架方案优化、BIM5D 质量进度安全管理、BIM 创新技术应用与传统技术进行对比分析，共节约费用约 222.7 万元，经济效益显著。

（5）社会经济效益：通过 BIM 技术的应用，形象直观、多角度化、精细化地对施工过程进行全方位的展示，更加展示出了公司在 BIM 技术应用上的实力；推动行业进步：BIM 技术综合应用改变了传统工程施工管理和操作模式，促进了建设管理模式随着新的需求向高效化、科学化的方向转变；提升了公司技术人员 BIM 技术应用的能力，为企业和社会培养出一批 BIM 技术先锋力量，推进了建筑业信息化的健康发展；BIM 技术的应用可有效避免返工，减轻劳动强度，保证施工质量，节约自然资源，节能环保，实现了绿色施工。

2. 方法总结

（1）BIM 技术综合应用创效：针对"眉山春熙广场"圆形地下室复杂结构超高层建筑等特点，通过 BIM 技术的基础应用及创新应用相结合，解决了该工程超高层屋顶钢结构、圆形地下室复杂节点优化等工程施工难点问题，施工质量得到了大大提高；利用 BIM 模型首先对模板进行排布，找到最优排布，减少了模板使用量，增加了模板的周转次数，极大减少了材料与成本的浪费；通过对高大模板支模架模型的建立，优化专项方案，避免支模架搭好后发现问题重新返工搭设，减少了工程的成本，促进了经济效益的极大提升。

（2）BIM 技术人才的培养：公司组建有专门的 BIM 技术团队，由机关与项目人员共同组成，均为公司技术骨干人员。目前共有土建 BIM 工程师 18 人，机电 BIM 工程师 7 人，且通过公司组织安排的专业 BIM 技术培训，均取得了权威机构的 BIM 技能认证证书；同时技术人员开展了 BIM 技术研究工作，研究过程中完成了技术创新成果并取得了显著的经济效益与社会效益，近几年多次参加中国建设工程 BIM 大赛并获奖。

（3）课题成果总结：项目获得第四届中国建设工程 BIM 大赛综合应用一类成果奖；项目中应用或研发的 BIM 二次开发技术共获得 3 项计算机软件著作权和 1 项国家发明专利，其中一项成果达到国际先进水平。

6.4　兰州东湖广场项目 BIM 应用案例

6.4.1　项目概况

1. 项目基本信息

本项目位于甘肃省兰州市城关区南昌路 6 号，由甘肃第六建设集团股份有限公司承建，项目总建筑面积约 18.5 万 m^2，项目造价约 8 亿元。规划为集大型购物中心、超高层写字楼、高层酒店办公综合楼、超市、大型地下停车场于一体的大型都市综合体。包含一个整体 7 层、局部 8 层的购物中心，一栋总高度 179.45m 的超高层办公楼（塔楼 A），一栋百米高层酒店、办公综合楼（塔楼 B）。A、B 塔楼结构形式为框架核心筒结构，商业及地下室为框架剪力墙结构。

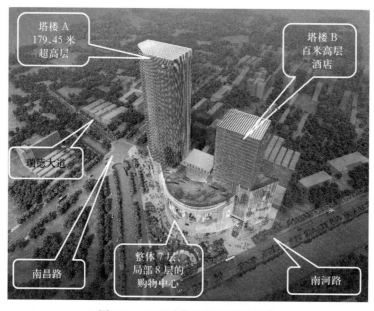

图 6-26　兰州东湖广场项目效果图

2. 项目难点

（1）现场狭小，场地布置与现场物料运输管理难度大。

（2）工期紧，钢骨柱与梁钢筋节点复杂。

（3）机电专业全，管道复杂，地下室净空要求高。

（4）砌块运输及设备的选型复杂，采购运输、砌筑组织协调难度大。

（5）无板框架梁构架层施工管理难度大、材料需求量大。

（6）屋面做法复杂，需对做法层分解、优化并合理验算排水坡度及雨水口位置，美化排砖效果。

（7）现场分包单位众多、质量、安全及进度协调管理工作量大。

3. 应用目标

（1）施工管理

近期目标：东湖项目部作为试点，前期主要以模型建立为主，建立场地布置模型及漫游动画，并引入 BIM5D 平台技术，将虚拟建造结合到现场施工管理中，形成初期的管理云平台。

中期目标：将 BIM5D 平台投入项目工程管理、安全质量、工程量计算等工作中，通过 APP 及 PC 端同步立体管控现场施工。

远期目标：将平台应用拓展到整个施工全周期，全方位辅助施工管理，精细化项目管控。

（2）技术管理：通过建立企业自己的软件交互应用规范，使得软件应用更加智能化，根据现场实际情况，拟采用广联达 BIM5D 作为手机平台，操作更加简单化。计划采用建模插件的应用使得图纸自动识别生成模型，提高建模效率、细化交互规范，使各专业模型融入一个平台，避免或减少丢失模型和信息。

针对项目的重点难点，利用 BIM 可视化、可模拟等优势，对项目重点、难点区域创建模型、节点，通过三维模型、动画等形式进行技术交底与方案编制，辅助项目技术管理。

（3）人员培养：通过试点项目的应用，积累 BIM 技术应用经验，推动 BIM 技术在企业内部的应用率，培养一支综合能力强的 BIM 团队，并通过不同专业的应用使 BIM 实施人员向更加专业化、精细化发展。

通过试点项目 BIM 技术的落地应用，总结一些成熟的经验，在项目上进行推广。项目部要形成善用 BIM、会用 BIM 的技术团队，使 BIM 应用逐渐成为一种管理模式、一种改进手段，习惯性地去使用这门工具。领导班子需要知道并重视 BIM 的实施，只有有了领导的重视与推进，才能使得 BIM 技术在项目真正运转起来。

（4）应用方法：通过试点项目 BIM 技术的应用，整理 BIM 技术在应用过程中出现的问题以及应用方式，总结应用过程中的不足与误区，编制 BIM 技术与 BIM5D 应用手册，为在日后其他项目中推广应用 BIM 技术提供参考与规范的应用方法。

6.4.2　BIM 应用方案

1. 应用内容

根据本项目特点与难点，结合集团公司对本项目的预期目标，BIM 技术应用主要围绕全面深度应用进行，具体内容如下：

（1）技术应用

1）依据国家标准与企业建模标准进行本项目全专业模型的建立，通过模型对图纸进行优化，提前发现并解决图纸中的错、漏、碰、缺。

2）对机电模型进行管综优化，重点对地下三层（无梁楼盖板）、地下一层（设备机房）、首层、标准层进行碰撞检测与优化，提高楼层净空高度，结合结构模型进行孔洞精确预留，优化管道井管线排布并出图指导施工。

3）本项目为钢框架混凝土结构，钢骨柱与钢筋、多梁相交部位较为复杂，对钢结构与钢筋节点进行建模并优化，优化钢筋排布并提前预留穿孔与锚板，提高现场工作效率。

4）因本项目场地狭小，利用 BIM 技术进行不同施工阶段三维场布策划，对施工现场进行科学合理的布置。

5）对机电管线进一步深化，解决管道碰撞问题的同时提高净空高度，并对设备机房进行预制装配化应用探索。

6）对施工中的重难点方案进行策划、模拟与专家论证，制作三维可视化交底视频与720°全景图，结合二维码将应用成果落地到施工现场。

7）利用 VR、3D 打印、无人机等硬件提高交底与施工效率。

（2）管理应用

结合广联达 BIM5D 管理平台对施工过程进行管控，收集施工过程资料、协调参建各方解决施工过程中出现的问题，合理有效对施工进度、资源、质量、安全进行全方位的管控，全员参与管理平台的应用，利用平台整理汇总的数据资料辅助管理层决策，生成的二维码实现资料共享与无纸化办公，并将 BIM 应用成果落地到施工现场中。

2. 应用方案的确定

（1）软、硬件配置：BIM 应用配备台式机 5 台，笔记本电脑 2 台，项目上配置单独工作室，高配置台式电脑。CPU：Core i7-7700K；显卡：NVIDA RTX2080；安装内存：32G；音响键鼠设备、网线、路由器、移动硬盘（表 6-7）。

项目配置的软件及应用

表 6-7

软件名称及版本	应用
Autodesk Revit 2016	土建机电建模、复杂节点深化
MagiCAD	辅助管综优化、支吊架设计与验算
Navisworks Manage 2016	碰撞检查、施工模拟、进度模拟、模型整合等
Lumion8.0	漫游动画制作
Fuzor	施工模拟动画制作、VR 应用
AE、PR、PS	主要进行视频的制作与编辑
广联达 BIM5D 管理平台	项目管理平台
3Dmax	部分动画特效的渲染

（2）组织架构（图 6-27）

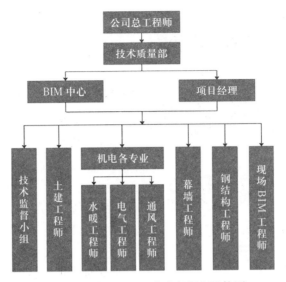

图 6-27　项目 BIM 工作小组组织机构图

（3）BIM 团队职责及岗位职责（表 6-8）

团队职责及岗位职责　　　　　　　　　　　　　　表 6-8

序号	岗位	岗位职责/任务分工
1	公司总工程师	总负责及审批 BIM 方案及模型
2	技术部	负责落实 BIM 实施的全部工作，监督检查工作的进展、落实情况以及审核 BIM 方案
3	BIM 中心	落实项目进度、质量等内容，BIM 标准制定，BIM 应用方案确定，编制项目 BIM 实施方案，解决实施中存在的技术问题
4	项目经理	负责项目的管理、协调、统筹、审批、资源调配。负责项目部内部的培训组织、考核、评审
5	BIM 各专业工程师	负责建立 BIM 模型，进行 BIM 模型的维护和更新，建立、维护、共享、管理相关的施工图纸（含电子版图纸）、图纸设计变更、签证单、工程联系单、施工方案、建模需求；进行施工方案模拟，编制各专业 BIM 方案
6	现场 BIM 工程师	负责 BIM 模型的维护和更新，变更签证所对应的部位，及时修改模型，与现场参建各方进行协调，BIM5D 管理平台的现场应用，解决现场管理人员 BIM 使用中存在的问题
7	技术监督小组	在全过程中实时检查模型创建情况、模型问题及错误，并及时修改

（4）实施顺序

1）BIM 组、项目部其他管理人员共同参与，通过不同实施方向共同进行 BIM 技术在本项目中的应用，具体详见图 6-28。

2）针对 BIM 技术难以落地的问题，制定 BIM 应用方案与应用制度，明确不同岗位的职责与分工，并与广联达有限公司共同制定 BIM 落地应用联合推动方案，确保 BIM 技

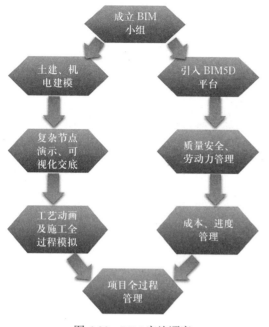

图 6-28　BIM 实施顺序

术在项目中能够真正落地，体现价值。

3）定期编制 BIM 应用阶段性成果总结以及下阶段工作计划，周例会使用 BIM5D 平台汇总整理的数据，发现问题并制定针对性整改措施。

6.4.3　BIM 实施过程

1.实施准备

（1）制定项目级 BIM 应用方案与各类制度：结合本项目 BIM 应用目标以及重难点、质量、安全、文明施工、绿色建造等要求，编写项目级 BIM 应用实施方案，对项目级应用目标进行细化。同时制定多项实施管理制度，推进项目 BIM 应用管理规范化，明确 BIM 成果交付的具体要求。

（2）确定模型标准：项目模型规则按照六建集团 BIM 建模规范进行模型建立，包括构件样板族、机电样板、系统颜色、模型精度、建模方法、族与模型的命名等。同时，统一模型在各软、硬件之间的传递规则，保证信息的完整，并且制定设计变更，对模型更改记录模式，保证模型的时效性。

（3）明确 BIM 成果要求：在本项目中，BIM 技术应用产出的成果文件主要包括结构、建筑、钢结构与钢筋、机电管综、幕墙等专业模型文件，碰撞检测报告、图纸会审记录、BIM5D 过程资料、可视化交底文件、导出的各专业图纸、施工方案等。

（4）建立企业族库：在项目 BIM 实施开始时，根据六建集团 BIM 技术发展规划，通过建立符合企业 VIS 识别要求的场地布置族、各类构件族、机械设备族等等，通过建立网页端 BIM 族库平台实现企业内部资源共享，避免重复建模，提高建模效率，并不断整理补充企业所需的各类族文件。

（5）人员培训：组织企业各个项目 BIM 实施人员，根据实施人员技术水平，分为基础班与提高班分批培训，主要培训内容包括软件操作、硬件知识、建模标准、项目应用思路、动画制作、视频剪辑等等。

（6）过程控制：定期开展 BIM 专题会议，即项目现场问题协调会，有效落实工作分工、协同以及重难点问题的高效处理。依据本项目建设标准及管理目标，进一步建立项目 BIM 过程监管及应急预案体系，结合奖惩激励制度用以规范项目建设，保障本项目顺利开展及圆满建成。

2.实施过程

（1）场地布置模拟及优化（图 6-29）：通过 BIM 技术解决现场施工场地平面布置问题，解决现场场地划分问题，根据不同施工阶段的《施工平面布置图》搭建各种临时设施，创建基础阶段、主体阶段、装饰装修阶段场地布置模型；按安全文明施工方案的要求进行修

图 6-29　场地布置模拟及优化

整和装饰；临时施工用水、用电、道路按施工要求标准完成；根据现场实际情况进行场地布置的合理优化，指导场地临建设施及施工。同时根据施工部署将钢结构、幕墙、内装、主体（砌体、现浇）等现场的垂直交叉作业按照施工进度进行模拟，规划现场布置及垂直交叉作业防护模拟，确定悬挑防护棚位置（A 塔楼 20 层、33 层，B 塔楼 16 层、22 层），精准控制现场动态布置，明确安全管理重点，并利用 BIM5D 管理平台进行定时巡查，保障施工安全。

（2）管道综合布置与优化：通过对本项目全专业模型的建立，使用 Navisworks 进行模型整合、碰撞检测并出具报告，在施工前期与设计院沟通，避免返工，节约工期。因本项目专业多且结构复杂，应用 BIM 的碰撞检测能够体现出较大价值。根据管综优化后模型文件直接导出各专业施工图指导施工。本项目通过碰撞检测发现、优化了碰撞点 17411 处。

按照优化确定后的管道位置、标高、间距，确定支吊架的形式，综合考虑管道间距、外径、保温、重量等因素，通过 MagiCAD 优化布置并验算其可靠性，实现安全、美观、经济的效果。

（3）预留洞口定位与统计：通过模型对地下一层预留洞口进行统计，根据图纸及现场施工情况合理优化洞口位置及尺寸，按照洞口类型及大小进行提量统计，实现模型与现场实体的高度统一，指导现场施工。

（4）复杂节点钢筋优化（图 6-30）：本项目是型钢混凝土结构，通过对钢结构、钢筋的模型创建，优化型钢的开孔位置与数量，通过 BIM 可视化的优势进行型钢与梁节点的优化与排布，解决钢筋锚固问题，节约钢材、避免返工。同时对复杂节点创建可视化交底视频，通过视频对施工人员、班组进行交底，不同于以往的交底只是依靠听文字内容来想象，可视化交底通过直观的视频动画，加深交底印象，提高交底的有效性。

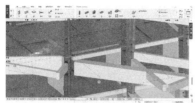
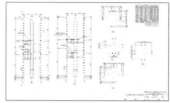
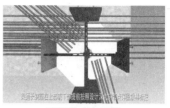

建立型钢梁、柱节点 takla 模型　　优化后调整开孔位置和数量　　可视化交底视频

进行节点优化排布　　工厂加工后复核校对　　可视化交底视频

图 6-30　复杂节点钢筋优化

（5）方案可视化交底（图 6-31）：针对本项目重点、难点区域，创建关键节点的三维模型，对施工人员进行可视化技术交底，使施工作业人员更加直观地了解施工工艺、质量控制要点及保证措施，从事前控制出发保证施工质量。本项目还创新性地将可视化交底与专家论证相结合，直观体现本项目高大支模方案，并在图片、模型中记录问题，会后方案与模型同步修改。

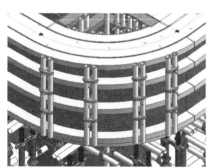
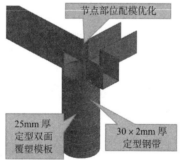
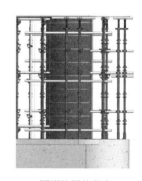

弧形梁加固　　圆柱木模板设计　　圆形柱梁柱节点

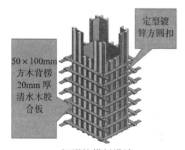
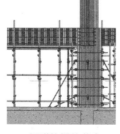
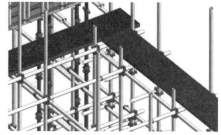

矩形柱模板设计　　矩形柱梁柱节点　　脚手板排布

图 6-31　方案可视化交底

（6）BIM 模式下的砌体施工管理：

1）楼层分区与算量：首先利用 BIM 技术在二次总平面布置时，提前规划砌块堆场，便于现场运输、卸车、管理。同时制作楼层分区图，根据建筑设计平面图，按照房间边线，60～100m² 范围内划为一个区并编号，并在每个分区内指定砌体堆放范围，分区编号采用 "XX-XX-XX（楼号-层号-分区号）" 的方式，例如 A-4-01，表示 A 楼 4 层 01 区，引导现场砌块搬运一次到位，减少周转次数。

2）砌体用量管理及施工电梯选型：根据施工电梯的吨位及电梯笼大小，规划每包砌块的大小及规格，编制用量计划，并编码辅助运输。

3）砌块运至现场及楼层：砌块由卡车运至现场，项目采用叉车卸车，然后采用手动液压搬运车运至施工电梯，施工电梯送至各楼层。到达楼层后工人采用手动液压搬运车，根据每包砌块上的编码送至对应区域，以便减少倒运次数及距离，避免对砌块的二次破坏。砌块使用完毕后，定型化钢制托盘统一整理堆码，在厂家下次运送砌块时，带回厂家循环使用。

（7）屋面施工精细优化：针对以往屋面施工观感效果不佳、排水不畅、标高控制不理想等问题，本项目对屋面排水系统与标高进行重新设计，通过逆向设置坡度，对排水沟位置进行调整，有效解决了排水沟设计不合理的问题，使屋面排砖整齐美观，排水通畅。同时对屋面细部做法建模优化，并出具节点详图及 720° 效果图，用于指导现场施工。

排水沟设计　　　　　圆柱泛水　　　　　水簸箕　　　　　矩形柱泛水

图 6-32　屋面施工精细优化

（8）BIM 虚拟样板间：按照工艺样板标准，1:1 创建了满足现场施工需求的工艺样板模型，满足现场施工的工艺需求。利用二维码技术结合实体样板和工艺动画的形式，进行样板的交底。

（9）室外综合管网的优化设计：按照室外景观园林的设计图纸，进行室外给水、雨水、污水、消防及化粪池、消防接合器、室外消火栓等的设计与优化，并对雨水井、化粪池、检查井、管道等进行参数化建模，通过输出构件明细表辅助计算工程量及提取材料计划。

（10）模型出图与精准算量：BIM 技术的成果体现在出图指导施工上，需要严格按照出图规范进行构件的标注、注释，出具的施工图才具有意义与价值，能够指导施工。同时利用 BIM 模型提取实物量，进行限额领料与三算对比，避免二次搬运和降低材料损耗，减少建筑垃圾。

（11）装配式机房的探索：综合机电各专业管线的综合机电模块，可按照设备安装工艺进行拆分，满足现场安装需求。整体规划布局、优化空间尺寸，为装配式安装提供指导。并按照设备的组装部件，对各设备的构件进行标记、编码拆分，并输出图纸，指导现场拼装。

（12）BIM+ 物料追踪：利用 BIM 的信息性和协同性，实时追踪物料信息，设置构件出厂、进场验收，追踪构件堆放、安装以及安装质量验收等节点。实现扫码出厂—构件运输—扫码进场—构件安装的全过程追踪（图 6-33）。

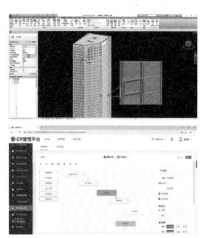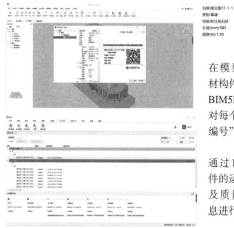

在模型中对幕墙的石材构件进行拆分，导入 BIM5D 平台中，然后对每个石材构件"跟踪编号"，保证其唯一性。

通过 BIM5D 平台对构件的运输、进场、安装及质量验收等状态信息进行跟踪。

图 6-33　BIM+ 物料追踪

（13）基于 BIM5D 的质量安全管理（图 6-34）：现场项目部管理人员发现问题后直接使用移动端 APP 记录和拍照上传问题并制定责任人，质量安全部门通过 BIM5D 平台生成的整改通知单形成管理闭环，并对整改情况进行查看，使项目质量、安全管理更加透明。同时在施工过程中，安全员将检查出的安全隐患及时拍照上传至 BIM5D 管理平台中，对现场人员做出警示，做好安全防护措施，确保安全生产。

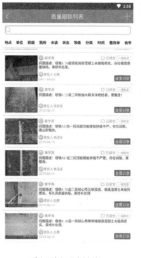

手机端问题上传　　　　　手机端问题浏览　　　　　网页端浏览数据

网页端问题分类

图 6-34　基于 BIM5D 的质量安全管理

项目采用现场质量安全信息化管理，通过问题分类、质量问题实时通知与整改、质量评优等功能的结合应用，使信息快速传输，完成现场施工质量实施管理及监控。通过问题分类、安全定点巡视、安全问题实时通知与整改等功能的组合应用，实现信息实时传输与答复，完成现场安全管理与监督。

（14）基于 BIM5D 的进度管理（图 6-35）：在 BIM5D 中，进度不仅仅是时间的划分，更重要的是通过 BIM 模型可以获得构件的工程量信息，并与现场实际信息相关联。最大可能地考虑到了外界影响因素对工程进度的影响。通过细化施工进度关联模型，将实际进度与计划进度进行对比，实现施工进度宏观控制，并结合现场施工进度、质量安全、成本物质等功能实现信息化管理。

导入进度计划与模型关联　　根据进度计划进行任务派分

按照进度计划进行虚拟建造　依据进度计划运用大数据分析现场劳动力　任务完成情况统计

图 6-35　基于 BIM5D 的进度管理

（15）基于 BIM5D 的项目管理：

1）数据积累：将 BIM5D 中的电子施工日志、劳动力人数统计、商务管理信息等数据进行留档储存，为公司后期应用 BIM5D 进行项目管理起到了指导作用，为后期同类工程提供了数据支撑和数据积累。

2）管理提升：基于 BIM 技术应用平台，改变了项目传统管理模式，提升了精细化管理水平，提高了工作效率。

3）指标提高：应用 BIM 技术为项目完成质量、安全、进度、材料节约等具体目标提供了有力保障，本项目被评为甘肃省安全文明工地。

（16）基于 BIM 的 QC 活动：基于 BIM 的优势在项目中开展了以研究"高层建筑垃圾回收再利用系统的创新"为课题的 QC 活动。QC 成果获得甘肃省第 39 次质量管理小组成果一等奖，创造回收经济效益 9 万余元。

6.4.4　BIM 应用效果总结

1.效果总结

（1）辅助项目管理和工程施工

本项目采用 BIM 技术应用效果显著，提升了项目精细化管理水平，有效缩短了工期，降低了成本，提升了工程质量，在本项目钢骨柱与钢筋节点、净高优化、重难点方案模拟与可视化交底、砌体精细化管理等方面价值体现尤为明显，在凸显企业技术实力的同时获得了省市主管部门、建设单位的一致好评。应用 BIM5D 管理平台实现了项目全方位集成管控、建筑工程信息化管理以及精确及时的项目管控努力打造现代化、信息化、高质量的绿色建筑。

（2）经济效益

2018 年度，本项目通过应用 BIM 技术，节约工期约 20 天，节约项目成本约 53.35 万元。

2019 年度，通过对现场动态管理控制，调整原有施工部署，提前规划各类堆场，使精装修、设备安装提前 1 个月进场施工，总工期节约 1 个月；现场塔吊、施工电梯、定型化防护提前 1 个月退场，节省设备租赁费用 35.5 万元；运用 BIM 对砌体施工进行管理，提高工作效率，降低运输损耗，砌体施工工期节约 1 个月；通过屋面优化，精细化控制屋面砖、排气管、排气帽、各做法层的材料用量，节约成本约 1 万元。

（3）社会效益

本项目为兰州市 2018 年安全质量标准化观摩项目，项目中 BIM 技术的应用得到了行业同仁的一致好评。总体形成两项 QC 成果，获得甘肃省特等奖一项、一等奖一项，同时被评为甘肃省安全文明工地。

2018 年度在甘肃省、兰州市、总公司的 BIM 大赛中，取得一等奖三项。2019 年度在甘肃省、兰州市荣获 BIM 大赛二等奖两项，总公司 BIM 大赛一等奖一项。2019 年度荣获全国建设工程 BIM 大赛综合组一类成果。

2. 方法总结

（1）应用方法的总结：通过 BIM 技术在本项目中的试点应用，总结修订了六建集团 BIM 建模规范、Revit 与 BIM5D 交互规范，编制了 BIM 成果交付要求、BIM5D 管理平台应用实施指南、BIM5D 联合推动方案、标准化 BIM 实施方案等成果文件。上述文件充分考虑工程项目实际情况及应用点，建立统一、开放、可操作的全生命期 BIM 技术应用标准。

不断补充完善企业族库，建立了六建集团网页端 BIM 族库平台并推广到全司进行使用。总结了本项目 BIM 技术与 BIM5D 应用过程中的经验教训，编制 BIM 实施指南，形成可推广的经验和做法，提升企业在工程中应用 BIM 技术的内在动力与需求。

（2）人才培养的总结：本项目通过建立 BIM 团队，引导推广了 BIM 技术在项目的全面应用，锻炼了团队人才，先后有 10 人通过 BIM 一级等级考试，项目 50 名管理人员每人一个 BIM5D 账号，全面使用 BIM 技术。

建立公司 BIM 培训机制与 BIM 人员的选拔制度，结合微信平台进行 BIM 技术的长期培训，为公司全面推广应用 BIM 技术储备人才，并将 BIM 实施人员向更加专业化、精细化的方向发展，打造一支综合能力强的 BIM 团队。

6.5　天健天骄项目 BIM 技术 + 管理应用案例

6.5.1　项目概况

1. 项目基本信息

天健天骄项目位于深圳市福田区中部，莲花路与景田路交汇处西南侧，含住宅、商业、公共配套设施；由 7 栋单体组成，用地面积 31787.4m²，总建筑面积 302842m²。其中 1#C 座、D 座为装配式建筑施工，7 栋均为超高层，其中 1#C 座高 155.9m（图 6-36）。项目由深圳市天健（集团）股份有限公司（以下简称：天健集团）全资子公司——深圳市市政工程总公司（以下简称：深圳市政总）承建。

图 6-36　天健天骄项目效果图

2. 项目难点

项目具有众多施工难点。①施工难度大：整体采用自升式外架施工，但个别楼栋会遇到变截面；另外地质中存在溶洞。②工期紧张：项目中南苑地块主体总工期为 356 天，因此需要开展全专业分段施工，管线综合需提前介入，需要解决管线综合碰撞及安装问题。③管理难度大：项目建筑面积近 32 万 m²，26 个班组，高峰期作业人数近 1700 人。

因此，项目需要寻求通过信息化的手段，提高项目进度、质量、安全、人员、设备的管理水平。天健天骄项目是本公司第一个全面使用 BIM+ 智慧工地技术的试点项目，承担着探索信息化管理模式的任务。

3. 应用目标

应用目标主要有 4 个方面：管理目标、创优目标、人员培养目标及方法总结目标。第一、通过 BIM 技术，辅助解决现场施工工艺复杂交底困难、管线综合等问题，同时，通过 BIM5D 管理平台，提高项目对现场的质量、安全、生产、成本等方面的管理。第二，通过本项目的 BIM 技术应用，力争获得龙图杯、中建协等国家级 BIM 大赛奖项。第三，需要通过本项目培养出一批 BIM 工程师，为今后其他项目的 BIM 技术推广奠定基础。第四，通过本项目的试点，总结出一套适合本公司 BIM 技术落地应用的方法和经验。

6.5.2 BIM 应用方案

1. 应用内容

（1）技术应用

1）通过建立三维场地模型，为现场临建布置提供决策依据。

2）通过建立三维地质模型，便于土层体积统计、土质分析及溶洞预判、桩长及入岩预判。

3）通过对铝模节点深化，提高交底效率及效果。

4）通过管线综合深化，避免现场返工，节省成本，提升进度。

5）通过对装配式构件进行建模及安装工序推演，指导现场工人施工。

6）通过 BIM5D 进行二次砌体排布，输出砌筑量材料表，指导现场采购及搬运。

（2）管理应用

1）通过广联达 BIM5D 平台构件跟踪功能，对桩基实现工序级的质量管控及进度管控。

2）通过广联达 BIM5D 平台安全管理系统，提高整改效果及效率，保证项目施工安全。

3）通过广联达 BIM5D 平台生产管理系统，将生产任务落实到人，输出施工周报，提高工作效率，实时监控现场进度。

4）通过广联达劳务管理系统结合智能安全帽，实现对人员的进出场考勤管理，为项目进行人员管理及功效分析提供依据。

（3）创新应用

通过广联达智慧工地平台以及物联网技术，实时监控现场智能硬件运行情况及现场情况。

2. 应用方案的确定

（1）硬件配置，见图 6-37。

图形工作站 5 台
主要用于模型创建等 BIM 相关工作使用

大疆无人机 1 台
主要用于现场每周形象进度拍摄并形成全景航拍图

九象安全教育魔盒 1 个
主要用于现场每周形象进度拍摄并形成全景航拍图

图 6-37　硬件配置

（2）软件配置，见图 6-38。

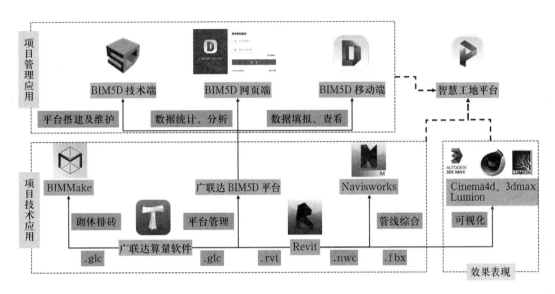

图 6-38　软件配置

（3）组织架构，见图 6-39。

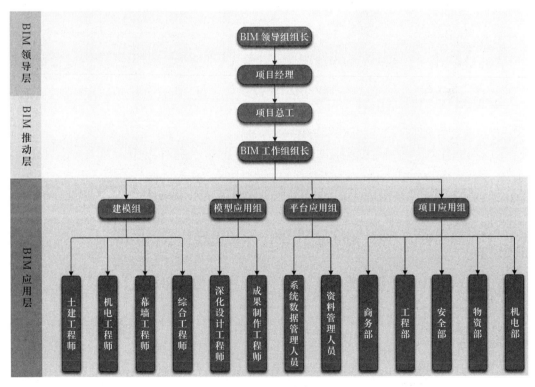

图 6-39　组织架构

（4）职责分工，详见表 6-9。

职责分工 表 6-9

序号	姓名	角色	职务 / 专业
天健天骄项目 BIM 领导层职责			
1	梁志峰	公司副总	BIM 领导组组长，统一管理 BIM 工作
2	程光明	项目经理	项目 BIM 工作实施策划
天健天骄项目 BIM 推动层职责			
1	吴镇华	项目总工	BIM 工作协调组织
2	刘家琪	BIM 部门经理	全面负责项目 BIM 工作
天健天骄项目 BIM 应用层职责			
1	赵龙飞	BIM 结构工程师	项目结构专业建模
2	陈志强	BIM 建筑工程师	项目建筑专业建模
3	龙华荣	BIM 机电工程师	项目 MEP 专业建模
4	张泽群	BIM 结构工程师	项目结构专业建模
5	—	平台应用组	负责平台搭建、广联达 BIM5D 管理系统维护
6	—	项目应用组	广联达 BIM5D 质量、安全、进度模块应用

6.5.3 BIM 实施过程

1.实施准备

（1）制度先行：天骄项目共计颁布《深圳市市政工程总公司 BIM 技术实施方案》等 BIM 实施方案 2 份，以及包括《深圳市市政工程总公司 BIM 应用 MEP 管线综合工作手册》等操作指引 7 份。BIM 实施方案主要用于模型创建等 BIM 相关工作使用。BIM 建模指引主要用于规范建模规则、深度、构件命名等。

（2）人员培训：项目根据实施节奏，分阶段对项目人员进行培训。

2.实施过程

（1）BIM 技术应用：临建设施深化真实反映现场临建设施最终效果，为项目场地布置决策提供帮助。三维地质模型主要用于土层体积统计、土质分析及溶洞预判、桩长及入岩预判等方面。针对户型做铝模节点深化，以便于施工交底（图 6-40）。

BIM 技术应用包含管线综合深化、铝模户型深化、三维地质模型、三维场地布置、装配式施工工艺展示、智能排砖等应用。

天骄项目经过 3 次管线综合调

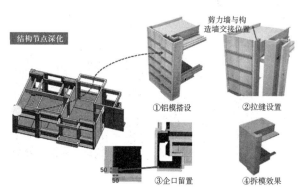

图 6-40 铝模户型深化

整，过程中经过设计院、甲方、分包班组反复确认，最终下发图纸实施。以下是本项目现场安装与管综模型对比图，走向翻弯基本一致（图 6-41）。

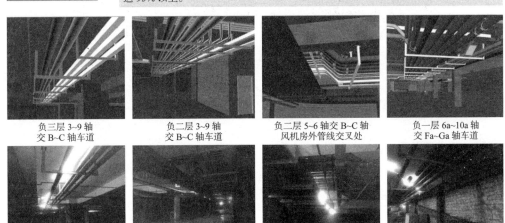

图 6-41　管线综合深化

本项目 C、D 座实行装配式施工，安装前对工人进行施工指导，避免因工序问题对构件安装质量造成影响。利用广联达 BIM5D 进行一键排砖，同时可导出排砖图及气体需用表，大大减少技术员工作量。

（2）BIM 管理应用：BIM 管理应用基于广联达 BIM5D 管理系统，进行质量、安全、进度等方面管理。管理者可以通过 BIM5D 网页端清晰直观了解现场桩基施工进度、模型构件基本信息以及跟踪控制数据。

安全闭合管理：从发现问题、发起整改、分包安全员收到通知、安排工人整改、回复整个环节形成闭环管理机制。

将本周要跟踪的生产进度任务发送给施工员，施工员根据现场实际情况进行数据填报，更加贴合施工员日常管理工作。

（3）创新应用：本项目的创新应用，主要体现在智慧工地的物联网应用，以及将 BIM 应用数据整合至 BIM+ 智慧工地平台，形成帮助项目进行决策的项目大脑。主要内容包括：智慧劳务管理（图 6-42）、物联网应用、BIM+ 智慧工地平台集成等应用。

智慧劳务主要体现在实名制平台情况：目前项目部实名制平台已录入 15 家劳务分包公司，共计录入 1213 名劳务工人，450 名管理人员，累计办理实名制 5513 名人次。同时，结合广联达智能安全帽的使用，实时了解工人的工作情况，帮助项目对劳务队伍进行工效分析。

智能物联网的应用主要包括：远程雾炮启动、智慧劳务管理、塔吊防碰撞系统、智能监控、施工电梯监测、环境监测等方面。

其中，远程雾炮启动对配电箱进行改造，加装 GPRS 远程遥控开关和遥控天线，通过物联网优势达到远程操控雾炮的目的。

图 6-42　智慧劳务管理

本项目共集成项目概况、BIM 生产、安全管理、数字工地、劳务分析、绿色施工等 6 大模块内容，形成项目决策分析的"项目大脑"。

6.5.4　BIM 应用效果总结

1. 效果总结

本项目 BIM 效果总结见表 6-10。

表 6-10

BIM 效果总结

BIM 技术应用	管线综合调整	碰撞检查	南苑地块解决模型碰撞 4769 处，北庐地块解决模型碰撞 5444 处（同类型未做合并计算）
		净高优化	南苑地块共解决净高问题 29 个，北庐地块解决净高问题 20 个，合计 49 个，所有问题均已得到设计院回复
		平立剖出图	南苑地块地下室机电管综图 25 张，北庐地块地下室机电管综出图 25 张，共计 50 张
		综合支架布置	采用综合支架数量 411 个，减少分专业重复安装人工费及材料费 35 万元
	三维地质模型	土质分析	本项目工程桩成孔过程中遇见溶洞的个数为 17 个
	三维可视化	三维场地布置	形象展示各阶段施工场地布置情况，为施工策划提供依据
		装配式施工流程演示	针对项目装配式应用重难点，对施工流程及工艺做动画演示，避免安装错误形成返工
		节点大样交底	实施过程中创建施工样板、节点 34 个，方便对工人进行交底，节约沟通协调时间约 68 天（每个样板、节点按 2 天计算）
BIM 管理应用	BIM5D 桩基跟踪	形象进度展示	直观反映项目当前桩基础施工总桩数、已完成数量、未完成数量、正在进行中的数量
		桩基资料导出	根据桩基跟踪填报数据，直接导出符合省统表要求的各项数据，为资料员减少整理、查阅时间。预计可节约资料报送时间约 10 天
	BIM5D 安全管理	安全闭环管理	BIM5D 安全平台上线后，共发起安全问题 967 个，三宝四口五临边类 295 个，安全文明施工 219 个，脚手架 41 个，爬架 78 个，施工用电 38 个，其他 296 个
		报表导出与下发	根据项目需求，针对周检、月检、施工安全日记进行数据自动抓取，不需要人工手动填写、排版，大大减少安全管理人员工作量
	BIM5D 生产管理	实时跟踪流水段施工状态	根据各楼栋长上报的进度数据，直观反映在模型上，减少进度数据采集成本

BIM 创新应用	无人机航拍	360 全景拍摄	两周拍摄一次 360° 全景，真实记录项目实体进度情况，直观体现项目状态
	数字周报	BIM 数字周报	运用数字技术，周更项目进度报告、劳动力统计、安全问题等情况，与项目生产周例会同步，直观迅捷
	智慧建造	平台数据集成	集成塔吊防碰撞系统、监控系统、劳务实名制系统、TSP 系统、BIM5D 系统数据，形成项目施工 BI

社会效益方面，项目获得深圳市第二届 BIM 大赛二等奖（2018 年），广东省第二届 BIM 大赛二等奖（2018 年），智建中国国际 BIM 大赛三等奖（2019 年），中建协 BIM 大赛一等奖（2019 年），龙图杯 BIM 大赛三等奖（2020 年），累计 1 项市级、2 项省级、2 项国家级，共 5 个奖项荣誉。同时，BIM 技术应用已于 2020 年 8 月 26 日经广东省土木协会技术鉴定为国内领先水平（最高级），后续还将申报工法和科学技术奖，为行业 BIM 技术应用树立了榜样。

截至目前，项目共完成一次内部观摩、一次大型外部观摩、两次交流会，共 4 次成果交流活动。2019 年 6 月 23 日，广联达协助深圳市政总举办"安全生产月"——智慧建造现场观摩交流活动。该活动共吸引了来自天健集团 120 余名代表参加。本次活动旨在通过此次观摩，大家能够本着学习交流的态度提高对智慧工地的认识。

此外天健天骄项目也吸引了山河建设集团、广东君冠建设工程有限公司、中铁广州局深圳公司、成都建筑业协会与深圳建筑业协会以及成都建筑企业的参观团等前来观摩交流。在分享项目的应用成果和经验的同时，也让同行及行业协会更加了解天健集团，大大地提高了企业形象和行业地位。同时也对整个行业的信息化建设提供了思路和经验，对行业的信息化建设作出了贡献。

2. 方法总结

（1）应用方法总结：通过天健天骄项目的成功试点应用，BIM 中心团队及公司积累了大量的实施经验，总结并编写了一套较为落地的《深圳市市政工程总公司 BIM 技术推广办法》及一系列制度，为今后其他项目的 BIM 技术应用提供依据和方法。

（2）人才培养总结：截至目前，项目培养出 BIM 工程师 5 名，BIM 系统应用管理员 5 名及 BIM 现场应用工程师一批，为其他项目 BIM 技术推广输出优秀人才。通过本项目的试点，公司建立起自新人入职及项目应用前、中、后成体系的人员培养方法及经验，为今后紧缺人才的快速培养提供有力保障。

6.6　增城经济技术开发区二期拆迁安置新社区项目 BIM+ 信息化技术应用案例

6.6.1　项目概况

1. 项目基本信息

增城经济技术开发区二期拆迁安置新社区项目由广州建筑股份有限公司承建。用地面

图 6-43　增城经济技术开发区二期拆迁安置新社区项目效果图

积约 61895m²，总建筑面积为 276559m²，包括地下 2 层、16 栋 31 层高层住宅、2 栋独立商业、1 栋幼儿园、沿街商业裙楼等配套公建（图 6-43）。

2. 项目难点

项目为安置房项目，项目总投资约 11 亿元，计划总工期 781 日历天，以最终获取广东省房屋市政工程安全生产文明施工示范工地为目标。总体来说，本项目具有规模宏大、工期紧短、专业繁多、项目定位高、总包管理难度大等特点。本项目各专业工程情况简介如下：

（1）EPC 项目，设计与成本控制紧密相关，在工期紧张的情况下，需要大力提高设计出图效率、深化设计能力和成本管控能力。

（2）住宅结构施工采用铝膜，铝膜深化设计和施工出图制约着结构施工，为项目施工的关键线路。

（3）施工场地大，人员多，现场作业人员出勤管理和安全管理难度大。

（4）体量大，主材消耗量大，材料的管控与成本管理紧密相关。

（5）大型机械多，对于大型机械的安全管理难度高。

（6）工期紧张，需要提高计划管控能力和施工协调会议开展效率。

（7）项目设有 7 个部门，部门之间信息传递效率和协调难度大。

3. 应用目标

本项目作为公司第一个保障房信息化应用试点项目，制定以下目标：

（1）技术目标：通过 BIM 技术解决管线复杂、深化设计、出图效率的问题。

（2）成本管理目标：保证能够将购买软、硬件费用回本的同时，额外取得 60 万的经济效益。

（3）管理目标：应用 BIM+ 信息化平台的技术，探索出新的项目管理思路，主要针对安全管理、材料管理、质量管理、生产管理、成本管理等，在积累现场宝贵数据的同时，改善管理模式，实现信息共享、效率提高。

（4）人才培养目标：通过本项目的探索学习，为公司打造出一支 BIM+ 信息化方面的人才队伍，为公司后期的项目作人才储备。同时通过本项目，向外界展现公司的 BIM+ 信息化水平，提高公司的影响力。

6.6.2　BIM 应用方案

1. 应用内容

在保证 BIM 建模、施工模拟、漫游等常规应用熟练操作的情况下，重点推进以下应用：

（1）项目前期，采用 BIM 技术进行现场临时设置的布置、研发，提高临建的出图和布置合理性。

（2）应用 BIM 技术进行协同设计，对机电、结构等进行碰撞检查、深化设计。

（3）应用 BIM 技术，对现场大型设备进行模拟布置，制定塔式起重机的顶升计划，确保大型机械的安全作业。

（4）应用 BIM 技术，统计钢筋需用量，对钢筋材料进行管控。

（5）应用 BIM 技术，进行铝膜的深化设计，深化设计图，提高出图效率。

（6）将 BIM 技术与信息化平台联合应用，提高人员的安全管理、现场的安全管控和人员的安全意识。

（7）应用 BIM 技术，进行危大工程方案的编制，提高方案的编制效率并进行可视化交底。

（8）将 BIM 技术与信息化平台联合应用，提取模型相关数据，结合物料系统，进行现场材料管控。

（9）将 BIM 技术与信息化平台联合应用，在现场施工数据收集的同时进行分析，保证施工计划落地应用，高效地进行生产管理工作。

2. 应用方案的确定

（1）BIM 应用的软、硬件配置

1）BIM 应用软件配置，见表 6-11。

2）BIM 应用硬件配置：为配合完成增城二期项目 BIM 技术的开展与应用，我们投入了 8 台 I7 8700 配置的台式电脑及 1 台戴尔 T7920 图形工作站。此外还有智能安全帽、VR 眼镜、塔吊监控等智能硬件（表 6-12）。

BIM 应用软件配置　　　　　　　　　　　　　　　　　　　　　表 6-11

应用软件名称	版本	应用软件名称	版本
Autodesk Revit	2018，64 位版	Autodesk Naxisworks Manage	2018，64 位版

应用软件名称	版本	应用软件名称	版本
Lumion	8.0，64 位版	广联达 BIM 施工现场布置软件	V7.8，64 位版

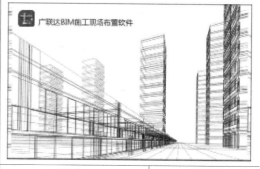

应用软件名称	版本	应用软件名称	版本
BIM5D	3.5，64 位版	BIM 模板脚手架设计	2.5，64 位版

应用软件名称	版本	应用软件名称	版本
斑马进度计划	2019，64 位版	广联达数字项目平台	云端平台

BIM 应用硬件配置　　　　　　　　　　　　　　　　　　　表 6-12

智能安全帽	BIMVR 眼镜

塔吊监控	

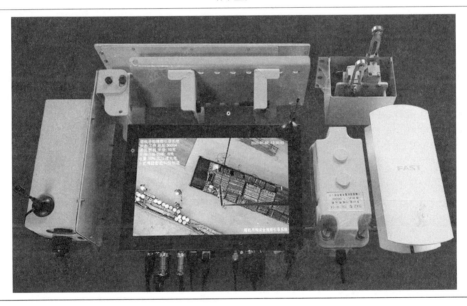

（2）团队组织

1）团队简介：针对本项目规模宏大、工期紧短、结构复杂、总包管理难度大等特点，公司在项目准备阶段就成立了 BIM 团队，希望通过创新的项目管理模式，全面应用 BIM 从而推行精细化施工管理。

公司十分重视 BIM 团队的组建和培训工作。由公司总经理——伍时辉同志亲自落实人员和资金的到位；精选了 8 名年轻的技术骨干组成项目 BIM 团队，由总经理助理——赵思远同志负责直接管理，统筹 BIM 小组工作和人员的考核；郑志涛同志担任 BIM 团队副队长，负责控制 BIM 项目进度与质量情况以及团队的建设；下面分为建筑、结构、机电、平台等 4 个小组，分管各专业工程的 BIM 工作，并配合专业工程师对各专业工程进行管理协调。

2）岗位职责，详见表 6-13。

岗位职责

表 6-13

岗位	职责
BIM 团队负责人	战略性把控项目 BIM+ 信息化技术应用，协调内外资源，保证项目 BIM 技术应用落地
BIM 团队副队长	制定项目 BIM 标准和团队建设与培训、进行 BIM 质量和进度把控
BIM 结构工程师	负责结构部分 BIM 模型应用的落实，其中包括土建三维设计审查、整体施工场地布置、总体现场进度模拟、土建专项方案模拟等，以及对 BIM 应用的延伸探索及创新
BIM 机电工程师	负责机电部分 BIM 模型应用的落实，其中包括机电三维设计审查、机电施工场地布置、机电现场进度模拟、机电专项方案模拟、机房构件预制加工等，以及对 BIM 应用的延伸探索及创新
BIM 建筑工程师	负责建筑部分 BIM 模型应用的落实，其中包括装饰装修三维设计审查、装饰施工场地布置、装饰现场进度模拟、装饰专项方案模拟等，以及对 BIM 应用的延伸探索及创新
BIM 平台工程师	负责平台部分 BIM 应用的落实，其中包括 4D 施工进度管理、成本管控、施工质量协同管理、施工安全协同管理、平台系统维护等，推动项目 BIM 平台应用落地

3）部门分工及职责，详见表 6-14。

部门分工及职责

表 6-14

序号	部门	职责
1	设计技术部	（1）根据施工图纸建立 BIM 模型并记录图纸问题，根据图纸更新情况及时更新模型。 （2）负责项目信息化平台的搭建、维护和推进落地应用。 （3）负责组织培训各部门的信息化平台落地应用。 （4）及时解决现场使用人员反馈的操作和业务问题。 （5）发现现场数据异常情况，及时向领导反馈。 （6）结合现场人员反馈情况，及时更新数据和分析。 （7）图纸审阅，跟进图纸意见并与设计单位对接。 （8）图档管理及发放，及时更新图纸版本，保证项目人员都能查看最新版本图纸（EPC 模式由设计单位负责）。 （9）对于复杂节点处应用 BIM 技术进行深化设计。 （10）施工方案关键技术参数精简化。 （11）总进度计划（横道图及斑马网络计划）的编制，根据项目实际情况及时更新调整（计划编制具体到 2 级节点）。 （12）根据计划、方案进行施工模拟及方案模拟，确保计划与方案的可行性。 （13）应用平台进行施工方案的审批、传阅。 （14）应用平台进行项目的技术管理工作（图纸管理、专项方案管理、技术交底管理）。 （15）申请材料时，应用平台填报项目的材料需用计划及进行线上审批
2	工程部	（1）深化总进度计划，编制实施的月、周计划。 （2）将周计划上传至云端并派发任务，跟进任务执行情况。 （3）正在进行的施工任务，按要求记录施工过程中的时间、人、机、料等生产要素。 （4）每人每周采用手机端/网页端施工日志模块生成并编辑施工日志。 （5）生产管理负责人每周应用平台开展项目生产会议，利用已有数据进行每周总结及下周任务安排（每周一次）。 （6）质量系统数据的更新及维护。 （7）应用质量系统负责项目日常质量巡检工作（每周不少于 7 条）。 （8）组织整改项目的质量隐患，监督分包单位、施工班组等人员的履约情况。

序号	部门	职责
2	工程部	（9）参与施工质量验收并上传验收记录。 （10）应用智能测量设备进行实测实量，对接质量系统传递测量数据。 （11）定期对质量数据进行分析，制定对应的质量整改措施并监督整改。 （12）申请材料时，应用平台填报项目的材料需用计划及进行线上审批。 （13）申请设备时，应用平台填报项目的设备购置计划及进行线上审批。 （14）发生计时工情况，按时填报进系统
3	机电部	（1）负责信息化平台硬件（地磅系统设备、大型机械监测设备、监控设备等）的管理维护。 （2）负责大型机械的安全监控及巡检。 （3）配合设计技术部、工程部制定大型设备的安装、顶升计划。 （4）申请材料时，应用平台填报项目的材料需用计划及进行线上审批
4	质量安全部	（1）安全管理系统数据的更新及维护。 （2）应用安全管理系统负责项目日常安全巡检工作（每人每周不少于 5 条）。 （3）组织整改项目的安全隐患，监督分包单位、施工班组等人员的履约情况。 （4）应用安全管理系统负责项目的危大工程管理。 （5）应用安全管理系统负责项目的危险源管理。 （6）应用安全管理系统，按规定完成项目的安全检查评分。 （7）定期对安全数据进行分析。 （8）申请材料时，应用平台填报项目的材料需用计划及进行线上审批
5	商务合约部	（1）算量模型（钢筋模型、土建模型）建立及更新、计价文件的编制及更新。 （2）成本数据的更新及维护。 （3）编制项目资金计划，跟踪计划的落实情况。 （4）应用信息化平台编制本项目的目标责任成本、合同预算、实际生产成本。 （5）根据项目现场实际预算信息跟踪进行成本数据的分析，分析合同预算、目标责任成本、生产成本三项之间的对比，找出项目成本管理的改进方向。 （6）分判合同公司信息化部分的要求，根据系统采集数据对合同履约情况、进度款进行跟踪比对。 （7）合同、分判等业务需要进行审批的流程需转为线上审批。 （8）申请材料时，应用平台填报项目的材料需用计划及进行线上审批
6	材料设备部	（1）负责本项目材料字典的更新及维护。 （2）编制项目资源计划，并编制材料进出场计划。 （3）负责项目所有材料的过磅及出入库管理（要求现场的水泥、混凝土、钢筋、钢管、沙等主要材料全部需要进行过磅，不需过磅的材料则办理出入库登记管理）。 （4）及时处理偏差情况以及系统发出的警报。 （5）结合现场的物料系统，制定现场材料管理制度，做好材料的领用登记，及时更新材料台账；对于不过磅的材料不允许出场。 （6）定期进行数据分析，监督材料供应商的履约情况（每半个月 1 次）。 （7）申请材料时，应用平台填报项目的材料需用计划及进行线上审批
7	综合后勤部	（1）劳务系统数据的更新及维护。 （2）做好人员实名登记（身份证）及人脸识别信息录入。 （3）负责本项目智能安全帽信息的绑定（班组、工种、帽子编号等信息）及发放。 （4）定期对劳务数据进行分析，监督分包单位、施工班组等人员的履约情况。 （5）及时处理系统出现的警报。 （6）负责劳务系统设备（智能安全帽、闸机、工地宝）等的维护。 （7）结合车辆识别系统制定现场车辆管理制度。 （8）申请材料时，应用平台填报项目的材料需用计划及进行线上审批
8	资料室	（1）负责项目现场材料送检，并在系统上填写检测报告情况。 （2）负责收集各人员的资料，进行归档整理并上传至项目云空间。 （3）应用平台进行项目通知发文、资料传阅等。 （4）申请材料时，应用平台填报项目的材料需用计划及进行线上审批

6.6.3 BIM 实施过程

1. 实施准备

（1）制定管理制度：公司高度重视本项目的信息化建设，制定了《关于印发增城经济技术开发区二期拆迁安置新社区项目信息化管理办法（试行）》的通知，主要针对项目信息化管理的过程考核方法、奖惩机制作了详细的说明。

（2）人员培训交底：针对项目 BIM+ 信息化的应用，制定对应的操作规程，将各个应用的操作流程制定成册，下发每位使用人员以熟悉操作。

（3）制定日常工作规范：针对 BIM+ 信息化的建设，制定日常工作规范，将工作具体落实到对应人的身上，同时规定时间、使用要求、频率等安排。

2. 实施过程

（1）优化施工场地布置

本项目具有规模大、场地窄、材料用量大、工期紧等特点，而且紧张的施工用地、短缩的工期与数量庞大的材料，相互制约，存在矛盾。采用传统的施工平面布置图进行场地布置，可以很方便地进行场地的宏观规划，但是生成不了临设布置所需的材料清单，后期需商务部进行算量统计后，再列清单购买，该过程增加了施工场地策划的时间，不利于项目施工的按期进行。

项目要顺利开展，首先要解决办公场所问题。在项目开展前期，由于受场地狭窄、交通缺乏等因素制约，同时秉承着"安全第一"的原则，因此决定将办公区布置在场外。

为保证办公区与施工区之间的紧密关联，方便现场人员的进出场，BIM 团队通过航拍技术对项目周边情况进行航拍了解，寻找办公区的最佳布置位置，初步确认办公区布置在项目的东侧，该位置为空地，同时向政府单位确认该场地可以进行租赁，面积约 $6150m^2$。

为了确认该方案的可行性，BIM 团队综合考虑项目施工高峰期人员需求，运用 revit 软件进行 1:1 的办公区及生活区模拟布置设计。

该方案得到项目领导的认可，确认可行后，将 BIM 模型尺寸等标注生成平面布置图，方便测量施工人员对办公区设施进行准确的测量放线。

针对上述情况，BIM 团队结合公司的标准化文件、相关规范，运用 Revit 进行了实际的模拟布置。接着通过 BIM 模型直接计算所需材料清单，用于材料的采购。

同时为加快施工场地的施工进度，在确定人员出入口位置后，决定采用集装箱形式进行吊装，BIM 团队对门卫室及员工通道进行建模设计后，导出设计图纸后发给厂家进行加工制作后运至现场进行吊装，以便缩短施工时间。

（2）基于 BIM 的装配式电缆架槽的研发

项目初期，由于各种原因，施工场地移交得比较晚，导致前期工期比较紧，其中施工区的临电布置施工工期就是一个大问题，施工区的临电布置管道长度达 2865m，按照传统的施工方法：开挖→砌砖→浇筑→填埋，无法满足工期要求，因此项目领导要求采用 BIM 软件设计电缆敷设装置。

BIM 团队在机电的线槽中得到启发，决定采用线槽的方式进行电缆敷设。团队设计了 3 种方案,分别为:方案一,PC 预制电缆管盒;方案二,PVC 电力筒管敷设保护装置;方案三,新型装配式电缆架槽。

我们对三种方案分别从技术、经济、可操作性、工期方面进行对比分析,最终选择了方案三。运用受力分析软件对方案三的装置线槽及支架进行建模分析,保证装置的安全性。

最后 BIM 团队运用 Revit 软件对各个部件深化设计完成后,进行整合拼接,导出 CAD 图纸给加工厂进行加工制作。

装置运至现场进行技术交底后便可进行安装,施工方便、速度快,且可以回收再利用,符合绿色施工的要求。

(3)基于 BIM 的协同设计,提高设计效率

1)协同设计:本项目为 EPC 项目,设计工期制约着施工工期,传统的设计过程中,结构和机电各专业之间分开设计,导致施工过程中发现碰撞,造成二次设计及施工,增加施工成本,这对 EPC 项目的成本管控非常不利。

BIM 团队应用协同设计的方式,进行结构、建筑、机电同步建模,在设计过程中解决各专业之间的碰撞点,提高设计质量的同时保证设计工期。

根据已协调的设计模型,完成机电管线优化工作,并根据审核后的管线综合 BIM 模型,导出各种施工用的预留预埋图、专业拆分图、综合断面及局部详图、机房设备基础图及机房大样图等图纸,用于指导施工,对于复杂节点部位,提出机电安装排布方案(图 6-44)。

图 6-44　地下室机电 BIM 示意图

2)机房优化:机房是设计、施工、使用、维修 4 个环节的统一,在这个过程中既可能发生实体碰撞的"硬碰撞",也可能发生非实体碰撞的"软碰撞"。管道碰撞与交叉问题是给水排水设计过程中最棘手的,尤其在水泵房这样空间有限而管线错综复杂的地方更是难上加难。

本项目运用 Revit 软件中的"碰撞检测"功能发现碰撞并及时与相关专业协商,秉持管道碰撞基本避让原则做出最佳方案,经修改后再次进行碰撞检测直至模型零碰撞,有效

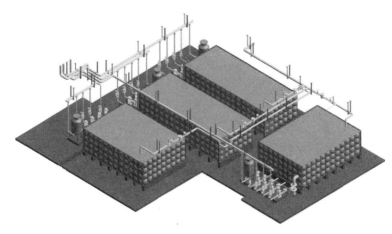

图 6-45　机房 BIM 模型示意图

地预防了施工中返工的问题。

通过 BIM 技术进行优化后，在模型上对构件尺寸等位置信息标注后，直接进行优化图纸的导出。

为保证工程质量，施工单位借助 BIM 模型对施工方案、施工工艺进行施工模拟，对施工过程中的难点和要点进行说明，提供给施工管理人员及施工班组。

（4）优化大型施工设备管理

本项目施工现场安装 9 台塔式起重机，属于群塔作业，塔式起重机是否正常顶升制约着结构层施工；通过以上分析可知，本项目具有大型机械管理难度高的特点。

BIM 团队根据塔式起重机说明书分别对 9 台塔式起重机进行 1∶1 建模，结合先前的施工场地布置进行群塔作业模拟，从而确定各台塔式起重机的最终高度。

结合项目的施工进度计划，通过模拟建造过程，确认各台塔式起重机的顶升先后顺序；从而制定塔式起重机的顶升顺序时间表以及附墙装置安装顺序表，为项目的群塔作业提供保障。

同时，为保证群塔作业的安全进行，BIM 团队联合设备管理部对塔式起重机安装监控系统，有针对性地对塔式起重机使用的全过程进行智能化监控监管（图 4-46）。

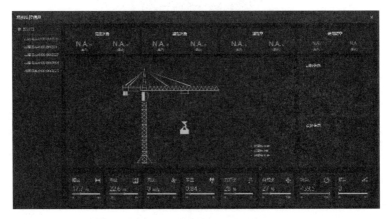

图 6-46　塔吊防碰撞示意图

（5）基于 BIM 的钢筋放样，降低主材损耗

预算统计，本项目钢筋用量预计 2.1 万 t，传统工作方式，钢筋加工的下料单由钢筋班组负责编制，因此管理人员对于钢筋加工的料单数据不清晰，无法对钢筋的加工过程进行有效管理，容易造成钢筋材料的浪费；以往项目分析，钢筋损耗率为 4‰；通过上述情况分析，本项目具有钢筋加工量大、管控难度高的特点。

针对上诉情况，BIM 团队应用协同建模的方式，在原有 BIM 模型上，根据结构图纸对钢筋进行 1∶1 放样建模。

建模完成后再生成钢筋下料单，现场施工员通过钢筋下料单指导工人加工，在源头处控制钢筋材料的浪费。

同时运用 BIM 模型汇总钢筋用量，根据项目施工进度计划，制定钢筋原材的进场计划，保证材料正常进场，保障施工进度正常进行。

（6）基于 BIM 的铝膜深化设计

本项目为 EPC 项目，成本的管控十分重要，在结构施工阶段，项目领导决定采用铝膜施工，利用铝膜的方便快捷来提高结构施工进度；同时做到高质量、免抹灰，节约施工成本。但铝膜需要经过深化设计，再进行加工生产，传统的深化设计是用 CAD 软件进行，深化效率低，影响铝膜的生产进度，最终导致项目主体结构施工进度滞后。综合上述分析，本项目具有工期紧、铝膜深化设计量大、施工质量要求高的特点。

BIM 团队联合项目技术部、铝膜厂商讨论决定，采用基于 BIM 的方法进行铝膜深化设计，通过三维立体，方便节点处的深化设计，提高深化设计的效率。

项目运用 Revit 软件在已建立完成的结构模型上进行深化设计。先对剪力墙和柱子的铝膜进行设计，再对梁体的铝膜、板体的铝膜进行设计，最后完成整层的铝膜深化设计（图 6-47）。

根据 BIM 设计模型，导出铝膜构件加工清单表以及对应的加工图纸，发给厂家进行加工生产。

我们导出铝膜施工图及制作三维可视化工序模拟，用于技术交底，从而提高工人对工序操作的熟悉程度，保证施工质量和施工进度。

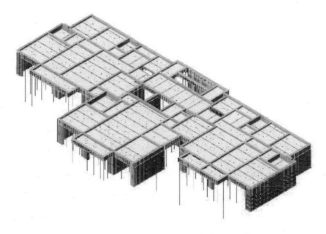

图 6-47　整层铝膜 BIM 设计模型示意图

（7）BIM+VR 的安全教育，提高安全意识

在施工现场生产活动中，绝大部分事故是由于人的不安全行为引起的，而绝大部分不安全行为又都是由于缺乏安全意识引起的。统计分析，我国工程生产安全事故原因中，人的不安全行为占比 85%，物的不安全状态占比 15%。因此项目决定采用 BIM+VR 的形式对项目人员进行安全教育，从而提高人员的安全意识。其中，事故人为的因素中安全意识问题占比 90%，技术问题占比 10%。

我们建立现场 BIM 模型，高精度还原项目现场实际情况，分析项目存在的危险源，然后根据项目特点在 BIM 模型中布置相应的危险源。本项目存在的主要危险源有：基坑坍塌、大型机械伤害、高空准落、触电、火灾、物体打击等。建模完成后，就可以通过穿戴 VR 设备进行安全体验，项目定时进行安全教育，同时要求各工种进行相对应的安全体验，提高自身安全意识，做好安全生产工作（图 6-48）。

图 6-48　安全体验设备示意图

（8）基于 BIM 的模架方案编制

项目的高支模作业多、住宅外架选用悬挑式型钢脚手架，两者作业都是属于危险性较大的工程，需要编制安全专项方案，且都需要经过专家论证。按照传统的编制方式，通过手算或安全计算软件算出高支模和脚手架的安全布置参数，再使用 CAD 绘图软件将模板支架和脚手架的平面、剖面等绘制出来，继而进行技术交底与现场施工指导。初步估算，本项目高支模和脚手架的绘图数量共计约 120 张，工作量非常大，画图时间至少需要 15 个工作日。综合上述分析，本项目具有危险因素大、方案编制工作量大、工期紧的特点。

在 BIM 建模上，BIM 团队尝试使用原先用 Revit 软件完成的结构模型进行导入。此思路可行，前期的精细建模，使得模型可以完整无缺地导入到专业的 BIM 模架设计软件，以此减轻了建模的工作量。

接着，BIM 团队根据项目技术部提供的安全计算参数，分别对模板支架、脚手架进行了参数化快速建模。

在生成的模型上进行安全计算分析，复查架体的布置是否符合规范，务必保证方案符合国家安全规范的要求。

在通过安全计算分析后，就到了 BIM 出图阶段，BIM 团队结合技术部的需求，采用 BIM 模型导出 CAD 平面图、剖面图等，以此替代手动绘图的方式。

在方案通过专家论证及公司审批盖章后，我们对 BIM 模型进行计算统计，导出材料用量表，用于商务部的材料成本管控和协同材料员做好材料进场安排。

（9）基于 BIM 的安全管理，提高安全管控能力

传统的安全管理模式，在安全员巡检过程中，发现安全隐患后，使用相机拍照记录，回到办公室使用电脑填写安全整改通知单，再发文给相关负责人进行整改，过程烦琐，若因隐患整改不及时导致安全事故发生，则后果不堪设想；且不清晰的数据分析，容易发生"扯皮"现象，不利于项目的安全管理。综上所述，本项目具有安全管理难度大的特点。

BIM 团队决定采用基于 BIM 的安全管理方式，将安全管理业务信息化、流程简单化。

在 BIM 模型中，将安全隐患信息在发生部位通过"图钉"的形式显示并存储数据，实时更新，保证整改人员可以第一时间进行整改（图 6-49）。

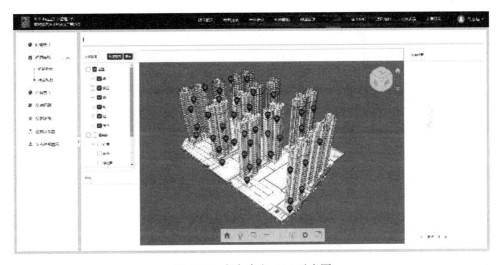

图 6-49　安全隐患 BIM 示意图

为加强项目现场的安全管理，我们在 BIM 模型中绑定危险源信息并生成二维码，以任务的形式定时、定点进行安全检查，时刻保障项目的安全生产。

为保证该安全管理方式的落地，项目和各分包单位进行安全管理协议签订，以清晰的数据分析支撑安全管理，做到责任到人、及时整改。

BIM 团队通过导入安全表单，将表模单与 BIM 模型进行关联后，通过提取相应的安全隐患数据，自动生成所需的安全表单，以此方式代替原先的人工填表，实现业务流程替代。

为加强人员的安全管理，我们采用穿戴智能安全帽的形式监测人员的安全状态，对于异常情况的作业人员系统自动报警，通过 BIM 模型查看作业人员的轨迹，确定其位置，第一时间确认其安全情况，保障人员的安全。

（10）基于 BIM 的算量统计，提高成本管控能力

传统的项目管理中，对于材料的成本管控比较困难，因为在材料供货源或者施工过程中，都缺少数据来支撑管控手段；本项目体量大，材料用量大，因此对材料的成本管控十分重要。

BIM 团队结合商务部，应用协同建模的方式后，分别从对应的 BIM 模型中提量，为后续的数据分析做准备。

接着我们通过上述的方式协同建模后，计算对应的预算量。通过分析模型量的差值，我们得知材料的可控损耗值数据范围，项目管理人员以数据对各施工班组的施工用料进行管控，并且在合同中约定好损耗率，以此进行材料成本管控。以混凝土的数据分析为例，详见表 6-15。

<table>
<tr><td colspan="5" style="text-align:center">数据分析示意表　　　　　　　　　　　　　　　　表 6-15</td></tr>
<tr><td colspan="5" style="text-align:center">1# 楼标准层混凝土量</td></tr>
<tr><td>施工部位</td><td>Revit 模型量（m³）</td><td>预算模型量（m³）</td><td>损耗值（m³）</td><td>损耗率（%）</td></tr>
<tr><td>4F</td><td>144.5</td><td>145.7</td><td>1.2</td><td>0.82</td></tr>
<tr><td colspan="5" style="text-align:center">2# 楼标准层混凝土量</td></tr>
<tr><td>施工部位</td><td>Revit 模型量（m³）</td><td>预算模型量（m³）</td><td>损耗值（m³）</td><td>损耗率（%）</td></tr>
<tr><td>4F</td><td>143.56</td><td>144.5</td><td>0.94</td><td>0.65</td></tr>
<tr><td colspan="5" style="text-align:center">3# 楼标准层混凝土量</td></tr>
<tr><td>施工部位</td><td>Revit 模型量（m³）</td><td>预算模型量（m³）</td><td>损耗值（m³）</td><td>损耗率（%）</td></tr>
<tr><td>4F</td><td>144.3</td><td>145.6</td><td>1.3</td><td>0.9</td></tr>
</table>

我们运用 BIM+ 物联网技术，从材料的源头进行监测，同时作为现场施工数据的收集，再结合 BIM 模型数据进行对比，分析材料的盈亏，及时进行管控。

数据分析发现材料商存在"缺金少两"现象的，予以发文通知，并进行相应的罚款措施。

（11）基于 BIM 的生产管理

1）基于 BIM 的施工任务跟踪：本项目现场管理人员较为年轻，施工经验不足；本项目施工进度总计划约有 3000 项任务，按照传统的生产管理方式，生产经理根据施工进度计划安排施工任务时，任务不清晰，对于完成任务所需要的资源、劳动力等均无提及与安排，造成施工员对任务目标接收不了解，无法高效地做好现场施工管理，有时施工用料安排过多，造成成本损失，有时机械和工人安排不合理，影响任务的完成，造成进度滞后。

BIM 团队将 BIM 模型上传至 BIM 云平台后，使用云端进行任务的发布及信息数据的收集。采用项目结构分解的形式将项目的施工任务分解至工序级别，形成项目工序库，同时每道工序都关联了相应的 BIM 模型。

云端自动计算 BIM 模型的资源及关联的劳动力数据，生成生产要素表，选择 BIM 模型上的工序、指定施工任务跟踪负责人后发布施工任务，与之对应的施工员可以通过手机 APP 清楚查看到对应的任务名称、部位、资源、劳动力等，这样便可针对该项任务有针对性地安排对应的机械、工人、资源（例如：混凝土的方量）等，有组织、有目标地进行现场施工管理。

施工任务跟踪直接通过手机 APP 进行记录，保证数据实时更新共享；并且作为生产要素数据收集，我们通过数据分析进度情况，从而采取相应的解决措施，有针对性地管控施工进度。

2）基于 BIM 的三级计划体系：在现场施工进度出现滞后的情况下，没有及时调整进度计划，因为滞后情况累计会造成施工计划中关键线路的变化，关键线路作为整个施工管理的主线，对于现场施工管理十分重要，会造成施工计划与实际进度脱离，最终导致计划无法指导施工，施工进度严重滞后。

计划管控上，BIM 团队联合项目技术部、工程部等，根据项目特点共同研制出基于 BIM 的三级计划体系：总计划 - 月计划 - 周计划逐级细化，由项目总工编制施工总计划、生产经理编制施工月计划、施工区域负责人编制周计划，并将计划与 BIM 模型进行关联，通过 BIM 模型传递时间数据，使得静态的计划变成动态，实时查看计划的关键线路变化。

周计划以施工任务的形式派发，通过上述基于 BIM 的施工任务跟踪，反馈任务的实际时间数据，以 BIM 模型为信息传递介质，时间数据由周计划传递至月计划、月计划传递至总计划的顺序，通过 BIM 数据 + 前锋线的联合，从而有依据、有针对性地快速进行计划调整，制定相应的赶工措施，保障项目的进度。

3）基于 BIM 的生产例会：项目每周都会召开生产例会，制作一份 PPT 耗费 2.5 天，该过程主要是因为各部门之间信息不协同造成的，并且经常因为信息不全、数据缺失，造成会上各个施工班组负责人之间互相推卸责任，影响生产会议的质量。

结合上述解决方案，所有的数据通过 BIM 模型进行传递并汇总，同时 BIM 团队将安全、质量的数据对接至 BIM 生产管理，通过数据集成的方式生成生产会议界面，无须专人进行 PPT 制作便可召开生产例会，达到高效开会的效果。

6.6.4　BIM 应用效果

1. 效果总结

（1）各应用效益分析

1）优化施工场地布置：统计分析，办公区的设计通过 BIM 进行模型设计再出图，效率上提高了 50%，保证了计划工期的进行。

施工场地的临设施工在用料购买及管控上都得到了较好的改进，且临设的施工工期提前 5 天，为项目后续的工期提供了保障。

2）基于 BIM 的装配式电缆架槽的研发：应用 BIM 技术的精细化设计，为装置的后期加工制作精确度提供了保障，通过仪器测量，加工偏差控制在 1mm 以内，保证运至现场的成品合格率达 98% 以上，也方便后期的拼装，经统计分析，返工率控制在 2% 以下，相比传统工艺在材料成本上可以节约约 13.5 万元。

3）基于 BIM 的协同设计，提高设计效率：通过协同设计，一共优化 108 个管线与结构的碰撞、568 个管线之间的实体碰撞，提高设计效率，设计工期提前 10 天，预计可节约二次施工的费用为 20 万元。

同时通过 BIM 技术的应用深化，机房的设备安装定位精确率达到 95% 以上，施工进度提前 5 天，节约造价约 10 万元，机电材料的利用率达到 98% 以上，保证了项目机电工程的施工进度，避免了机电工程延期被业主罚款 2 万的损失。

4）优化大型施工设备管理：通过 BIM+ 智能监控的形式，截至目前，项目群塔作业保持正常运行，顶升作业按照计划进行达到 98%，塔式起重机的安全隐患数量为 0，取得了不错的安全生产效益。

5）基于 BIM 的钢筋放样，降低主材损耗：通过上述方式，项目钢筋主材的进场安排按照计划的执行率达到 98% 以上，保证了项目施工进度的正常进行；钢筋的加工损耗率从原先的 4‰ 降低到 3‰，节约成本约 10.5 万元。

6）基于 BIM 的铝膜深化设计：统计分析，将铝膜深化设计工期从 15 天压缩至 8 天，同时应用可视化计划交底后，施工质量合格率达 98% 以上，做到免抹灰，节约施工成本约 46.5 万元。

7）BIM+VR 的安全教育，提高安全意识：应用 BIM+VR 的安全教育方式，施工作业人员体验后表示"真的好吓人"，表示相比传统教育方式体会要更加深刻，说明达到了教育的意义和目的，且施工至今，安全事故发生率为 0，深刻贯彻"安全第一、预防为主、综合治理"的安全生产方针。

8）基于 BIM 的模架方案编制：统计分析，采用新的方案编制方式，在绘图上由传统方式的 15 天压缩至 7 天，大大提高了工作效率，保证项目结构封顶节点的正常进行，避免了延期一天业主罚款 2 万的损失。而且三维转二维、三维交底的形式给予了技术员新的方案编制思路、新的交底形式、新的安全分析方式，在保障项目进度的同时也保障项目的安全生产。

9）基于 BIM 的安全管理，提高安全管控能力：统计分析，采用基于 BIM 的安全管理方式后，项目共计发现安全隐患 1500 个，现已完成整改 1480 个，整改率为 98%；安全隐患的及时整改率由传统模式的 80% 上升至 92%；安全表单的制作效率提高了 50% 以上，安全事故发生率为 0。

10）基于 BIM 的算量统计，提高成本管控能力：应用基于 BIM 的成本管控，帮助项目在材料管控上做到精细化管理，有力地帮助项目减少损失，提高成本管控的能力，经统计分析，节约材料成本费用约 50 万。

11）基于 BIM 的生产管理：

①基于 BIM 的施工任务跟踪：新的任务派发、任务跟踪方式提高了现场施工管理效率，实现了业务替代，根据项目施工员反馈，减轻了他们 20% 的工作量。

②基于 BIM 的三级计划体系：新的计划体系，提高了计划的管控能力与执行力，统计分析，截至目前，项目的关键线路变化次数为 6 次，计划调整次数为 6 次，保障了项目进度与计划的同步，避免因为工期滞后 1 天被业主罚款 2 万的损失。

③基于 BIM 的生产例会：新的生产会议形式，替代了专人 2.5 天制作 PPT 的工作，

解放了 1 个管理人员 2 年的工作，减少了约 20 万元的人员成本，同时打通各部门之间的信息协同渠道，达到高效办公的效果。

（2）企业效益

通过本项目 BIM 技术、信息化技术的成功落地应用，为我司总结出 BIM+ 信息化技术的应用思路，并编写了《企业信息化指南》第一版作为公司的标准文件，同时作为公司其他项目学习指南，这标志着公司的 BIM+ 信息化之路正式开始。

（3）社会效益

于 2019 年 5 月由广东省旧城镇旧厂房旧村庄改造协会、广东省建筑业协会、广东省城市规划协会联合举办的"数字更新 智慧建筑"大会，本项目作为"数字科技助力旧城区改造"案例在会上进行分享，讲述如何将 BIM 技术与智慧工地结合应用，打造项目信息化管理。

于 2019 年 7 月在 CCTV 发现之旅频道《筑梦新时代》栏目，本项目作为华南地区 BIM+ 智慧工地的示范项目，向全国人民讲述企业的 BIM 及智慧工地等信息化技术的应用，展现企业风采，提高公司在国内的影响力。

2. 方法总结

（1）基于 BIM 的安全管理：业务流程的转变最为深刻，利用 BIM 模型的空间功能和数据存储功能，安全隐患的发起从原先的纸质发文转变为线上隐患整改流程，自动在 BIM 模型上形成"图钉"式的标记。

安全表单通过抓取存储于 BIM 模型上的数据从而自动生成，而且利用"图钉"在 BIM 模型上的颜色和数量变化进行汇总分析，这些变化打破了传统的信息延迟、效率低的壁垒，做到了信息协同共享，真正地提高了安全管理效率，为项目安全生产保驾护航。

推动项目的安全信息化制度落地，以数据进行管理，杜绝项目管理过程中的"扯皮"现象。

（2）基于 BIM 的物料管控：通过 BIM+ 物联网的技术采集项目现场的施工数据，降低人工收集的误差率，提高工作效率。

通过将 BIM 平台与物料系统进行数据对接，运用 BIM 模型自身的部位信息和数据，将 BIM 模型的数据应用发挥到极致，以 BIM 技术推动项目的信息化发展。

与现场材料的实际过磅数据、预算 BIM 模型数据进行对比后，对于材料的盈亏情况清晰明了，在源头控制材料的损失，将本不该损失的费用拿回来，更好地做好施工材料的管控，助力成本管控制度落地。

（3）基于 BIM 的成本管控：在预算建模、钢筋放样上，以"一模多用"的原则，保证一套 BIM 模型贯穿整个项目，大大减少了建模的工作量，避免重复建模。同时通过不同 BIM 模型作用之间的模型量对比，以数据支撑现场材料的管控，从源头处进行成本管控。

以 BIM 技术带动项目的精细化管理，代替以往的宏观管控，保证成本管控制度落地，减少损失，为项目赢得更多的收益。

（4）基于 BIM 的施工任务跟踪：结合动态计划体系，在 BIM 模型的基础上，进行施工任务的派发，任务根据工期自动计算材料用量和劳动力需求，方便施工员高效地做好施工协调、安排。

施工员在跟踪任务的过程，通过手机 APP 对任务完成过程中的时间、资源用量等信息进行实行反馈，将数据存储于对应的 BIM 模型中，并且施工可以通过提取 BIM 模型的数据自动生成对应日期的施工日志，减少重复工作，提高工作效率。

（5）基于 BIM 的计划体系：公司对 BIM 模型的应用不再停留在数据应用上，而更多的是将 BIM 模型作为信息的传递介质，保证数据完整地传递，这一创新思路是后续计划体系应用的必要前提。

利用 BIM 模型进行数据传递后，使得总计划—月计划—周计划层层关联，形成动态的计划体系，帮助项目快速调整计划。

解决了传统计划修改任务重、与实际脱离的缺点，做到"现场进度跟着计划走"，计划体系真正落地，为项目的生产管理起到关键性的保障。

（6）基于 BIM 的生产例会：以"一模多用"的原则，综合基于 BIM 的安全管理、质量管理、动态计划体系、物料管控、施工任务跟踪等产生的数据信息，汇总分析，形成BIM 形式的生产会议界面或者自动生成会议材料，大大提高开会的效率。

节省了专人制作会议资料的人员成本，打破了各部门之间的信息"孤岛"现象，通过信息协同的形式提高各部门之间的协同办公效率，助力项目生产管理制度落地。

6.7　西安市第三污水处理厂项目——BIM 技术在全地下污水厂 EPC 总承包中的应用

6.7.1　项目概况

1. 项目基本信息

西安市第三污水处理厂扩容工程项目位于中国银行西安客服中心以南，占地面积约 24900m²，建筑面积 46800 m²，总投资 5.72 亿元。本项目为市政工程，采用钢筋混凝土框架结构，施工单位为中建安装集团有限公司。

本项目为陕西省首个采用地下全封闭处理模式的污水厂，建成后污水处理规模达 10 万 m³/d。

2. 项目难点

（1）高支模体量非常大，难度高。

（2）工艺管道量大，工期紧。

（3）设有 3 个变电所，且电缆型号较大。

（4）系统及管线材质繁多、复杂，工程量提取困难。

（5）本工程项目设计紧凑，周边可利用场地几乎没有。

（6）受工期限制，很多时候需要交叉施工。

（7）涉及的专业分包多，人员高峰期可达 1500 余人，人员管理及现场协调难度大。

3. 应用目标

（1）通过广联达软件创建高支模模型，节省材料、控制成本，既保证安全性又优选施工方案。

图 6-50　西安市第三污水处理厂扩容工程项目效果图

（2）通过 BIM 技术进行装配化施工，有效节约工期，提高施工质量。

（3）通过 BIM 电缆建模工具，提高建模效率；通过 BIM 协同云算量工具，快速提取工程量。

（4）通过 BIM 技术进行施工场地布置，实现场地布置的最大利用率。

（5）通过 Synchro 软件进行施工进度模拟，辅助解决现场交通组织、施工安排、复杂工序及工作面穿插等问题。

（6）该项目通过广联达 BIM5D+ 智慧工地平台等技术，减少返工和变更造成的浪费，实现项目的精细化管理，保障工程项目的顺利完工。

（7）经过实践，培养 3 名懂技术、会建模、会应用的综合型人才。

6.7.2　BIM 应用方案

1. 应用内容

通过 BIM 技术，进行模板高支撑、装配化施工、电缆精细化排布、工程量统计、成本管控等技术应用，解决施工实际操作层的难题。

开工之初，落实应用劳务管理系统、扬尘监控系统、视频监控系统，规范了实名制用工管理，避免了薪资纠纷以及因扬尘超标引起的企业不良信用记录。

正式开工后，落实应用 BIM+ 智慧工地平台（质量管理系统、BIM+ 技术管理系统、生产管理系统等），优化了质量管理流程，通过更准确的数据，减少通病的发生，同时提高问题解决效率，减少由于设计变更、方案信息传递不及时而产生施工遗漏造成返工。

2. 应用方案的确定

（1）BIM 技术应用软硬件介绍

①硬件配置：项目 BIM 技术应用硬件配置如表 6-16 所示。

硬件配置表　　　　　　　　　　　　　　　　表 6-16

序号	软件（版本）	数量
1	高配电脑	15
2	智能安全帽	—
3	LED 大屏	1
4	VR 设备	1
5	无人机设备	1
6	VR 眼镜	1

②软件配置：项目 BIM 技术应用软件配置如表 6-17 所示。

软件配置表　　　　　　　　　　　　　　　　表 6-17

序号	软件（版本）	用途
1	Revit 2018	建筑、结构、机电建模
2	Navisworks	三维设计集成，碰撞检查，进度模拟
3	Synchro	施工进度模拟
4	Lumion 6.0	渲染和场景创建
5	广联达 BIM 5D+ 智慧工地	BIM 协同管理平台

（2）BIM 组织架构：本项目建立 BIM 技术管理部，统管三污建设设计与施工阶段 BIM 的应用，确保实现 BIM "一把手"工程。各阶段再细化组织分工，确保工作到岗、责任到人，推进 BIM 技术与应用的落地。

6.7.3　BIM 实施过程

1. 实施准备

BIM 实施准备工作主要包括：落实 BIM 实施所采用的各类软、硬件资源，创建项目 BIM 元件库，制定通用和专用工作环境，搭建协调设计管理平台并进行设计工作环境托管，搭建 BIM 施工管理平台，并对施工管理平台人员进行培训，同时编制项目级 BIM 标准，制定制度保障，用于指导项目实施。

2. 实施过程

（1）模板高支撑：本项目生物反应池模板支架高度 8.9m、MBR 膜池部位模板支架高度 11m。高支模体量非常大，难度较高。模板脚手架的专项设计关系着工程的质量、安全以及成本，是本工程技术管理的核心工作之一。

为保证施工安全和质量，借助于广联达 BIM 模板脚手架软件，为项目提供模板高效设计。实施步骤如下：

1）将 Revit 模型导出 GFC 格式，再将 GFC 格式导入 BIM 模板脚手架软件中。

2）建立了三维结构模型后，从材料库中选择需要使用的模架材料类型和规格，针对结构设置对应的模架布置做法参数，由软件按参数设定的规则自动生成三维可视化的架体模型。

3）有了架体模型之后，一键生成工程量清单、施工图、施工方案及计算书等。同时根据模型制作可视化交底视频。

4）BIM 模架三维模型，生成模板加工图，降低工人操作难度，指导现场木工进行模板加工、安装，提高工效。根据模型架体配置，指导现场材料进场、调运周转及搭设安装，加快施工进度，提高了施工效率，得到了建设单位、监理单位的一致好评。

（2）装配化施工：本项目照明电线安装约 15000m，桥架安装近 4500m，控制电缆敷设约 10000m，管线焊接量约为 10000 寸口，室外地管原有管线错综复杂，地管施工难度大，同时要求 4 个月设备管线安装完毕。工艺管线量大、工期紧，通过运用 BIM 技术进行深化并对工艺管线进行工厂化预制现场装配，有效节约了工期，提高了施工质量。

传统模块出图是通过三视图完成的，出图效率低，出错率高。本项目将化工单线图引入装配式机房中，通过 BIM 插件的二次开发，提高了绘图效率、读图效率以及读图的准确性，同时也极大地加速了单线图的标注效率。

为了装配式的准确性，需要添加焊缝以及出厂复核。本项目在固有软件的基础上，根据项目实况，进行了二次开发，新增一键添加所有的焊缝族的功能，包含焊口长度、焊接体积、焊接截面积等信息，通过二维码标签添加焊接的信息，现场人员只需扫描二维码信息即能查询。

利用广联达 BIM5D 平台模拟施工顺序并编号、打印、粘贴二维码、扫描二维码添加信息进行物料跟踪、分区域装车运输。二维码作为物料信息的载体，采集信息上传管理平台，供查询与管控施工整体进程。

（3）电缆精细化排布：利用 BIM 电缆建模工具，自动寻找最优桥架路径并完成电缆模型的绘制。专项开发了电缆清单自动生成工具，根据定额计量及厂家要求一键完成电缆清册的生成。

完成电缆综合排布优化之后，进行 4D 施工模拟，进一步优化电缆综合排布；电缆综合排布优化后，利用针对电缆开发的标注插件，出具电缆敷设施工图。

（4）工程量统计、成本管控：利用公司自主开发的 BIM 协同云算量工具，根据设置规则及计算公式快速、灵活、准确地完成工程量提取。

利用公司自主开发的物资采购效益分析系统，通过导入标书清单、合同清单并与工程量相关联，进行物资采购效益分析，提升项目效益。

（5）施工场地布置：由于施工场地过于狭小，材料机械众多，合理布置各阶段施工现场是一大难点，BIM 技术人员将施工现场所有物体进行虚拟建造，通过漫游和模拟安拆时间来优化平面布置方案，保证现场运输道路畅通，方便施工人员的管理，有效避免二次搬运及事故的发生，促进安全文明施工（图 6-51）。

（6）砌体排布：项目运用品茗砌体排砖功能，对砌体工程进行模拟排布。BIM 排砖过程中，利用排砖图精确统计每层及整体的砌块用量，减少二次搬运；将砌筑区域划分后，计算区域内砌体用量，并根据墙面位置投放所需砌块。以达到节约施工材料耗损率、降低施工成本等目的。

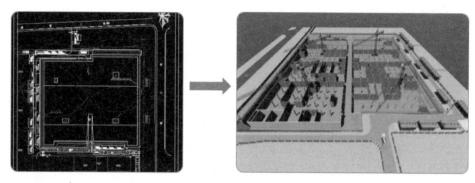

图 6-51　施工场地布置

（7）施工进度模拟与管控：通过 Synchro4D 软件将 BIM 模型与计划任务关联，直观、精确地反映整个建筑的施工过程。同时将不同进度计划、不同窗口进行比较，快速发现超前或滞后的计划。提升了管理者的工作效率，以缩短工期、降低成本、提高质量。

（8）广联达 BIM5D+ 智慧工地项目管理平台：

1）生产管理系统：项目部制定了每周施工进度计划，区域各工种施工人员对照周进度计划，每天上传完成工作量的情况并拍照留存，系统与总进度计划自动分析形成对比，项目就能针对进度滞后的采取增加人员或延长工作时间进行弥补。项目管理人员通过平台直接召开数字周会，改善传统生产模式，做到有据可依。利用平台手机并整理施工各种照片，以便分类查询并导出。

2）项目质量把控：项目部针对质量管理系统的应用主要是质量巡检。质量部人员通过手机 APP 将现场检查的信息录入系统，整改人收到消息及时整改并回复，问题发起人复查通过，问题闭合。本项目通过此方式增强质量意识、提高现场效率、改善作业行为，质量管理全部在线化，为项目管理人员搭建质量监管平台，为项目管理留痕。

本项目通过自动分析质量问题得出的结论，在质量动态分析会上针对占比较高的问题制定出详细的整改方案并确定出下一步质量管控方向及管理动作。

3）技术管理：在 BIM5D 管理平台构件跟踪模块中，按照流水段关联相应区域内的桩图元。本项目采用的方式是：对每条计划填写对应关键节点时间。实现了 PC 端构件关联相关资料生成二维码，APP 端通过扫描二维码可以提取构件基本属性及关联的数据信息，应用于现场实测实量及构件跟踪。

项目部通过图纸关联表单变更，实现了在看图时显示当前图纸涉及的变更问题，根据施工进度提醒变更问题，减少变更问题遗忘导致的返工。

4）BIM+VR 安全教育体验：项目部将施工场地布置模型导入 VR 软件中，设置了高处坠落、机械伤害、物体打击等危险源，通过 VR 设备进行安全教育项目的虚拟化、沉浸式体验。把以往的"说教式"教育转变为亲身"体验式"教育，让施工从业人员亲身感受违章操作带来的危险，强化安全防范意识。

5）塔机监测及工效分析：通过广联达 BIM+ 智慧工地平台，将物联网技术（IOT）和 BIM 技术相结合，直观呈现现场塔机运行情况，实时显示吊装重量、风速等多维度的监测数据，实现塔吊运行状态的多方位监控。

实现了一旦现场发现隐患，立即语音告警，提示设备操作人员规避风险，同时告警信息会推送到项目管理人员的手机端，督促现场施工人员进行整改，避免安全事故的发生。

6）智能视频监控：项目远程在线实时视频监控，公司领导层能实时、直观地掌握项目现场动态情况（图 6-52）。

图 6-52　智能视频监控

7）项目劳务管理：针对现场复杂的情况，项目部采用了第二代工地宝＋智能安全帽＋闸机的方案来协助项目管理人员对劳务进行管控，实现了劳务实名制以及人员考勤管理等。

8）环保措施：项目现场管理人员通过智慧工地平台落实和掌握政府对于项目施工现场的环保要求。

6.7.4　BIM 应用效果

1. 效果总结

（1）辅助项目管理和工程施工

1）广联达软件创建了高支模模型，有效节省了材料、控制了成本。

2）装配化施工在节约工期、安全高效性以及环保方面起到了良好的促进作用。

3）BIM 电缆工具提高了效率，可一键完成电缆清册的生成。

4）BIM 协同云算量工具，实现了快速提取工程量。

5）施工场地布置，实现了场地的最大利用率，促进文明施工，减少了二次搬运。

6）施工进度模拟，解决了复杂工序及工作面穿插的问题，提升了工作效率、缩短了工期。

7）广联达 5D+ 智慧工地平台，提高了对项目现场的进度管控，可及时落实项目进度计划，保证了项目工期。

（2）经济效益

通过设计协同审核，施工图阶段解决设计问题 400 余项，预计节约造价 300 万元。通过工艺管线工厂化预制与现场装配化施工，预计节约工期 1 个月。

（3）社会效益

获得广联达 BIM5D+ 智慧工地平台应用示范项目、广联达 BIM+ 智慧工地观摩项目称号；同时项目获得第五届江苏省安装行业 BIM 技术创新大赛一等奖。

（4）企业效益：通过本项目的 BIM 应用的落地，实践和完善企业及地方 BIM 管理的相关标准；提高企业 BIM 人才梯队建设并实现技术提升；获得了业主及业界的一致好评，为公司未来项目合作创造了良好机会。

2. 方法总结

提高项目全体管理人员的认识，充分了解数字平台的作用，使每个管理人员愿意主动去使用；制定奖惩措施，项目中首次使用数据平台的，对于上传数据量符合要求的管理人员给予奖励和表扬。

6.8　广西大学大学生活动中心项目 BIM 应用案例

6.8.1　项目概况

1. 项目基本信息

广西大学大学生活动中心项目由广西建工集团第一建筑工程有限责任公司承建，建设模式为 EPC；结构形式为框架结构，地上 5 层，地下 1 层，建筑主体总高度为 23.75 m（图 6-53）。

图 6-53　广西大学大学生活动中心项目效果图

2. 项目难点

项目整体外观平面呈全弧面流线形，上下结构的横向偏差约 7.5m，外架的搭设形式需从多方面进行分析。同时，项目中庭区域模板搭设高度达到 23.15m，高大模板造型不规则，水平横杆需与四周普通模板架拉结，施工难度大；施工过程中，在梁柱钢筋节点上，项目梁柱交错最密地方有 4 根 500mm×900mm 大梁与柱相互交错，大直径的密集钢筋影响粗骨料混凝土浇筑。

项目建设模式为 EPC，组织构架复杂，各方协同沟通线路较长；最新图纸或施工资料流转途径单一；各专业下达指令中间过程容易出错，现场管理不易精细化；现场管理数据不易归集；决策层没有可靠的整体数据辅助决策。

3. 应用目标

（1）在施工前期，应用 BIM 技术解决项目施工技术、安全文明管理以及施工信息冗杂等难题，过程中辅助施工。

（2）形成外架分析应用、高大模板深化设计总流程和项目信息化管理等机制。

（3）确保完成质量（创真武阁杯、国家优质工程奖）、安全（实现公司"六零管控"中"零事故"重要一环）、信息化（利用平台实现各方全过程协同沟通，做到信息互通有无）、工期（工程须在 275 日历天内交付业主使用）的管理目标，同时培养公司 BIM 团队成员由单一 BIM 建模型向 BIM 技术综合型人才转型。

6.8.2　BIM 应用方案

1. 应用内容

（1）在实施前，为满足项目建设要求，利用 BIM 技术辅助项目完成质量、安全、信息化、工期四大管理目标。

（2）通过应用绿建设计、异形模板深化分析与解决、梁柱钢筋复杂节点深化设计、排砖应用、BIM5D 平台质量管理、图纸校对、管线综合设计、720 样板引路及二维码应用、水塔加固等确保工程保质保量竣工交付。

（3）项目中通过圆弧外架方案分析与解决、BIM5D 平台安全管理、三维场布、无人机应用、危险源识别与临边防护、塔吊防碰撞等，实现项目安全文明管理；接入广联达 BIM5D 平台，对项目进行模型精准算量、云平台协同管理、BIM5D 管控、BIM+PM 创新融合等形成项目信息化管理机制。

（4）对项目进行建筑方案比选、5D 模拟、管线综合碰撞分析、预留洞口深化、净高分析、节点模型深化、三维技术交底等优化施工过程顺序，缩短施工时间，确保在规定工期内完成施工任务。

2. 应用方案的确定

根据需求，平台软件选择了广联达 BIM5D 平台、斑马进度计划、BIM 土建计量平台；建模软件选择了 Revit2018、3Dmax2018、SketchUp2018；分析渲染软件选择了 Navisworks 2018、Fuzor 2018、Lumion 8.0。

结合项目建设模式，BIM 组织架构由施工单位、设计单位以及分包单位组成，下分建筑、结构、机电等小组。施工单位 BIM 小组上对接设计 BIM 小组，发现图纸问题反馈于设计，并提出合理优化建议；下对接分包 BIM 小组，指导专业分包现场按 BIM 模型施工。

在应用内容和组织架构明确后，项目通过方案策划、标准制定、平台搭建、模型搭建、模型深化、施工出图、现场实施、效果检查的实施顺序开展 BIM 技术应用工作。

6.8.3　BIM 实施过程

1. 实施准备

实施前组建全专业 BIM 团队，完善软、硬件配置。在实施前 BIM 负责人依据应用内容和实施流程编制《BIM 技术实施方案》《BIM 模型标准手册》和《BIM5D 应用方案》，明确各应用点技术要求、实施流程和标准。

2. 实施过程

在设计阶段，依据初设阶段提出的 4 种项目方案，通过 SketchUp 搭建方案三维模型，利用三维模型对项目进行施工现场要求和工期分析，在满足此两者情况下，将旧水塔与新建筑有机结合，确定最终方案；并通过 Revit 体量、Pathfinder 等对最终方案进行绿建设计分析，保证了项目后期需求和建设工期要求。

（1）施工过程的针对性应用

1）针对项目上下结构的横向偏差约 7.5m，项目 BIM 团队提出两种外架搭设（落地或悬挑）方案。

利用 Revit 建立两种方案三维模型，输出两种方案的材料需求表，并在搭设难易程度、搭设工期、综合费用上进行对比选择分析，最终选择落地式外架；同时利用 BIM 三维模型指导现场工人搭设施工，解决了项目在全弧面外形上搭设脚手架经验不足的难题，同时搭设工期上比原计划缩短了 5 天，保证了工期。

2）针对中庭区域模板搭设难度大，项目 BIM 团队通过研究总结出的高大模板深化设计流程（图 6-54）。

将 Revit 土建模型转化到品茗 BIM 模板软件中创建模板，依据规范和公司要求优化架体的搭设，利用优化后的 BIM 高支模模型指导架体搭设；解决了项目在不规则空间架体

图 6-54　项目高大模板 BIM 模型

搭设能够满足规范要求的难题；同时实现了混凝土成型质量优良，保证了工程质量。

3）在梁柱钢筋节点上，针对复杂节点，通过 Revit 建立钢筋 BIM 模型。建模过程对梁主筋进行起拱处理，确定交叉梁主筋起拱的角度及高度，优化钢筋之间的碰撞；依据模型出具钢筋下料加工尺寸图表，交于现场加工；同时根据钢筋模型及模板支设方案，建立模板搭设模型，指导现场施工；解决了现场因大直径密集钢筋影响粗骨料混凝土浇筑的难题。

4）在信息化应用上，搭设广联达 BIM5D 平台，利用 BIM5D "三端一云"的架构设计，结合项目特点，制定符合项目质量、安全、生产管理的流程。

过程中发现问题实时上传，线下及时解决；质量安全生产数据得以留存并分析，辅助决策的协同管理；同时将公司的综合管理系统和 BIM5D 平台数据打通，实现项目成本的两算对比，并与公司风险管控结合，实现成本预警。解决了现场管理数据不易归集，决策层没有可靠的整体数据辅助决策的难题。

（2）施工过程中的管理应用

1）排砖应用：项目 BIM 团队针对项目实际情况，对排砖应用提出基于 Revit 的可计算工程量的砌体填充墙模型的创建方法，即通过 Revit+dynamo 实现自动排砖建模，在快捷建模的同时也符合现场实际施工需求。该方法已申请专利，解决了以往排砖方法所出砖模种类过多、不符合实际的难题，实现了每层用砖量减少 4.5%，同时形成的排砖应用流程也拓展到公司其他的项目中去。

2）施工深化设计：采用 Revit 建立项目全专业模型，利用 Navisworks、Fuzor 对机电管线进行管线碰撞分析进而优化管线模型，形成净高分析、预留洞口等管线综合设计流程；解决项目因管线复杂而造成多次返工以及不满足净高的难题。

3）安全文明管理：依据集团标准化图集，采用 Revit 搭建三维场地模型，指导临设布置，通过 Lumion 进行渲染和展示，辅助项目绿色施工；通过无人机摄像，检查施工现场安全文明情况；采用 Fuzor 对项目进行危险源识别，提前发现临边安全隐患，及时编制防护计划；建立水塔加固和塔吊防碰撞模型，解决项目过程中安全文明管控不到位的难题。

4）提升施工质量：采用 Revit 建立钢筋、模板搭设、施工样板等三维模型，并通过 Fuzor、3Dmax、720 云全景对模型进行施工模拟和展示，对工人进行三维技术交底，解决了工人对节点不熟悉而影响施工质量和施工进度的难题（图 6-55）。

6.8.4　BIM 应用效果总结

1. 效果总结

通过 BIM 技术的应用，实现了项目难点的全部解决。

在外架搭设上，结合各方实际要求分析方案，并采用三维模型指导施工，搭设

图 6-55　梁柱节点模板体系支设 BIM 模型

工期比原计划缩短了 5 天，同时节约费用 12 万元；在异型圆弧高大模板上，总结出了高大模板深化设计流程，并指导施工，搭设时间比计划提前 5 天，成本费用减少约 6 万元；在复杂钢筋节点上，形成了复杂钢筋节点优化流程，并指导施工实现钢筋施工时间缩短了 5 天；在排砖应用上，归纳总结出了基于 Revit 的可计算工程量的砌体填充墙模型的创建方法的专利，每层用砖量减少 4.5%，节约总成本 3 万元，形成的排砖应用流程拓展到公司其他项目中；利用 BIM5D "三端一云" 的架构设计，辅助项目决策的协同管理；同时将公司的综合管理系统和 BIM5D 平台数据打通，实现项目成本的两算对比，并与公司风险管控结合，实现成本预警。

总体来说，项目各方通过 BIM 技术的全过程应用，提升了业主、设计、施工的管理效率，节约了沟通时间和施工工期，避免了现场返工，产生了良好的经济和社会效益。合计节约成本 61.4 万元。工期缩短 5%，工作协同效率提高 20%，现场施工效率提升 30%，在质量安全方面实现 "零投诉" "零事故"。后期运维为广西大学组建 "智慧校园" 运维提供相应的数据支撑。在人才培养上，培养了项目 BIM 团队和项目技术、安全、生产部门共 15 人。

2. 方法总结

（1）在 BIM 技术应用方法上，形成了高大模板深化设计流程、基于 Revit 的可计算工程量的砌体填充墙模型的创建方法等，形成的流程和方法均可拓展到公司的其他项目中。

（2）在科技成果上，本工程坚持样板先行、策划先行，做好质量管控，取得明显成效。项目获评 2018 年广西建设工程优质结构奖。"一种具有更高稳定性的双层板筋间距及钢筋保护层厚度控制装置的研制" 获 2019 年广西工程建设质量管理小组活动一类成果，"提高现浇混凝土斜圆柱施工质量" 获 2019 年广西工程建设质量管理小组活动二类成果；获两项实用新型专利 "一种扣件式钢管脚手架剪刀撑外杆专用扣件" "一种用于建筑结构施工的支撑装置"，一项软件著作权专利 "基于 Revit 的可计算工程量的砌体填充墙模型的创建方法"。

6.9 许昌市科普教育基地项目 BIM 应用案例

6.9.1 项目概况

1. 项目基本信息

许昌市科普教育基地工程是许昌市中轴线第二节点 "科技之星" 的核心建筑。地下一层，地上三层，框架结构；总建筑面积 72227m²，其中钢结构 2000 余吨，幕墙铝板约 36000m²。是一座融合青少年宫、科技馆、海洋馆、地下商业街及配套地下车库多功能为一体的综合性公益建设项目（图 6-56）。建设单位为许昌市政府投资项目代建制管理办公室，施工单位为河南省第一建筑工程集团有限责任公司。

2. 项目难点

（1）本工程设计造型新颖，建筑结构复杂，组织实施难度大。

（2）直径 1400mm 跨度 28m 的 24 榀异型钢桁架结构加工、安装难度高。

图 6-56　许昌市科普教育基地项目效果图

（3）3 万余块穿孔铝板有 5 种孔径和 5 种孔径组合，几何形状各异，且 60% 以上为单、双曲板，规格尺寸多，加工难度大。

（4）用异形板实现空间扭曲，施工难度大，成本控制风险高。

3. 应用目标

（1）提高钢结构、幕墙等深化设计的质量和效率。

（2）提高项目各部门的协同合作能力，创造高效的工作环境。

（3）提高现场施工效率，减少材料损耗及浪费。

（4）提高总承包管理水平，加强总包与分包之间的协作。

（5）提高项目商务管理的准确性与及时性，更好地进行成本控制。

（6）提高项目质量、安全的监管与控制能力。

6.9.2　BIM 应用方案

1. 应用内容

（1）土建专业主要应用内容有：图纸审查、可视化交底、三维场地布置管理、高支模体系验证、砌筑工程精细化管控、进度管理、质安管理、混凝土工程量管理、图档云端管理等。

（2）机电专业应用内容有：图纸审查、碰撞检测报告、净高分析、室内漫游展示、管线综合、机电深化出图、预留洞出图及校核、机电安装指导等。

（3）钢结构专业应用内容有：钢结构图纸审查、钢结构节点优化、钢构件加工生产、三维动画施工模拟、钢结构现场安装三维交底、辅助构件放样定位、模型的商务应用、限额领料、钢结构运输构件跟踪等。

（4）幕墙和装饰装修专业应用内容有：幕墙优化及拆分应用、幕墙工程量提取、幕墙铝板预制加工、幕墙施工交底、幕墙安装控制与校核、幕墙节点三维展示、三维动画交底、航拍展示、云渲染与 VR 虚拟技术结合、构件跟踪等。

2. 应用方案的确定

（1）软、硬件配置，详见表 6-18、表 6-19。

软件配置 表 6-18

序号	软件名称	软件用途
1	Autodesk Revit 2016	建筑、结构专业建模软件
2	MagiCAD	暖通、给水排水、电气机电专业建模软件
3	Tekla2.0	钢结构建模、深化设计
4	RHINO5.0	幕墙建模、深化设计
5	Navisworks 2016	三维设计数据集成、软硬空间碰撞检测、项目施工进度模拟展示、专业设计应用软件
6	广联达三维场部软件	场地布置模型搭建及分析
7	广联达造价类软件	造价工程计算、预算结算
8	3D max	施工动画制作、效果图渲染
9	Lumion	漫游动画制作、效果图渲染
10	Fuzor2016	模型实时漫游、虚拟现实查看
11	广联达 BIM5D 平台	BIM 集成协同工作平台

硬件配置 表 6-19

名　称	硬件配置型号	数量
工作站	处理器：英特尔 酷睿 i7-6700；显卡：影驰 GTX1060 6GB；内存：64G	1
移动工作站	处理器：英特尔 ® 酷睿 ™ i7-6700；显卡：NVIDIAGeForceGTX960M；内存：32G	1
台式电脑	处理器：英特尔 酷睿 i7-6700；显卡：影驰 GTX1060 3GB；内存：32G	8
天宝机器人	RTS771	1
点云扫描仪	X130 扫描仪	1
VR 设备	宏达 HTC VIVE	1

（2）组织架构：本工程 BIM 团队由公司 BIM 中心负责技术指导，项目 BIM 团队负责模型创建、调整、技术应用。

6.9.3　BIM 实施过程

1. 实施准备

（1）成立项目 BIM 小组：根据集团公司对 BIM 实施应用的相关规定，要求集团公司所有项目必须成立项目级 BIM 小组，并且要对在建项目进行 BIM 全过程应用，集团公司季度巡检时会对应用情况进行检查、指导，并对应用情况采取奖罚制度，确保 BIM 应用落到实处。

（2）定期开展人员培训：集团公司 BIM 中心定期对项目 BIM 组人员进行软件讲解和培训，使其能熟练掌握和操作各类软件，并且运用到施工现场。

（3）制定相关标准：开展 BIM 应用前会制定相应标准、制度等建设文件，使 BIM 应用更加规范和切合实际。

2. 实施过程

（1）施工场地三维布置：通过 BIM 技术创建不同阶段的临设方案模型，模拟材料进场及转运，对方案进行校验调整，合理布置料场、加工棚、临时道路，避免材料二次搬运，使项目现场布置合理、美观（图 6-57）。

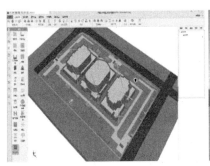

图 6-57　三维场布图

（2）BIM 模型创建：本工程各类图纸过千张，涉及的分支系统（专业）多，因此，开工伊始，就创建各专业 BIM 模型，使项目各方在统一的信息共享平台下、统一的流程框架下高效协同工作，从而可以保障建设相关信息能够高效、准确、快速地传递。

（3）土建图纸审查：本工程发现图纸土建设计问题 83 处，重大问题 3 处，如：人防结构和土建结构大台阶交接处缺少挡土墙问题，避免经济损失约 19 万元。

（4）钢构图纸审查：同过钢构模型创建与土建模型关联对比，发现预埋件与土建标高不符、冲突打架等问题共计 37 处，如：钢结构预埋件"漂浮"、与土建结构梁穿预埋件冲突、钢结构造型管节点不合理、主桁架与屋面梁冲突等。

（5）机电安装图纸审查：根据碰撞检查及反馈流程，将检查出的问题形成碰撞检查表提交设计院进行核查修改，此项工作节约后期返工、变更等。

（6）可视化技术交底：各专业利用 BIM 方案交底 11 次；设计院现场交底 3 次；项目生产例会每次使用 BIM 汇报进度与质量安全问题；项目人员在平时以 BIM 模型为载体进行交流沟通；通过 BIM 探讨施工方案等。

（7）砌筑工程精细化管理：二次结构施工前，利用广联达 BIM5D 中的二次排砖功能，对二次砌筑墙体进行排砖布置，出具排砖图，辅助出具砌块材料需用计划，指导材料采购并进行精确投放，减少材料浪费，避免二次搬运，降低了 0.9% 的损耗率，节省 16.5 万元。

（8）BIM5D 质量安全管理：现场质量安全问题，通过手机端进行问题采集并推送给负责人问题描述和实际位置，便于及时整改反馈。同时，网页端对问题进行实时记录整理分析，项目管理人员可实时掌握现场质量安全动态，并且在周例会上分析问题过的部位及原因，保证质量安全的及时管控。整个施工过程做到了零质量事故、零工伤事故！

（9）BIM5D 进度管理：计划进度和模型挂接，现场通过手机端上传实际进度，利用

BIM5D 模拟计划进度和实际进度的对比，在周例会上汇报分析进度偏差原因，主管领导可以在网页端及时查看进度对比，保证进度可控。

（10）机电管线综合、净高分析、机电出图：以科技馆二层为例，在深化图纸建完模型之后发现不同专业的管线出现重叠和空间利用不合理的现象，管综优化后，既满足了施工要求，同时也满足了场馆二次装饰装修的最小间距要求（包括管道保温层在内），满足净空 5m 的要求，调整最低净高 5.1m。避免了工程返工造成的损失估算 28.6 万元。

（11）钢结构节点优化：预埋件锚筋碰撞问题优化；屋面钢梁与造型管连接无节点，优化节点板使用高强螺栓连接，便于现场施工；优化预埋件 399 个、节点 78 处、造型管 4 处，节省工日 11 天，成本 23.5 万元。

（12）指导钢结构加工生产：钢结构加工前项目组进行了精心的策划，借助 BIM 模型进行二次放样，方便了工人对造型的理解和放样加工，返工率大大降低。

（13）指导钢结构现场吊装：钢结构开工前，按照可视化模拟交底，针对施工重点、难点部位，利用 BIM 模型对吊装方案进行三维演示，提前发现安装难点，模拟安装顺序，形成书面交底，便于工人理解和操作。

（14）幕墙节点优化：对幕墙龙骨节点圆管与圆管间连接以及铝板与龙骨之间的连接进行优化处理，优化后具有误差调节功能，便于施工，经济合理；并对难点部位进行三维展示，便于理解。

（15）曲面幕墙龙骨制作、安装：幕墙扭曲面龙骨是通过一万多个焊接球的不同角度转换而形成的，所以，焊接球的定位直接决定龙骨的加工和安装质量，从而也影响到铝板幕墙的安装精度。因此，利用 BIM 模型提供的坐标，通过天宝放线机器人，将焊接球准确进行三维空间定位，采用地面拼装、整体吊装的方法，保障了扭曲面龙骨一次安装到位，节省大量人力（图 6-58）。

（16）曲面幕墙铝板优化、拆分：为保证曲面铝板幕墙的顺滑，设计要求曲面铝板翘

图 6-58　曲面幕墙龙骨制作、安装

曲的高度控制在 60mm 以内，当大于 60mm 时，利用增加分格来减少翘曲的高度。采用 BIM 犀牛 Rhino 模型，对曲面铝板进行优化拆分，达到了设计效果。

（17）幕墙铝板加工制作：利用生成的铝板信息及图纸来指导工厂预制加工铝板，通过切割、雕刻、喷涂等工艺加工为成品，运输至现场组装，BIM 的应用大大降低了幕墙铝板加工和安装难度，比计划工期提前 20 天。

（18）钢结构工程量提取：利用 Tekla 模型生成的各种报表，统计出不同长度、等级的螺栓总量，估算油漆使用量和每种规格的钢材使用量；指导钢结构构件的加工以及现场限额领料等。

（19）幕墙工程量提取：利用 BIM 模型，导出详细 CAD 图和总位置图，批量化生成铝板，包含铝板的面积以及铝板安装控制点坐标、连接杆件的长度等信息，这些工程信息可以指导工厂铝板预制加工以及用于材料购买、限额领料控制等。

（20）图档云端管理：借助 BIM5D 平台的协助云空间进行资料管理：第一、实现资料在云空间中的电子备份；第二、实现协助云空间成员之间的资料共享，并设有各自权限保证资料安全；第三、实现资料与模型关联，实时查看模型更全面的信息。

3. BIM 创新应用情况

（1）三维点云 +BIM 技术综合应用：本项目钢构、幕墙工程造型复杂，施工难度大，有一个环节出现施工偏差，就可能造成无可挽回的损失，因此，本项目采用点云扫描技术与 BIM 技术综合运用，通过点云扫描，"正向定位、逆向反馈"，共检查出龙骨与钢构碰撞点 102 处，幕墙与龙骨碰撞 68 处，并利用 BIM 技术及时解决，挽回经济损失约 15 万元，同时节省工期 25 天（图 6-59）。

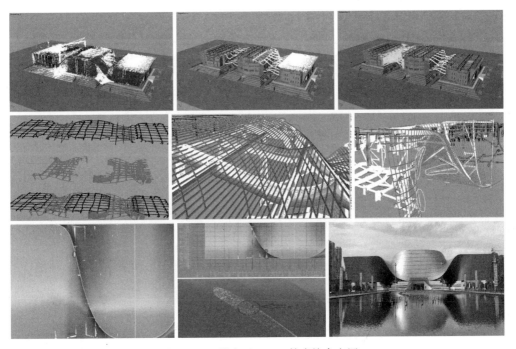

图 6-59 三维点云 +BIM 技术综合应用

（2）曲面铝板批量料单提取：本工程曲面铝板约 2 万块，且规格、型号各异，加工、生产难度大，利用犀牛软件批量化生成曲面铝板，做到了速度快、尺寸准，同时还可以对每块铝板进行编号，保障了施工进度和施工质量。

（3）传统做法优化提升：利用 BIM 技术，对由 13000 多个高空三维空间焊接球组成的龙骨网片施工难题，进行做法优化再创新，即"反向定位、地面拼装、分片吊装、高空组对"的方法，使施工难题得到了解决，与传统做法比较，节约工期 25 天，节省造价 30 余万元（图 6-60）。

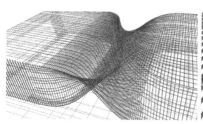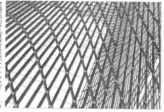

图 6-60　传统做法优化提升

（4）BIM 与 VR 虚拟技术结合应用：利用 BIM 技术结合 VR 技术，建立 VR 体验馆，通过沉浸式虚拟体验，实现交互式三维漫游模拟场景，当点击一个构件，相关数据即可呈现。

6.9.4　BIM 应用效果总结

1. 效果总结

（1）据不完全统计，图纸审查、钢结构问题、幕墙深化等几项，可测算累计节约项目成本 141.3 万元。

（2）各专业提高 50% 交底效率；降低 60% 安全风险；比预计缩短工期 39 日历天。

（3）项目中积累了 BIM 建模规则、BIM 应用流程、标准方法；为后期 BIM 推广形成技术支持。

（4）获得"第四届中国建设工程 BIM 技术综合一类成果""中原杯 BIM 大赛综合类一等奖""中国建筑业协会绿色示范工程""河南省新技术应用示范工程金奖""河南省中州杯""河南省勘察优秀设计一等奖"等，接待 BIM 参观学习团 7 次。

2. 方法总结

许昌市科普教育基地项目是一座设计新颖、造型复杂的大型公共建筑，由于其独特的设计理念，注定了本工程有很高的施工难度，所以工程伊始集团公司就决定采用 BIM 技术来解决本项目的重点、难点问题：一是场馆之间跨度 28m、直径 1400mm 的 24 榀异型管桁架钢结构的加工制作和安装；二是 3 万余块穿孔铝板有 5 种孔径和 5 种孔径组合，几何形状各异，且 60% 以上为单、双曲板，规格尺寸多，加工难度大；三是空间异面、异型焊接球网架的加工和安装。

针对上述的重点、难点，集团公司成立 BIM 小组，充分利用 BIM 技术予以逐项解决，具体实施步骤和效果如下：

第一，对复杂杆件等建立 BIM 模型，根据 BIM 模型对各复杂杆件进行精确加工和制作。

第二，利用 BIM 虚拟施工技术，模拟全过程施工顺序和流程，从中发现问题，从而避免在实际施工中出现同样的问题而造成不必要的损失。

第三，采用三维点云扫描技术与 BIM 技术综合运用，通过点云扫描，"正向定位、逆向反馈"，提前发现龙骨与钢构碰撞点、铝板幕墙与龙骨碰撞点，然后及时调整龙骨和铝板幕墙模型，达到了节省造价和缩短工期的效果。

根据项目实践，发表论文 3 篇（其中国家级期刊 1 篇、省级期刊 2 篇），形成省级工法 2 项，发明专利 2 项。

6.10　亚投行项目 C 标段 BIM 应用案例

6.10.1　项目概况

1. 项目基本信息

亚洲基础设施投资银行是政府间性质的亚洲区域多边开发机构，是国家"一带一路"倡议下的重点工程，本工程为亚洲基础设施投资银行总部永久办公场所项目。位于北京中轴线北端，奥林匹克森林公园南侧，用地面积约 6.1hm^2。项目类型为超 5A 级办公楼，工程总建筑面积 39 万 m^2，结构类型为钢 - 混凝土组合结构框架核心筒体系，由中国建筑第八工程局有限公司总承包施工（图 6-61）。

图 6-61　亚投行项目 C 标段效果图

2. 项目难点

（1）建造标准高、平面布置困难：本工程位于国家 5A 级景区北京奥林匹克公园内，场地狭小，平面布置困难，运输压力大，工期紧，任务重。

（2）项目参与方众多、工作界面复杂：本工程三家总包在同一场地内共同施工，且建筑为一个单体，地下和地上总承包范围分界均不一致，工作界面复杂。

（3）钢结构深化量大、工期极为紧张：本工程总用钢量达 11 万吨，相当于两个鸟巢外部钢结构用量，且钢梁、钢柱等存在标段间交叉，合同工期要求在 3 个月内完成全部钢结构施工。

（4）机电设备、管线复杂：本工程机电设备多，各种管线交叉多，项目部策划应用 BIM 技术，实现精品工程且要保证工程进度与质量。

3. 应用目标

（1）提高参施各方的工作协同性和信息沟通效率，实现经济效益和社会效益双赢。

（2）降低质量、安全、成本风险，加快施工进度，杜绝返工，实现高集成、高难度、高速度条件下的精细化建造。

（3）构建完整数字化三维信息系统，实现项目智能化 BIM 运维。

（4）培养 BIM 应用人才，提高 BIM 应用能力。总结采用 BIM 技术对办公楼深化设计的方法和流程。

6.10.2　BIM 应用方案

1. 应用内容

基于本项目实际管理需求及目标，制定 BIM 实施的工作组织、工作流程、参与方职责和各方工作细则，明确项目 BIM 技术标准与质量控制要求，形成本项目 BIM 实施的纲领性文件。

在施工阶段，BIM 的应用主要为平面布置、钢结构深化加工、管综 / 净高控制、施工管理平台、进度质量管理、模拟 / 可视化研究方面。

2. 应用方案的确定

（1）软件选型，详见表 6-20。

软件选型

表 6-20

软件名称	版本	软件功能	备注
Autodesk Revit	2016	创建建筑、结构、机电模型	建模软件
Autodesk Navisworks	2016	施工漫游、软碰撞检测、节点动画模拟	辅助软件
Tekla structures	18.1	创建钢结构模型	建模软件
CATIA Revit	2016	创建幕墙模型	建模软件
Auto CAD	2016	图形基础化处理	图形软件
Lumion	6.0	精装漫游动画模拟	辅助软件
Fuzor	—	虚拟漫游、净高检查、装修选型	辅助软件
3Ds MAX	2015	动画漫游辅助	辅助软件

软件名称	版本	软件功能	备注
CAD 快速看图	—	快速查看 CAD 图纸	图形软件
广联达 BIM 施工场地布置	V6.1	施工场地布置和现场管理	主要软件
广联达 BIM5D	V2.0	现场及商务管理	管理平台

（2）组织机构：针对本工程特点及实际工作需要，建立层级分明的 BIM 工作组织架构，形成了全员参与、全专业、全流程应用的项目 BIM 实施团队。

6.10.3　BIM 实施过程

1. 实施准备

（1）BIM 技术管理及标准：业主基于本项目实际管理需求及目标，制定了本项目的 BIM 实施工作组织、工作流程、参与方职责和各方工作细则，明确项目 BIM 技术标准与质量控制要求。是本项目 BIM 实施的纲领性文件。

（2）BIM 技术管理体系：由于项目参与方众多，联合业主制定 BIM 技术管理实施细则。

（3）模型与信息要求：对模型与信息标准要求进行统一。包括 BIM 项目组织、模型组织与规划要求、模型及信息要求、成果与交付要求等。

2. 实施过程

（1）平面布置

1）临建平面布置应用：运用 BIM 预先排布，建成了引领华北区域临建的办公区及工人生活区。

2）施工现场平面布置应用（图 6-62）。

图 6-62　钢结构阶段平面布置

（2）钢结构深化模型专项应用

1）钢结构深化设计：根据结构的特点选用合理的深化设计软件。根据本工程的结构形式及构件特征，选择 Tekla 软件作为深化设计的主要应用软件。

2）钢结构组成：根据结构图纸进行建模、构件数量统计等，方便构件拆分及深化。

核心筒由箱型柱、钢板剪力墙、楼面钢梁、钢楼梯组成。外框主要由圆管柱、框架梁、楼面梁、悬挑梁、钢楼梯组成（图 6-63）。

图 6-63　在 BIM 模型中不同颜色展现工程实时进度状态

（3）多标段管综协调与管理

1）碰撞检查：依据施工图纸建立的 BIM 模型导入到 Navisworks 碰撞检查软件中，进行碰撞检测，并导出碰撞检查报告，作为管线优化调整依据。出现碰撞问题，以问题报告的形式汇总，及时提出沟通协调（图 6-64）。

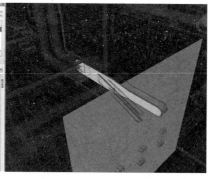

图 6-64　机电管线现场应用

2）BIM 漫游：通过视频漫游，对机房净高进行分析，真实感受空间、设备布置是否合理美观。主要利用 Ipad+BIM360 软件对现场管道路由进行校核，核查现场施工与模型图纸的一致性。

（4）BIM 精装模型的搭建：通过精装修设计图纸，搭建精装修模型，在搭建的过程中不断与技术人员和设计人员交流，与设计方案效果图进行对比和优化（图 6-65）。

（5）BIM5D 管理：广联达 BIM5D 以 BIM 平台为核心，集成全专业模型，并以集成模型为载体，关联施工过程中的进度、合同、成本、质量、安全、图纸、物料等信息，为项目提供数据支撑，实现有效决策和精细管理，从而达到减少施工变更、缩短工期、控制成本、提升质量的目的。

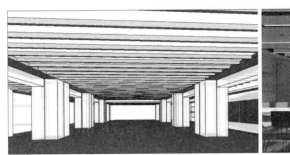

图 6-65　餐厅 BIM 模型及设计方案

BIM5D 管理　　　　　　　　　　　　　　　表 6-21

序号	部门	BIM5D 应用点	应用方法
1	技术	生产进度管理 云端资料管理	施工模拟、施工流水划分； 数据导入及 BIM5D 进度照片
2	商务	成本管理	工程量统计
3	质保工程	质量管理	BIM5D 移动端
4	安全	安全管理	BIM5D 移动端
5	机电	质量管理	BIM5D 移动端

1）BIM5D 安全质量管理：通过手机对质量安全内容进行拍照和文字记录，归属责任人，即时通知责任方进行处理和反馈，保证责任和问题的跟踪留痕。手机端、电脑端和云端三端数据同步，协助生产人员对质量安全问题进行直观管理（图 6-66）。

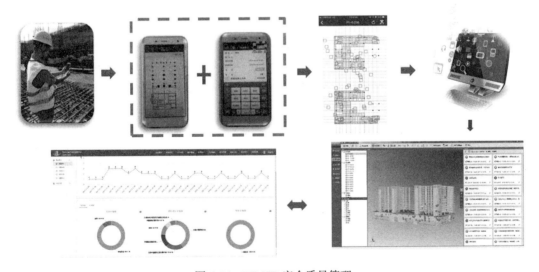

图 6-66　BIM5D 安全质量管理

2）BIM5D 生产进度管理：生产经理根据周计划 / 月计划安排各流水段任务并派分各片区工长，配套任务给技术部等部门。工长需要反馈任务完成情况，需要了解任务相关的技术要求。做到施工现场任务留痕管理，项目各参与方实时了解项目进展情况，实时纠偏（图 6-67）。

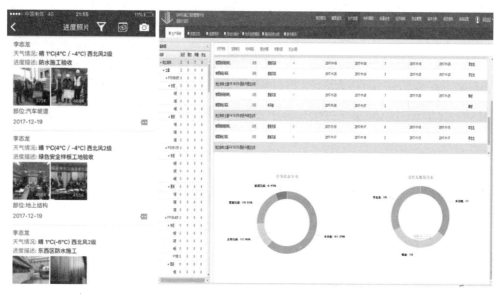

图 6-67　BIM5D 生产进度管理

3）BIM5D 云端资料管理：将项目的相关文件（如：图纸、变更、施工资料、技术交底等）上传至 BIM 云并及时更新，同时对管理人员设置相关权限，方便其实时实地查询所需信息，同时将资料上传云端可以防止文件的丢失及泄密，保证资料的完整性和可操作性。

（6）BIM+ 智慧管理

1）VR 安全管理：让体验者进入虚拟安全体验馆，给予体验者深刻的体验感受。

2）全站仪测量精度控制管理：通过对软件、硬件进行整合，将 BIM 模型带入施工现场，利用模型中的三维空间坐标数据驱动智能型全站仪进行测量。

3）720 云全景漫游管理：运用 720 云全景，电脑端与手机端结合应用，实现建设阶段的全景漫游。

4）三维扫描点云模型处理：采用三维扫描对现场进行扫描，通过对点云模型的处理，配合业主进行建筑模型的校核，以及配合项目部与图纸进行平面比对，还原现场尺寸，对比图纸与现场的差异，也便于深化设计测量还原现场尺寸。

项目现场测量放线通过对点云模型的处理，配合业主进行建筑模型的校核，以及配合项目部与图纸进行平面比对，还原现场尺寸，对比图纸与现场的差异。根据点云数据和 BIM 模型比对，出具偏差报告，为后期精准施工铺平道路。

6.10.4　BIM 应用效果总结

1.效果总结

借助 BIM 技术，结合智慧工地系统，通过 BIM 的超前、可视、模拟实现场地布置、监控布置、设备机械布置等，达到场地利用最大化、最合理；从全新的角度引导项目。依托 BIM 应用平台加强各部门、各参建方工作间的协作能力，实现信息的公平、对称与及时性；根据设计阶段对接的模型，实现施工进度管理、信息化现场管理的目的；通过 BIM+Tekla 实现钢结构工程的节点深化、安装模拟；通过精装模型的搭建实现精装修技术工艺的演示、技术方案的优化、技术措施的管理以及深化设计；通过 BIM+VR 管理加强了现场工人的安全管控力度，确保了本工程的顺利施工的同时。

BIM 技术是建筑业信息化的主要手段和发展趋势，施工企业推广应用 BIM 有助于提升企业市场竞争力。BIM 成果获 2019 年度北京市工程建设 BIM 大赛一类成果、中国建筑业协会建设工程 BIM 大赛一类成果，通过运用 BIM 技术，在施工现场总承包管理、技术评估、创新研究等方面进行了一系列应用与研究，取得的主要效果详见表 6-22。

BIM 应用取得的主要效果 表 6-22

	项目	数量（金额）	与传统作业方式比较 节约的比例
BIM 应用取得 的主要效果	可视化技术节约与各方协调联络的时间（天）	10	3%
	节约材料的价值（万元）	1900	1%
	缩短工期（天）	90	10.7%
	节省的建造费用金额（万元）	4500	2.4%

2. 方法总结

形成了一套项目参与方众多、工作界面复杂、超大型国家重点工程下的 BIM 技术应用实施标准及专项方案，在统一的 BIM 规划与技术管理之下，深入应用 BIM 技术，完成全生命期各阶段数字化成果交付，实现精细化建造的目标，对类似工程起到示范作用。通过项目全员参与的 BIM 技术应用推广以及每月的专业技能培训，提升了项目管理人员对 BIM 技术的认识与技能水平，为 BIM 技术行业的发展作出贡献。

6.11　BIM 技术在海峡文化艺术中心的应用

6.11.1　项目概况

1. 项目基本信息

海峡文化艺术中心由中建海峡建设发展有限公司承建，工程总建筑面积 144820.98m²，其中地上建筑面积约 91061.72 m²，地下建筑面积约 53753.86 m²，总造价约 27 亿。项目结构为框架剪力墙结构＋钢网格结构，建成后将成为福州版的"悉尼歌剧院"（图 6-68），是福建省内第一个落地的 PPP 项目。

2. 项目难点

（1）质量安全目标高：本工程施工质量安全目标高，直指行业最高荣誉"中国建筑工程鲁班奖""国家级 AAA 安全文明标准化工地""全国绿色施工示范工程"等。

图 6-68 海峡文化艺术中心项目效果图

（2）工程节点复杂，结构标高多变，机电管线密集：本工程存在大量的劲性梁柱节点，钢筋密集复杂；工程结构标高多变，仅 ABC 区域地下室底板标高就多达 20 多种，台仓区地下室基础筏板标高就有 12 种，地下一层结构错层、夹层多达 7 层，且为坑中坑结构，只能逐层向上施工；一层地下室，相当于 7 层地下室的工序，施工技术交底难度大；此外，机电工程极为复杂，管线穿插密集，设备机房体量大，大面积返工风险大。

（3）屋面空间结构异型，安装不确定，无法生产加工：本工程屋面作为空调设备房，由于上部为不规则曲面钢构网架，且空间十分狭小，设备管线的安装空间无法实际测量，常规设备无法安装。

（4）三维扭曲钢构幕墙体系，施工精度高：工程主体为框架剪力墙结构加钢结构体系，总用钢量约 1.3 万吨，外立面为钢结构幕墙体系，幕墙系统受力在钢结构立柱上，安装可调偏差仅 20mm，吊装定位精度要求高。由于钢结构立柱直径仅 450mm，而长度达到了近 70m，长细比极大，卸载后的钢结构弹性变形将超过幕墙连接件可调范围，吊装施工方案安全性要求高。

（5）无规则三维曲面外立面，施工难度大：本工程外立面为无规则异形曲面幕墙，150 万 "茉莉花" 陶瓷片、4 万多根幕墙陶棍、7 万片幕墙玻璃嵌板，都要从曲面中拆分，加工难度大，生产周期长，对主控施工进度有很大制约作用，施工安装难度大。

（6）工程造型复杂，精装饰面施工要求高：本工程为专业艺术场馆，为体现福州当地艺术特色，室内建筑完成面为完全无规则曲面，歌剧院完成墙面为 GRG 预铸式玻璃纤维加强石膏板组成的无规则三维扭曲面，在使用功能上对声学光学精度要求极高，音乐厅墙面凹凸点必须满足声学与光学要求。

（7）工程专业多：本项目设计图纸专业达 48 种之多，变更频繁，施工工序穿插交叉，分包协调管理难度大。

3. 应用目标

（1）运用 BIM 技术建立各专业模型，对复杂施工工艺、施工顺序、施工节点进行模拟和交底，保障施工质量安全目标。

（2）应用三维扫描仪指导钢结构施工定位，创建 Rhino 幕墙体系并做数据分析，指导外立面无规则异形曲面幕墙施工安装，确保安装无误。

（3）应用 BIM+3D 雕刻组合技术，用 Rhino 建模并进行参数化深化，指导精装饰面加工，确保精装饰面满足声学、光学要求。

（4）用 BIM5D 平台，搭配平台移动端 APP，组织各分包、各工序、各工作面协调施工。

（5）解决专业间碰撞问题并优化管线排布，指导并协调分包施工，避免大量返工。

6.11.2　BIM 应用方案

1. 应用内容

（1）土建、钢构 BIM 应用：建立全专业模型，排查图纸问题，模拟施工工艺和施工顺序，对施工人员进行交底，深化施工复杂节点；根据 Rhino 模型建模，并将模型数据导入天宝放样机器人，通过 BIM+ 放样机器人技术，实现模型快速放样；采用识别码进行物料追踪，提高施工效率。

（2）机电 BIM 应用：优化机电管线排布，解决管线碰撞问题，地下室漫游，指导机电施工；在服务器上实现多专业共建共享模型，为各方深化优化设计、可视化技术交底、建筑施工模拟、专业间碰撞检查、图形出量等提供便利；钢构网架安装完成后，采用逆向建模，机电厂商根据空间模型进行非标定制，确保设备顺利安装。

（3）幕墙 BIM 应用：应用三维扫描仪指导钢结构施工，创建 Rhino 幕墙体系并做数据分析，指导双曲面玻璃、陶棍加工与安装。

（4）精装修 BIM 应用：应用 BIM+3D 雕刻组合技术进行三维空间饰面材料的生产；用 Rhino 建模并参数化深化，指导精装修施工；应用 3D 打印技术制作场馆舞台区微缩模型，用于舞台声学设计方案展示；采用 BIM+ 放样机器人技术进行空间定位安装。

（5）BIM 平台应用：应用 BIM5D 平台，搭配平台移动端 APP，对进度、成本、质量、安全、内业资料进行精细化管理，提高项目信息化集成水平。与物联网系统衔接，确保项目绿色可持续运营。

2. 应用方案的确定

（1）软硬件选型：福州海峡文化艺术中心项目模型体量大，设备运行要求高，团队专业齐全，因此根据福建省 BIM 应用指南，结合项目配置优质软、硬件资源，BIM 软件选型详见图 6-69、表 6-23。

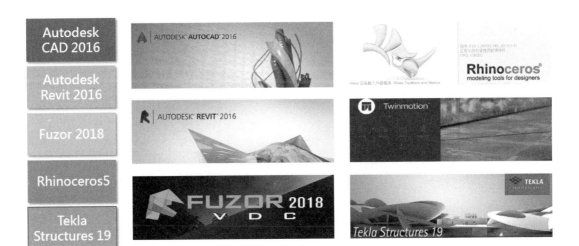

图 6-69　软件选型

BIM 中心硬件配置 表 6-23

阶段	项目	序号	具体内容	配置	数量	
1	办公用品	1	投影仪	工程投影机 1920*1080 分辨率 8000 流明 400~600 寸幕布	1	按照福建省 BIM 应用指南配置推荐表进行配置
		2	投影仪	工程投影机 1920*1080 分辨率 3500 流明	1	
		3	电子白板	交互式电子白板：1820*1280*34mm	1	
		4	视频系统	协同视讯一体机	1	
		5	音响系统	大型会议室音响系统解决方案	1	
2	BIM 建模电脑	6	主机	Xeon E3-1225/8GB/500GB/QuadroNVS300	5	
		7	显示屏	24 英寸 LED 背光液晶显示器	5	
3	BIM 客户端电脑	8	主机	i5/8GB/500GB/Quadro NVS300	10	
		9	显示屏	24 英寸 LED 背光液晶显示器	10	
4	笔记本（BIM 建模）	10	图形工作站	Xeon E5606/16GB/2TB/QuadroNVS295	2	
5	ipad	12	移动应用	minipad	2	
6	手机移动端	13	移动应用	4 核 /2G/16G	3	
7	BIM 服务器	14	服务器	DELL 戴尔 R720（Xeon E5-2640*1/16GB/4*1T）	2	
		15	操作系统	Windows 2008 server Enterprise 64 位版	2	
		16	ups 电源	山特 C10K	1	

（2）组织架构

1）BIM 团队主要成员建设，详见表 6-24。

团队成员介绍及岗位职责 表 6-24

负责人岗位	研究任务与分工	学习 BIM 技术履历、水平
公司领导	项目 DIM 信息化建设总指挥	负责 BIM 技术工作
项目经理	全面负责项目 BIM 信息化建设	负责 BIM 技术工作
项目总工程师	统筹 BIM 技术工作	负责 BIM 技术工作
分公司总工程师	负责项目技术指导	参加集团的集中培训，熟练掌握相关软件
分公司技术部经理	负责项目 BIM 技术应用	持有 BIM 等级证书，熟练掌握相关软件
土建 BIM 主管	负责平台运维	负责公司 BIM 技术工作，参与多个 BIM 示范工程建设
机电 BIM 主管	负责 BIM 建模	参加集团的集中培训，熟练掌握相关软件
装饰 BIM 主管	负责 BIM 建模	参加集团的集中培训，熟练掌握相关软件

2）责任框架，详见图 6-70。

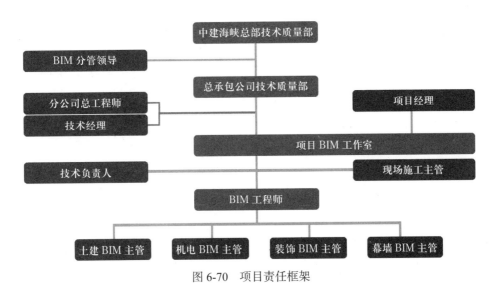

图 6-70　项目责任框架

6.11.3　BIM 实施过程

1. 实施准备

依据相关政策文件编制实施方案，并在项目开工初期即召开 BIM 启动会，对 BIM 实施团队、项目部主要对接成员进行方案交底，明确应用过程中统一的实施标准和深度，支撑项目 BIM 服务。

BIM 应用标准见图 6-71。

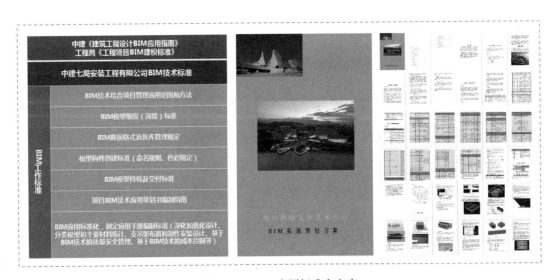

图 6-71　BIM 应用标准和方案

2.实施过程

（1）土建、钢构 BIM 应用

1）全专业建模：创建全专业 BIM 模型：根据施工图纸建立结构、建筑、给水排水、电气、暖通、幕墙、钢结构、智能化等项目全专业综合模型，使其满足施工图设计阶段的模型深度；使得项目在各专业协同工作中的沟通、讨论、决策在三维模型的状态下进行，有利于对建筑空间进行合理性优化并提供模型工作依据。

2）图纸问题汇总：本项目通过 BIM 进行三维审图，全面筛查图纸中的错、漏、碰、缺，形成问题报告，本项目共筛查出有效图纸问题 284 个，及时输出碰撞报告（包含Word 及 CAD 格式），提高图审效率，避免工期延误。

3）台仓区施工方案模拟：制作歌剧院台仓区 12m 深基坑施工工艺模拟，交底现场班组，减少了重难点施工工艺的工期延误风险（图 6-72）。

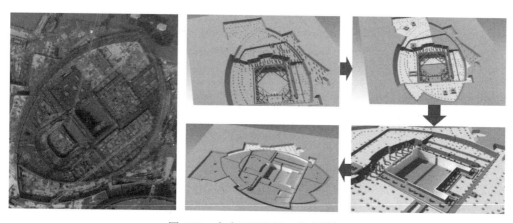

图 6-72　台仓区基坑施工方案模拟

4）双斜柱柱头定位优化：海峡文化艺术中心设计有 109 根双向斜柱，每根柱子倾斜的角度和方向都不相同，最大倾角为 62°，这给施工带来了很高的难度：首先是钢筋的安装角度和模板的定位难以准确保证，其次在模板安装过程中，钢筋会在自重作用下倚靠在模板上，钢筋保护层厚度难以保证，并且在浇捣混凝土时，双向斜柱自重大造成支撑体系位移，产生偏位。经 BIM 技术模拟优化，实现双斜柱柱头准确定位。

5）圆柱与斜柱钢筋碰撞优化：对斜柱与圆柱在交叉位置的钢筋进行深化设计，确定了两个柱的绑扎顺序。

6）劲性梁柱节点钢筋穿插优化：场馆主体结构外围均为型钢梁柱体系，梁柱截面尺寸大、配筋率高。创建劲性型钢梁柱及钢筋模型，进行钢筋穿孔模拟（图 6-73）。

7）歌剧院舞台网架支撑优化：屋面采用异型钢结构网架形式，结构跨度大，层次复杂，曲线线条繁多，网架采用牛腿作为支撑上部网架等结构的承重系统。由于部分场馆墙面为满足声光学要求被设计为不规则曲面，给外伸钢筋混凝土牛腿的施工带来较大的困难。牛腿施工时由于自重大会对剪力墙产生极大弯矩，因此外伸钢筋混凝土牛腿的施工方法对整个工程的进度及质量影响重大。经 BIM 技术模拟优化，采用外伸混凝土牛腿的支承方案，避免了对场馆墙面的受力影响，确保舞台区满足声学、光学要求（图 6-74）。

图 6-73　劲性梁柱节点钢筋穿插模拟　　　　图 6-74　异形结构网架示意图

8）屋面网架施工方案模拟：钢结构单立柱最大长度达 71m，直径仅 450mm，长细比达 380，经 BIM 三维优化，屋面钢构施工方案确定为以格构胎架为主要支撑的方案，避免了钢斜柱因长细比过大（380），无法形成稳固支撑的隐患，确保了施工质量。

9）BIM+ 放样机器人：应用 BIM 与智能放样机器人，实现复杂施工环境下异形空间坐标精确放样，测量效率提高了 3～5 倍。放样流程如下：

①放样前，测量仪器布置点在模型中可先进行预布置。综合考虑施工措施如脚手架、幕墙结构对测量点遮挡。

②获取该布置点与可测量的空间定位点，并在模型中进行标注。

③现场通过智能放样机器人自带的平板电脑，在模型中轻点已标注的空间定位点，放样机器人自动调整角度进行定位（图 6-75）。

图 6-75　BIM+ 放样机器人精确施工应用

10）钢结构物流管理：从 BIM 模型中导出构件识别码，对整个项目约 2.5 万个加工构件进行标记，提升了构件发货的合理性，将构件的平均堆放时间控制在了 5h，确保钢结构吊装施工如期完成。

（2）机电 BIM 应用

1）碰撞检查：优化机电管线排布，解决碰撞问题 15982 个，漫游分析地下室净高并导出深化图，指导机电施工。

2）管综优化：优化前后的管综区别：排列方式不同（叠层方式和平铺方式）和桥架数量的增加，在调整过程中增加了消防、广播、智能化、照明桥架。

为确保公共区域吊顶的标高不低于 2.8m，我们利用参数化方式每隔 50cm 进行碰撞检查，共发现 ABC 三个场馆 58 个净空标高低于 2.8m，并对不利点进行再度深化设计以达到设计要求（图 6-76）。

图 6-76　管线净高优化排布

3）设备机房及屋面设备优化：屋面作为空调设备房，由于上部为不规则曲面钢构网架，且空间十分狭小，设备管线的安装空间无法实际测量，常规设备无法确保正常安装。对屋面钢网架进行逆向建模，形成与实际条件相符的空间条件，并通过漫游和管线调整，反复论证设备布置方案的可行性，确保屋面设备顺利施工，按照工程创优要求优化屋面设备定位布置，在有限的异型屋面空间中使机房内管线排布经济美观。

（3）幕墙 BIM 应用

1）BIM+ 三维扫描技术：应用三维扫描仪对钢结构进行扫描，生成点云模型与理论模型进行比对分析，形成偏差色谱图，以确认钢结构实际施工偏差值。

2）逆向建模：将三维扫描形成的点云模型导入到 Rhino，并以此为参照逆向再创建钢网架模型，通过修正偏差值较大的部位的幕墙驳接件的连接长度，来确保幕墙的整体效果。通过此方法可将误差控制在 ±4mm 以内。

3）幕墙铝板、玻璃优化：应用 Rhino 参数化功能优化双曲面玻璃，模拟分析过渡铝板线条方案，将标准化程度提高至 95%，8～12mm 拟合阶差控制在 81% 以内，实现 3000 万 ×3%=90 万元的经济效益（图 6-77）。

4）幕墙陶棍优化：应用 Revit 参数化程序完成 5 万根的陶棍优化，标准定尺长度（1720mm）占比 97% 以上。

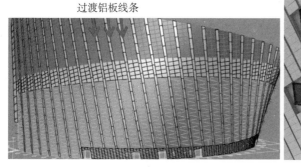
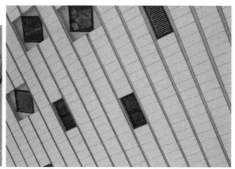

过渡铝板线条

图 6-77　双曲面玻璃标准率优化

5）幕墙陶棍安装节点优化：为保证陶棍的正确安装，将安装节点优化成具有转轴构造的节点，提升陶棍安装的可控角度（10°），减少了 5% 以上的陶棍材料损耗，实现 5000 万 ×5%=250 万元的经济效益。

（4）精装修 BIM 应用

1）BIM+3D 雕刻技术：应用 BIM+3D 雕刻组合技术，用 Rhino 建模并参数化深化，导出加工图至数控加工设备，实现精装饰面材料的精细化加工，提升工程质量，将富有中国文化特色的陶瓷和竹材完美融入建筑中。

2）BIM+3D 打印技术：应用 3D 打印技术制作歌剧院、音乐厅舞台区微缩模型，并模拟光源、声波传递反射效果，以确保最佳使用效果。

（5）BIM 平台应用

1）4D 进度模拟：将 3D 模型与工程计划进行挂接，显示出生产超前或滞后的情况并分析原因，为后续生产安排提供参考。同时随着工程进度的进行关联工程实际进度，验证计划结果。

2）商务成本管控：利用 BIM 平台可对模型进行施工段划分，将模型按照工程实际施工段划分，并分块计算工程量，为控制实际工程量提供精细化管理数据。同时将 BIM 出量作为第三方数据，校核现场使用量，基础钢筋节约 36t。

3）现场质量安全管理：利用 BIM 平台将现场拍照挂接到系统模型，形成统一的安全、质量、进度、文明施工管理图文资料，实时跟踪现场整改情况。

4）内业资料管理：基于 BIM 技术档案资料协同管理平台，可将施工中、竣工后需要的资料档案（包括验收单、合格证、检验报告、工作联系单、设计变更单等）等列入 BIM 模型中，实现高效管理与协同，形成长期可追溯的资料管理模式。

6.11.4　BIM 应用效果总结

1. 效果总结

通过应用 BIM（建筑信息模拟）技术，实现了成本管控、材料管控、施工难点提前反应及项目信息化管理，解决了大型复杂艺术中心项目施工难度大、施工要求高的难题。

在土建施工方面，以 Revit 为基础建模环境，优化了双斜柱定位、密集钢筋穿插等方案，制作歌剧院台仓区基坑施工工艺三维动画、劲性梁钢筋穿插模拟，用于三维交底。基于 BIM 技术的放样机器人很好地解决了异形构件放样难的问题，实现了复杂施工环境下幕墙安装点位的精确放样，测量效率和精度比传统放样方法提高 3 ～ 5 倍。

在机电施工方面，机电管线优化、管线拆分对机电施工起到了重要作用，缩短机电安装施工工期 65 天，减少工程施工成本 2466 万，较传统施工管理减少 75% 的返工。

在外立面幕墙施工方面，三维扭曲的钢结构与幕墙表面通过参数化 BIM 深化，将构件直线分段、曲面板平面拆分，完成复杂构件如双曲玻璃、陶棍的加工，使其标准化达到 85%，减少加工模板，加快生产速度。实现了从方案设计到生产加工再到施工定位的建筑信息转化。

在室内精装施工方面，分析歌剧院主舞台区域空间布局，优化舞台设备悬吊高度和布局，达到最佳声光效果。

在项目管理方面，平台集成了工程全方位、多维度的数据，利用 BIM 三维可视化和数据集成的特点，合理调配工程项目资源，缩短团队沟通环节。将三维 BIM 信息与工程信息集成在一起，搭配移动设备，实现建设各方在统一的平台中快速且及时地调配和查阅工程信息，提升项目精细化管理项目。

本项目的 BIM 技术推广应用影响深远，不仅在中建海峡范围内得到推广，对整个福建省的 BIM 技术应用推广也起到了推动作用。

BIM 在海峡文化艺术中心项目中成功地示范应用，为海峡公司在全公司范围推广 BIM 技术提供宝贵经验，输送了 50 人以上 BIM 型技术人才。

在总体经济效益和社会效益方面：BIM 技术应用，为项目节约地下室基础钢筋 36t，异型曲面玻璃标准化优化效益 90 万元，幕墙陶棍节点优化效益 250 万元，综合其他经济效益共 432 万元。幕墙工程当选为 2018 ～ 2019 年度中国超级幕墙工程，接收 4 次媒体的 BIM 专项采访，并辅助展示项目特点，提高项目 20 余次大小观摩会的观摩效果。

2. 方法总结

（1）应用方法：通过应用 BIM 技术，为海峡文化艺术中心项目解决了众多工程技术困难和管理难题，创造了可观的经济和工期效益，提升了项目精细化管理水平，得到良好的社会评价。同时获得多种基于 BIM 技术的科技成果，为海西区域建筑业输送了众多具有 BIM 应用能力的复合型施工管理人才。

（2）人才培养：多次应用 BIM 技术进行图纸会审和可视化交底，覆盖项目管理人员和施工工长 85% 以上人员；对项目部管理人员进行 4 次以上 BIM 培训，考取人社部 BIM 等级证书 6 本。

（3）科技成果：2019 年 4 月，经河南省工程建设协会组织专家进行科技成果评价，认定：该研究成果达国际先进水平；获基于 BIM 的国家级 QC 成果 2 项，省级工法 1 项，国家发明专利 1 项，国家实用新型专利 1 项，全国 BIM 大赛 3 项。

6.12　西安浐灞生态区灞河隧道项目 BIM 应用案例

6.12.1　项目概况

1. 项目基本信息

本工程为西安浐灞生态区锦堤六路（欧亚四路）灞河隧道项目，线路总长 1.56km，属于市政道路，沿线分别下穿兴泰北路、灞河西路、灞河、灞河东路，段内包含道路工程、隧道工程、管线工程、照明工程、交通工程、供配电与照明工程、景观工程，由中铁一局集团铁路建设有限公司负责承建（图 6-78）。

图 6-78　灞河隧道项目效果图

2. 项目难点

（1）项目施工线路下穿多条繁忙干道，交通导改难度大，难以确定最佳交通导改方案。

（2）项目设计专业近 13 个类别，图纸审核除结构尺寸、标注等，还包含不同专业图纸协调是否合理，图纸审核难度较大。

（3）隧道部分结构段为空间曲线段，对线形包含平曲线和竖曲线结构段传统方式计算工程量不精确，不能满足施工管理应用。

（4）隧道下穿灞河，施工类型属于明挖式，基坑最大深度近 21m，监测困难，安全风险大。

（5）迎接西安"十四运"，制定不同阶段施工节点工期，施工工期压力较大。

（6）项目管理采用专业分包模式，施工工队入场多，交叉作业较为频繁，劳务人员管理难。

（7）施工要求进度快，过程需求材料流转量大，工地进出场材料管控难。

3. 应用目标

本项目计划以 BIM 技术作为管理核心，对项目工程成本做到精准管控，结合进度计划合理安排工程资源，优化整合各专业施工，对过程进行动态模拟、施工方案评选优化，同时结合 BIM+ 智慧工地数据决策系统辅助 BIM 技术落地应用，使现场安全、质量、劳务、材料管理信息能及时地、准确地反馈到模型，实现工程质量的可视化、信息化控制，提高项目管理信息化水平，减少项目施工过程中的成本损耗，完成工期节点要求的施工内容，为 2021 年西安举办"第十四届全国运动会"做好充分准备。项目部人员通过 BIM 技术应用，提升软件操作能力、模型建造能力以及模型后期应用能力，为公司后续项目推广 BIM 技术应用做好人才储备，同时为 BIM 技术在项目施工应用中创造价值提供依据和参考，树立 BIM 技术应用的典范。

6.12.2　BIM 应用方案

1. 应用内容

（1）交通导改规划模拟，对比不同交通导改方案的优缺点，确定最合适的实施方案。

（2）施工场地布置，确定临时设施最佳位置，"三通一平"确定，促使项目快速入场作业。

（3）各专业施工图纸审核及深化设计，提前解决图纸错漏碰撞问题，为项目施工做好技术保障。

（4）工程量精准统计，分阶段、分结构提取工程量。

（5）隧道空间线性坐标快速提取，并与传统坐标计算方式进行复核，落实施工坐标数据"双检制"要求。

（6）方案、交底三维交互应用，类比确定最佳方案，以可视化、可分享特点推动隧道各专业方案、交底执行到位。

（7）VR 虚拟模拟，实现施工场景动态漫游，获得沉浸式体验。

（8）三维辅助快速出图，并生成施工竣工图备案，提高传统图纸绘制效率。

（9）BIM+ 智慧工地项目管理应用，以 BIM 模型为载体进行施工安全、质量、进度等方面信息化管理，根据施工过程数据进行项目分析决策。

2. 应用方案的确定

（1）软件选型，详见图 6-79。

（2）组织架构：项目经理为总负责人，确定 BIM 技术实施方针；项目 BIM 总监负责建立实施制度及业务分工；项目 BIM 工作站主要负责对 BIM 模型进行校核和调整，统筹管理施工阶段 BIM 模型，保证 BIM 模型与施工现场相结合；BIM 咨询方负责项目 BIM 应用软硬件提供及培训工作；建模组负责施工各专业模型建立；维护组负责施工过程中模型数据的提取及录入；商务组负责根据 BIM 数据进行项目成本管控、资源配置等工作。

（3）实施流程：场地及环境模型建立→隧道各专业模型建立→智慧平台搭建→过程信息实时录入→模型数据维护→项目施工数据阶段分析→施工管理优化。

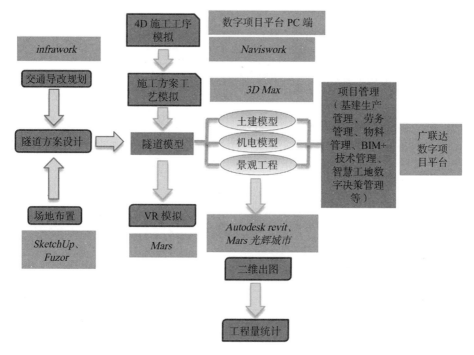

图 6-79　软件选型方案

6.12.3　BIM 实施过程

1. 实施准备

（1）明确软件版本及数据导出格式。

（2）确定周边环境模型与隧道模型的基准点位置。

（3）建模组与商务组针对隧道进行按专业分类制定构件编码表。

（4）项目 BIM 总监确定 BIM+ 智慧工地结合应用制度。

（5）施工管理人员针对 BIM+ 智慧工地数据录入进行培训。

2. 实施过程

（1）交通导改 BIM 模拟应用：使用 Infraworks 提取本项目途经周边的地理信息，建立真实完整的周边环境模型，在模型的基础上进行交通导改决策，从而确定该段隧道施工对已经建成通车的"灞河西路、灞河东路、华文路、世博大道"4 条道路有影响，结合工期及周边路网，拟对"世博大道"进行交通导改；灞河东路、华文路拟采用封路施工；灞河西路前期保通，后期封路施工，确保项目能够快速进场展开施工作业。

（2）施工场地布置：方案阶段借助 Revit、SketchUp 等软件快速建立大临设施模型，与 Infraworks 提取出灞河隧道周边的地理区域模型整合为一体，形成整个区域的整体 BIM 模型，以此判断大临方案决策的合理性。

（3）各专业施工图纸审核及深化设计：根据要求对隧道进行按专业分类制定构件编码表，在建模前期根据广联达数字项目平台基建生产模块对施工各专业分部、分项、分单元，根据单元构件编码开始建立对应模型。

三维模型精细度达到施工图纸级别，根据构建编码表严格按照图纸建立临时工程、道路工程、地下结构、地下建筑、管廊工程、交通工程、市政管线、供配电及照明、通风工程、隧道与管廊给水排水及消防、综合监控等精细化 BIM 模型。

在按照图纸建立对应模型的过程中查找记录图纸中构件尺寸不对、标注错误、详图与平面图无法对应等基本问题。

对构件模型根据分部、分项、分单元进行逆向整合，得到对应各专业模型，根据隧道空间线性确定其对应位置，形成项目最终模型，通过 Navisworks 进行不同专业碰撞检测，提前发现设计问题，进行优化设计。

（4）工程量精准统计：从 Revit 模型中可以快速提取隧道各专业工程量，并导出 Excel 材料量清单表格，解决了隧道空间线性结构及异形结构工程量难以计算以及常规施工中算量出错难以核查的难题。为现场的施工物资采购及施工预算提供数据保证。

（5）隧道空间线性坐标快速提取：使用 Autodesk Civil3d 软件按照图纸坐标数据进行整合，建立隧道空间线形确定坐标及高程位置，定位隧道各专业结构模型拼装时的空间位置，拼装完成后利用 BIM 模型可快速获取工程任意结构、任意点的三维坐标用于测量放样。

（6）方案、交底三维交互应用：三维技术交底，可视化方案研究，对隧道重点难点工艺进行可视化方案制作，形成三维交互式指导材料（图 6-80）。

（7）VR 虚拟模拟：通过 VR 技术实现动漫游态，获得沉浸式体验。让施工人员身临其境地感受施工后的效果，提升了三维技术交底的效果。

图 6-80　隧道减光棚方案比选

（8）三维辅助快速出图：辅助出图，由BIM三维模型生成二维图，即可一键出图，辅助现场施工，节省了大量工期，并可生成施工竣工图备案。

（9）BIM+智慧工地项目管理应用（图6-81）：

图6-81　BIM+智慧工地项目管理看板

1）BIM+技术管理系统：为工程项目提供一个以BIM模型为支撑，覆盖图纸变更管理、技术交底、方案管理等内容的技术管理系统。

①施组方案策划：通过隧道各专业三维模型与现场进度、成本等信息相挂接，进行基于真实进度和成本信息的三维展示，清晰直观地了解隧道施工各阶段资源配置情况，保障项目施工组织策划的合理性。

②三维可视化交底：节点模型挂接交底资料，微信二维码分享、手机端随时查看。

③交底管理：线上签字考核、后台统计。保障交底各班组传达到位，提升了项目交底效果，减少了施工错误，有效推动了隧道各专业交底要求执行到位。

④企业技术管理：方案模板库及线上并行审批，项目方案监控看板，科研成果管理及技术资料积累。

⑤图纸及变更管理：在线图纸管理，手机便捷查看，变更与图纸以及对应结构模型自动关联，随进度推送，变更执行跟踪，照片留痕。

2）基建生产管理系统：隧道施工现场问题即时在移动端以照片、文字记录至云平台，通过模型快速查看，提高了现场管理的便捷性（图6-82）。

项目采用移动终端（智能手机、平板电脑）采集现场数据，建立现场质量缺陷、安全风险、文明施工等数据资料，与BIM模型即时关联，方便施工中、竣工后的质量缺陷等数据的统计管理。经过严格筛选及确认被授权的管理人员可通过APP实时得到通知并查看。在安全、质量会议或者每周例会上统一讲解、统一解决，大幅度提高了工作效率，为

图 6-82　基建生产管理系统

班组进行绩效评估提供了重要的依据。施工进度情况实时与模型挂接，数字化展示现场施工进度。

3）物料管理模块：在隧道施工过程中，针对现场各结构单元材料消耗情况，管理人员可通过手机端实时录入对应数据，通过后台页面我们可以查看设备编号、名称、进度、时间、相关照片、跟踪地点及历史跟踪信息，实时监控物料状态。

基于 BIM 的二维码应用，通过 BIM+ 二维码的介入，使得传统的现场物料管理更清晰、更高效，信息的采集与汇总更加及时与准确。二维码打印支持配置信息打印，方便查看重要信息。所生成的二维码具有唯一性，关联相应构件。

4）BIM+ 智慧工地决策系统：远程实时管控，随时随地了解项目生产、安质、机械设备、视频监控、BIM 模型等项目信息。

6.12.4　BIM 应用效果总结

1. 效果总结

本项目通过采用 BIM 技术，使项目前期与各单位协调更加顺畅，减少了项目进场准备时间，同时确立临建方案，使项目快速进入施工阶段。以 BIM 技术进行施工各专业技术推演，提前解决图纸审核及优化，同时快速精准统计各专业工程量，保障技术实施的高效性，以 BIM 结合智慧工地数据决策系统，使管理层可以实时掌握现场施工安全、劳务、进度情况，施工数据通过模型展示，更加直观，对项目成本、技术、进度等进行精准管控，以模型数据进行分析，大大提高了项目决策的正确性，规避了施工风险，极大减少了施工过程中材料的损耗，超前工期节点要求，助力 2021 年西安"第十四届全国运动会"成功举办。

本次针对土建、机电等专业在项目建模过程中通过建模培训及数据交互培养出近 30 名建模工程师，可根据图纸独立进行模型建立交底应用。

本项目建立 BIM+ 智慧工地软、硬件总计投入约 200 万，在项目施工过程中物料管控节约近 550 万，人力管控核算节约 265 万，截至目前施工进度已超前节点工期 35 天。

2. 方法总结

通过应用 BIM 技术，项目确立了市政隧道技术信息化应用标准。技术部门提前对各专业进行分部、分项编码确定，并建立对应编码构件模型统计出工程量，成果交付给商务部门作为项目成本管控的数据基础，以此在施工过程中根据施工进度进行成本分析核算，优化项目资源协调，为后续项目提供了依据和参考价值。

项目打造 BIM+ 智慧工地，通过 BIM 模型作为数字载体，管控项目施工的安全、质量、进度等，极大提高了项目管理的信息化水平，为公司后续项目信息化管理树立典范，为建筑行业 BIM 技术落地应用提供良好的项目案例。

6.13　BIM 在北京新机场机务维修及特种车辆维修区一期工程中的应用案例

6.13.1　项目概况

1. 项目基本信息

北京新机场机务维修及特种车辆维修区一期工程位于北京大兴新机场西侧，总建筑面积约为 8.54 万 m^2，包括机库及附楼、业务楼、航材库、北区能源动力中心等 15 栋单体建筑。各单体均为框架结构体系（其中机库屋盖为大跨度钢网架），由北京市第三建筑工程有限公司承建（图 6-83）。

2. 项目难点

（1）项目工期紧任务重：东航机务维修区为配合北京新机场能够顺利竣工，其工程建设周期紧凑，且需要配合机场各相关建设区域进行道路避让，以及响应北京政府关于环境治理的相关规定，因此建设工期成为工程建设的关键所在。

图 6-83　北京新机场机务维修及特种车辆维修区一期工程项目效果图

（2）钢网架施工面大，吊装难度大：维修机库网架跨度为 147m，进深 99.75m，侧向柱距为 9.8m、10.5m，机库网架下弦高 22.5m。选择哪种施工方案，能够最大限度地确保工程质量和施工安全，加快施工进度以及降低工程成本，这是本工程的难点。

（3）钢网架跨度大，提升高度高，同步控制精度要求高：维修机库大厅跨度153m、进深 79m、总用钢量 2057t，焊接球需要 8 种类型、3000 余个，钢管多达 16 种类型、12000 余根。网架提升前后的变形量监测对于网架施工显得尤为重要。

（4）机库消防炮合理布置是重点：大空间建筑的防火、灭火一直以来是建筑消防领域的难点，大空间建筑超过 12m 时，喷淋灭火系统因喷头喷洒的灭火用水穿越热气流的时间过长产生汽化，大大削弱其灭火能力。机库的消防在大空间建筑中更是尤为重要，发生火灾后果不堪设想，直接影响机场工作的正常运转和航班的大面积延误以及旅客的滞留，将对航空公司造成严重的经济损失，因此对机库中消防设备的合理选用显得尤为重要。

（5）新机场东航机务维修区项目参建方众多，管理协调难度大：新机场东航机务维修区项目所涉及的参建方众多，现场建设工期短，统筹协调各方难度较大。由于专业性质不同，各专业建模软件也不相同，如何能够提高效率，找到一种信息数据的协同共享方式对于项目来说至关重要。

3. 应用目标

本项目旨在全过程采用 BIM 技术，通过建筑模型信息的传递、共享和应用来提升项目质量，降低项目成本。施工阶段作为全生命期的重要阶段，也是 BIM 技术应用内容最丰富的阶段，项目的 BIM 应用目标包括但不限于：

（1）应用 BIM 技术辅助项目管理，从而提升项目质量、保证工期。

（2）应用 BIM 技术辅助方案论证，从而保障重难点部位的顺利施工。

（3）应用 BIM 技术协同各参与方办公，从而提高整个项目的管理效率。

6.13.2 BIM 应用方案

1. 应用内容

为了实现项目的 BIM 应用目标，结合项目实际情况，制定了 BIM 应用内容如表 6-25 所示。

BIM 应用内容 表 6-25

序号	应用内容	应用目的
1	BIM 评审	提高设计质量
2	场布管理与无人机监测	三维化动态平面布置辅助判别现场平面布置合理性，提升现场施工平面管理水平；保障施工场布进度
3	机电专业深化设计	管线排布美观、满足净高需求；后期检修维护需求、形成机房深化标准
4	复杂节点可视化交底	提高方案可行性，保证施工质量
5	幕墙深化设计	提升幕墙深化图纸的准确性、可校核性，将施工操作规范与施工工艺融入施工作业模型，使深化图纸满足施工作业需求
6	三维激光扫描与精准放样	保证施工过程安装精确性

序号	应用内容	应用目的
7	协同管理平台应用＋二次开发	设计、施工阶段信息化管理，提高各方沟通效率，保障信息准确性
8	BIM 云 +OA+ERP 三系统集成	数据打通、传递、整合
9	BIM+ 智慧建造	让项目施工更智能
10	其他专业施工	为了便于施工，对各专业进行深化。包括钢结构深化设计、精装修深化设计、小市政深化设计、景观深化设计

2. 应用方案的确定

（1）软件配置：为了实现既定的 BIM 目标，完成计划的 BIM 内容，配置 BIM 软件详见表 6-26。

软件配置　　　　　　　　　　　　　　　　表 6-26

软件名称	软件功能	软件名称	软件功能
RevitStructure2018/ AutodeskRevit Architecture2018	土建模型	Lumion	效果展示
RevitMEP2018	机电模型	Lmion/3Dmax/AE/PR/AU	动画制作
TeklaStructure21.0	钢结构模型	AutodeskCAD2018	施工图纸
Rhinoceros5.0/ Grasshopper	幕墙模型	广联达 BIM5D、Office Project 2013	进度编制
Revit Architecture2018	精装修模型	广联达 BIM5D/lumion	三维漫游
RevitMEP 2018	小市政模型	广联达 BIM5D	现场数据采集
Revit Architecture2018	室外景观模型	Pix4Dmapper	无人机地形测绘及摄影
Trimble Realworks	点云数据模型	Trimble Realworks	三维激光扫描
RevitMEP2018	深化设计	SketchUp2016/ Rhinoceros5.0	前期方案比选
TeklaStructure21.0		RevitStructure2018	场地布置
Rhinoceros5.0		广联达 BIM5D/ NavisWorks2018	模型交付展示
广联达 BIM5D	施工管理平台		

（2）组织架构：为更好地将 BIM 技术融入施工总承包的各项管理活动中，在本项目的总包管理架构中专门设置了 BIM 管理部，制定相应的 BIM 推进保障制度（包含 BIM 工作人员职责表、BIM 各部门实施考核评分表、BIM 成果内部考核表）并指定相应的责任人，做到专业有专人，责任划分明确。

BIM 团队中设置了项目 BIM 负责人，统筹进行项目的 BIM 管理、沟通和协调工作；配备了 BIM 各专业工程师（含土建、钢结构、机电、幕墙、精装修、景观等），以进行各专业建模和深化工作；配备了可视化 BIM 工程师，以完成方案模拟、方案验证、视频制作等工作。

6.13.3 BIM 实施过程

1. 实施准备

（1）BIM 培训

项目前期准备阶段及施工过程中对项目管理人员进行分级培训。前期培训从项目前期准备、人才培养、软硬件选择、项目实施等方面进行了全面讲解，重点侧重于项目实施前期准备工作的完成度对后期应用的影响；施工过程中的培训着重 BIM 模型与成果应用，强调软件操作的注意事项、实施步骤、应用要点和应用方式以及最终的成果输出与总结等内容。

（2）明确各方 BIM 职责

1）BIM 管理部工作职责，详见表 6-27。

BIM 管理部工作职责 表 6-27

序号	专业 / 岗位	BIM 工作职责
1	项目 BIM 负责人	（1）编制项目中的各类 BIM 标准及规范，如 BIM 实施方案、编制机电管线综合原则等； （2）负责对 BIM 工作进度的管理与监控； （3）组织、协调人员进行各专业 BIM 模型的搭建、深化设计、二维出图等； （4）负责各专业的综合协调工作（阶段性管综综合控制、专业协调等）； （5）统筹分包 BIM 管理工作的开展； （6）负责 BIM 交付成果的质量管理，包括阶段性检查及交付检查等，组织解决存在的问题； （7）负责对外数据接收或交付，配合业主及其他相关合作方检验并完成数据和文件的接收或交付
2	BIM 土建负责人	（1）审核设计土建 BIM 模型是否符合要求； （2）组织专业深化设计； （3）负责模型应用工作； （4）协调专业间人员的沟通工作； （5）负责分包 BIM 管理工作（钢结构、幕墙、精装修等）； （6）配合项目 BIM 负责人其他工作
3	机电 BIM 负责人	（1）审核设计机电管综 BIM 模型是否符合实施导则、实施标准、机电管线综合原则要求； （2）组织施工阶段机电管综深化设计及出图； （3）协调专业间人员的沟通工作； （4）负责分包 DIM 管理工作（机电）； （5）配合项目 BIM 负责人其他工作
4	土建 BIM 工程师	（1）基于设计院土建 BIM 模型进行模型深化，添加 BIM 构件信息； （2）配合项目需求进行专业深化设计； （3）负责模型变更及维护工作； （4）完成上级领导安排的其他工作
5	机电 BIM 工程师	（1）基于设计院机电管综 BIM 模型进行进一步模型深化，添加 BIM 构件信息； （2）机电管综深化出图； （3）负责项目 BIM 机电族库构件模型的建立，完善构件库的更新与维护； （4）完成上级领导安排的其他工作
6	幕墙 BIM 工程师	（1）依据幕墙设计图纸等相关文件进行 BIM 深化设计，创建幕墙深化设计模型； （2）依据现场具体情况及进度进行幕墙安装模拟，将幕墙技术参数等信息输入模型

序号	专业 / 岗位	BIM 工作职责
7	钢结构 BIM 工程师	（1）依据钢结构设计图纸等相关文件进行 BIM 深化设计，创建钢结构深化设计模型； （2）依据现场具体情况及进度进行钢结构安装模拟，将钢结构技术参数等信息输入模型
8	精装修 BIM 工程师	（1）依据精装修设计图纸等相关文件进行 BIM 深化设计，创建精装修深化设计模型； （2）依据现场具体情况及进度进行精装修安装模拟，将精装修技术参数等信息输入模型
9	其他分包 BIM 工程师	配合总包 BIM 管理部进行模型的创建与信息的完善，为项目实施 BIM 应用提供支持，并定期参与 BIM 会议，听从总包 BIM 管理部安排

2）项目管理人员 BIM 职责，详见表 6-28。

项目管理人员 BIM 职责　　　　　　　　　　　　表 6-28

序号	专业 / 岗位	BIM 工作职责
1	项目经理	领导并审核 BIM 管理部的各项工作，掌握 BIM 工作的进展，及时获知 BIM 数据并进行判断，解决 BIM 管理部与外单位的协调事宜
2	项目总工	全面协调 BIM 工作各项事宜，协助 BIM 管理部收集项目各类 BIM 需求，对 BIM 数据及成果进行分析判断，负责 BIM 在进度、平面、技术等各项管理中的工作开展
3	生产经理	协调 BIM 在现场、进度、平面管理中的各项事宜，收集现场管理中的 BIM 需求，学习并掌握 BIM 模型的使用方法，及时反馈 BIM 模型与现场的对比情况及 BIM 数据的正确性
4	其他管理人员	全面学习 BIM 知识，熟悉 BIM 应用价值点，及时提出 BIM 工作需求，使用并分析 BIM 模型和相关数据，反馈现场数据于 BIM 管理部

（3）制定项目 BIM 工作制度

1）BIM 工程例会制度：工程例会每周一上午 9：00 在项目部大会议室召开，参会人员为建设单位代表、监理单位代表、施工单位项目经理、项目总工、项目生产经理、项目安全总监、项目质量总监，会议由工程总监主持。BIM 作为工程例会的一项内容，每周进行总结、汇报。

2）BIM 系统例会制度：

①项目 BIM 实施成员，每周五召开一次内部专题会议，汇报工作进展情况以及遇到的困难，需要总包协调的问题。

②参与每周工程例会，辅助总包单位通过 BIM 技术展示本周完成工作内容和下周工作计划内容。

③参与由业主方 BIM 管理中心牵头的 BIM 专题例会（每月一次），汇报工作进展情况、制定下阶段工作目标以及实施过程中遇到的困难以及需要协调的问题等。

3）建立 BIM 运行工作计划：本工程分包 BIM 模型（钢结构、幕墙、精装）搭建工作主要由分包 BIM 管理部完成，各分包单位、供应单位根据总工期要求，提交深化模型及深化设计出图时间节点，时间至少提前于工程施工前 30 天，确保总包 BIM 管理部有时间依据深化图纸对模型和深化图纸进行审核等工作。配合总包单位编制 BIM 分包实施方案、深化建模以及分阶段 BIM 模型数据提交计划、四维进度模型提交计划等，交由甲方 BIM

管理中心审核，审核通过后由总包 BIM 管理部正式发文，各分包单位参照执行。

4）建立 BIM 资料管理机制：在本项目工程施工管理中每月归档 BIM 施工阶段成果文件，并将工程施工中的 BIM 模型、深化图纸、设计变更、工程签证、会议记录、施工声像及照片等资料整理归档，提交业主方 BIM 管理中心。

（4）项目 BIM 实施应用依据

1）《建筑信息模型应用统一标准》GB/T 51212—2016。

2）《建筑信息模型施工应用标准》GB/T 51235—2017。

3）《建筑信息模型设计交付标准》GB/T 51301—2018。

4）《北京新机场东航基地项目 BIM 应用标准——机电专业》。

5）《北京新机场东航基地项目 BIM 应用标准——土建专业》。

6）《北京新机场东航基地项目 BIM 应用标准——钢结构专业》。

7）《北京新机场东航基地项目 BIM 应用标准——幕墙专业》。

8）《北京新机场东航基地项目 BIM 应用标准——精装修专业》。

9）《北京新机场东航基地项目机电设备编码标准及系统接口》。

10）施工合同文件。

11）施工图纸、施工方案及有关文件。

2. 实施过程

（1）应用点概述

1）创立 BIM 评审汇报制度：为促进设计和 BIM 的进一步融合，控制设计模型与图纸质量，东航设计管理部牵头，BIM 管理中心做技术保障，由航天院设计责任人主持，评审汇报工作。协同参与单位：东航（项目部、工程部、成本部）、东航项目使用单位、投资监理、总承包单位等多家单位。设计院各专业负责人在会议现场利用 Revit 工具将二维和三维融合一体，逐专业汇报设计成果，回答各方疑问，并利用明细表现场导出设计工程量。

2）基于 BIM 的场地布置与无人机监测：利用 BIM 模型进行施工各阶段（基础及地下室结构阶段、主体结构阶段、装饰装修及机电安装阶段）场地智能规划，对场地、塔吊、材料堆场、运输路线、现场安全标识等进行科学规划、合理布置。

同时，在北京新机场项目的工程进度管控中，采用 BIM 技术＋无人机现场摄影相结合的管理模式。预先将工程各阶段的场地布置模型配合施工方案搭建完毕，并通过审核。在工程推进的过程中，东航项目部按照工程节点放飞无人机，通过无人机扫描实景三维模型比照 BIM 场地模型的方式管控各施工阶段场布进程。

3）机电专业深化设计：施工单位利用 BIM 模型协助完成机电安装部分的深化设计，包括综合管线布置、机房深化等。使用 BIM 模型技术改变传统的 CAD 叠图方式进行机电专业深化设计，利用 BIM 技术解决供水、排水、暖气、强弱电、通风、冷气空调系统等各专业间管线、设备的碰撞，优化设计方案，为设备及管线预留合理的安装及操作空间，减少占用使用空间，降低重复施工、返工浪费与施工安全问题。

4）劲性结构钢筋连接方案验证：机库大门两侧劲性空心结构柱内钢骨为工字钢组合结构，基础承台中上部钢筋与钢骨间穿过，钢筋安装及与钢骨的连接施工难度巨大。鉴于此问题，项目组织施工、设计等单位专家，结合 BIM 可视化手段，专门针对此部位制定

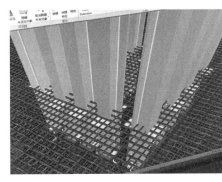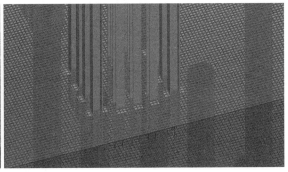

图 6-84　劲性结构钢筋连接方案验证

空心组合劲性柱钢筋安装施工方案，保证现场施工质量（图 6-84）。

5）幕墙深化设计：依据幕墙设计图纸等相关文件对机库、航材库、业务楼进行深化设计，创建幕墙深化设计模型，将幕墙深化设计模型与其他专业 BIM 模型进行碰撞检测、专业协调，在方案、模型优化基础上进行深化设计施工详图绘制及管理工作。

6）BIM 辅助网架提升：

①网架提升方案模拟与验证：利用 BIM 技术进行机库网架提升施工工艺模拟，辅助现场施工方案的优选，相比传统的施工方案更加形象直观。机库网架提升施工工艺烦琐，工序复杂，在前期的方案讨论中需全方位考虑每一个因素。通过 BIM 技术建立机库网架部分的机电管线模型，与现场机电安装人员一同讨论施工方案，进一步细化机库网架提升方案。

②三维扫描辅助网架提升：在钢网架的整体安装过程中，保持网架的精准性、稳定性至关重要。东航在维修机库的钢网架吊装施工过程中发挥 BIM 可视化、协调性、模拟性特点，再加之三维激光扫描仪的数据真实性、准确性优势。通过三维激光扫描施工现场得到真实、准确的数据，经过处理后的数据与模型进行对比检测得知网架安装过程中钢网架是否在施工控制范围之内，从而保障安装的顺利进行。

测量完成后将点云数据与 BIM 模型进行对比分析，制定现场调整方案，保证整体提升过程中钢结构变形均在控制范围内。在本项目的数据配准中，我们对提升后的网架点云配准运用点约束条件配准的方法进行，使测量精度严格控制在最高范围内（图 6-85）。

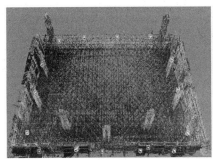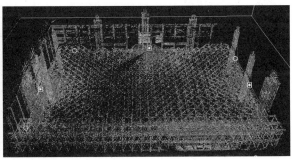

图 6-85　点云数据与 BIM 模型比对

7）BIM 协同管理平台：

①统一选用协筑云作为项目 BIM 协同管理平台。项目通过三维建模解决工程建筑建造问题的解决工具，BIM 协同平台则定位为解决工程建设全生命期中数字化、可视化、信息化的平台手段。

② BIM 进度计划模拟分析及预警：通过广联达 BIM5D 软件，对施工计划进行真实、动态的施工全过程进度模拟，在模拟的过程中暴露出计划中的诸多问题，如安全措施、分项计划冲突、场地布局等各种不合理的问题，这些问题都会影响实际工程进度，择优选择最具实操性的计划方案可以缩短项目施工周期。基于 BIM5D 平台的月进度对比以及无人机的定期航拍，分析现场进度的问题，检测进度的执行情况，为后续进度情况提前预警。

8）BIM+ 管理创新应用：

①基于 BIM 云端技术的企业信息系统整合（BIM+ 云科技 +OA+ERP）：利用协筑 BIM 云平台，整合企业原有管理平台（OA 系统和明源 ERP 系统），实现各阶段专项数据的实时协同、资料共享、现场数据采集以及建设数据分析。

②信息协同平台研发与设置：推进、完善质量安全协同管理模块、提升进度管控数据展现与应用，促进 BIM5D 云与协筑云的两云融合工作。

③工程现场监理会多方云端协同：东航积极联合广联达软件企业，研发创建监理例会在线模块。对工程现场产生的各种数据进行实时监管和应用。

④现场数据采集与质量安全协同管理措施：东航 BIM 管理中心协助北京新机场项目部实现工程质量、安全的风险管控，联合软件研发团队对现有 BIM5D 质量、安全管理模块进行研发和改良，实现建设方、施工方、监理方多方协同，形成检查、监督、修缮三位一体的平台管理模块，并在原有模块中增加配置器以解决原有模块无管理权限的弊端（图 6-86）。

9）BIM+ 智能建造：智能建造系统包括：塔吊数据智能监控系统、智能安全管理系统、

图 6-86　现场数据采集与质量安全协同管理

环境监测系统、物料验收系统、劳务管理系统、质量安全管理终端应用、安全定点巡视管理等。通过一系列物联网应用，结合 BIM 模型，进行数据搜集、数据储存、数据分析、数据共享、智能决策等，从而辅助项目进行施工管理，对项目质量管理、安全管理、劳务管理、绿色施工、物资管控等各方面提供强支撑。

6.13.4　BIM 应用效果总结

1. 效果总结

（1）辅助项目管理和工程施工

1）通过 BIM 技术的应用，将潜在问题前置，避免了隐患；同时，通过 BIM5D 进行工期控制，达到了预期效果，顺利实现了工期目标。

2）基于 BIM 进行预建造，圆满解决了网架施工面大、施工难度高的问题。

3）通过 BIM+ 三维扫描，解决了网架同步提升与高精度安装的难题。

4）通过 BIM 技术辅助消防炮方案选型，并对消防炮的灭火面积进行模拟，达到了预期效果。

5）通过建设方提供的协同平台，各方协调办公，提高了办公效率，也为建设方完成了数据积累。

（2）经济效益与社会效益

1）经济效益

施工图阶段利用 IBM 技术发现设计问题占比高达 32.5%；利用 BIM 技术进行深化出图，机电深化设计模型出图率达到 86%；现场协同效率提高 50%，质量安全问题整改率提高 80%；通过 BIM 模型辅助深化设计及各专业碰撞检查，能有效避免错缺漏碰，在提高效率的同时，避免了大量的后期拆改造成的费用浪费创效 42.01 万元；通过 BIM 机电管线综合排布与机电机房方案优化，累计为项目创效 47.88 万元；通过运用 BIM 技术指导施工，提前发现施工中的错漏碰缺，累计为项目节约工期约 90 天。

2）社会效益，详见表 6-29

社会效益　　　　　　　　　　　　　　　　　　　　　　　　表 6-29

奖项名称	相关图片
RICS（皇家特许测量师学会）2018 年度 BIM 最佳应用一等奖	

奖项名称	相关图片
2019 年度中国钢结构金奖工程	
2018 年度北京市结构长城杯（金奖）	
2018 年度广联达 BIM 应用标杆工程	
2019 年龙图杯二等奖	
2019 年中建协 BIM 大赛一等奖	

续表

奖项名称	相关图片
北京市 BIM 应用示范工程	

2. 方法总结

（1）建设方大数据库的创建与积累：BIM 云 +OA+ERP 三套系统集成，对建筑生命期工程数据进行积累、扩展和应用，对工程中的三维、二维数据进行数据存储。目前打通的是协筑、BIM5D、BIM 项目管理平台、企业 OA 之间的数据传递、集成与分析，有效解决了海量数据的存储和分布异构数据的一致、协调与共享问题。

（2）协同管理平台二次开发：以协同管理平台为载体，将项目各参与方，业主、设计、监理、总包以及分包串联在一起，提高了整个项目的运行效率。项目在协同管理平台方面做了较多的创新尝试，通过不断地摸索以及与软件应用厂商的沟通探讨，逐步打造出符合项目本身的落地应用。诸如质量安全巡检、质量安全整改、质量安全台账等，满足了项目部的实际需求，调动了项目成员的积极性，保障了 BIM 工作的顺利开展。

（3）机库施工方案编制与优化：机库部分作为东航机务区的重点部分，涉及专业繁多，运用 BIM 技术显得尤为重要。本项目对机库的网架提升、消防炮等部分进行了充分的施工模拟，如此精细地展现机库的施工动画在业内尚属首次，对东航后续的机场类BIM 应用实施具有重要参考意义。期间还配合设计、技术、安全等部门多次召开专题研讨会，通过 BIM 施工模拟对施工方案的可行性进行讨论。对于机库内部的多专业交互复杂节点部位，如门头劲性柱、消防炮台、桁架、马道等部位进行施工方案的优化，避免了二次拆改。不单纯地局限于 BIM，真正做到了 BIM 与多专业多部门进行协作，辅助项目施工的进行。

（4）机房 BIM 深化标准制定：做一个项目不单单是交付模型那么简单，还要从 BIM应用过程中进行复盘，总结出一套可以长期使用的标准。通过多方参与、多频次的机电机房 BIM 深化方案研讨会，与业主方一同制定出一整套项目机房 BIM 深化标准，为日后项目上的机房深化留下了宝贵的成果。

6.14 武汉市轨道交通 5 号线工程第三、四、五、六、七标段土建工程（第七标段）BIM 应用案例

6.14.1 项目概况

1. 项目基本信息

武汉轨道交通 5 号线土建工程第七标段由武汉市汉阳市政建设集团有限公司承建。本标段包含两站两区间：红钢城站、建设十一路站、红建区间、和红区间，项目全长约 3.2km，车站采用明挖法施工，区间为盾构法施工（图 6-87）。

图 6-87　武汉轨道交通 5 号线土建工程第七标段项目效果图

2. 项目难点

（1）施工环境复杂：项目建设车站设计采用明挖法施工且位于老城繁华闹市区，交通现状复杂，组织协调难度大；地下管网老旧破损、数量种类较多且信息缺失。

（2）安全风险高：项目地质复杂，地下水位高、透水性强，与既有建筑较近，有较高安全隐患，对安全文明施工要求高。

（3）工期紧：施工过程中红钢城站由中间站设计变更改为换乘站，车站工期增加 6 个月，但全线通车时间不变，工期压力大，要求进度管理精细化。

（4）施工组织难度大：施工过程中土方开挖外运、混凝土施工、盾构机拼装掘进等多种工序交叉作业，且场地狭小，施工组织协调难度大。

3. 应用目标

针对本项目的工程重难点，结合公司 BIM 应用的总体要求，指定本项目的 BIM 应用：

（1）项目建设可视化，利用 BIM 可视化的优势，解决施工组织、场地规划等难题。

（2）项目管理精细化，借助 BIM 精细化模型和互联网平台提升施工现场进度管理与成本管理精细化水平。

（3）人才培养常态化，借助本项目的 BIM 应用，培养 BIM 应用基础性人才、建立 BIM 应用氛围。

（4）探索 BIM+ 创新应用。

6.14.2　BIM 应用方案

1. 应用内容

针对项目重难点及 BIM 应用目标，本工程主要从以下几方面进行 BIM 应用：

（1）三维审图：在建模过程中熟悉图纸，提前发现图纸问题。

（2）方案模拟优化：利用模型模拟验证施工方案的可行性，找出更好的解决方式。

（3）三维可视化技术交底：解决复杂节点理解困难的问题。

（4）进度精细化管控：利用可视化管控进度任务分配和进度情况展示。

（5）质量安全管理：使项目安全质量管控流程化、信息化、可视化。

（6）商务管理：精确提取、复核构件工程量。

（7）管网迁改、场地布置、交通导改优化：对场景信息、地下管线信息施工进度计划进行整合，合理布置管线迁改计划、场地布置形式与交通组织方案。

（8）盾构管片管理：结合工程进度，合理安排管片生产和进场，减少项目资金压力和场地压力。

2. 应用方案的确定

（1）软件选型

1）Autodesk 系列软件：建筑、结构与机电安装模型创建、出图、统计以及协调、碰撞，4D 模拟、协调以及动画制作等内容。

2）BIM+ 智慧工地、广联达 BIM5D：用于全过程协调、管理以及模型软件。

3）C4D、Lumion、Fuzor：渲染、动画、图片等。

4）广联达 GTJ：用于配合 Revit 使用的商务算量软件。

（2）BIM 组织架构：以项目经理责任制为核心，项目全员参与，建立项目级 BIM 团队，由公司 BIM 中心提供支持。

（3）BIM 项目实施制度流程，详见图 6-88。

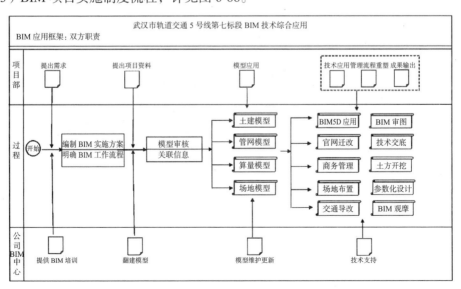

图 6-88　BIM 应用框架

6.14.3 BIM 实施过程

1. 实施准备

（1）BIM 项目实施指南编制，详见图 6-89。

图 6-89 BIM 项目实施指南编制

（2）编制地铁专项建模、应用课程。

（3）培训覆盖公司、项目部管理岗位人员达 30 多人次。

2. 实施过程

（1）模型审图：通过建立车站围护结构、结构主体、场地布置、盾构区间模型发现多处重大设计问题，保障施工顺利进行。

（2）指导现场施工部署：通过模型将周边现状场景信息、管网信息、场布信息进行整合，统一规划（图 6-90）。

无人机航拍　　　　　　　　　　　场景还原

图 6-90 模型指导现场施工部署

（3）土方开挖方案优化：

1）土方开挖特点：多层开挖，多仓开挖，多面放坡，分仓分层建立土方模型。

2）精确指导土方工程量计算，按仓、按时间快速提量。

3）优化挖机方案：原方案：3 台挖机，未考虑土方转运、禁运堆积，通过 BIM 提量，

3 台挖机无法满足开挖时间节点；优化后方案：增加至 5 台挖机，合理规划土方开挖顺序。制定机械使用计划，严控挖机进出场时间，提高机械使用效率，降低机械使用成本。

（4）三维技术交底：创建企业 BIM 微信公众号，采用 BIM+ 互联网的方式，对传统施工工艺进行三维技术交底，通过公众号推送给公司所有人员，提高企业内技术普及度和信息化企业形象。

创建交底二维码展板，工人即扫即阅——此方式针对质量安全交底、项目重点工艺的交底，旨在提高项目内交底的渗透率。关键节点技术交底——此种方式针对项目关键控制点，提高项目技术把控的能力。

（5）进度管理：精细化进度管控 + 精细化进度分析。

1）任务派分：项目每一标准仓均划分为 39 项进度控制点，通过 BIM5D 平台任务派分给对应的管理人员。

2）进度管控流程化，详见图 6-91。

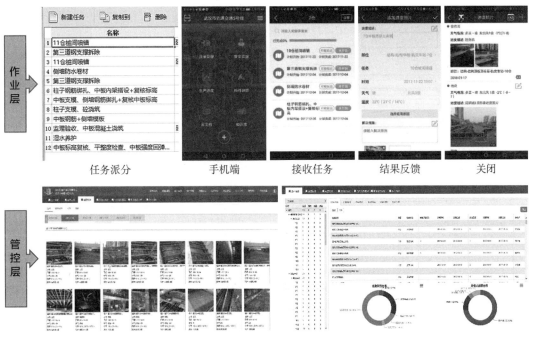

图 6-91　进度管控流程

3）进度管控信息化，详见图 6-92。

4）进度分析：

①通过计划模拟分析施工流水——流水步距、流水节拍的合理性。流水步距分析：将原进度计划 120 条细分到 318 条，通过 BIM5D 计划模拟分析每相邻工序的流水步距是否合理；流水节拍分析：通过 BIM5D 计划模拟分析相邻流水段相同工序的流水节拍是否合理。

②进度工程量精细算量分析，指导一级资源计划及采购计划，提高材料进场效率。从工程量分析得出原合作泵站混凝土供应量不足，避免因材料影响工期，9～11 月需增加泵站供应商两家。

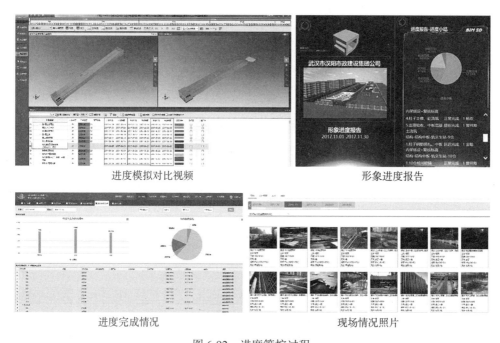

进度模拟对比视频   形象进度报告

进度完成情况   现场情况照片

图 6-92　进度管控过程

（6）质量安全管理：制定标准化检查要素，通过 BIM5D 平台安全定点巡视功能，实现 BIM 与安全管理的融合。

通过 BIM5D 平台安全定点巡视功能，将地铁项目的安全问题梳理总结成 10 大项，120 小项，设置安全巡视周期，使安全员知道每天检查什么，做到安全检查无遗漏。及时反馈现场安全巡视情况，产生质量安全管理流程记录 800 余条。

（7）商务管理

1）通过 BIM 辅助精细化算量，提高对内成本、对外结算管理水平。

2）精细化混凝土工程量：

①确定建模规则和拆分原则，满足算量规则、施工工序和清单要求。

②校核纠正手算混凝土误差 456 方；BIM 算量 559m³ 与实际浇筑量 572m³ 偏差率 2.3%。

③按流水段提取工程量对外报量、对内分包结算，减轻算量人员压力。

④逐条校核防水卷材和防水涂料；防水卷材量差 1.64%，手算比 BIM 算量少 203m²；防水涂料量差 5.75%，手算比 BIM 算量少 316m²；防水找平层量差 2.55%，手算比 BIM 算量少 156m²。

3）精细化钢筋算量——钢筋量的过程控制；Revit 单独创建搭接头模型提量　BIM 提取每仓钢筋量，实现钢筋的过程控制。

（8）管网迁改

1）建模及信息录入：8 大专业、35 根管线全覆盖：给水排水、燃气、电力、通信……。轻量化 BIM 模型，快速查阅，提高决策效率。

图 6-93　可视化指导

2）可视化指导：输出管网清单，制定迁改计划，明确关键节点，避免影响主体施工进度；明确争议管道，提前制定物探方案，确保安全文明施工；可视化指导施工，提高迁改效率，保障施工安全（图 6-93）。

3）分析管网迁改的安全性：通过三维模型分析发现，施工过程中的地质扰动有可能影响标高不明燃气管线，存在极大安全隐患。通过前置化的分析讨论安排迁改计划，提前消除安全隐患，确保了工期和安全，这种为安全负责的态度得到地铁集团的肯定和表扬。

4）辅助制定建十一路站排水管迁改方案，一次到位，避免二次迁改：先行迁移到附属结构处，存在二次迁改；一次到位，避免二次迁改。

5）优化管网迁改方案，节省工期费用。

（9）场地布置

1）制定项目 CI 标准，指导现场施工。

2）设计三维场地布置方案。

3）指导场地布置施工和物资采购。

4）制定临时回填方案，优化材料加工区，调整场地布置，节约成本。

优化虽增加了临时硬化费用，但通过龙门吊周转材料节省了吊车费用 7.5 万元。由于优化场地布置，附属结构施工可两台钻机同时施工，节省工期 5 天。

（10）交通导改

1）创建导改模型，提高导改方案审批效率。

2）导改 6 大关键控制点，辅助制定导改方案。

（11）盾构区间管理

对管片拼装进行模拟，并出具各管片详图尺寸，并统计出每种管片工程量，便于后期管片预制及材料供应。结合工程进度，合理安排管片生产和进场，减少项目资金压力和场地压力。

6.14.4　BIM 应用效果总结

1. 效果总结

（1）项目通过 BIM 可视化技术的应用，把项目周边建筑、道路、地下的管线及施工场地等要素集中呈现。随着施工阶段的变化，周边环境与工程项目之间的影响关系一目了然，管线迁改、交通导行的方式与计划清晰可见，杜绝了因场地和工作面问题导致的窝工、停工现象，取得了显著的工期节省和经济效益，经过粗略估算，仅在管线迁改、场地布置的优化方面就节省大约 65 天的工期。

（2）因工程变更导致工期极为紧张，在项目建设过程中利用 BIM 可视化平台进行进度、质量、安全方面的管控，充分发挥 BIM 平台可视、协同的特点，对工程进度任务精细控制、责任到人，动态实时跟踪，保证了工期节点任务的顺利完成。通过平台中的质量安全巡视清单，专人对质量安全要点进行巡查，项目负责人能实时查看巡查情况及问题整改进度，保证了工程的顺利进行。

（3）本项目采用 BIM 模型精确计算项目工程量，以满足算量规则、施工工序和清单为要求进行模型创建和拆分，首次尝试清单算量与施工工序规则的统一。通过工程量的精确计算，内控成本外控结算，有效地避免了施工过程的浪费和超结算情况的发生。

项目效益总结   表 6-30

序号	项目	应用点	效益		
			节省工期（天）	经济效益（万元）	其他
1	BIM 助力市政难点	管网迁改、场地布置、交通导改	65	415.78	——
2	BIM 辅助三维交底	标准化工艺库	——	——	推动公司技术革新
3	BIM 辅助项目管理	进度 / 质量 / 安全 / 商务	——	260.25	管理效率提高，管理精细化、流程化、标准化

（4）本项目在 BIM 应用过程中，被评选为市文明工地，入选武汉市 BIM 试点项目，接受了多次不同级别的观摩会，得到社会各界的高度认可。在国家、省、市举办的 BIM 应用大赛中均获得了优秀的成绩，荣获了 2018 年"龙图杯"第七届全国 BIM 大赛一等奖；2019 年第四届中国建筑业协会 BIM 大赛一等奖；2018 年"汉阳市政杯"武汉建筑业 BIM 技术应用视频大赛金奖。

2. 方法总结

（1）在本项目 BIM 应用过程中，实践出了一套基于 BIM 的管理流程和标准体系，在项目管理标准化、精细化方面起到了重要的作用。基于本项目的 BIM 模型标准、应用方法已经作为企业级的执行标准和指导手册运用到其他同类项目中。

（2）本项目为公司培养了十几名拥有 BIM 实践经验，又同时具备不同专业技术能力的工程师。BIM 人才的培养原则上是以专业技术能力为基础，从工具和管理思维为目的对 BIM 进行学习和实践应用，这样才能真正培养出了既有精细化管理思维和也具备精细化能力的复合型人才，而不只是 BIM 软件和平台的操作员。

第7章 典型性国家及区域建筑业 BIM 技术应用情况分析

BIM 在全球各国的实施落地过程中，出现了差异化的解读和诠释，BIM 的涵义在不同的领域不断延展，在施工领域形成了新的理念 VDC（虚拟设计施工），再进一步在设计、施工、运维的全价值链上拓展形成了 IDD 理念（数字化集成交付），最终指向整体项目和企业数字化转型。其背后的根本原因在于不同国家的国情和 BIM 导入期的影响，为此本章节针对美国、英国、北欧、新加坡等四个典型性国家及区域，梳理与分析了当地 BIM 标准与技术政策情况、BIM 标准规范情况、BIM 技术推广情况，并邀请相关国家及区域的高校学者、企业代表、数字化专家分享 BIM 技术观点，以期为我国推进 BIM 应用发展提供参考和借鉴。

7.1 典型性国家及区域建筑业 BIM 政策的情况

7.1.1 美国

美国作为 BIM 技术的发源地，"BIM"名词便是由美国多个软件商提出，并经过相应的行业机构、企业、院校进行整合。目前 BIM 技术中，主要的理论体系来自美国。美国 BIM 技术的推广多是市场自发的行为，与中国、英国等国家不同的是，在公开范围内可查阅的资料里，美国国家层面并没有出台与 BIM 技术相关的政策。美国出台 BIM 相关政策的多数为企业与机构，部分州政府也出台过相应的 BIM 政策，但也多是出于更好地提升建设管理的目的。

在可查阅的资料里，美国地方政府中单独发布过 BIM 技术政策的只有俄亥俄州。俄亥俄州在 2011 年发布了《俄亥俄州 BIM 草案》（*Ohio BIM Protocol*），设定了推广 BIM 技术的目标和计划。《俄亥俄州 BIM 草案》要求自 2011 年 7 月 1 日后，所有由俄亥俄州建筑办公室投入超过 400 万美元的新建、扩建、改造项目需要按照《俄亥俄州 BIM 准则》实施 BIM 技术，所有州政府项目中机电造价超过工程总造价 40% 的项目也必须执行《俄亥俄州 BIM 准则》。

除俄亥俄州外，其他州则是在相应标准里提出了对州政府项目的 BIM 政策要求，而不是单独作为政策发布。如威斯康星州在其 BIM 标准中，要求自 2009 年 7 月 1 日始，州政府内预算在 500 万美元以上的所有项目、预算在 250 万美元以上的施工项目和预算在

250 万美元以上、新增成本占 50% 及以上的扩建 / 改造项目，都必须从设计开始就应用 BIM 技术。这些州政府提出 BIM 政策的很大原因也是因为州政府本身就是很多政府投资项目的甲方，这些政策主要也是在其自身管理的项目中实施，从而给州内建筑行业做出示范效应。

除此之外，美国很多 BIM 技术政策都是由机构和企业提出，部分企业与机构的 BIM 政策对行业的 BIM 发展起了重要的推进作用，其中最为显著的就是美国总务管理局（General Services Administration，以下简称 GSA）与美国联邦机构美国陆军工程兵团（the U.S. Army Corps of Engineers，以下简称 USACE）。

2003 年，GSA 发布了具有历史意义的《3D-4D-BIM 手册》，BIM 技术开始真正进入了美国公众的视野。GSA 要求"在 2006 年财政年时开始广泛使用 BIM 技术来提高项目的设计水平和施工交付"。从 2007 财政年度开始，GSA 对其所有对外招标的重点项目都给予资金支持，来推动 BIM 技术的发展。而 USACE 则在 2006 年制定并发布了一份 15 年（2006～2020 年）的 BIM 路线图，以推动 BIM 技术的发展。所以美国 BIM 技术的推广大多数是市场和业主的自发行为，相关的 BIM 政策更多也是来自于企业或机构。

美国主要 BIM 技术政策和发布时间表 表 7-1

机构 / 地方 / 企业	类型	发布内容	内容概述	时间（年）
美国总务管理局	政府企业	国家 3D-4D-BIM 项目（National 3D-4D-BIM Program）	BIM 推广计划和部分 BIM 实施要求	2003
美国陆军工程兵团	军队机构	15 年（2006～2020 年）BIM 路线图；美国陆军工程兵团项目 BIM 要求（ECB 2013-18: Building Information Modeling Requirements on USACE Projects）	BIM 发展路线及项目 BIM 实施要求	2006
威斯康星州	州政府	BIM 指南和标准（BIM Guidelines and Standards）	州政府项目 BIM 实施的导则和原则	2009 （2012 年更新第二版）
德克萨斯州	州政府	指南标准（Guidelines - Standards）	BIM 制图和模型标准	2009
俄亥俄州	州政府	俄亥俄州 BIM 草案（Ohio BIM Protocol）	州政府推广 BIM 技术的目标和计划	2011
美国海军设施工程司令部	军队机构	美国海军设施工程司令部 BIM 阶段性实施计划（ECB 2014-01: NAVFAC's Building Information Management and Modeling Phased Implementation Plan）	项目 BIM 实施要求	2014
马萨诸塞州	州政府	设计和施工 BIM 指南（BIM Guidelines for Design and Construction）	州政府项目 BIM 实施的要求，数据和出图要求	2015

7.1.2 英国

英国的 BIM 技术更多是由政府层面直接牵头及推动。其中，最著名的便是英国内阁办公室在 2011 年 5 月发布的 *Government Construction Strategy 2011*（《政府建设战略

2011》），里面首次提到了发展 BIM 技术。《政府建设战略 2011》是英国第一个政府层面提到 BIM 的政策文件。在这个战略计划中，英国政府大篇幅介绍了 BIM 技术，并要求到 2016 年，政府投资的建设项目全面应用 3D BIM（BIM 强制令），并且要求信息化管理所有建设过程中产生的文件与数据。

在发布《政府建设战略 2011》的同一年，英国政府还宣布资助并成立 BIM Task Group，由内阁办公室直接管理，致力于推动英国的 BIM 技术发展、政策制定工作。BIM Task Group 成立的同时，英国政府还提出了 BIM Levels of Maturity，要求在 2016 年所有政府投资的建设项目强制按照 BIM Level 2 要求实施。

《政府建设战略 2011》可以被认为是英国 BIM 标准及相关政策的纲领性政策文件。在此政策之后，英国政府随后陆续颁布和实施了一系列 BIM 相关规范和标准，包括 PAS 1192 系列 BIM 标准、*Government Construction Strategy 2016–2020*》（《政府建设战略 2016 ～ 2020》）、*Construction 2025*（《建造 2025》）等，以此对政府和建筑业之间的关系进行全面提升，进而确保政府能够持续获得理想的收益，而国家也能够拥有具有长期社会以及经济效益的基础设施。

目前，英国主要的 BIM 政策和标准均为国家层面或其委托的机构发布，英国主要 BIM 政策和标准时间轴线如表 7-2 所示。

英国主要 BIM 技术政策和发布时间表　　　　表 7-2

机构/地方/企业	类型	发布内容	内容概述	时间（年）
下议院商业和企业委员会	政府	《建设事项：2007 ～ 2009 第 9 份报告》（*Construction Matters: Ninth Report of Session 2007-2009*）	提出英国政府应该有合理的措施来引导建筑行业的进步	2008
英国内阁办公室	政府	《政府工程建设行业战略 2011》（*Government Construction Strategy 2011*）	介绍了 BIM 技术，并要求到 2016 年，政府投资的建设项目全面应用 3D BIM，实现 BIM Level 2	2011
英国政府	政府	《建设 2025》（*Construction 2025*）	提出加强政府与建筑行业的合作，将英国在建筑方面世界一流的专业知识出口，以促进整体经济的发展	2013
英国政府下设社会团队	政府下设机构	《建设环境 2050：数字化未来报告》（*Built Environment 2050: A Report on Our Digital Future*）	对建筑行业未来发展的愿景	2014
英国政府	政府	《数字建造不列颠》（*Digital Built Britain*）	政府 BIM 工作从 BIM Level 2 向 BIM Level 3 政策制定过渡	2015
内阁办公室	政府	《政府工程建设行业战略 2016 ～ 2020》（*Government Construction Strategy 2016-2020*）	政府工作从 BIM Level 2 转向 BIM Level 3	2016

7.1.3　北欧

在全球 BIM 应用中，北欧也具有代表性，根据 NBS International 的调研，IFC 在北欧的应用率和支持率为全球最高。很多公开的文献都认为斯堪的纳维亚地区（挪威、瑞典及芬兰，即广义所指的北欧地区）属于全球 BIM 应用的第一梯队。

这些北欧国家其实没有政策影响，由于早期政府支持力度大、发展时间长，BIM 应用普及程度非常高。以芬兰为例，早在 20 世纪 80 年代，Building Product Modelling 的思路就已存在，同时，不同三维软件间的信息交互标准也开始制定，Tekla、Solibri、MagiCAD、TouchDesign、Infrakit 等产品最早都是源自于北欧，也是支持 IFC 最好的软件之一。

与美国一样，北欧并没有国家性质的 BIM 政策，但有具备政府性质的业主单位在推动着项目 BIM 应用。以芬兰为例，芬兰最大的国有资产管理公司也是最大的开发公司 Senate Properties（直译为：参议院资产）在 2007 年率先要求其项目需要应用 BIM 技术，从而推动了 BIM 技术在芬兰的普及。而以瑞典为例，2013 年，瑞典交通管理局颁布 BIM 发展策略，鼓励建筑行业使用 BIM。同样，包括瑞典交通管理局在内的其他公共组织也规定从 2015 年开始使用 BIM。

根据相关文献统计，截至 2020 年，瑞典在施项目 95% 以上拥有 BIM 模型，政府无明文推动，行业自发应用 BIM 进行三维设计，拥有 BIM 模型以及 IFC 标准普及。

7.1.4 新加坡

对比国内政策，新加坡政府发布的政策同样具备参考意义，因为新加坡政府在 BIM 配套政策发布的同时还建立了对应的电子送审配套平台。新加坡下设的建筑工程局（Building and Construction Authority，简称 BCA）是新加坡主导 BIM 的重要机构。BCA 早在 2001 年就在 CORENET（Construction and Real Estate NETwork 的缩写）计划之下推动 e-Submission 电子送审平台，供建筑土木人员缴交与项目相关的计划与文件。

CORENET 计划主要由三部分组成：e-Submission（电子送审平台）、e-PlanCheck（建造电子审批系统）以及 e-Info（建筑和房地产部门信息整合平台）。计划中的 e-Plan Check 部分于 2012 年开始推广并鼓励应用 BIM 送审，进而逐年提高强制送审的比例，是亚洲国家当中应用 BIM 来进行建筑法规检讨及设计审核最早的国家之一。

2010 年，BCA 制定了第一个 BIM 路线图，以推动 BIM 在新加坡的应用。为了鼓励早期的 BIM 应用者，BCA 同时成立了一个 600 万新币的 BIM 基金项目，任何企业都可以申请。

2011 年，新加坡建筑工程局发布了新加坡 BIM 发展路线规划（BCA's Building Information Modelling Roadmap），规划明确推动整个建筑业在 2015 年前广泛使用 BIM 技术。为了实现这一目标，BCA 分析了面临的挑战，并制定了相关策略。

在创造需求方面，新加坡决定政府部门必须带头在所有新建项目中明确提出 BIM 需求。2011 年，BCA 与一些政府部门合作确立了示范项目。BCA 将强制要求提交建筑 BIM 模型（2013 年起）、结构与机电 BIM 模型（2014 年起），并且最终在 2015 年前实现所有建筑面积大于 5000m² 的项目都必须提交 BIM 模型的目标。

2017 年，在前两份路线图的基础上，BCA 扩大建筑行业数字化，提出了一个综合数字交付计划——IDD（Integrated Digital Delivery）。基于 BIM、VDC 和其他合适的数字解决方案，从设计、制造、施工到资产交付与管理的整个项目阶段，实现及时、经济、高效和高质量的项目交付。从而在整个项目阶段传达和使用相关的、准确的、及时的数字信息。项目干系人采用协作的工作方式和集成平台，可从集成的数字交付中获得最大的利益。2018 年已形成 IDD 实施计划，预计 2020 年底面向全新加坡建筑行业发布完整的计划、流程及其他相关文件。

新加坡主要 BIM 技术政策和发布时间表 　　　　　　　　　　　　表 7-3

机构 / 地方 / 企业	类型	发布内容	内容概述	时间（年）
建筑工程局	政府部门	《新加坡 BIM 发展路线规划》（BCA's Building Information Modelling Roadmap）	明确推动整个建筑业在 2015 年前广泛使用 BIM 技术	2011
建筑工程局	政府部门	《政府工程建设行业战略 2011》（BIM Essential Guide for Adoption in Organization）	介绍了 BIM 技术，并要求到 2016 年，政府投资的建设项目全面应用 3DBIM，实现 BIM Level 2	2013
建筑工程局	政府部门	《BIM 基本指南之执行计划》（BIM Essential Guide for Execution Plan）	制定 BIM 实施计划	2013
建筑工程局	政府部门	《综合数字交付实施计划》BCA's Integrated Digital Delivery Implementation Plan	从设计、制造、施工到资产交付与管理的整个项目阶段，利用数字技术实现及时、经济、高效和高质量的项目交付	2018

为了更好地推动 BIM 技术应用，BCA 还与 20 多个主要的公共部门采购实体合作，在他们的合同中规定了公共部门 BIM 的要求。这为所有大型设计顾问和主要承包商提供了强大的动力，以建立 BIM 能力，竞标 BCA 项目。到目前为止，超过 200 个公共部门项目已经启动了 BIM 应用。2015 年开始，在此基础上对所有项目实行了更严格的要求。

除了在公共部门项目中推广 BIM 外，BCA 也与私营部门密切合作，在他们的项目中推广 BIM/VDC。基于此背景，2011 年行业 BIM 指导委员会成立，旨在解决 BIM 标准和实施的多学科性质。指导委员会的成员包括来自各行业协会、主要政府采购实体和监管机构的代表。随着设计师和承包商更多应用 BIM，私营部门开发人员也在努力接受 BIM/VDC。新加坡房地产开发商协会（REDAS）在过去几年里一直通过研讨会向其会员推广 BIM/VDC。通过 REDAS 的努力，越来越多的私营部门客户项目采用 BIM/VDC。目前，已有超过 25 个项目实施了 VDC。

7.2　BIM 应用典型性国家及区域建筑业 BIM 标准规范的情况

7.2.1　美国

美国 BIM 标准的推动有着自下而上的特点。首先，各大公司、行业协会制定自己的 BIM 标准，国家的一些部门开始编写国家级别的 BIM 标准，并参考吸纳各行各业的公司和机构 BIM 标准。

作为美国国家 BIM 标准（the National Building Information Modeling Standard，NBIMS），因为其全面性以及对美国各类主流标准的引用和融合，使得 NBIMS 成为美国行业目前参照最多的标准。但在国际工程中，美国的企业或行业标准反而被引用的更多，如美国总承包商协会、宾州州立大学、美国总务管理局的 BIM 标准，因其体系性和实操性强，在很多美洲和中东国家的项目中，直接被引用为项目标准。

美国国家 BIM 标准 表 7-4

机构	类型	时间（年）	发布内容	内容概述
NIBS	政府机构	2007	美国国家 BIM 标准 (NBIMS)（第一版）	关于信息交换和开发过程等方面的内容，明确了 BIM 过程和工具的各项定义、相互之间数据交换要求的明细和编码
NIBS	政府机构	2012	美国国家 BIM 标准 (NBIMS)（第二版）	技术细节更新、完善。采用了开放投稿、民主投票的新方式决定标准内容，因此也被称为是第一份基于共识的 BIM 标准
NIBS	政府机构	2015	美国国家 BIM 标准 (NBIMS)（第三版）	技术细节更新、完善。根据实践发展情况增加并细化了一部分模块内容，以便更有效地促进 BIM 应用的落地

美国州政府 BIM 标准（部分标准包含州政府政策） 表 7-5

机构	类型	时间（年）	发布内容	内容概述
威斯康星州	州政府	2009	BIM 指南和标准（BIM Guidelines and Standards）	州政府项目 BIM 实施的导则和原则
德克萨斯州	州政府	2009	指南标准（Guidelines - Standards）	BIM 制图和模型标准
俄亥俄州	州政府	2011	俄亥俄州 BIM 草案（Ohio BIM Protocol）	州政府推广 BIM 技术的目标和计划
马萨诸塞州	州政府	2015	设计和施工 BIM 指南（BIM Guidelines for Design and Construction）	州政府项目 BIM 实施的要求，数据和出图要求

美国行业机构 BIM 标准 表 7-6

机构	类型	时间（年）	发布内容	内容概述
美国总承包商协会	行业协会	2006	承包商 BIM 使用指南	实施指南与合同范本，2009 年发布第二版
宾州州立大学	学校及行业协会	2007	BIM Project Execution Planning Guide（第一版）	BIM 实施指南，2010 年发布第二版
美国建筑师协会-AIA	行业协会	2008	合同条款 Document E202 AIA E202-2008-Building Information Protocol Exhibit 建筑信息模型协议增编	对合同条款中 BIM 内容的定义

美国业主方 BIM 标准　　　　　　　　　　　　　表 7-7

机构	类型	时间（年）	发布内容	内容概述
美国总务管理局	政府企业	2003	国家 3D-4D-BIM 项目（National 3D-4D-BIM Program）	BIM 推广计划和部分 BIM 实施要求
美国陆军工程兵团	军队机构	2006	15 年（2006～2020 年）BIM 路线图；美国陆军工程兵团项目 BIM 要求（ECB 2013-18: Building Information Modeling Requirements on USACE Projects）	BIM 发展路线及项目 BIM 实施要求
美国总务管理局	政府企业	2007～2012	美国总务管理局 BIM 指南系列 1-8（GSA Building Information Modeling Guide Series 01－08）	BIM 实施流程及要求
洛杉矶公共大学	高校	2009	BIM 标准（BIM Standards）	BIM 实施标准
纽约市设计施工管理局	政府企业	2012	BIM 指南（BIM Guidelines）	BIM 实施指南
美国海军设施工程司令部	军队机构	2014	美国海军设施工程司令部 BIM 阶段性实施计划（ECB 2014-01: NAVFAC's Building Information Management and Modeling Phased Implementation Plan）	项目 BIM 实施要求

7.2.2 英国

与美国的多类标准并行的现状不同，英国的 BIM 标准具有很强的统一性与系统性。英国整体框架性、宏观性标准由英国标准院（British Standards Institution, 简称 BSI）编写。BSI 与行业组织、研究人员、英国政府和商业团体合作，于 2007 年开始编制和发布 BIM 标准系列，制定实施 BIM 所必需的总体原则、规范和指导，以此加深建筑行业相关部门以及从业人员对于 BIM 发展国家规划的理解，同时让业界彼此可以相互参考。

在 BSI 的基础上，国家建筑规范院（National Building Specification, 简称 NBS）与建造业协会 (Construction Industry Council，简称 CIC) 等机构编写了一系列的配套、具体协助项目落地实施的标准。如 NBS 发布的 *NBS BIM Object Standard*（NBS BIM 对象标准），为行业 BIM 模型对象建立提供标准。再如 CIC 发布的 *BIM Protocol*（BIM 协议书），可用于所有的英国建筑工程的合同。

英国 BIM 标准中，标准编号带有 BS（British Standard）的系列标准为国家标准。而编码中带有 PAS（Publicly Available Specification）的系列为公开规范，随着时间推移，PAS 系列的标准有可能升级为 BS 国家标准。

英国 BS 系列 BIM 标准　　　　　　　　　　　　　表 7-8

编号	标准名称	时间（年）	内容概述
BS 1192	Collaborative production of architectural, engineering and construction information. Code of practice（建筑、工程和施工信息的协同生产 - 实务守则）	2007	BS 1192：2007 是 BS 1192 标准的第三版，于 2007 年 12 月 31 日发布，为基于 CAD 信息系统的沟通、协作、建立公共数据环境（Common Data Environment）提供了更为全面的实践守则。BS 1192：2007 适用于建筑物和基础设施项目在设计、施工、运营期间各方面人员的信息管理与协作

续表

编号	标准名称	时间（年）	内容概述
BS 8541-1	Library objects for architecture, engineering and construction. Identification and classification. Code of practice（建筑、工程、工身份与编码对象库——实施规程）	2012	BS 8541 系列标准为对象标准，定义了对 BIM 对象 (Objects) 的信息、几何、行为和呈现的要求，以确保 BIM 应用的质量，从而实现建筑行业更多的协作和更高效的信息交换
BS 8541-2	Library objects for architecture, engineering and construction. Recommended 2D symbols of building elements for use in building information modelling（建筑、工程、施工 BIM 应用推荐模型元素二维符号对象库）	2011	
BS 8541-3	Library objects for architecture, engineering and construction. Shape and measurement. Code of practice（建筑、工程、施工几何与测量对象库——实施规程）	2012	
BS 8541-4	Library objects for architecture, engineering and construction. Attributes for specification and assessment. Code of practice（建筑、工程、施工技术规格与评估属性对象库——实施规程）	2012	
BS 8541-5	Library objects for architecture, engineering and construction. Assemblies. Code of practice（建筑、工程、施工组件对象库——实施规程）	2015	
BS 7000-4	Design management systems. Guide to managing design in construction（设计管理系统：管理施工设计指南）	2013	BS 7000 是一套系列标准，用于规范设计的管理过程。在 BIM Level 2 要求提出后，英国政府将 BS 7000 系列中的 BS 7000-4 针对 BIM 技术重新制定，形成 BS 700-4:2013。BS 7000-4:2013 对各级施工设计过程、各组织和各类施工项目进行管理指导，并适用于建设项目全生命期内的设计活动管理以及设施管理职能的原则
BS 1192-4	Collaborative production of information. Fulfilling employer's information exchange requirements using COBie. Code of practice（信息的协作生产：使用 COBie 履行雇主的信息交互要求——实践守则）	2014	BS 1192-4: 2014 的核心是定义了设施在全生命期内信息交互的要求，要求信息交互必须遵循 COBie，并定义了英国对 COBie 的使用
BS 8536-1	Briefing for design and construction. Code of practice for facilities management（设计和施工简述——设施管理实施守则）	2015	BS 8536-1: 2015 发布的主要目的是阐述设计阶段与施工阶段的一些工作原则，确保参建人员从设计阶段就以建筑运营管理和使用的思路来进行管理

英国 PAS 系列 BIM 标准　　　　　　　　　　　　　　　　表 7-9

编号	标准名称	时间（年）	内容概述
PAS 1192-2	建筑信息建模施工项目实施 / 交付阶段信息管理规范（Specification for information management for the capital/delivery phase of construction projects using building information modelling）	2013	PAS 1192-2：2013 是整个英国 BIM 强制令的核心，它阐述了如何使用 BIM 成果来进行项目设计与施工的交付。PAS 1192-2 从评估与需求（Assessment and need）、采购（Procurement）、中标后（Post contract-award）、资产信息模型维护（Asset information model maintenance）四个方面，对 BIM 信息的传递作了详细要求
PAS 1192-3	使用建筑信息模型在运营阶段的信息管理规范（Specification for information management for the operational phase of assets using building information modelling）	2014	PAS 1192-3 侧重于资产的运营阶段，设定了建筑运营阶段信息管理的框架，为资产信息模型（AIM）的使用和维护提供指导，并从 Common Data Environment 和数据交互的角度阐述了如何来支持 AIM
PAS 1192-5	安全意识建筑信息建模，数字建造环境和智能资产管理规范（Specification for security-minded building information modelling, digital built environments and smart asset management）	2015	PAS 1192-5 针对 BIM 技术发展环境下，建设过程越来越多地使用和依赖信息和通信技术，定义了保障网络和数据安全问题的措施
PAS 1192-6	应用 BIM 协同共享与应用结构性健康与安全信息规范（Specification for collaborative sharing and use of structured Health and Safety information using BIM）	2018	PAS 1192-6 旨在减少整个项目生命周期中的危害和风险，从拆除到设计，包括施工过程的管理，并使确保健康和安全信息在正确的时间由适当的管理人员负责

目前，BSI 也正在努力把英国 BIM 标准针对适配全球普遍情况升格为 ISO 标准，以加大在全球推广英国标准的力度。2018 年年底，原先的 BS 1192：2007 与 PAS1192-2：2013 分别升级为了国际标准 BS EN ISO 19650-1：2018 与 BS EN ISO 19650-2018，并于 2020 年将原先的 PAS 1192-3：2014 与 PAS 1192-5：2015 分别升级成了国际标准 BS EN ISO 19650-3：2020 与 BS EN ISO 19650-5：2020。

ISO 19650 系列 BIM 标准　　　　　　　　　　　　　　　表 7-10

编号	标准名称	时间（年）	内容概述
ISO 19650-2	用 BIM 进行信息管理 - 概念和原则（Information management using building information modelling— Part 1: Concepts and principles）	2018	作为使用建筑信息建模（BIM）的信息管理的国际标准的一部分，提出了在成熟阶段描述为"根据 ISO19650 的 BIM"的信息管理的概念和原则
ISO 19650-2	用 BIM 进行信息管理 - 资产交付阶段（Information management using building information modelling — Part 2: Delivery phase of the assets）	2018	对信息管理的要求进行了规定，并对使用建筑信息建模（BIM）对信息交换的要点和资产交付阶段文本以管理过程和程序的形式进行规范
ISO 19650-3	使用 BIM 进行信息管理 - 资产运维阶段（Information management using building information modelling — Part 3: Operational phase of the assets）	2020	侧重于资产的运营阶段，设定了建筑运营阶段信息管理的框架，为资产信息模型（AIM）的使用和维护提供指导，并从 Common Data Environment 和数据交互的角度阐述了如何来支持 AIM

编号	标准名称	时间（年）	内容概述
ISO 19650-4	使用 BIM 进行信息管理 - 信息交换（Information management using building information modelling — Part 4: Information exchange）	编制中	—
ISO 19650-5	使用 BIM 进行信息管理 - 信息管理的安全防范方法（Information management using building information modelling — Part 5: Security-minded approach to information management）	2020	针对 BIM 技术发展环境下，建设过程越来越多地使用和依赖信息和通信技术，定义了保障网络和数据安全问题的措施

英国标准是全球建设领域中被引用、借鉴最为广泛的标准，且有英国协会标准作配套支持。尤其在"一带一路"沿线很多国家，都直接引用英国 1192 系列或 ISO 19650 系列的标准作为项目标准。

新加坡、中国香港、中国台湾、印度、欧盟（非洲采用欧标国家较多）等国家或地区虽然有自发标准，但借鉴英国 BIM Level 2 的思路较多。

7.2.3 北欧

1998 年，ITBoF（建筑和房地产信息技术）研发计划在瑞典推出。它纳入了 70 个离散项目，分为研究、标准化和实现。在标准化领域内，国际金融公司与既定的瑞典之间的关系，研究了建筑分类系统 BSAB。除其他事项外，评估表明缺乏注重面向过程的标准化。随后启动了一项新计划——ICT 2008——解决处理标准并启动试点实施，以帮助调整收益预期。到 2009 年，该行业足够成熟，可以发起由行业联盟运营的整个行业的研究和开发计划。组织 openBIM 的代表和领导，openBIM 的程序包括应用程序项目、发展项目和研究项目，旨在共同推动行业面向对象的信息管理。openBIM 现在并入了其他相关组织，包括 BuildingSMART 的本地分会，已将自己更名为 BIM Alliance Sweden，并继续发挥作用。通过该部门传播 BIM 方面的良好经验并推广相关标准。

7.2.4 新加坡

作为 BCA 在 2010 年和 2011 年发布的 BIM 路线，BCA 也同步发布了一系列标准（指南）用于支撑其 BIM 路线的实施。

2012 年 5 月，新加坡建筑工程局发布了第一版 BIM 标准《新加坡 BIM 指南》（*Singapore BIM Guide*），并于第二年（2013 年）发布了《新加坡 BIM 指南》第二版，用于支持项目的 BIM 实施参照。

此外，从 2013 年开始也相继发布了 BIM 基本指南（BIM Essential Guide），将 BIM 应用于各工程专业的做法具体描述清楚。并根据 2013 ~ 2015 年实施 BIM e-submission 的经验，BCA 将各监管机构的要求整合为建筑师、结构工程师、MEP 工程师等各专业各过程的工作守则。这是新加坡建筑行业中一个重要的 BIM 标准化工作，新加坡建筑工程局至今已发行 10 余本。

新加坡主要 BIM 标准发布时间表　　　　　　　　　　表 7-11

机构 / 地方 / 企业	类型	发布内容	内容概述	时间（年）
建筑工程局	政府部门	《新加坡 BIM 指南》（Singapore BIM Guide）	用于支持项目的 BIM 实施参照	2012（2013 年更新第二版）
建筑工程局	政府部门	BIM 基本指南之组织融入（BIM Essential Guide for Adoption in Organization）	如何将 BIM 技术融入项目组织中	2013
建筑工程局	政府部门	BIM 基本指南之 BIM 实施计划（BIM Essential Guide for BIM Execution Plan）	项目 BIM 实施计划书的编制要求及指引	2013
建筑工程局	政府部门	BIM 基本指南之建筑篇（BIM Essential Guide for Architectural Consultant）	建筑设计 BIM 应用的基本要求	2015
建筑工程局	政府部门	BIM 基本指南之虚拟设计与施工协同篇（BIM Essential Guide for Collaborative Virtual Design and Construction）	设计与施工协同工作的 BIM 指南	2016
建筑工程局	政府部门	BIM 基本指南之制造与组装设计篇（BIM for Design for Manufacturing and Assembly Essential Guide）	用制造与组装的思维进行设计的 BIM 应用指南	2013
建筑工程局	政府部门	BIM 基本指南之结构篇（BIM Essential Guide for C&S Consultants）	结构设计的 BIM 应用基本指南	2013
建筑工程局	政府部门	BIM 基本指南之暖通篇（BIM Essential Guide for MEP Consultants）	机电设计的 BIM 应用基本指南	2013
建筑工程局	政府部门	BIM 基本指南之施工篇（BIM Essential Guide for Contractors）	施工过程管理的 BIM 应用基本指南	2013
建筑工程局	政府部门	BIM 基本指南之建筑性能分析篇（BIM Essential Guide for Building Performance Analysis）	BIM 在建筑性能分析的应用指南	2015
建筑工程局	政府部门	BIM 基本指南之地勘测量篇（BIM Essential Guide for Land Surveyors）	BIM 在地勘测量应用的指南	2015

7.3　BIM 应用典型性国家及区域建筑业 BIM 推广的情况

7.3.1　美国

1. 推广体系

美国的 BIM 推广体系在全球范围来看比较具有独特性。美国的 BIM 技术发展更多是市场自发的行为，或者更偏向于 BIM 软件厂商驱动（注：美国 BIM 软件在全球 BIM 软件中占绝对多数份额）。根据书籍《中美英 BIM 标准与技术政策》中记录的对 Bentley Systems 的计算机设计研发总监（Research Director for computational design）Volker Mueller 的采访：美国的 BIM 发展跟其他国家不太一样，是以产业为主导，先行将 BIM 技术和理念应用在实际的工程案例中。通过具体工程案例的经验积累，再逐步要求企业、机构、政府制定相关的政策与制度，来加速 BIM 的推广，提升整体产业链的生产力和价值。BIM

在美国的发展阶段是从民间对 BIM 需求的兴起到联邦政府机构对 BIM 发展的重视及推行相应的指导意见和标准，最后到整个行业对 BIM 发展的整体需求提升。

2. 应用特点

美国 BIM 应用最大的特点便是自下而上的推动。软件商与科研机构、协会合作，基于理论体系不断研发产品与设备，推向企业，企业在实施的过程中根据经验形成标准与指南，再由协会及国家机构进行整合形成国家标准。国家层面没有对应技术政策，靠市场驱动 BIM 技术的发展，即厂商支持、行业研究、业主主导，在推广的过程中不断有大量软件厂商的新产品以及技术和经济资源支持，从而对技术进行验证。

而美国在应用层面，BIM 应用会与 VDC 有显著区分。VDC 的全称是 Virtual Design and Construction，即虚拟设计和施工。关于 VDC 与 BIM 的相同点与区别，如同字面上的意思，VDC 是对建设过程设计与施工的虚拟与分析，但是不像 BIM 那样对项目信息的结构性组织有要求。BIM 和 VDC 互相都有交集，不完全是谁包含谁的关系。VDC 更侧重于虚拟可视化，也包含了一部分协同工作的思路在其中，但不会像 BIM 那样对协同工作流程标准化和项目信息的结构化管理有那么高的要求。根据书籍《中美英 BIM 标准与技术政策》中记录的 Balfour Beatty VDC 经理 Rudy Armendariz 的观点：美国很多企业在一定阶段尝试了 BIM 后，发现自身其实还远没达到 BIM 所要求的水平，现在做的事情更多的还是在可视化与设计协调中，所以美国很多企业逐渐把工作岗位的名称从 BIM 换成了 VDC，这样更符合现状，BIM 还是长期的一个目标。

3. 推广趋势

虽然美国没有对应的 BIM 国家政策，但在 2007 年发布的美国国家 BIM 标准第一版（NBIMS）把 BIM 应用定义为 4 个层级：

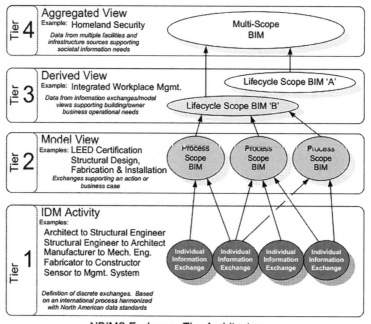

图 7-1　NBIMS 对 BIM 层级定位

第 4 层级（Tier 4）：聚合视图，例如"国土安全"——来源于多个建筑物的数据支持社会对信息的需求。

第 3 层级（Tier 3）：衍生视图，例如"集成工作场所管理"，来自信息交换和模型视图的数据支持业主业务运营需求。

第 2 层级（Tier 2）：模型视图，例如"LEED 认证、结构设计、加工安装"，交换信息支持一个业务案例。

第 1 层级（Tier 1）：IDM 活动，例如"建筑师和结构工程师，设备制造商和机电工程师"，互相分离的交换。

由此可见，美国虽然没有对应政策，但一直把 BIM 作为建筑行业信息技术的基础：美国国家 BIM 标准把 BIM 应用的最高级别定义为"国土安全"，在政府项目 BIM 应用中，他们首先审查项目应用的 BIM 软件及项目信息管理系统，通过政府审查后，才允许应用。

7.3.2　英国

1. 推广体系

纵观全球，英国的 BIM 推广体系最具有代表性。英国是国家层面在推动 BIM 技术的发展，并颁布了"BIM 强制令"政策（政府建设战略 2011）。为了确保政策的落实和 BIM Level 2 愿景的实现，英国政府将政策的具体落实分配给了行业上的各个行业组织机构，不同的组织分担了不同的职责。

（1）政府层面：BIM Task Group & Centre for Digital Built Britain

英国政府内阁办公厅出台的《政府建设战略 2011》明确了"BIM 强制令"的要求。为了响应政策，英国政府商业创新技能部（Department for Business, Innovation and Skills）主持，由英国建筑业委员会（Construction Industry Council，CIC）协助，成立了国家 BIM Task Group。BIM Task Group 为达到 BIM Level 2 的目标，汇集了来自建筑行业、政府机构、学术研究界的专业团队，旨在向英国 BIM 应用提供完善的信息规范，并且在实践中寻求 BIM 应用的示范。

英国内阁大臣 Francis Maude 在执行期间对 BIM Task Group 的计划给予了一定的评价："在由政府发起的 BIM 实施 4 年的计划将改变整个英国建筑供应链的工作方式，开启并开放更新、更为高效的协作方式，正是这样的 BIM 应用将英国推向数字建造，成为世界 BIM 使用的引领者。"

在完成了 BIM Level 2 技术政策和标准相关工作后，BIM Task Group 的原有职能结束，BIM 应用推广工作主要交由 UK BIM Alliance 来完成。2017 年英国商务部（Department of Business, Energy & Industrial Strategy）和剑桥大学联合成立了数字建造不列颠中心（Centre for Digital Built Britain，简称 CDBB），代替英国 BIM Task Group 领导英国下一阶段的建筑业数字化发展工作。

英国商务部和剑桥大学合作成立的 CDBB 负责整体 BIM Level 3 的政策制定，其基本设想是通过建立覆盖全英的高速网络、高性能计算和云存储设施，实现所有项目全生命期、全参与方集成应用 BIM，解决大范围高详细度（城市级、国家级）BIM 应用的信息安全问题。DBB 的具体内容目前仍处于研究阶段，尚未有正式定义和启动时间。

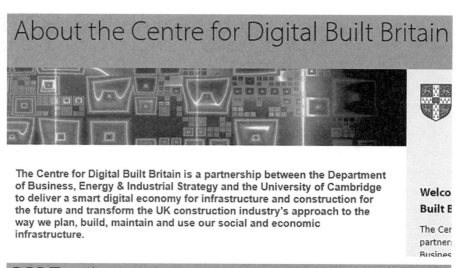

Building on work already begin by the UK BIM Task Group, the Centre for Digital Built Britain (CDBB) team is leading the next stage in the UK construction industry's digital evolution.

图 7-2　Centre for Digital Built Britain 官方主页

（2）协会组织：UK BIM Alliance

2016 年 6 月下旬，借由土木工程师学院（Institution of Civil Engineers，简称 ICE）举办的 BIM 会议与数字建造周，50 多个组织机构参与建立以 BIM 应用为主题的联盟组织——UK BIM Alliance 正式成立。UK BIM Alliance 的成员最初由 BIM Task Group 中设立的"BIM 4 社团"（BIM 4 Communities）的成员组成，之后通过选举逐步过渡成为联盟的雏形。

UK BIM Alliance 的设立在职责上取代了英国国家 BIM Task Group，进一步在 BIM 第二阶段的进程中制定并规范更为严格的目标和详细策略。UK BIM Alliance 根据 BIM 技术在英国应用的经验和现状，于 2016 年 10 分别发布了 BIM in the UK：Past, Prensent & Future（BIM 在英国：过去、现在和未来）和针对 BIM Level 2 常态化（business as usual）的 Strategic Plan（英国 BIM 策略规划），用于协助行业更好地理解 BIM 和 BIM Level 2，并将 BIM 融入日常工作中。

UK BIM Alliance 在 BIM 推广中的角色不但完全取代了工作小组，并且涉及更为广泛的项目范围。与 BIM Task Group 不同，UK BIM Alliance 的建立旨在 2020 年之前，完全规范 BIM 第二阶段，以便建筑企业能够准备好迎接在未来数字建造即 BIM 第三阶段的更宏伟指标。

（3）标准层面：British Standards Institution

英国标准学会（British Standards Institution, 简称 BSI）成立于 1901 年，是一家非营利性的机构，在标准化、系统评估、产品认证、培训和咨询服务领域提供全球服务。BSI 与英国政府签署了谅解备忘录，确立了 BSI 作为公认的英国国家标准机构的地位。

在 BIM Level 2 的要求提出来后，BSI 便开始协助英国政府层面来制定一系列的标准文件，促使英国的建设行业接受并融入 BIM Level 2 的要求。由于 BIM Task Group 的要求，BSI 制定的所有 BIM Level 2 相关标准都必须免费提供给行业在网上下载。

（4）配套技术支持：NBS & CIC

英国的国家建筑规范组织（National Building Specification, 简称 NBS）隶属于英国皇家建筑师学会（Royal Institute of British Architects, 简称 RIBA），是英国建筑信息化、创新技术的标准制定以及推广机构。

在英国推广 BIM 技术的过程中，BSI 的标准偏向于宏观、框架型的标准。而 NBS 编写的标准则是与之配套、具体落地实施的标准，如 NBS BIM Object Standard（NBS BIM 对象标准），为行业的具体实施提供参照依据。作为英国新技术的推广机构，NBS 还受雇于 BIM Task Group，负责具体推广措施的制定。如 NBS 制作并发布的 NBS National BIM Library（NBS 国家 BIM 图书馆），与 NBS BIM ToolKit（NBS BIM 工具箱）。

NBS 国家 BIM 图书馆是英国免费使用 BIM 内容的主要来源，现在也在国际上使用。NBS 国家 BIM 图书馆使建筑专业人员能够查找、下载和使用各个专业符合 NBS BIM Object Standard（NBS BIM 构件标准）的 BIM 模型构件。同时，BIM 图书馆中的对象可与主流的 BIM 建模软件集成，使用者可在 BIM 建模软件中直接使用 BIM 对象库中的对象。

而 NBS BIM 工具箱则是将 BIM Level 2 的相关要求内置到产品里面，用于项目的 BIM 策划与实施管理。让使用者知道按照 BIM Level 2 的要求实施项目时，谁在什么时间需要做什么事情，方便行业人员在项目实施中直接使用。

除了 NBS 外，CIC 也在英国 BIM 推广中扮演着重要角色。CIC 的全称是 Construction Industry Council（建筑业理事会），成立于 1988 年，是英国建筑行业的专业团体、研究机构、专家协会组成的代表组织。

在英国政府发布了 GCS 2011 后，为了给行业 BIM Level 2 的实施提供一个良好的环境，CIC 从一系列法律和合同问题出发，于 2013 年发布了 *BIM Protocol*（《BIM 合同条款》）。该合同条款可以用于所有英国建设工程的合同，并支持 BIM level 2。《BIM 合同条款》确定了项目实施过程中对 BIM 模型的要求，并对这些模型的使用制定了具体的义务、责任和相关限制。2018 年，CIC 发布了《BIM 协议书》的第二版。

（5）地方支持：BIM 英国各区域工作小组

针对不同区域的 BIM 推广，BIM Task Group 还在苏格兰、威尔士以及北爱尔兰分别设置了 BIM 区域中心（BIM Regional Hubs）。BIM 工作小组在区域中心的工作主旨与总部保持一致，并且广泛吸引了来自政府部门以及社会各级横跨英国建筑行业的机构、组织和企业人员。其中不仅包括了各个专业的工程师、承建方等，还包含了律师行、城市环境保护顾问、材料制造商以及建筑管理人员。

2012 年 3 月，BIM 区域工作小组开始逐一地设立区域中心，区域中心作为不同区域间各成员与 BIM Task Group 的桥梁，在政府 BIM 政策的实施中起着引导当地 BIM 应用的作用，并积极与地方产业进行对话，各中心建立了针对区域自身的发展规划。目前在工作小组的网站上设置区域中心已经达到 19 个，其中包括针对各区域中心成立的 BIM 工作子

图 7-3　英国 BIM 区域中心官方主页

中心（Sub Hubs）。

区域 BIM 工作中心的主要工作包括：与区域核心 BIM 工作组协同，并使本地的建筑行业提高 BIM 应用意识以及掌握相关 BIM 要求；充当 BIM Task Group、国家政策与地方的协调角色，从而确保持续的信息能够被双方解读；确保区域的 BIM 工程协议与应用在国家要求的范围内；确保其所在区域能够很好分享 BIM 知识以及优秀的 BIM 实践案例；在区域 BIM 实践中确保其能够发挥在供应链中的作用；为核心执行小组提供反馈。

2. 应用特点

英国的 BIM 标准和政策制定上遵循着顶层设计与推动的模式。通过中央政府顶层设计推行 BIM 研究和应用，采取"建立组织机构—研究和制定政策标准—推广应用—开展下一阶段政策标准研究"这样一种滚动式、渐进持续发展模式。

截至目前，英国的 BIM 应用系列标准以及相关 BIM 应用资源远远超过其他国家，英国的相关政策文件都把输出英国的标准体系和智力资源作为政府行业战略的主要目标之一。但英国的 BIM 应用推行中也遇到了相应的困难，根据书籍《中美英 BIM 标准与技术政策》中对 UK BIM Alliance 顾问 Richard Saxon 采访所表述的：当一个技术是复杂的、通过强制并且需要额外增加费用来推广时，企业层面往往是抵触的，目前英国还有很多企业并不愿意去应用 BIM 技术。所以 UK BIM Alliance 重新发布了新的 BIM 应用指南，把对 BIM 应用的要求放低，未必一定要求达到 Level 2，换种方式引导企业接受 BIM 技术。UK BIM Alliance 这点"往回走"的做法或许值得各个国家反思。

3. 推广趋势

与美国类似，英国也把 BIM 应用和发展定义为 4 个层级：Level 0、Level 1、Level 2、Level 3。

Level 0：最简单的形式，使用 2D CAD 图形（电子版或纸版）进行数据和信息交换，没有通用的规范和过程，即最传统的方式，所有图纸的生产和交换的变更、检查以及使用界面都基于手动模式。

Level 1：使用 2D 和 3D 混合的 CAD 图形数据环境，具有标准化的数据结构和格式，遵循 BS 1192:2007+A2:2016；每个部门之间的协作有限，每个部门控制和发布自己的信息，包括 3D 模型或从这些模型导出的 2D 绘图。

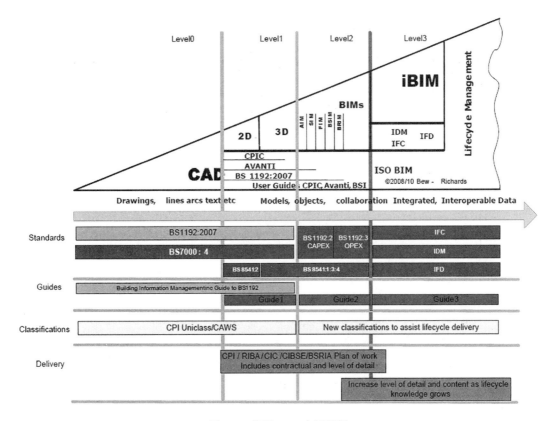

图 7-4　英国 BIM 应用层级

Level 2 ：协同工作模式，所有的信息和数据交换采用一体化的 3D 模型，模型的信息可以采用通用的数据格式，例如 IFC 或 COBie；客户必须能够定义和使用数据，业界将需要采用基于标准数据文件格式的常用工作方式。所有参与方将接受协作工作，并使用 3D 数据加载模型来整合和交换信息。

Level 3：完全（集成）协同工作模式，所有工作部门间采用统一的可分享的项目模型，这样可以消除信息冲突，并支持基于全生命期数据共享与管理。

英国政府在《政府建设战略 2011》要求，2016 年 4 月 4 日起，所有英国政府项目开始强制遵循 BIM Level 2 要求，并在 2020 年普遍到达 BIM Level 2 的水准。在 2015 年，英国政府又发布了数字建造英国 Level 3 BIM 战略计划，着手为未来的 BIM Level 3 的工作做准备，政府层面的 BIM Task Group 并入到 Digital Built Britain 项目，开始着手下一阶段任务——数字建造英国计划。

数字建造英国计划把 BIM 放在英国建设环境数字化转型中位于心脏的位置：BIM 的核心是整个供应链使用模型和公共数据环境（CDE）有效访问和交换信息，从而大大提高建设和运营活动的效率。BIM 在英国可以被认为就是"数字建造"，引入 BIM 标志着建筑业数字化时代的到来，BIM 是建筑业和建设环境数字化转型的核心。

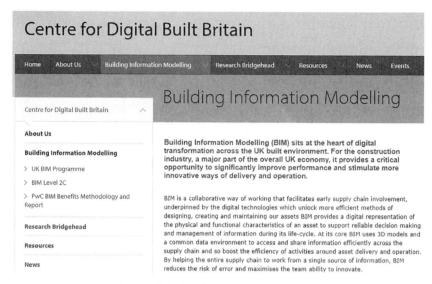

图 7-5　数字建造英国官网对 BIM 的定位

7.3.3　北欧

1. 推广体系

北欧的 BIM 应用推广现阶段已无强力政策牵引，以企业自发应用为主。在这一阶段中，BIM 联盟承担起了主要的推广与持续优化责任。搭建了一套以 BIM 联盟为核心的 BIM 应用推广和实施体系，以下以瑞典为例进行探讨研究。

BIM 联盟成立于 2014 年，是一个非营利组织，致力于通过在设计、施工和维护过程中保持无缝的信息流来改善建筑环境。目前已有共计 200 多企业成员参与，涵盖甲方、施工企业、设计咨询企业、建筑材料供应商、软件公司。由 Building Smart、Open BIM、Facility Management Information 共同组成。运营资金来自成员的贡献和所参与的项目、研讨会。

联盟致力于最大程度上链接行业合作，用 BIM 为行业数字化赋能，分为 9 大组织，涉及建设方、施工方、设计方等各个分支，每月举行小规模 1～2 次企业聚会，每年春季、秋季会有两次大规模会议，共同探讨 BIM 应用，推动行业数字化转型，主要涵盖工具和方法沉淀、数字化项目实践、专业应用培训三方面。

（1）工具和方法沉淀：联盟以促进 BIM 在项目和管理中的实践为目的，不断沉淀和提供通用的标准与工具，希望选择最佳的软件和应用实践，帮助行业最大化从 BIM 应用中获益。

为了形成行业共识，联盟首先统一了对 BIM 一词的认知和标准，要求在使用 BIM 时，至少满足以下四个基本要求：模型及其构件中的信息可以被管理；构件属性务必与模型中的构件或对象相连接，并可使用；模型中的构件或其他对象彼此之间必须要有关联关系；模型或构件中所包含的信息可以从不同维度进行快速筛选。

其次，对 VDC 概念与 BIM 的关系进行了行业内共识。VDC 代表虚拟设计和施工，该概念包括三个部分：产品（计划的施工对象）、组织（对施工对象进行计划、建设和管理的载体）和流程（组织在工作期间必须遵循的流程）。BIM 联盟中，认为动词形态下的 BIM（建筑信息模型）包括了所有这三个部分，并且在设计施工阶段充分利用这三者才能充分利用 BIM。

最后，对 BIM 的多种英文形式内涵进行了标准统一。BIM=Building Information Management（建筑信息管理），于 BIM 确实是一种先进的管理信息、规划信息结构的方式，从这一维度而言，这样解读 BIM 三个词也是完全合理的，但由于缺少了"模型"一词，可能会带来一些误解。为此在文件中提到 BIM 时，统一不使用这样的简写。

在工具和方法沉淀与推动方面，联盟联合内部多企业共同完成了一系列应用方案，将这些方案免费开放给所有企业，帮助行业内企业了解应用 BIM 的标准、方法、流程。为了重点推进这些沉淀下来的方法不断应用，联盟从以下维度对沉淀的方法进行了分类：

1）BIP——标准名称体系：IP，建筑物信息属性，是用于建筑物中构件属性和名称的系统。在 BIP 的帮助下，建设方、设计方、施工方、供应商在模型中可以通过同一套命名编码规则对构件和产品进行命名，确保信息可以在各方之间快速传递。

2）BIM 应用能力评估——信息传递率：联盟对 BIM 应用进行深度研究，发布了一系列测评工具，帮助业内企业和项目来评估自己的 BIM 应用能力，尤其是在信息传递能力上的实践情况，确保各类企业可以对自身 BIM 应用情况有更清晰的认知，后续可以对症下药、重点提升。

3）BIM 对合同法律的影响评估：联盟联合企业的实践结果，将 BIM 运用对传统合同模式的挑战进行了梳理，不断研究如何能通过合同法律条款的变化，帮助 BIM 在应用中的价值实现，减少阻力，将相关方的利益进行统一。

（2）数字化项目实践：为了促进智能建筑的发展，推动应用项目的知识成果总结，联盟发起了行业内创新竞赛。在比赛中，来自不同部门的同事聚在一起，共同寻找解决复杂问题的方法。参与者共同努力创新方法以应对挑战："使用数字技术减少建筑过程中的浪费，提升生产效率、安全性，提供更好的建筑环境。"通过多轮筛选，最终将从以下四个方面进行评估，即：信息管理能力；创新应用情况；知识与方法总结；对价值链与商业模式的影响。

（3）专业应用培训：以瑞典为例，目前没有统一的 BIM 知识学习认证体系，但是BIM 联盟与国内多所高校共同合作，向行业提供大学课程级别的教学引导，课程内容以BIM 的应用工具实操和理念普及为主，管理方向的课程内容尚较少。

总的来看，目前 BIM 在北欧国家的推广体系已跨越了初期，企业自发应用氛围已经形成。搭建起了一套以 BIM 联盟为核心的推广体系，企业间的联盟成为驱动 BIM 及数字化应用的核心引擎。

2. 应用特点

在北欧国家，BIM 经过 10 多年的应用发展，在建筑行业的普及率非常高，以瑞典为例，从整体上说具有以下特点：

（1）自下而上，企业主导：BIM 在瑞典的发展，可以追溯到 2008 年，施工企业从大型工程开始，尝试应用至今。在过去的十年中，瑞典的 BIM 发展经历了政府主导到企业自主应用的过程，大致可以分为四个时期，如图 7-7 所示。

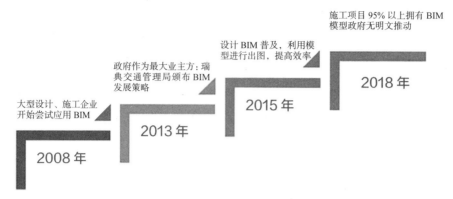

图 7-6　瑞典 BIM 发展经历的 4 个阶段

截至目前，瑞典政府已有 5 年没有政策上的强力推动，但是 95% 以上的施工项目拥有 BIM 模型，专业包涵了结构、建筑、机电全专业模型。

在此过程中，政府没有明文推动，但瑞典的企业和高校自发推动 BIM 技术的应用。200 多家企业形成了本国的 BIM 联盟，各方共同探讨 BIM 发展。同时，在各高校中开设 BIM 课程，培养 BIM 相关人才。目前，瑞典已经基本形成了市场自发选择应用 BIM 的氛围。

（2）设计阶段应用深入：基于瑞典的国情和行业发展，正向设计目前已成为瑞典当地设计的主流方式。

首先，瑞典的整体设计时间长，一个施工两年期的项目，它在设计阶段花费的时间几乎与施工阶段等长。在设计的各个阶段，设计方会不断调整和优化方案，完成部分国内深化设计的工作。所以，瑞典的设计已经具备了进行深入利用 BIM 模型在各专业间不断优化的客观条件，充分发挥出 BIM 在可协调性上的优越性。

其次，瑞典 90% 以上的项目为装配式结构，除基础部分外，包括装修在内，全部采用装配式进行提前预制加工。装配式本身就与 BIM 模型有很强的契合性，工厂依据深化后的模型更方便进行预制加工，装配式深化设计 + 预制加工，可以说形成了天然的效率加速器。

（3）施工阶段应用蓄势待发：在施工阶段，BIM 应用目前刚好处在蓬勃发展的阶段。近年来，VDC（Virtual Design and Construction）越来越流行，即利用计算机在实际施工前提前在数字世界建造一个数字虚体建筑，以此来不断提升生产的智慧性。

VDC 可以简单理解为面向施工阶段 BIM 的具象化措施，它强调利用 BIM 协调 Product(项目交付物 - 建筑物)、Organization(组织结构)、Process(工作流程)，利用 Metrics(度量数据）来提升项目管理能力，进行动态管理。

VDC 应用在瑞典的兴起与瑞典行业承包模式的变化密不可分。

近年来，设计施工一体化模式在瑞典房建项目中逐渐成为主流。目前，瑞典 70% 的房建项目是设计施工一体化的"交钥匙"工程，尤其是住宅项目。瑞典的设计施工一体化，施工方不仅要负责施工，还会前置参与到设计阶段，在设计阶段即对未来在施工过程中可能出现的问题进行不断校核，防患于未然。

另外，瑞典的业主方和施工方之间，有一种极为特殊的模式——Partnership 模式。在这种模式下，施工方兼顾设计和施工，过程中所有的花费全部对业主方公开透明，而业主方则与施工方共担风险、共分利润，对施工方而言，可以说是完全"零风险"。

尽管如此，BIM 技术在瑞典中型施工企业中的应用尚且面临一些挑战。

一是客户缺乏相应的需求。在瑞典，有些业主方公司有足够强的能力，他们不要求在项目上使用 BIM 技术。例如对于从事装修工程的公司，使用 3D 模型会造成巨大的花费，因此在客户不要求使用 BIM 时，他们很难主动去使用 BIM 技术。

二是缺乏 BIM 技术相关的知识。AEC 行业普遍缺乏与信息技术相关的知识，设计方缺乏内部合作的知识和能力。同时跨部门工作，不同领域、专业、经验之间的信息共享也存在很大的困难，因此要理解项目中不同成员的工作也较为困难。

三是信息的获取。信息的可获取性也会阻碍 BIM 技术在施工阶段的应用，施工方很难知道哪些信息可以或者已经被添加进模型中，他们可能不得不安排专门的人去管理这些模型，从中提取这些信息。

四是花费和利润。对于施工企业，当 BIM 技术用在一个项目中时，花在 BIM 技术培训的费用以及在软硬件上的投资，是很难计算的。同时他们也很难清楚地看到使用 BIM 技术能产生的收益。因此在 BIM 技术上投资过多不是一件理想的事情。

五是软件及硬件。对于一些施工单位来说，使用 BIM 技术的软件不是一件容易的事情。有些软件过于复杂或者易用性比较差，一个项目中有些成员甚至需要同时掌握多个软件。有时一个项目中的很多成员不常使用软件，因此学习如何操作 BIM 技术软件对他们来说是一件困难的事情。另外，有些 BIM 软件需要较高的计算能力，因此还需要额外投资在电脑等硬件上以使用 BIM 技术。

对于以上问题，有统计数据表明，如果 BIM 技术成为普遍性的诉求，在行业内有成熟的标准，施工单位能看到 BIM 带给他们的核心价值且学习成本较低，那么他们会更多地考虑在项目上使用 BIM 技术。

综上所述，目前 BIM 技术在瑞典的设计及施工两方面的应用呈现两种不同的状态。在设计咨询单位应用较为广泛，已成为普遍的设计方式；在施工领域，VDC 等理念的快速发展也伴随着一系列现阶段的问题，BIM 技术在施工阶段的发展空间还十分广阔。

3. 推广趋势

（1）本地标准推动全球化：北欧国家，包括挪威、丹麦、瑞典和芬兰，是一些主要的建筑业信息技术的软件厂商所在地，如 Tekla 、MagiCAD、Solibri，而且对发源于邻近匈牙利的 ArchiCAD 的应用率也很高。作为全球最先一批采用基于模型设计的国家，北欧国家一直在积极推动建筑信息技术的互用性与开放标准。

以芬兰为例，芬兰 BIM 应用的种子实际上是在 20 世纪 50 年代播种的。现代的 BIM 解决方案和建模当时只是纯粹的幻想，但是，那时已经建立了政府支持的创新部门进行建设。这是几十年来持续关注建筑创新的开始，反映了对开发新技术潜在利益的持续关注和对新方案的开放性。

从 1983 年到 2015 年，建筑行业的 ICT 发展得到了公共资助机构的资助，该研究机构为研究业务提供资金（以前称为 TEKES）。在此期间，芬兰大力参与了建筑信息技术的开发，2003 年起，在此期间首次浮出水面的许多技术已开始正式实施。此后，由公共和私营企业组成的联盟于 2010 年完成了通用的国家建筑信息模型（R & D）研发项目，以扩展参议院房地产的指南，将其转变为国家 BIM 指南。COBIM 涉及建筑行业整个生命周期的价值链。

如今，公共和私人建筑合同的附录中普遍提到了 COBIM 要求，而在模型数据标准方面，IFC 标准成为北欧国家模型交互的主流应用，从设计到施工的模型交付全部以 IFC 标准模型为主。

目前，芬兰非常重视为 BIM 建立国际标准，不断尝试将现有本地标准推为国际通用标准，充分认识到了国际和本地信息管理标准间的冲突与重叠可能会对行业相关者造成的影响，加剧组织之间的合作复杂程度，最终导致 BIM 在生产力提升方面的价值下降。据估计，国际标准可将芬兰建筑环境中的信息管理效率提升 50% 以上。标准的国际化成为当前阶段北欧国家的重点发展方向。

（2）多技术融合迈向数字化：BIM 模型中包含的大量数字化虚拟信息，将与来自其他技术的信息相融合，走向虚实结合，实现整体项目和产业链的数字化成为必然趋势。例如，在芬兰 2030 年 BIM 标准化计划路线图中，当前阶段的重点在于标准的国际化与统一，后续持续进行试点，不断将 BIM 模型所带的数据与其他技术如 IOT 等进行融合，让数据成为可读取、可使用的数据资产，用数字驱动改变行业内的利益分配和价值链，形成新模式。后续将此类新模式、新方法固化下来，不断传播，确保行业内相关人员会用、可用，真正迈向全面的数字化。

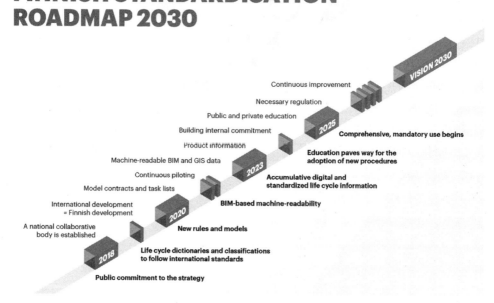

图 7-7　芬兰 2030 年 BIM 标准化计划路线图

7.3.4　新加坡

1. 推广体系

在新加坡的 BIM 应用推广过程中，政策规划引导举足轻重。新加坡政府的目标是建筑业的年生产率增长 2%～3%，在这一领域，领先的政府权威机构建设局（BCA）于 2008 年引领多机构的共同努力，以实现世界上首个 BIM 电子提交。自 2010 年起，新加坡建筑业开始采用 BIM 并构建 BIM 能力。2011 年，政府协会和实体发布了 BIM 电子提交指南。到 2013 年，超过 20000m² 的新建筑工程的任何工程提交都需要采用电子提交。到 2014 年，超过 5000 m² 的新建筑工程的任何工程提交都需要采用电子提交。到 2015 年，所有新建筑工程小于 5000 m² 的提交均需要采用电子提交。到 2016 年，政府将发布 BIM 电子提交规范，以进一步巩固标准。

2015 年至 2018 年间，各方之间建立 BIM 协作的意愿呈上升趋势，同时形成了虚拟设计和施工能力，以整合建筑业价值链。

在此期间，BCA 于 2012 年发布了新加坡 BIM 指南的第一版，作为所有 BIM 提交申请人的参考，以支持他们的 BIM 应用。第二版于 2015 年问世，编制指南的目的是概述项目成员在项目的不同阶段使用 BIM 时的角色和职责。它被当作制定 BIM 执行计划的参考指南（由业主和项目成员商定），以成功实施 BIM 项目。该指南由 BIM 可交付成果、BIM 建模和协作程序、BIM 执行计划和 BIM 专业人员组成。

BIM 可交付成果：定义各个项目成员在项目的不同阶段产生的输出，其中，所商定的可交付成果将由相关方签署。可交付成果由一套 BIM 模型元素组成，每个元素均由将在项目中使用的实际建筑构件的物理和功能特性的数字表示。

BIM 建模和协作程序：它定义了"怎么做"，在整个项目中创建和共享促成 BIM 可交付成果的步骤。提供了一套建模要求，以指导项目成员在项目的不同阶段创建详尽程度的 BIM 可交付成果。同时提供了一套协作程序来指导项目成员与其他项目成员共享彼此的可交付成果。

BIM 执行计划：为了有效地将 BIM 引入项目交付过程，项目团队在项目开展初期制定 BIM 执行计划尤为重要。它概述了团队在整个项目中遵循的总体构想和实施细节。通常在项目开始并在任命新的项目成员时定义该执行计划，以适应他们的参与。

BIM 专业人员：介绍应对 BIM 使用和应用的职位，BIM 经理和 BIM 协调员。确保在整个项目中自上而下实施 BIM 执行计划。

自 2012 年以来，20 多个政府采购实体已将公共部门 BIM 要求纳入其采购合同，以促进新加坡建筑业的 BIM 应用。BIM 指南第 2 版的发布是旨在通过全新的 BIM 执行计划模板和 BIM 协作条款的优化版。在新版本的帮助下，建筑业将配备更好的应用，可以更清楚地了解在项目中应用 BIM 的可交付成果。

财政资金支持方面，BCA 提供可以帮助公司将 BIM 纳入其工作流程的资金，以提供全新的增值服务，并共同出资支付硬件、软件、培训成本和咨询成本。2018 年，BCA 年度颁奖典礼上启动了 2.5 亿美元的建筑生产力和能力基金（CPCF）。

CPCF 涵盖三个关键领域：①劳动力发展和技能提升，②技术应用，③能力建设。

CPCF 有以下计划：

生产力改进计划基金（PIP 基金）：PIP 是一项旨在鼓励和促进在新加坡注册的企业增强自身能力、找出生产差距和改进工作流程的计划，以实现更高的现场生产率。PIP 基金通常通过资助金形式提供援助，以支付项目一定比例的合格费用。该计划旨在鼓励建筑项目进行技术应用、流程再造和创新，采用更高效工作流程的公司。

劳动力培训和提升（WTU）计划：通过共同资助选定的技能测评和培训课程的费用，以促进各级劳动力的提升。

机械化奖励（MECHC）计划：帮助建筑商降低设备成本。

政府奖学金及赞助金计划：BCA 将与建筑环境公司合作，共同资助本科、专科专业文凭、ITE、管理级和工头级的奖学金及赞助金计划。建筑信息模型（BIM）基金，当利用 BIM 技术改善多学科协作时，共同出资支付相关公司产生的可支持成本。

行业氛围营造方面，BCA 成立了名为建设局学院（BCAA）的机构，以提供有关 BIM 概念、实施和应用方面的专业培训。BCA 还开始组织开展新加坡建筑生产力周，以促进技术和方法的创新性使用来提高建筑生产力。此项活动每年举行一次，包括展览和竞赛。竞赛分为熟练建筑商竞赛和 BIM 竞赛，这两项竞赛将要求参与者在不同的项目中展示他们的技能，例如伸缩臂叉装机和起重机驾驶模拟器操作，以及系统模板和干板墙安装。BIM 竞赛更侧重于测试来自不同学科的设计师，以呈现出有助于提高生产力的最佳模型。因此，两项竞赛包括项目建设和项目设计。将对获胜者授予奖品，竞赛吸引并鼓励所有建筑业专业人员和工人参与并创新他们在新加坡的工作流程和产出。BCA 还在生产力周期间组织了一年一度的建筑智慧大会，旨在讲授最新技术并加深行业知识。

BCA 在 2015 年启动了精益和虚拟建设中心（CLVC）。这是新加坡首个全面综合性大型沉浸式和体验式学习设施。旨在以低成本的空间和设施为行业和 IHL 开启虚拟数据中心（VDC）之旅。

BCA 成立了来自行业关键利益相关者组成的 BIMSC，以帮助引导行业 BIM 应用之旅。BIMSC 的目标如下：为本地 BIM 标准和支持性资源的制定提供战略方向和指导；为这些标准和支持性资源的制定寻求适当的资金支持；监督这些标准的实施并解决任何可能妨碍 BIM 应用的问题；为各领域提供建议，从而在行业领先协会中更有效地实施 BIM，同时 BIMSC 领导 BIM 标准和支持性资源的制定，以促进 BIM 的协作使用。此外，针对能够在行业、公司、项目层面有效实施 BIM 以进一步加快转型的领域提供建议。

专业应用培训方面，BCAA 为现有专业人员和未来新工作者推出了不同的培训课程，以构建 BIM 能力。

对于现有专业人员，BCAA 对课程进行了划分，以针对行业中不同水平的专业人士。为了涵盖对项目和公司实施和应用 BIM/VDC 有重大影响的关键职位，BCAA 为首席执行官们提供精英课程。对于中层管理团队，BCAA 提供 VDC 和 BIM 专科专业文凭课程以及 BIM 管理和规划课程。为了更好地帮助管理者掌握 BIM 实施能力，BCAA 还为技术工程师和专家提供课程，以此帮助他们理解和实践应用 BIM 概念和技术的工作。BCAA 还与提供 BIM 培训课程的外部 BIM 供应商合作，迄今为止，已有超过 8500 名行业专业人员接受了 BCAA 的培训，超过 3700 人目前正在参加 BCAA 的培训课程，以及超过 4700 人正在接受外部 BIM 供应商的培训。

对于未来的新工作者，BCAA 还与 9 所高等院校（IHLS）展开合作，将 BIM 纳入 31 个全日制课程和 13 个兼读制课程。迄今为止，总计超过 2500 名全日制学生参与，其中 700 多名正在 BCAA 接受培训，另外 1800 多名学生正在参加 IHL 培训课程。

2. 应用特点

从全球来看，许多建筑和基础设施项目都由公共部门负责承担。BIM 技术越来越多地用于这些项目中。因此，公共部门在引领新加坡展开 BIM 应用方面发挥着重要作用。

认识到公共部门是变革的催化剂，BCA 已将公共部门采购确定为 BIM 发展路线规划中的一项重要战略。BCA 为这一战略采用三种关键方法：

一是与政府实体建立伙伴关系。BCA 与主要的 GPE，特别是建屋发展局、教育部和陆路交通管理局，签订了一个伙伴计划。该计划包括对 GPE 官员进行实践培训、启动全新的 BIM 试点项目以确定标准 BIM 要求以及组织考察以学习其他国家的 BIM 使用情况。

二是培训公共部门顾问。BCAA 启动了一系列 BIM 培训计划，为公共部门顾问提供 BIM 专业知识。该计划还将延伸适用于承包商，以确保施工阶段 BIM 应用的覆盖范围。

三是与业界携手共同努力。BCAA 与行业合作推出了一些举措，这些举措将使企业和专业人士在他们的项目中更容易地应用 BIM。包括：制定 BIM 要求指南，由新加坡产业发展商公会（REDAS）和主要 GPE 牵头；制定监管批准电子提交指南和模板，由所有政府监管机构牵头；制定项目协作和目标库标准，由新加坡建筑智慧公司牵头。

私营部门推动 BIM 应用的核心驱动力是资金。开发商、顾问和承包商非常积极地寻找 BIM 应用和实施解决方案，以便在项目招标过程中取得更多优势以获得资金。因此，公司从未接触 BIM 知识开始，在 BIM 指南和 BIM 标准的帮助下，迈出了使用 BIM 的大胆一步，并逐渐具备了使用技术管理项目的更多专业知识。随着 BIM 应用和管理方面专家需求的增加，吸引了越来越多的个人参加培训和课程，以填补岗位缺口。

随着 BIM 在项目和公司中的应用越来越多，已经形成各种创新型 BIM 技术和应用。私营部门推动 BIM 应用的核心驱动力是资金。

3. 推广趋势

新加坡 BIM 发展路线规划包括促进企业和专业人士从传统 2D 建筑图纸向 3D 模型过渡的战略和举措。BCA 在 2010 年实施了 BIM 发展路线规划，目标是到 2015 年 80% 的建筑将使用 BIM。这是政府计划的一部分，计划在未来十年将建筑业生产力提高 25%。同时 BCA 推出了针对三个关键领域的第二个发展路线规划，包括：质量更高的劳动力；更高数额的资本投资；整合更佳的建筑业价值链。

这三个关键领域标志着未来从 3D 建模向 4D 和 5D BIM 应用的过渡。然而，新加坡政府并未直接参考 BIM 应用的 4D 和 5D 发展路线规划，而是推出了一个全新概念，即集成数字交付（IDD）。

自 2017 年以来，IDD 的概念已经逐渐为人熟知，它的建立基于 BIM 和 VDC 的使用。它通过使用数字技术来整合工作流程，并在整个建设和建筑工程生命周期中与同一个项目上工作的利益相关者连通。具体包括现场设计、制造和组装，以及施工后建筑物的运营和维护。

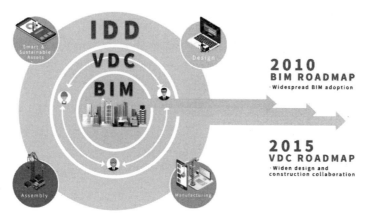

图 7-8　集成数字交付

数字化设计的目的是通过协作和协同设计实现设计目标，以满足客户、监管机构和下游单位的要求。数字化制造和建造是将设计转化为标准化组件，实现非现场生产自动化。数字化建筑旨在实现现场活动的及时交付、安装和监控，以最大限度地提高生产力并减少返工。数字资产交付和管理实现对运营和维护的实时监控，以提高资产价值。

IDD 在 2018 年的目标是启动 IDD 计划，并在 2019 年推出协作平台和标准，开展试点并计划相应的培训。到 2020 年，目标是实现 60～90 个项目、54～100 个公司和 10～20 个在孵企业应用 IDD。到 2025 年，目标是实现 200～300 个项目、150～200 个公司和 20～50 个在孵企业应用 IDD。政府还计划到 2020 年培训 13000 多名专家和专业人员，并在 2025 年达到 20000 名。

7.4　BIM 应用典型性国家及区域建筑业 BIM 应用专家视角

7.4.1　专家视角——Arto Kiviniemi

Arto Kiviniemi 博士：荣誉高级研究员，前数字建筑设计教授，集成建筑信息模型（BIM）领域的国际领先专家之一。1996 年起于芬兰及国际上发展 BIM，1997～2002 年，Arto 领导芬兰国家研发项目，为芬兰成为 BIM 领先国家之一奠定基础。2010 任教英国索尔福德大学，启动了英国首个 BIM 理学硕士项目，后进入利物浦大学，并于 2018 年退休。

在国际上，Arto 是建筑智慧国际联盟创始成员之一；从 1998 起先后担任国际理事会和执行委员会主席、副主席以及国际技术管理委员会主席，目前为国际技术顾问组成员。Arto 在世界各地的国际研讨会和会议上发表了 170 多次主题演讲及特约演讲。由于他在发展集成 BIM 方面的成就，荣获 2009 年 FIATHER CETI 杰出研究员奖、2012 年芬兰白玫瑰骑士团勋章以及 2017 年建筑智慧国际联盟研究基金。

1. 各国对 BIM 应用的进展不一，您认为 BIM 发展的下一步将是什么？

我预计在近期 BIM 应用在以下三个方面将得到发展。

第一，政府或其他授权官方成为地域扩张主导。这一般是发展的第一阶段，也是全世界正在进行的阶段。英国的 BIM 政策是推动这一阶段发生的主要力量。例如，政策的颁布促进了欧盟 BIM 工作小组的形成，从而使欧洲成为 BIM 应用发展最强劲的区域之一。然而，其影响也不仅仅局限于欧洲，而是作用于全世界。

第二，大型全球建筑公司将成为业务驱动的主力。这些大型公司已经在项目中体验到了使用集成 BIM 的好处，因此会希望他们的供应商也开始采用 BIM。BIM 的应用在很多公司已经相对成熟，现在正在进一步向更多小型公司和更多本地企业扩展。从长远来看，我认为这种业务驱动将成为 BIM 发展的主要推动力量，因为商业利益相比公共授权来说更加有力。

第三，BIM 的协同价值将成为 BIM 应用发展的强劲推手。共享建筑信息模型数据的公司，应用 BIM 技术的主要动力来源于协作价值，而具体实施效果取决于各软件供应商所提供的的产品。

2.您如何看待 BIM 发展的标准化？它会继续由国内项目推动吗？还是说有可能由国际合作机构出现来推动？

首先，标准化无疑是 BIM 集成和数据共享的关键，标准化可分为两个主要层次。分类系统是本地的，并且在 AEC 行业中已经根深蒂固，我认为要将它们实现全球标准化很难。然而，这与数据互通的全球发展需求并不矛盾，因为数据结构允许本地分类系统在其中占据一席之地，正如现在的 IFC 一样。

其次，由于软件行业的特性，数据的互通实现必将需要国际上的一致努力。目前，大多数的软件供应商致力于研究 Open BIM 标准，因为这符合他们的商业利益，而且他们的客户也希望他们这么做。然而，为什么不能在将来同时使用国际智能建筑标准（bSI）来进行数据协同发展和维护呢？我找不到不这样做的理由。bSI 目前正在经历重大变革，且我认为变革后它的作用和贡献将进一步增大。发生这一现象的主要原因是资源的增加，这也是我认为继政府主导之外该领域的第二重要发展。

3.BIM 软件开发接下来会如何发展呢？

BIM 软件的开发是一种商业行为，因此很大程度上取决于客户的需求。现今 BIM 应用的快速发展为软件供应商创造了很好的商业环境，而且，以我的经验来看，AEC 行业会需要基于开发标准软件来实现数据的互联互通，这样的话，各公司就可以继续应用对于自身业务来说最好的工具。当然，一些内部平台如 BIM360 能够囊括所有必需工具的话，也可以成为一种可能性的解决方案，并且相比于公认标准来说，在某些方面实现可能更加快速。然而，从个人来说，我是公认标准的强烈支持者，因为公开的环境能够让数据分享更加多样化，还能够让集成环境中的小型和专业型供应商参与进来。

不幸的是，IFC 目前的口碑不佳，尤其是在某些市场，可能部分是因为它的复杂性，但更多还是由于在过去实施中的质量问题。然而，它在如芬兰、挪威和荷兰的广泛应用还是能够充分证明至目前为止它还是很有价值的。但如果需要能够得到更广泛的信任和应用，它还需要更加稳定且简化。我经常用移动网络进行举例，很少有人了解移动网络和手机是如何工作的，如果把理解这一知识作为使用这些技术的前提，那么现在使用手机的人将会很少。因此，我们必须停止对典型终端用户科普如 IFC 等复杂的标准。用户只是想实现数据分享，复杂性问题必须是软件开发商考虑并解决。

实现数据的互联互通是一项很复杂的事项，若要实现它的标准化，必须脱离现有的以非常老旧 STEP 技术为基底的 IFC 进行。在我来看，目前最有前景的一个方向是在 2012 年 Tekla 一个项目中引进的建筑与施工数据链接（LDAC）。它的开发已经放入 bSI 日程，当然，实现还需要很多的努力，并且需要数年才能够作为实际应用工具在 AEC 行业中应用。这意味着至少到目前为止，IFC 还是我们能够获得的最佳选择。

4. BIM 软件的价值是否在项目全生命期都有体现呢？ 您认为 BIM 在行业现今面临的环境挑战中扮演什么样的角色？

在当前阶段，BIM 主要还是应用在设计和施工过程中，尽管在这些方面还有很多需要提升，但应用的好处已经相对得到认可。但是，BIM 在设施管理以及运营上的应用还是极其有限，即使目前这些环节对 BIM 的需求一直存在。实际上，大部分的业主，尤其是私有业主，因为还没有看到 BIM 产生的价值，所以对它的应用并不感兴趣。然而，这并不表示 BIM 对设施管理和运营阶段没有意义。应用有限问题主要还是因为缺乏应用后好处的确切证据。大部分的 BIM 专家没有设计或施工背景，因此他们不能很好地传达甚至自己都不能很好地理解 BIM 应用之后产生的好处。我们只有对业主和运营商日常活动和问题细节进行具体研究和分析之后，才能够体会技术在他们这些过程中的特定价值。我确定 BIM 的生命周期价值将成为关键部分，而这需要时间和努力。

另外，环境测评是一项很复杂的事项，需要很多的数据进行支撑。BIM 可在很大程度上有助于测评过程，并且目前在某种程度上已经开始了实践。BIM 实现这一目标的前提是模型必须具备充足、正确而可信的数据，而现在面临的主要挑战是如何生成这些数据并让终端用户能够轻松获取。产品制造商应在提供此类数据中扮演关键角色，然而不幸的是，目前的产品更偏向于提供可视化的价值而不是收集建筑各阶段的数据。但这里也有一些例外，如 MagiCAD 产品实现了产品功能部件的工艺化。对整个行业来说，数据结构和内容都需要通过公证第三方进行验证，以确保不同项目的数据可以进行类比。

5. 数据化是否可以为建筑行业带来一个更绿色的未来？ BIM 将如何协助我们实现减少建筑生命周期中的废料和耗费？

数据化无疑可以为建筑行业带来一个更绿色的未来。现在有些应用已经在这方面开始产生价值了，但如我上面所说的，若需要进一步发展，还需要有更加可信而且使用便捷的数据，因为我们不能把所有的设计和施工专家培训成数据技术专家。

能源耗费模拟在设计阶段已经开始广泛应用，如果模型建立和应用正确，设计阶段的削减就已经帮我们大大减少了废料的产生。这两类削减有很多不错的例子，但在我看来，我们目前还处于表面阶段，BIM 应用在环境保护方面仍然有很多未应用的潜能。实现潜能的全部最大化应用，同时要求决策者决策时须倾向于环境影响而不是投资成本的最小化，这意味着很多业主和运营者需要改变他们的思路。

世界绿色建筑委员会设立了至 2050 年实现零排放的目标，建筑行业现在就必须开始为零排放建筑建造而努力，2050 年对于这一目标来说太过遥远。最近的 WMO 报告显示，全球变暖速度已经快于最近模型的预测。这意味着我们所剩的时间已经不多，因此我更倾向于将所有新建筑实现此目标的时间放在 2030 年。如果我们不能减少建筑上的排放，我们将面临如今已在部分地区出现的极大的环境问题。同时，我们还必须减少现有建筑的碳排放，因为我们将在 2050 年实现的建筑主体已经出现，如在英国，约有 80% 已经竣工。这意味着我们必须转向可持续能源生产，因为翻新现有建筑实在太耗费时间而且十分昂贵。

6. 城市化在未来不会减速，那么 BIM 在未来建筑环境中是否会变得更为重要？

BIM 应用现在已经不仅仅局限于独立的建筑，如英国建筑信息模型 Level 3 已经转变为覆盖所有建筑环境。这意味着 BIM 需要进一步发展来确保不同模型之间的连接。如我之前所说，LDAC 是我认为目前在这一方面最具备前景的研究项目。

除智能建筑之外，许多对未来的期望中引入了智能城市的概念，现在有很多关于使用数字孪生连接虚拟和现实世界的讨论。我认为这些连接将成为智能城市的关键。但是，我们必须铭记的是，模型是为实现某个特定目标的工具和手段，这表示我们在确认和建造模型前，必须先确认要实现的目的，因为不同目的可能会产生不同的模型。这些模型可以且必须具备相互连接性，从而我们可以不断更新这些数据，且有效使用。但是我们不可能建造出一个适用于所有目的的模型并确保它在现实中可用。

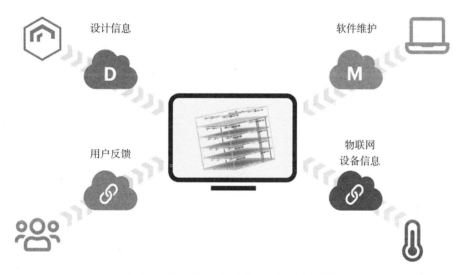

图 7-9　数字孪生为用户连接，信息来源多样
（图表来源：Tero Järvinen，Granlund 技术总监）

数字孪生是现实建筑通过传感器连接到云，理想上所有信息连接入 BIM 模型的一个概念。BIM 模型为设施管理环境提供多种反馈，如能源使用数据、服务请求和预防性维护等。未来的数字孪生将可能不仅仅局限于单独的建筑，而是实现整个城市的建筑信息模型和 FM 链接。

7.4.1 节参考文献

https://library.wmo.int/doc_num.php?explnum_id=9936.

7.4.2　专家视角——Howard Passingham

Howard Passingham：英国 O'Keefe Group（土木工程承包公司，为公共、私人和住

宅部门提供一系列服务）数字化负责人，曾创办并经营 MEP 协调公司 20 余年。从 1987 年从业开始，经历从绘图板到 2D AutoCAD、3D CAD、异地预制造和 BIM 的过渡。在 O'Keefe 任职过程中，涉猎领域逐渐扩展到建模软件、外围软件。多年来，一直站在数字转型的最前沿，推动开发、集成和开放式合作。曾参与许多标志性工程的建设，如：千禧巨蛋、圣潘克拉斯火车站、希思罗机场 T5、斯坦斯特德机场、黑衣修士站、彼得伯勒地区学院、温布利体育馆和伦敦奥运场馆等。

1. 您能介绍一下贵公司是如何思考和使用 BIM 和数字化的吗？

过去五年里，O'Keefe 已经通过数字化能力，从一家传统的公司转变为一家努力实现完全数字化的灵活的、数据丰富的公司。

随着公司数据孤岛结构的瓦解，我们的团队成员不再简单地负责其"传统"任务。相反，每个人都开始朝着为客户提供一流服务的共同目标而努力。为实现这一目标，他们当前正在做着任何有价值的事情。

如今客户的期望日复一日地不断增加。除了期待最优质的产品和服务，如今客户还期望：提供教育和信息服务、支持等，更有效地实现他们更加丰富的需求；根据具体情况，提供侧重于特定需求的个性化定制服务和支持。

我们已经专注于这一领域，正在使用一个带有开放式 API 的客户关系管理（CRM）系统，其中该系统连接了分析驱动的数据看板。通过这些数据看板，我们能够了解客户特定的需求，并根据这些需求定制我们的服务。

我们的 CRM 系统通过移动应用程序或直接的网络投入产生商机，并且这些信息会发给相关人员，以便我们进行初步联系。一旦标书到达，将存储在我们的业务管理系统中，合同编号和文件结构将自动生成，并且自动生成的合同编号将发送给 CRM 系统，项目详细信息将通过电子邮件发给我们的相关方。我们有一个 BIM 建模团队，他们会接受 2D 或 3D 设计，并根据客户的要求，重新构建一个精确的数据模型。客户的要求是从 CRM 系统内的先前项目中了解到的。完整模型通过人工智能材料移送软件运行，其中该软件为我们的评估人员提供一个详细、全面的评估起点。信息移送到估算软件内，并建立估算。在此过程中，CRM 得到了更新，可为管理层提供最新的渠道信息。将估算软件的输出推送到 CRM 和规划软件中，现在不仅可以安排时间，还可以规划成本、材料和资源。采购部会得到通知，进行准备，并且该项目与之前建立的模型相联系，为我们提供一个真正的 5D 项目。由于嵌入了所有的构建元素，因此整个团队可准确地规划，计划和分配资源、材料和预测成本。如今在我们的站点可使用 5D，实现具有一定间隔的可视化效果。我们的数字形式让 H&S 成为焦点，使项目的日常运作变得高效。随着智能手机和平板电脑的使用呈指数级增长，技术在建筑行业发挥着越来越大的作用。我们基于云的离线移动解决方案已经取代了在现场使用纸笔的安全管理程序。这一强大的移动管理解决方案为项目集成了各种模块化程序，可通过平板电脑或智能手机进行检查、审计和许可，并具有持续的层级监督，在使用时会自动发送到 BMS。然后，将这些数据推送到我们的数据仓库中，其中在该仓库中对我们的分析性商业智能（BI）驱动的数据看板进行了数据的清理和结构化处理。

与任何技术驱动型公司一样，我们正在寻求持续改进，目前正在审查我们的客户软件与我们的 BMS 和 CRM 之间的业务关联。我们认为，一旦这项工作完成，就完成了 BIM 构建，O'Keefe 将成为一家努力追求智能、精益和灵活的公司。

2. 作为数字化和 BIM 战略的负责人，您认为 BIM 和数字化能给贵公司带来什么价值？

BIM 战略对我们的业务具有积极的影响，多年来我们一直在利用 BIM 建模。由于软件开发人员面临着较多的施工需求，因此我们能够在整个团队中采用数字化反孤岛思想和流程。

凭借成熟的数字战略，我们能够审视我们的员工队伍，使他们能够跨多个部门工作。这种对每个部门如何工作的了解意味着人们对反孤岛思想和流程的认同程度是很高的。我们非常幸运地与一个聪明、进步的建模团队进行了合作。最初的投入可能很多，但最终的受益远远超过这些投入。

此外，我认为数字化是根据总体战略规划的一项循序渐进的投资。我们发现，一些早期的决策影响了我们使用的软件类型，无论是通过技术进步、数据协同还是更多的知识和经验。这导致我们一路上有所犹豫并进行了重新评估。

3. 您如何看待一些项目成员对 BIM 的抵制？对于如何促进 BIM 在项目中的实施有什么建议或想法？

大多数人都支持 BIM，但有些人认为 BIM 控制了其角色体现的价值。事实并非如此，和所有软件和流程一样，BIM 是改善工作水平的工具。与类似我们的公司讨论 BIM 和数字化转型时，都认同这一点。我们面临的问题主要有两个，一是当从设计进入施工阶段时的模型所有权，特别是当设计者习惯于以某种方式传递信息，而不是像施工团队那样构建时，施工团队需要较早的投入，否则设计模型不会以正确的方式提供。二是客户和最终用户的认同，很多时候，我们制作出一个很好的模型，但没有使用，甚至在完工后也未使用。

说到 BIM 应用的抵制者，他们在公司里有不同的角色和职位。有些人只认同一种观点，他们可以接受和想象最终的目标，但在全局上却把握得不好。我们正在考虑进行再培训，通过研讨会、演示和案例研究来增强员工的信心和工作保障。我们希望员工与我们同心协力，不愿赶走他们，引进新的员工，但如果遇到严重的抵制，我们别无选择，只能进行遣散。

4. 在实施 BIM 的过程中，您认为采用 BIM 的主要挑战是什么？以及 BIM 应用的未来计划是什么？

让 BIM 为项目服务，并获得所有部门的正向反馈。BIM 的集成和使用并不像按开关那样简单，而是需要改变自身心态并持续地学习。这可确保员工采用 BIM，高级经理也会从中受益。部分困难在于接受 BIM 技术需要时间，需要相关人员参与 BIM 应用培训和学习新流程。我们认为，BIM 为高级经理提供的视觉体验能够实现快速学习，公司也必然会从时间投入的计算中受益。

当然，即使 BIM 的价值显著，但仍然被忽视了很多年，很多人都受到了 BIM 的影响。对于许多公司而言，BIM 执行计划过于繁重和复杂，与其原有的工作流程不一致。BIM 其实很简单，坚持做下去就行。

关于 BIM 应用的计划，我们正在通过 4D 和 5D BIM 应用来实施，在项目实践中获取数据。之前我们在施工中忽视了数据分析，改变这样的现状将使 O'Keefe 保持在数字化转型领域的前列。

当我们开始关注 4D 和 5D BIM 如何设定我们的生产力和财务指标，以及我们如何在一个简单易读、易于理解的数据看板中审查和衡量进展时，我们可以关注这些趋势和业务场景的结合，这些都有实时的事实数据。我们的目标是通过先进的数字化技术应用，成为一家精干、安全和赢利的企业。

7.4.3 专家视角——Pauli Keinonen

Pauli Keinonen：MagiCAD 集团技术总监，于 BIM 和 HVAC（供热通风与空气调节）领域拥有 20 多年从业经验。带领团队开发了用于 MEP 设计的 MagiCAD 软件——可用于 HVAC 和电气设计，是功能强大、快速高效的第一代 BIM 软件，已在 80 多个国家使用。其可进行工程系统计算，并实现高效的 BIM 工作流程和协作。

深度了解全球和本地客户对 BIM 软件的需求，带领团队努力探索 MagiCAD 的新市场及原有市场，同时为当地设计标准、符号和语言提供广泛支持。

Pauli 致力于推动 BIM 和其他技术的应用，以简化冗余和过时的工作流程，他认为 BIM 工作流程不仅仅是软件或 3D 模型，而且包含大量信息，可通过系统进行计算和模拟，并可与其他相关方交换信息。

1.您认为目前采用 BIM 所面临的主要挑战有哪些？建筑师是三维建模的先行者，他们是否也会成为 BIM 的推动者？

首先是让业主相信 BIM 所带来的好处。建筑项目中的每个参与者都可以根据具体需求自由选择是否采用 BIM，而业主能够确定项目需求范围内的 BIM 使用情况，并从所产生的生命周期效益中获得最大好处。其次是让更多的承包商参与进来。BIM 在设计阶段已经比较成熟，在早期阶段让总承包商参与进来并针对建筑进行设计优化，进而将 BIM 效益扩展至建筑业中。

建筑师很早就开始了三维建模，其他行业也能从其模型中获益。然而，事情并没有这么简单。建筑三维模型可能并不总是按照后续 BIM 应用所需的细节和数据级别进行。例如，如果 Revit 不能从模型中找到空间信息，则 MEP 设计师将无法完全使用模型。这说明，我们始终需要进一步沟通，以使初始模型包含有足够的数据和细节供后续的模型使用者使用。参与建造过程的每个人都应该了解自己可以为其他人提供哪些信息，每个人都应改进自身工作，以便其他人能够更精准、更便捷地获取这些信息。简言之，在 BIM 应用过程中，每个人应以相同的标准开展工作。

2.通过哪些方面可以说服其他行业采用 BIM（哪怕是小规模采用 BIM）？

我认为我们需要考虑 BIM 的定义以及我们想要实现的目标。从全局来看，让业主确定 BIM 的需求将使得 BIM 在整个过程中更加容易实施。即使在过程中部分实施 BIM，BIM 技术也会带来明显的好处。建筑师可以设计模型，详细说明允许 MEP 设计师定义 MEP 空间和计算荷载，或者让 MEP 设计师和结构设计师通过 BIM 软件来协调装修部分的要求和标准，进而减少人力和文书工作。对于建筑业而言，一个小规模实施的实例便是使用数字工具进行施工现场安全检查，使共享和记录问题变得更加容易。这是一个非常细小但很重要的过程,它说明了在特定任务中应用 BIM 将会带来实实在在的好处。

我想说的是,项目范围内和小规模实施 BIM 是非常重要的。在许多情况下,小规模实施 BIM 将有助于更有效的引入 BIM,以后将 BIM 方法扩展至其他任务变得更加容易。然而,为了释放整个建筑生命周期的效益,需求必须来自业主或总承包商。

3. 在大型项目中,BIM 被大公司快速采用,但它的好处与公司和项目规模无关。BIM 是否也适用于小型项目?在一些国家中,由于缺乏认识,BIM 的采用速度较慢。提高对 BIM 好处的认识的最佳方法有哪些?推进 BIM 的发展是否需要国际 BIM 组织?

无论项目规模大小,都应考虑建筑项目本身的目的。是为了提高效率?还是为了让最终用户满意,并满足其特定需求?即使在小型项目(例如:幼儿园)中,BIM 也有助于优化空间设计,以便幼儿园教师能够以最有效的方式开展工作。因此,小型项目可以很好地说明 BIM 所带来的好处,BIM 使最终用户的特殊需求能够在设计过程中得以考虑。

当然,总会存在一些关于潜在额外成本的争论。在许多情况下,人们只考虑建设成本。在考虑操作和用户体验的价值时,建筑的全生命期成本可能会产生很大的差异。因此,当谈论成本时,我们必须考虑它是建设成本还是建筑全生命期成本,其中包括运营和最终用户体验。

关于提高对 BIM 好处的认知,我认为关键是要有具体的实例,案例研究和实际案例可以产生很大的影响。重要的是,要用事实证据和真实数据来支撑所提出的效益,而且要有不同的项目类型和项目规模案例。这使得不同的公司能够知晓 BIM 的实施对其项目的意义所在。

关于是否需要国际 BIM 组织,在某些方面,如果有组织简单地说"这事就应该那样做",那事情就变得很简单了。然而,这是不可能的,因为制定和定义每个人都会认同的共同标准是一个非常繁杂的过程。实际上,每个国家都将继续探索各自的做法,但这并不意味着它们是完全独立地开展这方面工作的。各国确实会相互效仿,往往在更紧密地调整其做法时发现了彼此之间的互惠互利。

4. 有时由于实施不力,项目方可能会感到失望,无法看到 BIM 的好处。那么确保正确实施 BIM 的最佳做法有哪些?

在启动一个 BIM 项目时,良好的 BIM 实施计划是必不可少的。一次不好的经历可能会让一家公司在很长一段时间内犹豫要不要再尝试一次。同时,在小范围内,当使用新的工具和工作方法时,进行适当的 BIM 软件培训也是很有必要的。

BIM 不仅仅是一种技术变革,更是一种思维方式的变革,其中一个重要因素便是利益相关者之间的沟通。可能有些项目已经交付多年,但很多 BIM 应用对于后续项目相关方而言却是没有必要的。可能有些项目会很有帮助,而且也很容易实现交付,但从来没有过这方面的需求。如果各方讨论自身所需和所能交付的内容,那么提高项目质量和信息交换将变得容易得多。

7.4.4 专家视角——MagiCAD 集团技术研究团队

MagiCAD 集团技术研究团队:MagiCAD 集团技术总监 Pauli Keinonen,Hatch PR 所有者 Emily McDaid,MagiCAD 集团营销经理 Arlinda Sipilä、产品经理 Johannes Netz,

MagiCAD 集团内容和营销专家 Petri Luomala。

以下是 MagiCAD 集团技术研究团队针对"对发掘建筑数字化的好处，了解数字时代的 BIM"发表的观点。

数字化对整个建筑业产生了变革性的影响，提高了生产率、盈利能力和项目质量。许多公司越来越认识到数字技术所能带来的好处，并且能够通过快速发展获得竞争优势。然而，施工企业在数字化方面明显落后，基于实际文档的信息处理仍然是许多建筑工地采用的主要做法。尽管早期建筑有关的数字工具已在 20 世纪 90 年代出现，但在整个发展过程中，却面临着来自行业参与者的某种内在阻力。新的数字化解决方案通常会遇到对数字化和既定的工作流程变更不感兴趣的潜在客户。这意味着解决方案的推行正面临着越来越大的压力，需要在实践中演示如何简化日常工作。

这种阻力很大程度上是由于建筑公司分散的经营环境造成的。与许多其他行业不同，建筑业的供应链由建筑和工程企业、承包商、分包商、业主供应商、顾问、担保人、银行和监管机构组成。这种复杂程度使得特定的参与者很难获得数字化的好处。

1. 数字化带来的好处

建筑业的数字化正在快速进行中。然而，即使粗略地对比一下建筑项目不同阶段之间的数字流畅性，也会显示出巨大的差异。实际上，建筑师已经自然地向现代技术过渡，因为他们的工作本质上是基于数字技术的。然而，建筑公司的日常工作涉及在建筑工地上进行物理安装和管理混凝土等材料和设备的工作人员。因此，在劳动力密集型的建筑工地中，数字化的前景很难得到巩固，这是很自然的一件事。因此，首先要清楚地了解数字化是如何对建筑工地的日常生活产生积极影响的。以下是数字化施工解决方案的一些关键好处：

第一是更好地协作。鉴于传统的工具和流程，当今工程项目的复杂性往往超出了我们能力的控制范围。在建筑需求增加的驱动下，工程项目的建造需要比以往更快的进度和更紧的预算。因此，需要对工程项目进行整合和协调。这需要参建各方在建设项目的各个阶段进行相互协作。同时，这增加了信息交流和准确记录的必要性。在建筑项目中，信息总是随时可能会发生变化，其中包括落实设计意图、业主提供新的输入等。这也适用于现场团队和分包商之间的信息交换，这些团队和分包商的工作绩效直接受到工作时间、地点和内容的影响。只有通过使用数字技术，施工企业才能确保工程项目信息始终是最新的、可供各方使用和访问的。数字化解决方案使参建各方能够在适当的时间将正确的信息连接至适当的地方，并避免参与者被淹没在文档、变更、新输入和信息丢失的海洋中。轻松跟踪需要在特定时间点关注的活动问题，对于在施工过程中保持主动性和高效性是绝对有必要的。

第二是风险缓解和现场安全。在日常工作中，施工现场团队总是以某种方式参与风险管理。这些风险管理可能以多种形式出现，如进度管理、成本管理、安全管理和所建产品质量保证等。虽然安全生产管理通常是承包商的首要任务，但其他风险也有可能使项目出现问题。风险缓解与数字化大部分好处的共同点是信息管理的核心作用，有关现场安全问题的正确信息必须便于合适的人员获取。通过数字设备和中央信息中心（而非无记录电话）记录和共享有关潜在安全风险的信息，意味着及时有效地解决问题或不得不推迟其他工作来现场解决问题。尽管这些风险不会对人员健康构成威胁，但其他与成本和时间相关的风险表现类似，并且能够通过数字化解决方案清楚地记录这些风险，使团队能够在影响工程项目之前处理这些风险。

第三是提高生产率。工程项目有时会因其超期和超支而变得声名狼藉。根据波士顿咨询集团（BCG）的一项研究，"只有约 50% 的施工现场计划活动能如期完成，这比掷硬币的概率好不了多少"。BCG 估计，多达 30% 的工人在建筑工地上的等待时间并不是他们自身的过错。这就是应用数字方法所带来的影响，即便是非常简单或具体的工作也会对项目执行产生显著的影响。确保及时准确地交付材料，在现场进行必要的检查（而不是在不同地点之间进行检查），并共享相关工作状态的准确信息，这将有助于减少不必要的等待时间。

根据《2017 年全球建筑行业调查》，这不仅仅是有关技术投资的问题，还需要了解哪些具体技术可以提高绩效，然后对数字和商业战略进行调整。这项研究也为数字化转型提供了以下建议：

今日：优化当前系统，利用数据分析和可视化结果来创建有深刻见解的报告，并做出更好的决策来提高绩效。

明日：制定一份技术路线图，以确定那些已实现投资回报的技术和系统应用。

未来：采用一种技术辅助式的商业战。

第四是提高建筑质量。所建工程的质量与项目绩效密切相关。如果不及早地发现和解决问题，错误沟通的风险将会增加，进而会加大质量控制的难度。当与质量相关的信息被记录并存储在基于数字云的系统（而非物理设备）中时，所有人都可以随时获得这些信息，并且可以主动解决新出现的问题。工人们不必急于通过自己的解决方案来解决意外发生的问题，而是应与相关方一起做出更明智的决定。

2. 建筑公司做好数字化的准备了吗？

毕马威会计师事务所在其关于建筑公司和项目业主未来准备情况的《2019 年全球建筑行业调查》中，一共收集了 200 多名工程、建筑专业人士以及项目业主的回复，他们大多数都曾经进行过大型的资本投资项目。

根据参与者对未来的预期准备情况和目前的数字化率，这项调查将参与者分为三种类型。创新型领导者主要是积极寻求新的机会来提高自身绩效的公司，同时为所有利益相关者设想出一个更好的行业。追随者主要是平衡未来投资和当前挑战的公司。落后于潮流的组织通常被眼前的问题所淹没，缺乏长期愿景。这种宽泛的分类有助于确定数字化发展的不同趋势。建筑业中的领先公司有能力应对未来不断变化的商业环境挑战，在战略、实践和绩效方面，我们可以看到这些公司有着许多共同的特点。

一是技术与创新。领导型公司将技术和创新作为其经营的一个关键部分。在创新型领导团队中，90% 的人拥有技术愿景和路线图，而且这些公司一般都致力于投资能够提高绩效的技术。

二是治理与控制。2/3 以上的公司已经建立了综合项目管理和报告制度，投资也直接反映在其项目绩效中。调查发现，这些公司 2/3 的项目基本在进度计划的 90% 内提前完成。

三是人员。创新型领导企业将技术和创新作为吸引和留住技术人才的一种方式。此外，这些企业还拥有多元化的员工队伍，并提供多种软控制措施，用于优化人为绩效。

排名前 20% 的企业能够从同行中脱颖而出的原因：

（1）69% 的企业拥有综合项目管理报告系统。

（2）90% 的企业拥有技术愿景和路线图。

（3）76% 的企业关注技术和创新，以此吸引和留住新员工。

（4）79% 或以上的企业实施了五大"软"控制措施。

3. 工程项目老问题的数字化解决方案

在项目建设过程中，似乎总是会存在一些具体的问题。无论是大型建筑公司、小型专业企业，还是拥有数十年行业经验或刚刚从事这一领域的承包商，参与建设的每个人都可能在某个时间遇到这些问题。在下文中，我们将更详细地探讨特定的现代技术如何处理建筑行业中一些最常见的问题。

一是构件和材料跟踪。这些问题和建筑本身一样古老，包括是什么材料、在什么地点、有多少数量。跟踪材料及其使用情况是一个经常存在的问题。数字化解决方案使用户能够创建可跟踪的二维码，并将其放置在建筑构件上。通过这些代码，用户可以跟踪制造、现场交付、质量和许多其他方面，这取决于用户希望更密切地跟踪流程的哪个部分。结合移动设备，我们甚至可以使用扫描仪应用程序更新任何构件在其生命周期中的任何阶段的状态，并提醒关键利益相关者进行流程开发。

当材料信息被关联至数字化项目模型时，材料跟踪甚至可以扩展到项目进度的实时跟踪。通过数字化材料跟踪，所有参与者都能了解到每个任务的内容、每个构件的存储或安装地点、可用和所需材料的数量，这些信息都将一目了然。

二是现金转换周期。大多数项目都会经历较长时间的现金转换周期和资金紧缺，其中包括 80 天的应收账款周转天数（DSO）。这个时间比大多数其他行业都要长得多，无论项目规模大小，平衡现金流和库存是非常具有挑战性的。数字化解决方案对进度、采购和材料管理的影响也直接影响到建设项目的财务周期。在理想情况下，企业都希望缩短交货期，以便在材料支付之前收到已完成工作的款项。数字化项目管理将有助于消除在材料和时间上的浪费，减少整个过程中的不规范现象，并消除进度相关问题。所有这些因素结合在一起就会造成一定的财务压力。另外，数字化项目管理为客户提供了更高的财务透明度，提供了有关索赔项目和数额的详细信息，增加了所有项目参与者之间的信任。

三是确保有效沟通。建筑项目几乎都会涉及多个不同利益相关者（例如：承包商、专业承包商和供应商）之间的协作问题。因此，成功的项目管理中一个最关键要素就是在每个相关人员之间建立起有效的沟通关系。传统的沟通方式包括电子邮件、项目会议和实际记录，它们容易造成时间浪费和信息丢失。数字化项目沟通工具可以解决以上两个问题。实时通信功能可以让参与者即时共享和接收反馈，并在工作过程中就问题进行沟通，而项目材料的协作工具则确保每个人在任何地方始终都可获得可用的最新信息。

四是信息管理。信息管理的问题通常很难解决，因为它通常会涉及需要不同类型信息的多个利益相关者。信息丢失的负面影响还会以多种形式间接出现，其中包括未能遵守预算和进度、质量、安全问题。然而，建筑业中大多数信息管理问题的共同点是需要在一个位置存储、管理和共享不同类型的信息。集中式信息管理不仅有助于整合来自不同来源的各种类型的信息，还可以通过云服务和移动连接为所有项目参与者提供无限的访问权限。

4. 涵盖各个方面的数字化解决方案

从建筑信息建模（BIM）的角度来看，数字化的好处可以涵盖建设项目全生命期的各个方面，可延伸至竣工建筑的维护。采用 BIM 有助于在整个业务流程中降低成本。通过快速交换设计信息，我们可以更快地对各种场景进行探索，进行更多的迭代，让设计更稳健和决策过程更高效。随着项目的开展，BIM 模型中的数据会增加，利益相关者可以访问设计、采购、施工、设施管理等每个特定阶段相关的数据。最终目标是建造一座能满足用户需求的建筑。

然而，建筑公司的数字化实施规模往往较小，更具渐进性和任务导向性。建筑公司通常通过基于需求来发现数字化的好处，进而解决施工过程中出现的具体问题，而不是全力投入到数字化工作流程中去。虽然现代技术通常在建筑中应用并解决某些具体问题，但这些技术的应用效率和好处并不依赖于项目规模。

无论规模如何，同一工种和任务都需要完成。例如，就像建筑群一样，单个房子同样需要有通风、管道、电力、污水、电缆、墙壁、地板和屋顶等。

5. 建筑公司如何才能处理好向关联施工的过渡？

（1）什么是关联施工？

工程项目将来自多个不同领域的参与者结合在一起，共同完成工程的建设。在同一栋建筑中，通常会有许多不同的承包商、专家和利益相关者参与其中。由于他们分别代表不同的专业领域，大部分工作都是彼此独立的，这是很自然的事情。然而，这种相对孤立的状态使得从信息交换、相互调度和合作中获得的许多好处无法实现。

关联施工的概念提供了一个潜在的解决方案，用于将同时发生的多种行为与参与者结合起来。关联施工可以被定义为"它是一个由相互连接的工作场所、机器和工人组成的生态系统，旨在提高运营效率和安全性"。这个概念的核心是将数字技术与现场的材料、设备和工人相结合。然后，可以使用自动化工具处理从各种来源生成的信息，进而提高所有项目参与者的可见性、协作性、绩效和安全性。

关联施工是一个信息生态系统，影响施工过程的各个部分。包括基于数据的决策（知情决策、方法评估、准确的估算和可预测性）、合作（促进参与者之间的沟通，发现和促进合作的可能性）、可见性（实时监控项目进度，过程透明）、安全（确保施工现场的安全，及时解决问题）、进度和计划（跟踪材料和设备，根据实际绩效安排进度和计划）。

（2）规划数字化转型时需要考虑哪些问题？

麦肯锡公司的一项调查显示，只有 16% 的受访者认为，向数字化工作方法的转变已使他们的组织实现了可持续的绩效改进。这个令人失望的比率不一定是技术本身的问题，但却反映出了任何数字化实施规划、评估和培训的重要性。企业可能经常在正确规划新技术工具的用途、实施方式以及如何对雇主进行培训以使其有效使用之前，就匆忙采用新技术工具。由于实施不充分，技术先行的方法可能会产生不良结果，从而使雇主不愿意接受新的解决方案。许多建筑项目有可能会被局限在适用于早期阶段或特定工作的有限点解决方案，但缺少随着组织数字化转型的推进而满足新需求所必需的高级功能和可扩展性。引入其他专门的解决方案和应用程序只会增加其中的复杂性，并有可能阻碍终端使用者使用多个不同的解决方案。

全面统一的平台解决方案为不断增加的数字复杂性提供了一种替代方案。这些软件工具将关键功能（例如：问题、进度、构件跟踪、报告和实时通信）整合到单个应用程序中。单一解决方案为利益相关者提供了对项目开发的全面控制和对项目状态的虚拟实时查看。要想发掘数字化的真正好处，需要企业提前思考，并针对数字化如何创造商业价值树立起一个清晰的愿景，进而使企业能够利用统一的平台解决方案。这既能满足当前需求，又能在出现新的使用需求时扩大规模，从而提高项目规划、执行效率以及数字化过程各个阶段的财务利润。简言之，明确了解战略优先事项，确保对所有参与者能接受适当培训，并确立具体的未来愿景是数字化转型成功的基础。

住房、基础设施和能源项目的需求不断增长，给建筑业带来了越来越多的挑战。我们已经看到了建筑技术的进步，它可以提高设计质量、执行时间、客户满意度和财务效益。然而，我们也有充分的证据表明，踏上数字化之旅需要自上而下的大量投资、管理和培育工作。成功地采用数字技术需要从施工管理方面开展大量工作；制定清晰的愿景，详细规划应用步骤，并确保业务流程能够适应新的数字化机遇。然而，对于成功的数字化应用来说，最重要的可能是要有一个整体的认识：数字化转型不仅仅是技术的改变，还是思维方式的改变。

6. 了解数字时代的 BIM

我们生活在高度自动化的时代。每个业务流程均已数字化，每个决策均由数据驱动。世界经济论坛已宣布这是"第四次工业革命"，数据驱动的互联机器将成倍地改变各行各业工作流程。

Klaus Schwab 更是强调"从其规模、范围和复杂性来看，这场革命将不同于人类以前经历过的任何革命"。很多先进行业均倡导"快速失败"的理念。也就是说，试验和尝试新事物，即使第一次很可能失败，但会带来迭代和最终成功。

在高风险的建筑与建造行业，该理念仅适用于数字化应用。"快速失败"的理念仅适用于开始建造之前的建筑设计阶段。因为不可能使用砖块和砂浆进行实验，但在以时间和财务压力、施工时间短暂、庞大而分散的工作团队以及巨额财政借款为典型特征的环境中，仍然可尝试该理念。

具体而言，在 MEP 领域中，由于建筑涉及大量细节，因此没有充分的规划则显得十分鲁莽。BIM 的价值已得到建筑行业公认，但既然我们已经了解了 BIM，接下来的主要任务就是学习如何使用 BIM 转变业务流程。

（1）什么是 BIM：结合人员、技术和流程改善建筑成果和建造过程；敏捷开发软件行业长期使用的概念；建筑行业的精益建造；建筑流程完全数字化。根据一些行业报告预测，到 2025 年，BIM 的广泛使用将为全球基础设施市场节省 15% ~ 25% 的成本。

（2）基于 BIM 的信息流：传统建造方法中，当团队从项目的一个阶段转移至另一阶段时，会丢失前一阶段的部分信息。BIM 可随时随地为任何人收集信息。使用 BIM 意味着建立连续的信息流。建造过程从早期规划和设计到建造、运营、维护和最终回收的每一阶段均数字化,可进行更多协作。

(3)超越技术:BIM 战略不仅仅是使用新型数字化工具,该项技术极其重要。业主需采用新的思维方式、新方法,以完全发挥 BIM 技术的价值潜力,参建各方需一致同意才能使用该新方法,而且还需优化商业模式。

首先是业主需要问自己:我们希望通过 BIM 实现什么?为适应新 BIM 战略,需开发哪些流程和工作方法?团队是否能胜任该项新技术?其次是设定目标:应根据以往所遇瓶颈确定目标。例如,业主可能会问:是否需要减少碰撞的次数;是否需要更好地估算成本。最后是建立方法:每个目标均需向 BIM 模型输入一组信息;应同意获取所需信息的方法。

(4)精益建造和 BIM 成熟程度:"欧洲建筑行业总产值约 1.3 万亿欧元,占该地区GDP 的 9%,雇员超过 1800 万人,其中中小型企业(SME)占 95%。但该行业数字化率极低,其生产率稳中略降。"(摘自欧洲 BIM 工作组手册)

几十年来,制造业一直秉承着精益求精的原则,建筑行业目前仍然如此。自动化生产线不仅使制造业产品变得更加精致,同时还提高了生产效率。其目标始终是通过不断更新换代尽可能减少浪费和提高效率。在以项目为中心的建筑行业,只有拥抱数字化才能保持精益求精。了解 BIM 有助于在建造过程中运用精益求精的原则。

但是顶级产品或服务并非一蹴而就,使用 BIM 也需稳步前进。BIM 的不同等级有助于行业关注可实现的目标。

0 级:无协作,2D CAD 图纸(纸质版和电子版)。

1 级:3D CAD 方案设计和 2D 文件审批。

2 级:协作工作,数据整合用通用文件格式。

3 级:在线协作,包含施工进度、成本和项目全周期信息的项目模型。

建筑业正向 2 级和 3 级 BIM 方向发展,且某些方面领先于其他行业。真正的 BIM 不仅仅停留在项目交付阶段。借助于正确的数据驱动模型和信息流,BIM 还可以将其价值延伸到建筑施工后的使用阶段。通过降低维护成本、优化能源使用、减少环境污染以及提高健康和安全标准,BIM 可确保提高建筑的物理空间利用率。

(5)成本效益分析:如果从项目开始就应用 BIM 技术,则可节省很多时间和成本,建筑师、承包商、MEP 设计师以及所有项目参与者均能受益。项目从初步设计到详细设计再到建造过程,修改计划的难度和成本均逐步提高。随着项目推进,修改项目的难度逐步变大。与此同时,修改项目的成本呈指数增长。BIM 技术的应用能在项目初始阶段就以数字格式发现和纠正问题。

古老的蚂蚁和蝗虫寓言讲到,蚂蚁在温暖漫长的夏天努力工作,准备过冬储备。而蝗虫在阳光下玩得很开心。严冬来临,蝗虫又冷又饿,必须依靠蚂蚁的捐助才能生存。最后,蝗虫因缺乏计划而付出更多。简单的寓言故事中蕴含着深刻的哲理,同理,BIM 在成本效益分析中优于基于图纸的传统方法。

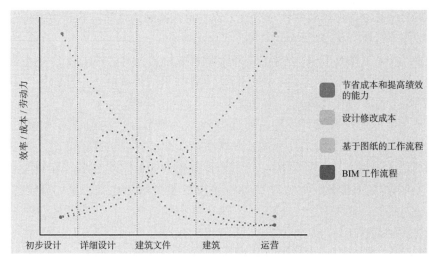

图 7-10　使用 BIM 构建建筑流程

上图清晰表明 BIM 工作流程如何在确保低成本修改设计的同时最大化节省成本和提高绩效的能力。

（6）BIM 更注重什么：BIM 更注重的是工作方法而非技术；沟通而非模型；质量控制而非碰撞控制；跨学科规划而非学科内规划。

数字化提高了各个业务领域的生产率，尽管建筑业可能落后于其他市场，但仍有许多效益有待实现。

想象一个理想的 BIM 世界就是想象每个建筑项目都能按时按预算完成，项目的参建各方都可无缝协作和交流。建筑在使用阶段将实现其创建的真正目的。对于公共建筑，政府有能力为了公众利益而迈向新的改良。

这不是未来主义模型，我们现在确实拥有这些工具。在正确了解 BIM 带来的好处后，全世界的人们都会为 BIM 应用进行投资。

7.4.4 节参考文献

［1］Eriksson, Viktor. Hansson, Erika. (2017) Digitala verktyg i byggproduktion. Hur användandet kan öka. Jönköping University.

［2］https://assets.kpmg/content/dam/kpmg/xx/pdf/2017/10/gl obal-construction- survey-make-it-or-break-it.pdf.

［3］https://www.bcg.com/publications/2018/boosting-productivity-construction-digital-lean.aspx 08.

［4］毕马威会计师事务所 . 2017 年全球建筑行业调查 .https://assets.kpmg/content/dam/kpmg/xx/pdf/2017/10/global-construction-survey-make-it-or-break-it.pdf.

［5］施工现场与信息相关的时间消耗：以两个施工现场为例 .https://journals.sagepub.com/doi/10.5772/58444.

［6］https://connect.bim360.autodesk.com/benefits-of-bim-in-construction.

［7］德勤有限公司 . 以关联施工取胜工程，建筑业的数字化机遇，2019.

［8］麦肯锡公司，解码建筑业中的数字化转型 .

［9］EU BIM 工作组手册 .（BCG，工程和建造数字化，2016；麦肯锡，建造生产力，2017）.

7.4.5　专家视角——Esa Halmetoja

Esa Halmetoja：芬兰 Senate Properties（该公司负责管理和维护芬兰国有房地产资产）数字化运维高级专家，主攻室内数字化技术，擅长将 BIM 与数字技术相结合，为空间使用者创造最佳的室内环境。他最近发表的论文介绍了一种收集、存储、分析和利用数据以改善感知条件的新方法。

Esa 在 Senate Properties 工作 17 年，最重要的任务之一是研究开发建筑数字孪生。他认为数字技术采用的重点必须放在人的身上，是支持空间使用者身心健康的工具。

1. 请您简单介绍 Senate Properties 应用 BIM 的情况。

自 2000 年之后的 18 年，Senate 在全芬兰拥有约 9000 栋建筑，并在这些建筑的维护上使用 BIM 模型。我们现在拥有大约 3500 个基于 IFC 的 BIM 模型。这些模型包括绝密建筑、军事和政府设施。在我们的产品组合中，还有监狱、警察局、普通办公室、就业办公室、学校以及一些特殊场所，如实验室。Senate 聘用了大约 300 人来设计、建造和维护这些房产。对于新的施工或建筑项目, Senate 负责询问：谁是最好的施工公司和设计公司？为了形成联盟，我们进行了深入审查。

2.BIM 对 Senate 有多重要？您是否总是要求您的合作伙伴通过 BIM 运作项目？您的先决条件是什么？

在这一点上，我们要求每个项目都采用 BIM，从 2019 年就开始了。在此之前，200 万欧元以上的每个项目要求采用 BIM，随后又缩减为 100 万欧元以上的项目。

现在，我们决定在所有项目中使用 BIM。

3. 您为什么使用 BIM？

这是个范围很广的问题，我会尽力解释。很明显，BIM 的好处有很多，如果我们有适用于所有建筑的 BIM 模型，就可以将一切可视化。最重要的是，我们可以向客户展示这些模型。

这极大地改善了沟通。客户可以要求改变，看看改变的空间有多大。

当我们开始一个新的建设项目时，确保使用的是 7 级 BIM——这是真正的 BIM，包括元数据以及全面的资产管理。这在我们组织运营维护时非常有用。在模型中，我们可以看到门、窗、建筑内部、钢铁或墙内的一切。计划进行翻新或改造非常容易。

例如，客户可能会说："这层楼目前有 100 人，我们需要再增加 30 人；空气会足够吗？"如果有个模型，让我们可以确切地看到空间上存在的各种负载，这包括通风、管线或管道，以及各个负载是什么，我们就可以给客户一个明确的答复："足够，可以增加人数"，或者："只有改变这些特定通风条件后，才能增加"。

4. 您的 BIM 模型是否会提供细节，可以看到所有的 MEP 元素吗？

是的。某些情况下，我们有个简易 BIM 模型——只显示正确的尺寸，您看到的是窗户、门或墙。这是我们一些旧"发明"模型的示例。它们没有元数据，但是很有用，因为我们可以实现可视化。

如果我们需要分析系统元素，如温度或 CO_2，就可以使用这些模型作为平台。这些简易 BIM 模型非常简便。

5. 您现在有更详细的 BIM 模型吗？

现在设计新建筑时，我们要求提供完整的 BIM 建模，包括元数据在内的一切。

6. 您是否在整个运维阶段使用 BIM 模型？例如，如果您更换了建筑中的窗户，BIM 模型会反映新信息吗？

是的。这是维护建筑一种新的运营方式。2017 年，我们开始每年更新 BIM 模型。我们认为更新 BIM 模型很重要，因为它们是建筑的重要数字资本。从数字上看，我们向一栋建筑投资 2000 万欧元或 5000 万欧元，并向设计师支付 100 万至 200 万欧元时，这可视为对建筑的数字资本投资。当我们拥有这笔数字财产时，如果不更新它，容易受到破坏。因此我们必须维护 BIM 模型。当建筑发生变化时，我们必须更新模型。

7. 就每年更新 BIM 模型的费用与长期受益所节约的相比，您可以分享什么吗？例如，不仅是改造或维修工程，还有定期和计划的维护工作。

我们相信，拥有这些更新 BIM 模型可以在建筑的持续设施管理中节约大量成本。然而，量化这些节约成本可能很复杂。我们有一些初步计算，但目前还不能公布。

8. 您有专业团队成员进行更新吗？

有，我就是其中之一。我们有三个人分别在施工单位、维护单位和服务单位。

9. 您是否同意冰山假说，即，建筑成本的 1/3 是花在施工上，每个人都能看到。与此同时，在水下，建筑 2/3 的寿命成本仍与运营、维修和翻修等有关。

原则上是正确的，但我不确定它只是 1/3，我认为在成本的 10% ~ 20%。我认为一栋建筑 90% 的成本来自运营维护（我将能耗纳入了整个生命周期。）。

当然，这自然取决于建筑类型。我们管理着许多类型的公共建筑，它们的运维周期和运营成本往往较高。

10. 就建筑成本的 80% ~ 90%，BIM 在哪方面对您最有帮助？

如果我们能优化使用建筑技术，就能降低能耗。使用 BIM，可以非常清楚地显示 MEP 系统可为多少人提供服务。一个物理空间能容纳 100 人还是 150 人？此模型可以回答这些问题。我们有了 BIM，就可以更好地设计和规划这些东西。一个示例是容量优化，例如当人们没有使用建筑物时，我们可以节约能源。

11. 现在有没有已安装这些前瞻性系统的建筑？

有的，赫尔辛基的国家博物馆，我们正与 Granlund 合作进行一项试点计划。它被称为虚拟建筑，有点像数字孪生。

12. 在技术层面，您如何在运维阶段使用 BIM 模型？

方法是由我们的 BIM 模型创建一个 IFC 模型，逐个逐层地读取 IFC 模型，我们通过互联网提供不同的可视化，不必移动整个 IFC 模型，因为它太大了。

13. 您认为 BIM 帮助您使建筑更智能了吗？

是的，我曾接到 Senate CEO 的请求，要我为 Senate Properties 的智能建筑制定更多策略。将来，我会说明芬兰需要什么样的智能建筑与智能工作环境。它们应该包括智能照明、存在检测系统等等。我想说这是展望未来。

目前有一栋建筑在使用这个系统，我们称之为条件数据模型。明年我们将再建 10 栋。我们的目标是在 4 年后再建造 100 栋这样的建筑。

7.4.6　专家视角——Evelyn TEO Ai Lin，廖龙辉

Evelyn TEO Ai Lin 博士：新加坡国立大学设计与环境学院建设系副教授，新加坡国立大学 BIM 卓越集成中心主任，建设系 5G AR VR 高级 BIM 实验室主任，曾担任新加坡国立大学项目与设施管理理学学士课程主任兼对外事务主任。

除了从事本地建筑业多年外，还参与澳大利亚、中国香港、韩国、新加坡和中国台湾的建设科研项目。Evelyn TEO 博士基于 BIM 的专利发明已被香港房屋委员会应用于其公共住宅单元（13 亿港元），并获得 2012 年欧特克创新奖、2013 年皇家特许测量师奖等奖项。她发表了 100 余篇论文，包括国际期刊论文、独著 / 合著论文、会议论文、特邀论文等。多年来，她也一直参与韩国政府资助的 BIM 研究项目。

廖龙辉博士：深圳大学土木与交通工程学院及中澳 BIM 与智慧建造联合研究中心助理教授。2013 ～ 2018 年，在新加坡国立大学攻读 BIM、工程与项目管理博士学位，师从 Teo Ai Lin 副教授。廖博士的研究领域涵盖技术（如 BIM 和逆向工程）扩散、智能建造、人工智能、人体工程学和低碳经济。他在应用新技术、数据科学和跨学科理论来解决建筑行业的生产力、可持续性以及健康和安全问题等领域共发表了 17 篇同行评议论文。廖博士也是中国建筑学会和中国城市科学研究会的成员以及 10 多本著名期刊的审稿人。

以下是 Evelyn TEO Ai Lin 博士和廖龙辉博士针对"关于新加坡 BIM 实施的关键驱动因素管理研究：组织变革视角"发表的观点：

1. 引言

BIM 已在全球私人和政府机构中得到了广泛认可。在美国、英国、欧洲、新加坡等国家或地区，鼓励政府（尤其是发达国家政府）在公共资助项目中使用 BIM 的情况并不少见。Cheng 和 Lu（2015）强调，新加坡通过就大型项目强制提交 BIM，在全行业 BIM 实施方面作出了巨大努力。尽管如此，由于许多人习惯使用传统 CAD 或持观望态度等诸多因素，BIM 的发展仍缓慢（Porwal 和 Hewage，2013）。在新加坡，全面采用 BIM 的比例一直很低。

本研究旨在调查新加坡建筑业未普遍实施 BIM（即使自 2015 年 7 月以来，BIM 已被强制要求用于总建筑面积超过 5000 ㎡ 的项目）所带来的挑战。本研究的目的如下：第一，确定新加坡建筑项目中全面实施 BIM 的关键变革驱动因素（CDC）；第二，论证 CDC 理论基础；第三，制定可能的策略以加强这些 CDC 的积极影响。

本研究采用了现有的组织变革理论，并提出了一个新的框架。该框架具有 29 个组织变革属性，分别归为人员、过程、技术和外部环境。

2. 文献综述

（1）全面实施 BIM 的变革驱动因素

通过广泛的文献回顾，确定了推动 BIM 实施的有关因素。表 7-12 概述了推动全面实

施的总共 32 个因素。他们通过 26 个相关的先前研究（这些研究旨在了解 BIM 在各国实施情况）进行确定。此外，本研究旨在从组织变革角度研究这些变革的基本逻辑。

全面实施 BIM 的变革驱动因素

表 7-12

编号	全面实施 BIM 的变革驱动因素
D01	管理层的 BIM 愿景和领导力
D02	组织结构和文化变革
D03	利益相关者领会其 BIM 应用部分的价值
D04	关于新技能和新工作方式的培训
D05	业主对应用 BIM 的要求和领导能力
D06	监管机构对 BIM 应用的早期参与
D07	BIM 全面应用产生的竞争优势
D08	所有专业领域在"大型工作室"内共享模型
D09	政府支持，如补贴培训、软件和咨询费用
D10	使分包商能够在现场使用低技能劳动力
D11	OSM（非现场制造）通过控制工厂内工作降低安全风险
D12	协调整合所有利益相关者的利益
D13	BIM 相关政策和标准的治理
D14	BIM 平台的数据共享和访问
D15	支持设计沟通的三维（3D）可视化
D16	施工前的四维模拟
D17	通过检测和解决冲突实现专业间的设计协同
D18	可持续性、材料选择和可施工性方面的复杂设计分析
D19	项目全生命期成本计算和管理
D20	为建造和制造制作模型和图纸
D21	基于模型的文档记录的高准确度
D22	标准构件的更多非现场制造和组装
D23	处理设计变更及其影响的自动化模型更新和图纸制作
D24	改善设施管理的生命周期信息管理
D25	越来越多地使用设计 - 建造和快速跟踪方法
D26	现场工作与非现场生产同步进行
D27	OSM（非现场制造）使设计和制造流程标准化，从而简化施工、测试和调试流程
D28	OSM 生产更高质量和一致性的建筑构件
D29	OSM 减少建筑垃圾，尤其是现场垃圾
D30	集成模型管理工具与企业系统以交换数据
D31	建筑、项目交付和市场日益复杂
D32	计算机数控机床等新技术

（2）组织变革

在众多组织变革理论中，本研究使用了 Leavitt 钻石理论（图 7-11），因为本研究旨在了解组织当前的运作和活动准备水平（BIM 实施方面）并设计实施新技术的更好策略（BIM 全面应用）（Dahlberg 等，2016）。这与新加坡政府鼓励在本地行业中使用 BIM 相关且一致。此外，MIT90s 框架（图 7-12）也用于新框架的提出。MIT90s 框架专为组织设计，用于了解新技术的转换和获取动态。

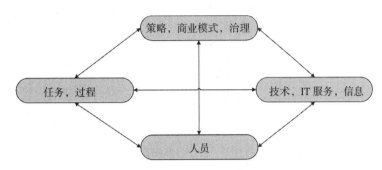

图 7-11　改良的 Leavitt 钻石理论（Dahlberg 等，2016）

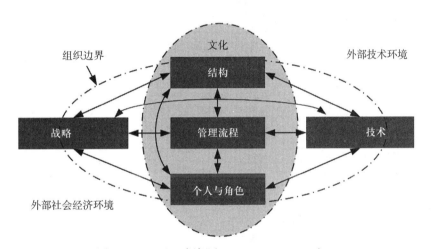

图 7-12　MIT90s 框架（Scott Morton，1991）

（3）经调整的组织变革框架

本研究利用 Leavitt 理论的主要因素和 MIT90s 框架构建了一个基于人员、过程、技术和外部环境的框架。此框架旨在研究驱动建筑行业专业人员向全面实施 BIM 转变的因素。有关提议可在图 7-13、图 7-14 中找到。

3. 方法和数据呈现

本研究采用问卷调查方式来调研在新加坡建筑行业中，驱动因素对于朝着全面实施 BIM 转变的影响。此调查问卷根据图 7-15 和表 7-12 所述的已确定变革驱动因素设计。图 7-15 的参考可在图 7-16 中找到。我们咨询了 5 位在 BIM 实施方面平均有 3 年经验的 BIM 专家进行试点研究，以评价 32 个驱动因素的相关性、准确性、易用性和全面性。本次调

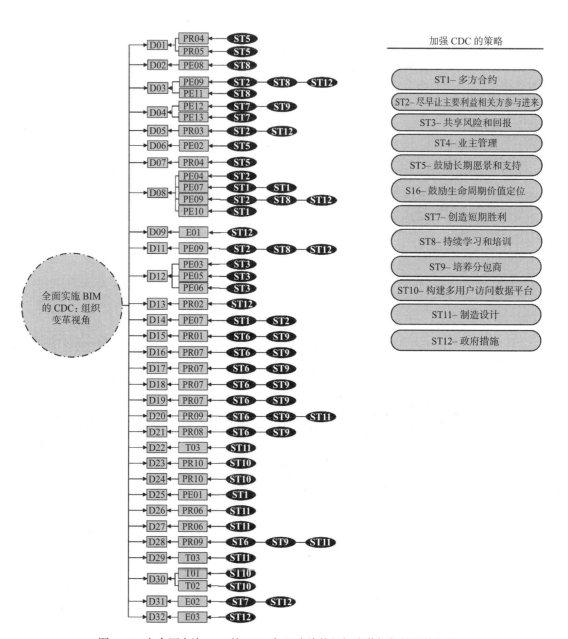

图 7-13　向全面实施 BIM 的 CDC 与经改编的组织变革框架的属性的联系

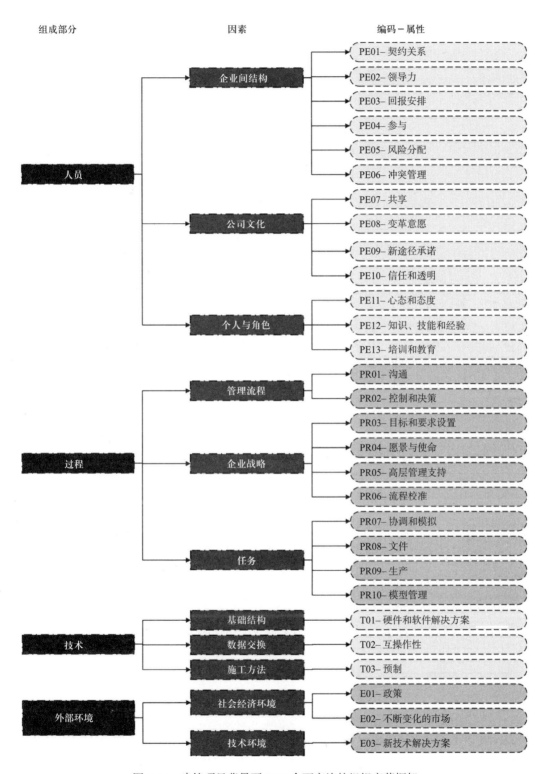

图 7-14　建筑项目背景下 BIM 全面实施的组织变革框架

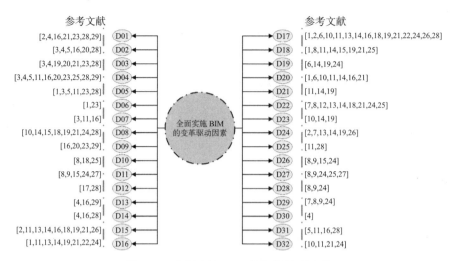

图 7-15　全面实施 BIM 的变革驱动因素

注：1. 美国建筑师学会，加州理事会（AIACC 2014）；2.Aranda-Mena 等（2009）；3.Arayici 等（2011）；4.Autodesk（2012）；5.Azhar 等（2014）；6.BCA（2013）；7. 伯恩斯坦和皮特曼（2004）；8.Blismas 和 Wakefield（2009）；9.Blismas 等（2006）；10.Chua 和 Yeoh（2015）；11.Eastman 等（2011）；12.Fischer 等（2014）；13.Fischer（2008）；14.Gao 和 Fischer（2006）；15.Gibb 和 Isack（2003）；16.Juan 等（2017）；17.Kent 和 Becerik-Gerber（2010）；18.Khanzode 等（2007）；19.Khosrowshahi 和 Arayici（2012）；20.Kiani 等（2015）；21.Kunz 和 Fischer（2012）；22.Li 等（2009）；23.Liao 等（2017）；24.McFarlane 和 Stehle（2014）；25.Ross 等（2006）；26.Sattineni 和 Mead（2013）；27.Selvaraj 等（2009）；28.Won 等（2013）；29.Zahrizan 等（2013）

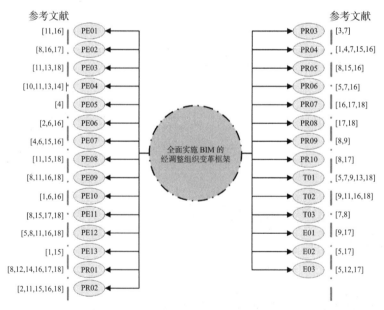

图 7-16　在建设项目领域全面实施 BIM 的改编后组织变革框架

注：1.Alshaher（2013）；2.Bikson 和 Eveland（1990）；3.Bobbitt 和 Behling（1981）；4.Croteau 和 Bergeron（2009）；5.Dahlberg 等（2016）；6.Dahlberg（2016）；7.Higgins（2005）；8.Kasimu 等（2012）；9.Lyytinen 和 Newman（2008）；10.Mitchell（2013）；11.Price 和 Chahal（2006）；12.Rockart 和 Scott Morton（1984）；13.Sarker（2000）；14.Smith 等（1992）；15.Teo 和 Heng 2007；16.Verdecho 等（2012）；17.Wigand（2007）；18.Wilfling 和 Baumoel（2011）

查共收到来自 692 名专业人士的 86 份完整回复。回复率为 12.43%。本研究使用了李克特五点量表（1 = 非常无关紧要；2= 无关紧要；3= 中等；4= 重要；5= 非常重要），并要求受访者对 32 个驱动因素在 BIM 实施中的权重进行评分。参与试点研究的 5 名专业人员随后接受了调查后访谈，针对调查结果进行了讨论和分析。

　　抽样框架包括 BCA、建屋发展局（HDB）、城市重建局（URA），在新加坡建筑师学会注册的建筑咨询公司，在新加坡房地产开发商协会注册的建筑开发商，在新加坡咨询工程师协会注册的结构和机械、电气和管道（MEP）咨询公司，在 BCA 注册的承包商以及在物业及设施经理协会注册的设施管理公司。在承包商中，只选择大型承包商被视为是合理的（因为他们往往具有足够的资源来全面实施 BIM）。图 7-17 ～图 7-20 显示了受访者概况。

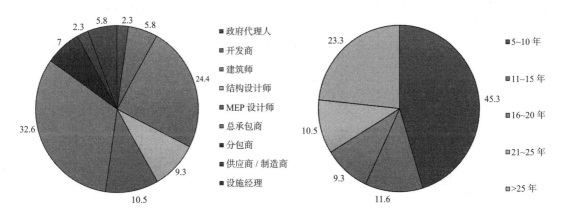

图 7-17 基于专业领域的受访者概况（%）　　　　图 7-18 基于工作经验的受访者概况（%）

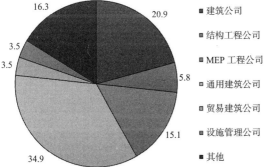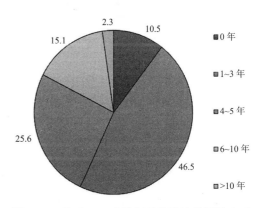

图 7-19 基于组织机构的受访者概况（%）　　　　图 7-20 基于 BIM 实施年份的受访者概况（%）

　　在许多涉及李克特量表的先前研究中，普遍提倡 t- 检验等参数统计方法（Binder 1984；Hwang 等，2014；Zhao 等，2016）。因此，本研究开展了单样本 t- 检验，以了解受访者是否同意文献综述所确定的关键变革驱动因素（32 个驱动因素）。根据 Zhao 等人（2014）的研究，平均得分高于 3.00 且 P 值低于 0.05 将被视为 t- 检验分析的关键值，本研究也遵循了同样的原则。

4. 结果与讨论

（1）向全面实施 BIM 转变的 CDC

就驱动因素而言，Cronbach 系数值为 0.968，意味着数据具有高可靠性。表 7-13 显示了单样本 t- 检验的有关结果。在 32 个驱动因素中，有 31 个驱动因素的 P 值低于 0.05，这表明该 31 个驱动因素对于新加坡建筑业向全面实施 BIM 转变至关重要。总体平均得分介于 2.90 与 3.99 之间。将这些驱动因素根据其平均得分进行排名，CDC-D01 的平均得分最高，为 3.99 分。这与 Autodesk（2012）所获结果一致，Autodesk（2012）强调，若要全面实施 BIM，项目团队管理人员必须有一个清晰的愿景。如果没有领导层的支持和远见，为采用新工作流程而做出的努力将是徒劳且充满困难的。CDC-D17 获得了第二高的平均得分，为 3.92 分，这证明了对充分协调的 3D 数字数据的需求。D05 获得了第三高的平均得分，为 3.90 分。这表明业主的积极参与和激励是确保服务提供商实施 BIM 的必要条件。

新加坡建设项目向全面实施 BIM 转变的 CDC 表 7-13

代码	平均值	整体排名	分类排名	P 值	代码	平均值	整体排名	分类排名	P 值
分类 -PE					分类 -PC				
D04	3.81	4	1	0.000*	D13	3.57	15	7	0.000*
D06	3.76	6	2	0.000*	D21	3.56	16	8	0.000*
D03	3.71	9	3	0.000*	D23	3.49	18	9	0.000*
D02	3.66	11	4	0.000*	D16	3.43	20	10	0.000*
D08	3.62	12	5	0.000*	D18	3.43	20	11	0.001*
D14	3.60	13	6	0.000*	D28	3.31	24	12	0.008*
D12	3.45	19	7	0.000*	D24	3.29	27	13	0.009*
D25	3.35	23	8	0.005*	D26	3.28	28	14	0.010*
D11	3.31	24	9	0.007*	D27	3.26	30	15	0.024*
D10	2.90	32	10	0.404	D19	3.23	31	16	0.034*
分类 -PC					分类 -T				
D01	3.99	1	1	0.000*	D30	3.59	14	1	0.000*
D17	3.92	2	2	0.000*	D22	3.55	17	2	0.000*
D05	3.90	3	3	0.000*	D29	3.27	29	3	0.030*
D07	3.78	5	4	0.000*	分类 -E				
D15	3.74	7	5	0.000*	D09	3.70	10	1	0.000*
D20	3.74	7	5	0.000*	D31	3.40	22	2	0.001*
—	—	—	—	—	D32	3.30	26	3	0.006*

注：* 单样本 t- 检验结果明显高于检验值（3.00）。

（2）从组织变革角度解读 CDC

图 7-13 显示，经改编的组织变革框架的所有 29 个属性（图 7-14）都可用于解释 31 个 CDC（表 7-12）中的部分驱动因素。

1）人员：在项目中，公司间关系对于组织变革至关重要。因此在组织变革框架的属性中，CDC-D25 与 "PE01- 契约关系" 密切相关。随着组织发生变化，落实全面 BIM 将需要设计与施工团队进行密切合作（Eastman 等，2011；Azhar 等，2014）。这种合作必须在数字模型层面上进行，以便与不同的团队成员共享所有信息。因此，CDC-D08 可代表 "PE04- 参与"。CDC-D12 可与组织变革属性中的 "PE03- 回报安排" "PE05- 风险分配" 以及 "PE06- 冲突管理" 相关联。源自错误信息的潜在责任应由所有各方共同承担，以便建立起一个良好的关系，创造更好的项目可交付成果。同样，CDC-D06 也可代表 "PE02- 领导"。在设计过程中，使用监管机构提供的高级合规信息可减少相关意见和变更。CDC-D14 可与 "PE07- 共享" 相联系。

然而，Low（1998）强调，在遇到变化时，人们往往会以习惯的方式来应对。这种变化应对方法可能是因为他们缺乏实施新工作方式的意识。因此，CDC-D02 代表 "PE08- 变革意愿"，而 CDC-D08 鼓励项目团队中的 "PE07- 共享" "PE09- 新途径承诺" 和 "PE10- 信任和透明"。此外，两个 CDC-D03 和 D11 可连接到 "PE09- 致力于新方法"，例如实施 OSM（现场外制造）和 BIM。

此外，CDC-D03 也可与 "PE11- 心态和态度" 相联系。变革者必须确保相关人员能够适应正在发生的组织变革（Zhao 等，2014）。这种适应可通过让个人了解在项目中使用 BIM 的优势（相比于传统做法）来实现（Khosrowshahi 和 Arayici，2012）。因此，CDC-D04 可与 "PE12- 知识、技能及经验" 和 "PE13- 培训和教育" 相联系。

2）过程：CDC-D15 可与 "PR01- 沟通" 相联系。Fischer 等人（2014）强调，许多业主由于缺乏经验，无法正确构思 2D 图纸，因此只能使用 3D 模型辅助理解。同样，CDC-D13 可与 "控制和决策" 相关联，因为当地 BIM 标准、最佳实践及指南可帮助项目团队更好地控制项目。

CDC-D05 是必不可少的，它代表 "PR03- 目标和要求设置"。Autodesk（2012）主张，全面实施 BIM 是一种始于执行愿景和倡议的组织转变。为避免大规模、激进式转变中的陷进（例如建筑项目环境变化），应设立一个统一的愿景。同样，D07 推动团队向全面实施 BIM 转变，代表着 "PR04- 愿景与使命"。CDC-D01 可与 "PR04- 愿景与使命" 相关联。

与 OSM 实施 BIM 相关的两个重要 CDC（即 CDC D26 和 D27）可与 "PR06- 流程调整" 紧密联系。Autodesk（2012）强调，尽管组织领导层制定了愿景，但承担着实现组织愿景这一任务的是每天工作的个人。

四个 CDC（D16-D19）与最佳设计模型开发相关，因此可与 "PR07- 协调和模拟" 相关联。项目团队协调各种 BIM 模型，并对可持续性、材料选择、能耗优化进行不同的性能分析（Eastman 等，2011；Kunz 和 Fischer，2012；Chua 和 Yeoh，2015）。下游各方记录建设和设计意图。因此，CDC-D21 可描述 "PR08- 文件"。

同样，承包商和制造商使用设计模型作为基础来生产其施工和制造模型（Gao 和 Fischer，2006；Porwal 和 Hewage，2013）。因此，两个 CDC（D20 和 D28）可连接到 "PR09-

生产"。此外，CDC-D23 和 CDC-D24 可以与"PR10- 模型管理"相关联，可以通过设计、施工和设施管理的组织和功能关系来描述。使用 BIM，可以轻松更新所有变更。通过使用 BIM，可以比传统的设计和施工方法更加轻易地管理变更所产生的对生命周期的影响（Gao 和 Fischer，2006；Khosrowshahi 和 Arayici，2012）。

3）技术：Azhar 等人（2014）强调，成功的组织变革需要技术的不断进步。这描述了 CDC-D30 与"T01- 硬件和软件解决方案"和"T02- 互操作性"属性的关联。同理，CDC-D22 和 CDC-D29 可以与"T03- 预制"关联起来。OSM 已经成为一种新型建筑方法，并获得了广泛的认可（lismas 和 Wakefield，2014；McFarlane 和 Stehle，2014）。OSM（非现场制造）将协助减少现场活动、减少现场施工工人，并减少浪费和成本（McFarlane 和 Stehle，2014）。因此，CDC-D22 将激励项目团队实施完整的 BIM 应用。

4）外部环境：外部环境驱动因素可以推动组织的内部组成部分（人员、过程和技术），直至达到新的平衡（Rockart 和 Scott Morton，1984；Wigand，2007）。CDC-D31 可以与"E02- 不断变化的市场"相关联。同理，CDC-D09 与"E01- 政策"密切相关。BCA（2016）提到，新加坡政府正在提供第二期 BIM 基金，以从简易的 BIM 建模转向更高级的综合设计交付。与此同时，BIM 技术随着新型软件和先进的复杂解决方案的出现而不断改进。因此，CDC-D31 可以与"E03- 新技术解决方案"相关联。

（3）组织变革属性对 BIM 全面实施的重要性

本节讨论平均分整体排名中的前 10 个 CDC（表 7-13）。其中，6 个 CDC 可以被 6 个流程方面的组织变革属性解释。它们是来自"PR04- 愿景与使命"的 CDC-D01，来自"PR05- 高层管理支持"的 CDC-D17，来自"PR07- 协调和模拟"的 CDC-D05，来自"PR03- 目标和要求设置"的 CDC-D07，来自"PR01- 沟通"的 CDC-D15，以及来自"PR09- 生产"的 CDC-D20。

同理，在这 10 个 CDC 中，有 3 个 CDC 可以被 5 个人员方面的组织变革属性解释。这些解释是来自"PE12- 知识、技能和经验"和"PE13- 培训和教育"的 CDC-D04，来自"PE02- 领导力"的 CDC-D06，以及来自"PE09- 新途径承诺"和"PE11- 心态和态度"的 CDC-D03。前 10 个 CDC 中仅出现一个 CDC（即 CDC-D09）与外部环境方面的"E01-政策"相关联。值得注意的是，这 10 个 CDC 中没有一个 CDC 代表技术方面的属性。这意味着与流程方面相关的六个组织变革属性对于成功变革至关重要，以实现 BIM 的全面实施。

同时，项目团队也不应该忽略人员方面的这五个属性。业主需要成立一个知识丰富的团队，并引入培训计划，以帮助采用有效的方法来设计、建造和管理建筑物。此外，E01-政策是影响过程和人员的一个重要方面，因此，根据 Leavitt 提出的钻石理论和 MIT90s 框架，流程、人员和外部环境之间的互动和整合是引发更成功的变革以实现 BIM 全面实施的必要条件。

（4）强化 CDC 的策略

如图 7-13 所示，所有 31 个 CDC 都可被改编后的组织变革框架的 29 个属性中的一部分解释。基于此，本研究从组织变革的角度，共确定了 12 个策略来强化这些 CDC 所带来的积极影响。

ST1：多方协作契约：为有效实施 BIM，项目团队之间的契约关系必须改善。传统契约在实施 BIM 时容易导致敌对关系 (Fischer 等，2014)。Kunz 和 Fischer（2012）强调，多方协作契约有助于关键参与者之间更好地合作，因为它鼓励信息共享。作为回报，这将有助于在不同组织的项目团队之间建立更好的信任和尊重。因此，此类契约可以加强项目团队中的"PE07- 共享"和"PE10- 信任和透明"，以及由广泛使用的设计 - 建造招投标模式（CDC-D25）管理的协作关系，该模式与组织变革属性中的"PE01- 契约关系"相关联。

ST2：尽早让主要利益相关方参与进来：关键利益相关者的早期参与有助于开发最佳的数字设计模型，并有助于他们在关键设计方面提供意见（Gao 和 Fischer，2006；Kunz 和 Fischer，2012）。监管机构可提供有助于更好地设计和有效实施 BIM 的高层级信息。因此，政府机构的早期参与（CDC-D06）增强了建筑业向全面实施 BIM 转变时所需的"PE02- 领导力"。其他主要参与者的早期参与可以加强 CDC-D08 对组织变革属性中"PE04- 参与""PE07- 共享"和"PE09- 新途径承诺"的积极影响。

ST3：共享风险和回报：联锁协作契约是帮助定义和共享 BIM 风险和利益的必要条件。此外，这将有助于所有利益相关者平等地对整个项目负责，而不是试图在风险和问题出现时推卸责任（AIACC，2014）。这将有助于主要利益相关者以更开放的形式讨论挑战，进而在解决重大项目问题时公开共享意见。因此，共享风险和回报可以加强 CDC-D12 在组织变革属性中对"PE03- 回报安排""PE05- 风险分配"和"PE06- 冲突管理"的积极影响。

ST4：业主管理：业主对各种积极举措缺乏兴趣将危及项目团队实施 BIM 的兴趣和倾向（Arayici 人，2011；Kunz 和 Fischer，2012；Zahrizan 人，2013）。业主应在项目开始时明确说明将 BIM 作为选择标准，这将加强 CDC-D05 与" PR03- 目标和要求设置"相关的积极影响。

ST5：鼓励长期愿景和支持：愿景和赞助对启动组织变革很重要。高级管理层必须意识到 BIM 相对于传统制图方式的潜在优势（Khosrowshahi 和 Arayici，2012）。这样的意识将有助于获得竞争优势，以赢得未来的市场竞标。然而，Autodesk（2012）强调，对于一个项目团队而言，所有主要利益相关者之间都需要高层次的沟通。代表"愿景与使命"（PR04）的重要 CDC-D07 可通过这样的项目愿景得到支持。此外，这样的愿景需要逐级向下传递至项目团队，以便他们与整个项目愿景保持一致。高层领导的支持对项目团队保持热情尤为重要，本次调查证实了这一观点，CDC-D01 是他们的首要动机。因此，长期愿景和支持可以加强与组织变革属性中的"PR04- 愿景与使命"和"PR05- 高层管理支持"相关联的 CDC-D01（最重要的 CDC）的积极影响。

ST6：鼓励生命周期价值主张：Kunz 和 Fischer（2012）强调利益相关者通常会尽可能将其交付成果控制在其工作范围内，很少尝试最大化他们的工作价值。对于 BIM 的全面实施，相同的 BIM 模型应该从建筑师传递到工程师和承包商（Gao 和 Fischer，2006；Porwal 和 Hewage，2013）。此过程将有助于在整个项目生命周期中创造持续性价值。定期的项目会议将有助于确保 BIM 应用得到加强且 BIM 得以定期使用。因此，这一策略可以加强与管理流程和日常任务相关的七个 CDC（D15-D21）的积极影响，即组织变革属性中的"PR01- 沟通""PR07- 协调和模拟""PR08- 文件"和"PR09- 生产"。

ST7：持续性学习和培训：BIM 的全面实施需要对不时出现的全新的及被误解的 BIM

概念进行不断学习和测试（Autodesk，2012）。业主和组织可提供培训（Azhar 等，2014；Kiani 等，2015）。培训计划将有助于激励团队，同时有助于在组织中构建一个有价值的智力资源库，这将使组织比竞争对手更具优势。因此，这一战略可以加强与"PE12-知识、技能和经验"和"PE13-培训和教育"相关的重要 CDC-D04，并强化对新技术技能（D32 和 E03）的掌握以及对复杂多变市场（D31 和 E02）的适应。

ST8：创造短期胜利：短期里程碑有助于激发参与者执行其 BIM 应用部分的积极性和热情，从而促进 BIM 的实施（Khosrowshahi 和 Arayici，2012；Kiani 等，2015）。此类短期胜利有助于说服高级管理人员，BIM 有助于增加项目价值并降低风险（Teo 和 Heng，2007；Zhao 等，2014）。反过来，这将推动组织采取更好的文化变革，以获取优于其他公司的优势（Arayici 等，2011；Azhar 等，2014；Kiani 等，2015）。因此，在组织变革属性中，加强展示"PE09-新途径承诺"和"PE11-心态和态度"的 CDC-D03 以及与"PE08-变革意愿"相关联的 CDC-D02 将帮助企业快速实现短期收益，助力 BIM 在企业中的应用落地，最终实现企业组织文化的变革。

ST9：培养分包商：Lam（2014）提到，与 BIM 相比，专业承包商更愿意以传统绘图格式提交图纸。通过为分包商组织模型开发、可视化、协调和模拟来培养分包商，将有助于有效地组织、简化各种任务。因此，这一策略提供了进一步的证据，以加强来自代表"PE12-知识、技能和经验"的 D04 以及来自关于四个组织变革属性（PR01 和 PR07～PR09）的七个 CDC（D15～D21）的积极影响。

ST10：构建多用户访问数据平台：公共数据环境（CDE）将确保所有的主要参与者均能通过相关途径获取项目数据。这种多用户访问数据平台将确保数据以最及时的方式得到更新。因此，来自与"PR10-模型管理"相关联的两个 CDC（D23 和 D24）的积极影响，以及来自与"T01-硬件和软件解决方案"和"T02-互操作性"相关联的 CDC-D30 的积极影响可以通过使用此类数据平台得以提高。

ST11：制造设计：McFarlane 和 Stehle（2014）强调，承包商和供应商的早期参与将有助于实现最大化的非现场生产和最低限度的现场组装。Belay（2009）强调，非现场制造将优化和标准化施工工序、降低安全风险并确保在受控环境下的高质量产出，从而实现更快、更简单的施工工序。因此，这一策略将加强来自与"PE09-新途径承诺"相关的 CDC-D11 的积极影响，来自代表"PR06-过程一致性"的两个 CDC（D26 和 D27）的积极影响，来自与"PR09-生产"相关联的 D28 的积极影响，以及来自代表组织变革属性中"T03-预制"的两个 CDC（D22 和 D29）的积极影响。

ST12：政府努力：Cheng 和 Lu（2015）强调，在 BIM 标准制定方面，新加坡在亚洲国家中处于领先地位，因为新加坡已经制定了 32 个 BIM 标准中的 12 个。新加坡政府鼓励行业采用新型生产技术，如全装修模块化施工技术（PPVC）、BIM、非现场制造（OSM）。财政部（2014）提到，OSM 在更大程度上正被指定为政府工业用地出售时的招标条件之一。因此，政府持续不断的努力将强化政府的"PE02-领导力"，与"PR02-控制和决策"相关联的 CDC-D13，代表"E01-政策"的 CDC-D09，以及有关改编后的组织变革框架中"外部经济和技术环境"的两个 CDC（D31 和 D32）。

5. 结论与建议

本研究确定了有助于新加坡建筑业全面实施 BIM 的 32 个变革驱动因素。本研究从组织变革的角度对这些 CDC 作出了解释，开展了一项问卷调查，以收集与这些驱动因素影响 BIM 全面实施变革相关的数据。在 32 个变革驱动因素中，31 个因素具有重大影响力。基于 Leavitt 提出的钻石理论和 MIT90s 框架，本研究得出了一个全新的概念框架。该框架具有 29 个属性，分别与 31 个 CDC 中的部分 CDC 相关联。研究发现，过程方面的属性影响力最大。人员和外部环境的属性被认为是建设项目中组织变革得以全面成功的重要因素。基于这一概念框架，确定了 12 项战略，以强化 BIM 全面实施的 CDC 的影响。通过确定如何使用改编的组织变革框架来处理 CDC，本研究扩展了与 BIM 实施相关的文献，以加强建筑业内的 BIM 应用和实施。

7.4.6 节参考文献

[1] AIACC. 2014. Integrated project delivery: an updated working definition. Sacramento (CA): American Institute of Architects, California Council.

[2] Alshaher AAF. 2013. The Mckinsey 7S model framework for e-learning system readiness assessment. Int J Adv Eng Technol. 6(5):1948–1966.

[3] Aranda-Mena G, Crawford J, Chevez A, Froese T. 2009. Building information modelling demystified: does it make business sense to adopt BIM? Int J Managing Projects Bus. 2(3):419–434.

[4] Arayici Y, Coates P, Koskela L, Kagioglou M, Usher C, O'Reilly K. 2011. BIM adoption and implementation for architectural practices. Struct Surv. 29(1):7–25.

[5] Azhar N, Kang Y, Ahmad IU. 2014. Factors influencing integrated project delivery in publicly owned construction projects: an information modelling perspective. Procedia Eng. 77:213–221.

[6] Belay AM. 2009. Design for manufacturability and concurrent engineering for product development. World Acad Sci Eng Technol. 25:240–246.

[7] Bernstein PG, Pittman JH. 2004. Barriers to the adoption of building information modelling in the building industry. Autodesk.

[8] Bikson TK, Eveland JD. 1990. The interplay of work group structures and computer support. In: Galegher J, Kraut R, Egido C, editors. Intellectual teamwork: social and technological foundations of cooperative work. Hillsdale (NJ): Lawrence Erlbaum; 245–289.

[9] Binder A. 1984. Restrictions on statistics imposed by method of measurement: some reality, much mythology. J Crim Justice. 12(5):467–481.

[10] Blismas N, Pasquire C, Gibb A. 2006. Benefit evaluation for offsite production in construction. Const Manage Econ. 24(2):121–130.

[11] Blismas N, Wakefield R. 2009. Drivers, constraints and the future of offsite manufacture in Australia. Const Innov. 9(1):72–83.

[12] Bobbitt HR Jr, Behling OC. 1981. Organizational behavior: a review of the literature.

JHigher Educ. 5:29–44.

[13] Cheng JC, Lu Q. 2015. A review of the efforts and roles of the public sector for BIM adoption worldwide. J Inform Technol Constr. 20:442–478.

[14] Chua DK, Yeoh JK. 2015. Understanding the science of virtual design and construction: what it takes to go beyond building information modelling. In: O'Brien WJ, Ponticelli S, editors. Proceedings of the 2015 International Workshop on Computing in Civil Engineering; 2015 Jun 21–23.

[15] Croteau AM, Bergeron F. 2009. Interorganizational governance of information technology. In: Proceedings of the 42nd Hawaii International Conference on System Sciences; 2009 Jan 05–08; Waikoloa (HI); Washington (DC): IEEE Computer Society.

[16] Dahlberg T, Hokkanen P, Newman M. 2016. How Business strategy and technology impact the role and the tasks of CIOs: an evolutionary model. IntJ IT/Bus Align Gov (IJITBAG). 7(1):1–19.

[17] Dahlberg T. 2016. The creation of inter-organisational IT governance for social welfare and healthcare IT-lessons from a case study. Int J Netw Virtual Organisations. 16(1):38–71.

[18] Eastman C, Teicholz P, Sacks R, Liston K. 2011. BIM handbook: a guide to building information modeling for owners, managers, designers, engineers and contractors. 2nd ed. Hoboken (NJ): John Wiley & Sons.

[19] Fischer M, Reed D, Khanzode A, Ashcraft H. 2014. A simple framework for integrated project delivery. In: Kalsaas BT, Koskela L, Saurin TA, editors. Proceedings of the 22nd Annual Conference of the International Group for Lean Construction; 2014 Jun 25–27; Oslo (Norway).

[20] Fischer M. 2008. Reshaping the life cycle process with virtual design and construction methods. In: Brandon P, Kocat€urk T, editors. Virtual futures for design, construction and procurement. Malden (MA): Blackwell Publishing Ltd; 104–112.

[21] Gao J, Fischer M. 2006. Case studies on the implementation and impacts of virtual design and construction (VDC) in Finland. Stanford (CA): Stanford University, Center for Integrated Facility Engineering.

[22] Gibb A, Isack F. 2003. Re-engineering through pre-assembly: client expectations and drivers. Build Res Inform. 31(2):146–160.

[23] Higgins JM. 2005. The eight 'S' s of successful strategy execution. J Change Manage. 5(1):3–13.

[24] Hwang BG, Zhao X, Goh KJ. 2014. Investigating the client related rework in building projects: the case of Singapore. Int J Project Manage. 32:698–708.

[25] Juan YK, Lai WY, Shih SG. 2017. Building information modelling acceptance and readiness assessment in Taiwanese architectural firms. J Civil Eng Manage. 23(3):356–367.

[26] Kasimu MA, Roslan BA, Fadhlin BA. 2012. Knowledge management models in civil engineering construction firms in Nigeria. Interdiscip JContemp Res Bus. 4(6):936–950.

[27] Kent DC, Becerik-Gerber B. 2010. Understanding construction industry experience and

attitudes toward integrated project delivery. J Constr Eng Manage. 136(8):815–825.

[28] Khanzode A, Fisher M, Reed D. 2007. Challenges and benefits of implementing virtual design and construction technologies for coordination of mechanical, electrical, and plumbing systems on large healthcare project. In: Proceedings of the 24th CIB W78 Conference; 2007 June 27 29. Maribor (Slovenia).

[29] Khosrowshahi F, Arayici Y. 2012. Roadmap for implementation of BIM in the UK construction industry. Eng Constr Archit Manage. 19(6):610–635.

[30] Kiani I, Sadeghifam AN, Ghomi SK, Marsono AKB. 2015. Barriers to implementation of Building Information Modeling in scheduling and planning phase in Iran. Aust J Basic Appl Sci. 9(5):91–97.

[31] Kunz J, Fischer M. 2012. Virtual design and construction: themes, case studies and implementation suggestions. Stanford (CA): Stanford University, Center for Integrated Facility Engineering.

[32] Lam SW. 2014. The Singapore BIM roadmap [Internet]. Available from: http://bimsg. org/wp-content/uploads/2014/10/BIM-SYMPOSIUM_MR-LAM-SIEW-WAH_Oct-13-v6.pdf.

[33] Leavitt HJ. 1965. Applied organizational change in industry: structural, technological and humanistic approaches. In: March J, editor. Handbook of organizations. Chicago (IL): Rand McNally; 1144–1170.

[34] Li H, Lu W, Huang T. 2009. Rethinking project management and exploring virtual design and construction as a potential solution. Constr Manage Econ. 27(4):363–371.

[35] Liao L, Teo EAL, Low SP. 2017. A project management framework for enhanced productivity performance using building information modelling. Constr Econ Build. 17(3):1–26.

[36] Low SP. 1998. Managing total service quality: a systemic view. Manag Ser Qual. 8(1):34–45.

[37] Lyytinen K, Newman M. 2008. Explaining information systems change: a punctuated socio-technical change model. Eur J Inf Syst. 17(6):589–613.

[38] McFarlane A, Stehle J. 2014. DfMA: engineering the future. In: Proceedings of Council on Tall Buildings and Urban Habitat (CTBUH) Shanghai International Conference; 2014, Sept 16-19; Shanghai (China).

[39] Ministry of Finance. 2014. Budget 2014—opportunities for the future, assurance for our seniors. Singapore: Ministry of Finance.

[40] Mitchell G. 2013. Selecting the best theory to implement planned change: improving the workplace requires staff to be involved and innovations to be maintained. Nurs Manage. 20(1):32–37.

[41] Porwal A, Hewage KN. 2013. Building information modelling (BIM) partnering framework for public construction projects.Automat Constr. 31:204–214.

[42] Price AD, Chahal K. 2006. A strategic framework for change management. Constr Manage Econ. 24(3):237–251.

[43] Rockart JF, Scott Morton MS. 1984. Implications of changes in information technology for corporate strategy. Interfaces. 14(1):84–95.

[44] Ross K, Cartwright P, Novakovic O. 2006. A guide to modern methods of construction. Bucks: NHBC Foundation, HIS BRE Press.

[45] Sarker S. 2000. Toward a methodology for managing information systems implementation: a social constructivist perspective. Informing Sci. 3(4):195–206.

[46] Sattineni A, Mead K. 2013. Coordination guidelines for virtual design and construction. In: Proceedings of the 30th International Association for Automation and Robotics in Construction; 2013 Aug 11–15; Montreal (Canada).

[47] Scott Morton M. 1991. The corporation of the 1990s: information technology and organisational transformation. Oxford: Oxford University Press.

[48] Selvaraj P, Radhakrishnan P, Adithan M. 2009. An integrated approach to design for manufacturing and assembly based on reduction of product development time and cost. Int J Adv Manuf Technol. 42(1–2):13–29.

[49] Smith C, Norton B, Ellis D. 1992. Leavitt's diamond and the flatter library: a case study in organizational change. Library Manage. 13(5):18–22.

[50] Smith P. 2014. BIM implementation – global strategies. Procedia Eng. 85:482–492.

[51] Teo AL, Heng PSN. 2007. Deployment framework to promote the adoption of automated quantities taking-off system. In: Zou PXW, Newton S, Wang J, editors. Proceedings of CRIOCM 2007 International Research Symposium on Advancement of Construction Management and Real Estate. 8–13 August 2007; Sydney (Australia).

[52] Teo AL. 2008. Online survey: factors deterring the development of automated quantity taking-off system. In: Proceedings of CIB W055 – W065 Joint International Symposium; 2008 Nov 15–17; Dubai (United Arab Emirates).

[53] Teo EAL, Chan SL, Tan PH. 2007. Empirical investigation into factors affecting exporting construction services in SMEs in Singapore. J Constr Eng Manage. 133(8):582–591.

[54] Verdecho MJ, Alfaro-Saiz JJ, Rodriguez-Rodriguez R, Ortiz-Bas A. 2012. A multi-criteria approach for managing interenterprise collaborative relationships. Omega. 40:249–263.

[55] Wigand D. 2007. Building on Leavitt's diamond model of organizations: the organizational interaction diamond model and the impact of information technology on structure, people, and tasks. In: Proceedings of the 13th Americas Conference on Information Systems; 2007 Aug 10–12. Keystone (CO).

[56] Wilfling S, Baumoel U. 2011. A comprehensive information model for business change projects. In: Proceedings of the 17th Americas Conference on Information Systems; 2011 Aug 4–8; Detroit (MI).

[57] Won J, Lee G, Dossick C, Messner J. 2013. Where to focus for successful adoption of building information modeling within organization. J Constr EngManage. 139(11):04013014.

[58] Zahrizan Z, Ali NM, Haron AT, Marshall-Ponting A, Hamid ZA. 2013. Exploring the

adoption of building information modelling (BIM) in the Malaysian construction industry: a qualitative approach. Int J Res Eng Technol. 2(8):384–395.

[59] Zhao X, Hwang BG, Lee HN. 2016. Identifying critical leadership styles of project managers for green building projects. Int J Constr Manage. 16(2):150–160.

[60] Zhao X, Hwang BG, Low SP. 2014. Enterprise risk management implementation in construction firms: an organizational change perspective. Manage Dec. 52(5):814–833.